中国古生物研究丛书

# Selected Studies
# of Palaeontology
# in China

湖南张家界泥盆系云台观组产状水平的石英砂岩 （彭雷 摄）

国家出版基金项目
NATIONAL PUBLICATION FOUNDATION

# 中国的全球层型

## The Global Stratotypes in China

彭善池　侯鸿飞　汪啸风　编著

上海科学技术出版社

**图书在版编目(CIP)数据**

中国的全球层型/彭善池,侯鸿飞,汪啸风编著.
—上海：上海科学技术出版社,2016.1
(中国古生物研究丛书)
ISBN 978-7-5478-2874-8

Ⅰ.①中… Ⅱ.①彭… ②侯… ③汪… Ⅲ.①地层剖
面－研究－中国 Ⅳ.①P535.2

中国版本图书馆CIP数据核字(2015)第266491号

丛书策划　季英明
责任编辑　季英明
装帧设计　戚永昌

# 中国的全球层型

彭善池　侯鸿飞　汪啸风　编著

上海世纪出版股份有限公司
上 海 科 学 技 术 出 版 社　出版
(上海钦州南路71号　邮政编码200235)
上海世纪出版股份有限公司发行中心发行
200001　上海福建中路193号　www.ewen.co
南京展望文化发展有限公司排版
上海中华商务联合印刷有限公司印刷
开本　940×1270　1/16　印张23.5　插页4
字数　680千字
2016年1月第1版　2016年1月第1次印刷
ISBN 978-7-5478-2874-8/Q·36
定价：398.00元

# 内 容 提 要

"金钉子"是划分和对比年代地层的全球唯一标准。本书介绍迄今被国际地层委员会和国际地质科学联合会批准的、在中国建立的10枚"金钉子",并展示中国地层古生物学家近20年来在地层学领域所取得的优秀成果。内容包括"金钉子"剖面的地理位置、岩石特征、生物内容和地层分布、化学地层特征、关键化石及其产出点位、确定年代地层单位的首要和辅助定界手段和标准,各"金钉子"所属地质年代和确定的年代地层单位等级(界、系、统、阶)等内容。并结合文字内容,配以丰富的照片资料,反映"金钉子"剖面的全貌、重要地层层段出露情况、关键化石和"金钉子"剖面永久性标志等内涵,介绍"金钉子"剖面的主要研究人员。

读者对象为地质工作者、高校师生和相关科研人员,对地层学古生物有兴趣的爱好者和地质环境管理机关的工作人员,也有参考价值。

# Brief Introduction

The Global Standard Stratotype-section and Point (GSSP), the "Golden Spikes" in stratigraphy, is the standard for chronostratigraphical subdivision and correlation of strata around the world. This book reviewed the 10 Chinese GSSPs ratified by the International Union of Geological Sciences in order to demonstrate the great successes achieved primarily by the Chinese geological scientists in last two decades in this regard.

All scientific features of each GSSP were presented, including the stratotype section's location, lithology, faunal assembles and biostratigraphic zonation, evolution of carbon isotope composition, stratotype point indicated by the First Appearance Datum of the relevant index fossil, and the primary and secondary tools using in defining the base of each stage. The age of each GSSP and the units defined by the GSSP in chronostratigraphic hierarchy were also reviewed. Besides the text, attractive and informative photos showing the exposure of the stratotype sections or the boundary intervals of defined stages, and those of the monuments established for the indication and permanent protection of the GSSPs, were illustrated. Major contributors to the erection of the GSSPs were briefly introduced.

This book was written for field and research geologists, and for students and teachers of universities in geological sciences. It is also suitable for the management personnel of mineral resources and environmental protection, and for the public interesting in geology, paleontology, and stratigraphy.

序

"金钉子"（全球标准层型剖面和点位，简称GSSP）概念的建立和研究的实施，是地层学工作进展到全球划分和对比阶段的需要，也是国际地层委员会建立半个多世纪以来的中心任务。经过全球地层古生物工作者几十年的共同努力，现已建立了显生宇70%以上各级年代地层单位的"金钉子"（66枚"金钉子"定义了156个单位中的111个）。其中，中国以10枚"金钉子"高居各国之首。撰写本书以传播地球科学知识，彰显中国地层古生物工作者对地层学和中国科学的历史性贡献，是一件非常有意义的事情。

1960年建立第一个国际地层界线工作组（国际志留系—泥盆系界线工作组），1972年这条界线被正式确立，成为第一枚"金钉子"。自那以后，随着改革开放，中国学者开始接触和开展这方面研究。从1980年代至1990年代初，中国学者先后在全球前寒武系—寒武系、寒武系—奥陶系和泥盆系—石炭系界线研究中尝试建立"金钉子"，并进入最后一轮的角逐，可惜没有成功。究其原因，一是我国国门初开，对于国外先进理论和实践需要一个熟悉、运用和创新的过程。记得当时对"界线层型"这个概念，就曾有过是自然界线抑或人为界线之争。二是由于国际交流不足，对国际同行的研究程度、国际组织的议事规则了解不够，自身外语能力较弱等原因，在重要场合往往是孤军奋战。此外，国力不强、科学水平总体落后也是一个不可回避的背景。1997年我们拿到第一枚"金钉

子"，接着又拿到断代的"金钉子"，其后又在数个系内拿到多枚"金钉子"。不到20年间，我国学者已拿到10枚"金钉子"，取得了在这一地层学重要领域的国际领先地位，实现了追赶—并列—领先的过程，成为中国科学快速发展的一个缩影。抚今思昔，这应该归功于改革开放带来的创新能力和国际交流的发展，也归功于国家强力推动科学研究的发展。

展望未来，我国在显生宇的几个系还有争取"金钉子"的可能；"金钉子"已经超越显生宇，进入元古宇埃迪卡拉系以至成冰系的研究，将来会继续往远古推进。"人类世"的讨论正在兴起，我国学者对"金钉子"的研究还大有用武之地。从更大范围来讲，地层学各领域的新分支、新概念层出不穷。国内外地层的划分和对比，特别是活动带地层的划分和对比的任务更繁重。拿到10枚"金钉子"只是中国地层学研究万里长征迈出的第一步，科研工作任重道远。

难能可贵的是，本书作者在写作过程中倾注了大量心血，使本书具有高度的科学性和严肃性。为保证内容的科学性，彭善池先生会经常去各"金钉子"原始研究者处访问，与他们不厌其烦地反复磋商修改，并将最新的研究进展充实更新进来。更由于他本人即是3枚"金钉子"的创建者，因此，在撰写中自能对科学要点掌握得十分精准。

祝愿本书为地层科学知识的传播树立一个良好的范例，故为之序。

殷鸿福
2015年9月

前言

2011年8月，国际地质科学联合会主席Alberto C. Riccardi教授签署了批准书，批准在我国浙江省江山市碓边村确立寒武系全球"江山阶"底界的"金钉子"。这是我国科学家所建立的第10枚"金钉子"，它的建立使我国在全球年代地层研究领域名列前茅，成为世界上拥有"金钉子"最多的国家。

"金钉子（Golden Spike）"是地质学专业术语"全球标准层型剖面和点位"的俗称。它是划分年代地层（按地壳中岩石形成时间划分的地层）的国际标准，对于世界范围内的地层统一划分和精确对比具有重要意义。它的出现，从哲学思想、地层划分原则和方法、地层标准建立途径和程序等方面，打破了旧的传统观念，建立了新的界线层型理念和规范，在全球年代地层学研究领域具有划时代的意义。建立全球统一使用的、精确划分地球历史（地质年代）和年代地层的标准，是20世纪60年代成立的国际地层委员会从成立之日起就一直致力实现的目标。在历经10余年的研究后，在1972年在捷克布拉格近郊建立了世界上第一枚"金钉子"。由它的建立所积累的经验，指导了其后数十年直至今日的全球年代地层研究，促进了国际年代地层表和地质年代表的规范化和标准化。60年来，已在19个国家确立了66枚"金钉子"。

中国地质学家在20世纪70年代后期开始参与全球"金钉子"的研究，曾在全球前寒武系—寒武系、寒武系—奥陶系、泥盆系—石炭系界线层型研究中取得过优异成绩，但由于种种原因，功亏一篑，未能取得成功。

中国在"金钉子"研究上的"零的突破"是1997年在浙江常山确立了中国第一枚"金钉子"——奥陶系达瑞威尔阶底界"金钉子"。此后，中国地质大学、中国科学院南京地质古生物研究所、宜昌地质矿产研究所、中国地质科学院地质研究所等单位的科学家奋起直追，历经14年的不懈努力，在浙江、湖南、广西、湖北4省（区）又确立9枚"金钉子"。目前，中国科学家还在继续研究埃迪卡拉系、寒武系、石炭系和三叠系内部的全球界线层型。

国际学术界对"金钉子"的确立、审批非常严格，从寻找理想的地层剖面到多学科研究，往往要经历长达数年、甚至几代地质学家的努力。其后经激烈的国际竞争以及国际地层委员会及其下属分会的专家多轮投票表决通过，最后由国际地质科学联合会审批才能确立。"金钉子"被公认为世界范围内发育最好、研究水平最高的剖面，它的确立也标志着一个国家在地层学领域的领先的研究实力。中国"金钉子"研究的卓越成就，得到国家的充分肯定，先后3次被授予国家自然科学二等奖（2002，2008，2010）。这不仅是研究"金钉子"的科学家个人和团队的光荣，也是国家的科学荣誉。

本书在系统介绍与"金钉子"和年代地层学相关的基本知识的基础上，以地质年代先后为顺序，配以较多的插图，着重阐述中国10枚"金钉子"的研究成果、科学内涵和保护现状，同时对确立"金钉子"做出主要贡献的科学家做了简介。全书共分8章，由笔者撰写初稿，鸿飞和啸风密切合作，共同讨论、考证、修改、审校，最终成稿。

在本书的资料收集和编写过程中，得到了国内外众多同行的大力支持和热情帮助。中国科学院院士殷鸿福教授不仅在百忙之中抽出时间为本书作序和审阅三叠系"金钉子"一章初稿，还提供了大量珍贵照片。美国普渡大学James G. Ogg教授及其夫人James M. Ogg征得原作者的允许，提供了 *Geologic Time Scale*（2012）一书中部分全球古地理图和"金钉子"标志性化石的图片。美国俄亥俄州立大学 Loren E. Babcock 教授同意使用他 *Visualizing Earth History* 一书的部分内容。国际地层委员会主席、美国加州州立大学 Stanley C. Finney 教授，中国科学院南京地质古生物研究所戎嘉余、沈树忠、朱茂炎、王成源、穆西南、孙卫国、张元动、王玥、樊隽轩、李保华、李罡、陈孝正研究员、朱学剑副研究员，西北大学张兴亮教授，中国地质大学（武汉）谢树成和张克信教授，中国地质大学（北京）阴家润和梅冥湘教授，贵州大学杨兴莲教授，中国地质科学院地质研究所苏德辰和高林志研究员，中国地质科学院西安地质研究所王健、傅力浦研究员，中国科学院地理科学与资源研究所郭庆军研究员，美国俄亥俄州立大学纽瓦克分校 James St. John 博士、加州大学河边分校 Nigel Hughes 教授，《中国国家地理》杂志等个人和单位，或提供照片，或帮助搜集资料，或参与讨论，或审阅有关文稿。对于他们的支持和帮助，笔者在此表示衷心的感谢。最后，我还要特别感谢我的夫人雷澍，她不仅为本书拍摄了许多照片，还是本书手稿的第一读者，对文稿的错误作了诸多校正。

本书的研究和出版得到了国家自然科学基金委员会（项目编号41330101）、科技部（项目编号2013FY111000，2015FY310100）、中国地质调查局（项目编号1212011220050）、现代古生物和地层学国家重点实验室（项目编号20121101）和国家出版基金的资助，在此一并致谢。

2015年5月

目录

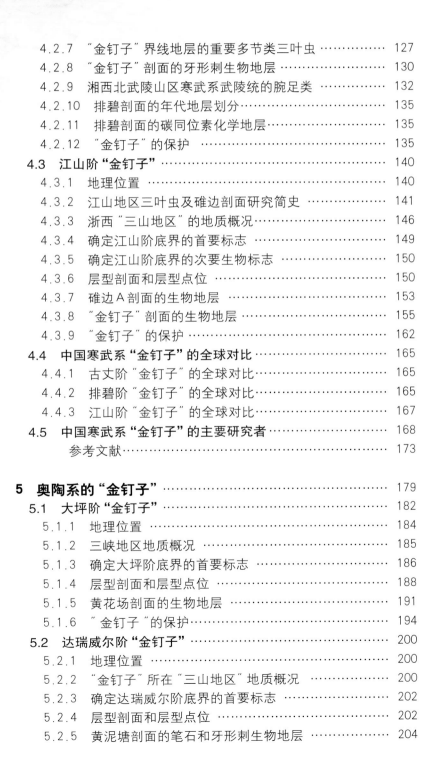

全球界线层型研究的"金钉子"典故

描绘第一条贯通北美大陆的铁路——
太平洋铁路落成庆典场面的油画《最
后的道钉》(Thomas Hill 绘于 1881 年)

从20世纪60年代起,在世界范围内如火如荼开展的"金钉子"研究,至今依然方兴未艾,是各国地层古生物学家研究的热点之一。"金钉子"研究是一项巨大的工程,研究的主要目的在于精确划分地球约46亿年的历史和在这一漫长岁月中所形成的地层。其成果体现就是目前仍在逐步完善的《国际年代地层表》和《地质年代表》(见插页)。

地层学的"金钉子"一名,源于美国铁路建设史上的一段佳话。用它来代称冗长且有点拗口的科学术语"全球标准层型剖面和点位 (Global Standard Stratotype-section and Point, GSSP)",既通俗简练,又深有寓意。

1869年5月,在美国,由加州向东修建的中央太平洋铁路和在已有的美国东部铁路基础上由艾奥瓦州向西修建的联合太平洋铁路,在犹他州北部奥格登市附近的普罗蒙特里峰 (Promontory Summit) 汇合 (图1-1),成为第一条连接大西洋和太平洋的横贯美洲大陆的铁路——太平洋铁路,这是美国铁路建设史上具有里程碑意义的事件 (黄安年,2006;生键红,2010)。为永久纪念这一成就,当年5月10日举行了盛大的落成庆典,并在最后一根特制的月桂木枕木上钉入了最后4枚有特殊意义的特制道钉,其中2枚还含有成色不等的黄金。最后一枚道钉含17.5克拉黄金 (73%成色),重436 g,是由当时的美国中央太平洋铁路公司总裁Leland Stanford用一把白银制成的大锤打进的。Stanford曾任加州第8任州长,也是著名的斯坦福大学的创建人 (图1-2)。用打进"金钉子"作为仪式的高潮是David Hewes (图1-3) 的创意 (Bowman, 1957),他是加州圣弗朗西斯科市 (旧金山

图1-1  1869年5月10日,美国中央太平洋铁路和联合太平洋铁路汇合庆典仪式  左为中央太平洋铁路公司的朱庇特(Jupiter)号机车,右为联合太平洋铁公司的UP119号机车。中央握手者是中央太平洋铁路公司的Samuel S. Montague(左)和联合太平洋铁公司的Grenville M. Dodge。虽然这条铁路大约一半的筑路工程是由中国劳工完成的,但没有任何中国劳工被邀请出席庆典。
(Andrew J. Russell 摄于1869年)

图1-2　L. Stanford（1824—1893）

图1-3　D. Hewes（1822—1915）

市）当时的金融家和地产承包商，那枚在庆典仪式上使用的道钉就是他捐赠的。这枚"最后的道钉（The Last Spike）"（图1-4），其4个面刻有太平洋铁路的奠基和竣工日期、铁路指挥长等官员的姓名，并题有"May God continue the unity of our country, as this railroad unites the two great oceans of the world（就像这条铁路连接世界两大洋那样，愿上帝使我们的国家继续统一）"等字句（Bowman，1957），顶端刻有"LAST SPIKE"标记。L. Stanford敲下

黄金道钉的第一锤后，顺势将银锤掠过道钉落在铁轨旁边的与电报线相连的信号器上，信号器随即发出了一个词的电报："通了"！信号直达华盛顿，并迅速传遍全美，此时全美各地教堂的钟声大作，庆祝这一非凡时刻的到来（黄安年，2008）。

　　这枚具特殊意义的黄金道钉就是著名的"金钉子（Golden Spike）"，它的楔入标志着太平洋铁路这项伟大工程的胜利竣工。这条铁路的建成对当时美国的政治、

图1-4　L.Stanford在庆典仪式上打进的最后一枚道钉

图1-5　与金钉子同时打造的副本金钉子

经济、文化，特别是对美国西部的开发具有极为深远的影响，有的历史学家甚至把它在美国历史上的功绩与"独立宣言"的发布相比。

当年钉下的这枚"金钉子"，在仪式后立刻被普通道钉换下，如今陈列在斯坦福大学的康托艺术中心 (Cantor Arts Center)；同时换下的月桂枕木，在1906年旧金山大地震中被焚毁 (Bowman, 1957)。而在当年与"金钉子"同时打造的、长久不为人知的另一枚副本"金钉子"，与描绘太平洋铁路落成庆典的著名油画《最后的道钉》一起，如今陈列在位于加州首府萨克拉门托的加州铁路博物馆

里，它与真正的"金钉子"几乎一模一样，黄金成色和镌刻的内容也与"金钉子"完全相同 (图 1-5)，在2005年赠予该博物馆之前，一直由 D. Hewes 的家人保管。

美国在金钉子庆典举办地普罗蒙特里峰，建立了国家级的金钉子历史纪念地 (Golden Spike National Historic Site)，为再现当年的场景，还在现场陈列着当年中央太平洋铁路公司和联合太平洋铁路公司开到庆典仪式上的两部机车的复制品 (图 1-6)，供游人参观。

地层学借用"金钉子"这个历史典故，作为用地质年代划分显生宙乃至部分元古宙地层的唯一标准——"全球

图1-6 在现今的金钉子国家历史纪念地普罗蒙特里峰，当年金钉子庆典仪式现场（41°37′4.67″N，112°33′5.87″W），陈列着朱庇特号机车和UP119号机车的复制品

（Hyrum K. Wright 摄）

标准层型剖面和点位（GSSP）"的俗称，恰当地表明，一个"全球标准层型剖面和点位"的确定，代表了年代地层学中一项巨大工程的完成，也形象地表达了它是"钉进"地球表面的一个有特殊含义的地理"点"，隐喻了它在年代地层学中的重要地位及其里程碑式的科学意义。由于地层学"金钉子"的科学性、严密性和实用性，面世以后迅速被国际学术界广泛接受，成为国际地层学研究的热点。

参考文献

黄安年. 2006. 沉默的道钉——建设北美铁路的华工. 北京：五洲传播出版社.

黄安年. 2008. 沉默的华工和贯通北美大陆的中央太平洋铁路. 史学月刊，2008（1）：93-99.

生键红. 2010. 美国中央太平洋铁路建设中的华工. 上海：中西书局.

Bowman J N. 1957. Driving the Last Spike at Promontory, 1869. California Historical Society Quarterly, 36(2): 96-106; 36(3): 263-274.

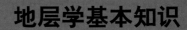 **地层学基本知识**

古生代地层组成的珠穆朗玛峰。接近顶峰的褐黄色条带是著名的"黄带层"，我国称绒沙组，时代被认为是奥陶纪，此层在印度被认为是寒武纪。"黄带层"之上的尖顶部分是奥陶纪的甲村组，之下是寒武纪的北坳组

（朱学剑 摄）

## 2.1 地层和地层学

地球形成至今已有46亿年的历史,在这漫长的地质历史时期,地球表面日积月累,形成了在野外常见的层状岩石——地层。地层就像一部记录地球历史的万卷"史书",其每一层岩层犹如一面书页,岩层中所含的各类物质化学成分及化石就是写在这部"史书"上的"文字",记载了地球生命的发生、演化和演替过程,还记载了地史时期的古地理变迁、沉积环境演变、地球磁场变化、构造变动和火山活动等多方面的信息。

研究地壳表层成层岩石的学科是地层学,它是地质学中的一门基础学科,现代地层学的概念已经扩展到非成层的岩石。地层学的研究范围主要包括地层的层序关系、接触关系、空间变化关系以及地层的划分、对比和地层系统的建立。地层的层序关系有上下叠覆的正常层序,也有经历构造变动后上下地层颠倒形成的倒转层序。地层间的接触关系有连续的,也有不连续的;不连续地层间的沉积中断有短期的,也有长期的;间断面上下的地层可以形成多种不整合关系(如常见的平行不整合接触和角度不整合接触)。地层可以在横向和纵向发生岩性或沉积岩相的变化,根据这些变化,可以判断地层形成时的沉积环境及其时空演变。

依据地层划分的手段和方法,又可从地层学中进一步分出一系列分支学科,如年代地层学、岩石地层学、生物地层学、化学地层学、层序地层学、磁性地层学、旋回地层学、定量地层学,等等。其中,年代地层学、岩石地层学和生物地层学是三个主要分支。年代地层学以地层的地质年代归属为主要研究内容,以时间界面为基准划分地层,研究岩石体的相对时间关系及年龄,从而建立全球和区域性的年代地层系统和地质年代系统,其核心是为地球历史时期的一切地质事件和过程建立时间坐标。岩石地层学研究地层的岩石学特征和岩石学特征组合,以岩性变化的界面划分地层,是建立区域或地方性地层层序的主要方法。生物地层学以地层所含生物化石为主要研究内容,以化石和化石组合在地层中的分布和演替变化来划分、对比地层和建立生物地层系统。由于某些生物的演替在全球范围内具有同时性和一致性,所以生物地层研究在年代地层研究和确立"金钉子"的过程中发挥了重要作用。化学地层学研究地层中化学元素和稳定同位素在时间演化和空间分布上的特征和规律,据以划分和对比地层。由于稳定同位素的演化通常具有全球同时性和一致性,稳定同位素化学地层学在全球年代地层研究和确立"金钉子"的过程中也日益受到重视。地层中化学元素含量的变化,还有助于推断地史时期地球海洋化学环境演变的规律。其他地层学分支学科在地层对比和全球年代地层研究中也有或多或少的作用。

岩层在空间形成的状态和方位称为产状。在海洋洋底形成的沉积物,其产状通常是水平的。这些沉积物在成岩期间和成岩以后如果不被地壳上升、挤压等构造活动影响和改造,仍然保持其原始产状,就成为产状近于水平的地层。多数情况下,构造活动会使原始产状为水平的沉积物在成岩过程中或成岩之后,发生不同程度的倾斜,形成产状倾斜甚至倒转的地层。产状倾斜的地层通常对称地分布在向斜和背斜的两翼;而产状倒转岩层则叠覆在向斜的对应一翼或被背斜的一翼所叠覆。

对于倾斜的岩层,其层面倾斜的方向称为倾向,与倾向垂直的岩层面的方向称为走向,岩层层面与水平面的交角称为倾角。倾向、走向、倾角合称岩石产状三要素(图2-1)。

### 2.1.1 产状近于水平的地层

地壳中的许多岩层,产状近于水平(图2-2~图2-5)。这样的岩层在成岩后随地壳上升到地表的过程中,基本没有受到构造活动的影响和改造,因而仍保持原始的水平产状。产状近于水平岩层,通常发育垂直节理,在被深度切割和侵蚀后,容易受到重力作用发生崩落,形成大峡谷和十分壮观的峭壁。中国的太行大峡谷、张家界金鞭溪峡谷,美国的亚利桑那州大峡谷,俄罗斯勒拿河两岸绵延数百千米的峭壁都与水平产状的地层发育有关。

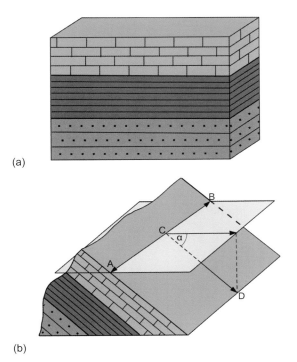

(a)

(b)

图2-1 地层产状和倾斜岩层的产状要素　a.原始产状未发生改变的水平岩层;b.产状倾斜的岩层。AB,走向;CD,倾向;α,倾角。

图2-2 产状近于水平的地层实例——河南安阳林州市林虑山大峡谷的中元古界汝阳群云梦山组由产状水平的红色石英砂岩组成的地层
这种岩石在距今12亿年前形成,绝大多数发育水平层理,但有的岩层内发育有斜层理(例如下方攀岩者上半身所对应的岩层)。近于水平的产状表明地层的原始产状在成岩后基本没有因地壳的上升和构造运动发生倾斜。图中上部也能见到在水平岩层内经常发育的垂直裂隙,自上而下切断许多层岩层。在长年累月的流水侵蚀作用和重力作用的双重影响下,岩石会发生崩落而形成高达数十至数百米的峭壁。

〔秦红宇　摄,《中国国家地理》供图〕

图2-3 产状近于水平的地层实例——湖南张家界天子山中泥盆统云台观组由产状近于水平的石英砂岩组成的地层 地层中的垂直裂隙特别发育，将这套地层分割出一个个细长的岩柱，蔚为壮美。 （彭善池 摄）

图2-4 产状近于水平的地层实例——美国科罗拉多州大峡谷 由寒武系Tonto群（距今5.2～5亿年，自下而上由砂岩、页岩和灰岩组成）至新近系Kai-bab组（距今约269万年，主要由灰岩组成，图中地层的最顶部）的地层组成，全部是产状近于水平的岩层。寒武系Tonto群不整合于前寒武纪大峡谷超群（Grand Canyon Supergroup，距今约10亿年）或Vishnu杂岩（距今约17亿年，过去通常称为Vishnu片岩）之上。科罗拉多河流经谷底。 （雷澍 摄）

图2-5 产状近于水平的地层
实例——俄罗斯西伯利亚勒
拿河上游Zhurinsky Mys剖面
的寒武系下部Pestrotsvet组
的薄层灰岩 该剖面是俄罗斯
寒武系Atdabanian阶底界的界
线层型剖面。 （雷澍 摄）

### 2.1.2 产状倾斜的地层

地壳的构造活动会使原始产状为水平的岩层发生不同程度的倾斜，形成产状不同程度的倾斜 (图2-6～图2-10)、垂直，甚至倒转的地层。产状倾斜的地层通常对称地分布在向斜或背斜的两翼。

图2-6 产状倾斜的地层实例——湖南古丈红石林国家地质公园产状徐缓倾斜的奥陶纪紫台组泥质灰岩 ( 距今约4.7亿年 )
地层经长期风化后形成喀斯特地貌，垂直于岩层的纵沟和孤立突起的岩体是风化和溶蚀作用所产生的溶沟和石芽。（彭善池 摄）

图2-8 产状倾斜的地层实例——广西来宾蓬莱滩产状中度倾斜的二叠系来宾灰岩

（彭善池 摄）

图2-7 产状倾斜的地层实例——湖南永顺王村寒武系花桥组中部（芙蓉统排碧阶）由薄层灰岩组成的产状适度倾斜的地层 （彭善池 摄）

图2-9 产状倾斜的地层实例——湖南花垣磨子冲寒武系滇东统牛蹄塘组底部由黑色炭质页岩组成的地层 后期构造运动使原始水平的产状发生约45°的倾斜。

（彭善池 摄）

图2-10 产状倾斜的地层实例——西藏聂拉木县甲村附近的由土黄色板岩组成的、产状倾斜的前寒武系—寒武系肉切村组（或北坳组）地层 图中心部位的石柱为人工堆砌,远处雪山为希夏邦马峰。 （彭善池 摄）

### 2.1.3 产状近于直立的地层

强烈的地壳构造活动有时能使岩层垂直于地表，形 成产状近于直立的地层（图2-11，2-12）。

图2-11 产状直立的地层实
例——重庆城口寒武系石牌组
内的产状近于垂直的薄层灰岩

（彭善池 摄）

图2-12 产状直立的地层实
例——哈萨克斯坦南部小卡拉
套附近Batyrbai剖面的寒武系
Batyrbaian阶（与寒武系芙蓉
统第10阶相当）的薄层灰岩和
中厚层的砾屑灰岩 岩层的产
状在85°～90°间。

（雷澍 摄）

### 2.1.4 褶皱的地层

原始产状为水平的沉积物在成岩过程中或成岩之后，受海底地形或构造变动影响，会发生弯曲变形，形成不同规模的滑动褶皱 (slump fold)、褶曲和褶皱 (fold) (图2-13~图2-16)。

在构造变动的强烈挤压作用下，岩层会发生塑性形变，产生波状弯曲。通常一个弯曲称褶曲，如果是一系列弯曲，称褶皱 (图2-15)。褶曲的基本组成包括核、翼、枢纽、轴面等，褶曲的中心部分称为核部，在地质图上，它是一个褶曲最中央的岩层；核部两侧相对倾斜的岩层是褶曲的翼。褶曲有两种基本形态，一种是向斜，是岩层向下弯曲的部分，即两翼相向倾斜的褶曲；一种是背斜，是岩层向上弯曲的部分，即两翼相背倾斜的褶曲。如果向斜或背斜的一个翼发生倒转，倒转翼在向斜中叠覆于对应翼上，在背斜中被对应翼所叠覆。

一个褶曲的最大弯曲点的连线称为枢纽，轴面是褶曲的每个相邻岩层的枢纽所连接成的面，它可以是平面，也可以是不规则的曲面。

图2-13 滑动褶皱的地层实例——湖南花垣磨子冲寒武系都匀阶清虚洞组薄层石灰岩中发育的一系列滑动褶皱 滑动褶皱是沉积在倾斜海底地形上（如陆棚斜坡和大陆斜坡上）的沉积物，因海底地形的关系，在成岩过程中受到重力作用影响后发生滑动形成滑动褶皱，滑动褶皱的规模通常相对较小。

（雷澍 摄）

图2-14 滑动褶皱的地层实例——湖南桃源瓦儿岗寒武系沈家湾组内的滑动褶皱 （雷澍 摄）

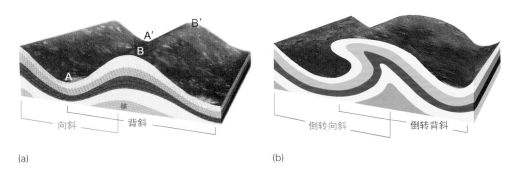

(a)                                                          (b)

**图2-15 由一个向斜和一个背斜组成的褶皱示意图** AA′和BB′分别为向斜和背斜最上部岩层的枢纽，AA′和BB′所在的假想垂面分别为向斜和背斜的轴面，核部是位于褶曲的中心部位的岩层，两侧相对倾斜称为翼。背斜核部的岩层较老，两翼岩层较新；向斜核部的岩层较新，两翼岩层较老。a. 褶皱的岩层因为没有发生直立或倒转，层序正常，由下而上，时代越来越新；b. 褶皱的岩层向斜或背斜的一个翼发生了倒转，接近于平卧，在这个倒转的翼上，层序的顺序反转，时代老的地层覆盖在新的地层之上。 （据郑度，2005修改）

**图2-16 褶皱的地层实例——位于英国多塞特郡Lulworth褶皱的侏罗系—白垩系过渡地层** 图中右部深色岩层为Portland Stone群顶部的地层，时代为侏罗纪；上覆的浅色岩层为Purbeck Limestone群底部的地层，时代为侏罗纪—白垩纪。 （张兴亮 摄）

## 2.2 相对地质年代和地层学的基本定律

地层有层序和年代的概念，即有下与上、老与新或沉积时间早与晚之分。一套地层相对于另一套地层形成时间的早晚关系称为相对地质年代。地层学家通常依据以下三个定律即地层叠覆律 (Law of Superposition)、化石层序律 (Law of Fossil Succession) 和地层切割律 (Principle of Cross-cutting Relationships)，来确定地层的相对地质年代。

### 2.2.1 地层叠覆律

地层叠覆律是确定地层相对年龄的定律，它是由丹麦解剖学家和地质学家 Nicolas Steno( 丹麦原名 Niels Stensen) (图 2-17) 提出的。N. Steno 是现代地层学和现代地质学的奠基者之一，他在 1665 年去了意大利，先在意大利北部的帕多瓦大学 (University of Padua) 任解剖学教授，后来去了托斯卡纳大区 (Tuscana Region) 首府佛罗伦萨，成为托斯卡纳大公斐迪南二世 (Ferdinando II de' Medici) 的家庭医生，后者很重视艺术和科学。N. Steno 在托斯卡纳大区对地貌和地层进行了广泛的地质考察，于 1669 年发表了题为《固体中天然含有另一固体的初步探讨》( *Preliminary discourse to a dissertation on a solid body naturally contained within a solid* ) 的论著 (Steno, 1669, 图 2-18)，提出了地层学上这条著名定律，奠定了近代地层学的基础。该定律包括三个基本原理：地层叠覆原理、原始水平原理和原始岩层侧向延续原理。即原始的沉积物均为水平或近于水平 (图 2-19)，倾斜地

图 2-17　N. Steno（1631—1686）　图 2-18　N. Steno1669 年发表的论著

图 2-19　层序正常的地层实例——英格兰南部多塞特郡 Lyme Regis 镇西南约 2 km Pinhay 湾海滨陡崖出露的侏罗纪地层　岩层产状近于水平，层序正常，含丰富的可精确确定地层时代的菊石化石。图中人物脚下的 Penarth 群 Langport 段浅色灰岩形成在先，时代较老；而膝盖以上对应的是依次逐层沉积的 Blue Lias 组深灰色泥岩和灰质泥岩，从下至上时代越来越新。
　　　　　　　　　　　　　　　　（雷澍　摄）

层都是后期改造的结果,并不反映原始状态;相互叠置的地层在后期未受剧烈地壳运动扰动并发生倒转的情况下,位于下面的地层形成在先、时代较老,叠覆于其上的地层形成在后、时代较新;原始的岩层沿水平方向逐渐消失或过渡为其他成分的岩层。

当地层因为构造运动发生倾斜但未倒转时,地层叠覆律仍然适用,这时倾斜面以上的地层年代较新,倾斜面以下的地层年代较老(图2-20)。但是,当地层经剧烈的构造运动,层序发生倒转时,上下地层的年代关系正好相反(图2-21)。在这种情况下,就需要通过对所含生物化石的研究来确定地层的顺序或新老关系。

图2-20 层序正常的地层实例——捷克布拉格郊区 Daleje 谷 Požáry 组较为倾斜但层序正常的地层,是定义全球志留系普里道利统底界的 Požáry "金钉子" 剖面 普里道利统的底界(图中人物手指所指之处)位于 Požáry 组之内,界线之上的地层是时代较新的普里道利统,之下的地层是时代较老的罗德洛统卢德福特阶。

(彭善池 摄)

图2-21 层序倒转的地层实例——奥地利因斯布鲁克市北东约25 km的 Hintterriss 村附近定义侏罗系底界的 Kuhjoch "金钉子" 剖面 这是一套产状发生倒转、以细碎屑岩为主的地层。侏罗系底界(红线)就处于这套倒转的地层中,与斯佩娜裸菊石(*Psiloceras spelae*)的首现层位一致。界线之上为时代较老的三叠系,覆盖于界线之下时代较新的侏罗系之上(白色虚线为岩石地层界线,E.M.和T.M.分别代表 Kössen 组 Eiberg 段和 Kendlbach 组 Tiefengraben 段,前者形成在先)。岩层受构造运动发生倒转后,地层叠覆律就不适用了,需要根据岩层中的化石来判断地层的新老关系。与正常的层序相反,倒转的地层中,位于上面的地层时代老,下面的地层时代较新。在强烈的构造运动后,即便产状不倒转而只是变得直立或几乎直立时,地层叠覆律有时也不适用,这时需根据岩层中的化石来判断地层新老关系。

(据 Hillebrandt *et al.*, 2013 修改)

三叠系

侏罗系

E.M.

T.M.

### 2.2.2 化石层序律

化石是由于自然作用而保存于地层中的古生物的遗体、遗迹等的统称。地球上的生物在地质历史中的演化遵循从低级到高级、从简单到复杂、从水生到陆生的规律，这个过程是不可逆的。地层的层位越低，所含的化石越简单；反之，地层的层位越高，所含的化石就越复杂，面貌也越接近现代。化石层序律由英国地质学家 William Smith (图2–22) 于1796年提出。1793—1799年，他通过6年的地质调查和填图，认识到"每一岩层都含有独特的生物化石"。随后在1816—1819年通过发表4卷的巨著《地层的化石鉴定法》(*Strata identified by organized fossils*)，详细阐述了化石层序律和地层叠覆律的基本原理和方法。他认为相同岩层总是以同一叠覆顺序排列着，每个连续出露的岩层都含有其本身特有的化石，利用这些化石就可以把不同时期的岩层区分开。也就是说，含有相同化石的地层，时代相同；含有不同化石的地层，时代也不相同。因此可以根据所含化石内容和组合特征来鉴别岩石的相对年龄 (Douglas, 2005) (图2–23, 2–24)。

图2-22　W.Smith（1769—1839）　化石层序律的创立者，在1815年发表英国第一张地质图（Bonney, 1898）。1831年被授予伦敦地质学会的最高奖励 Wollston 勋章，授勋仪式上，被时任学会会长 Adam Sedgwick 赞誉为"英国地质学之父"。

（Hugues Fourau　绘）

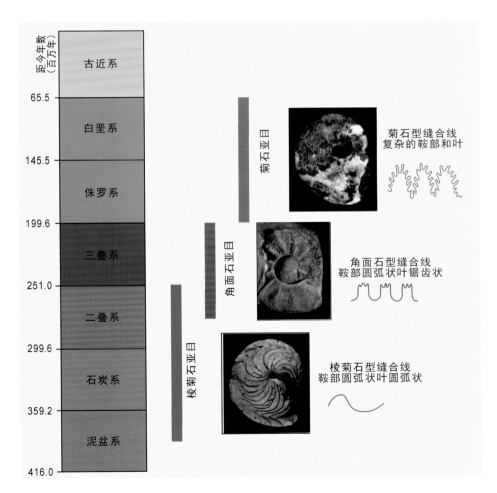

图2-23　菊石类在地史中的演化　左列自下而上为地质年代由老至新的地层。中间的竖线和照片分别为各菊石亚目延续的地层跨度（即各菊石亚目在地层中的垂直分布）和代表性化石。右侧是各亚目的缝合线图，表明缝合线（隔壁与外壳内壁的交线）的鞍和叶在不同地史期间演化后的截然不同形态；地层的层位越高，菊石的缝合线就越复杂，代表了菊石动物从老到新的演化。

（据 Babcock, 2009 修改）

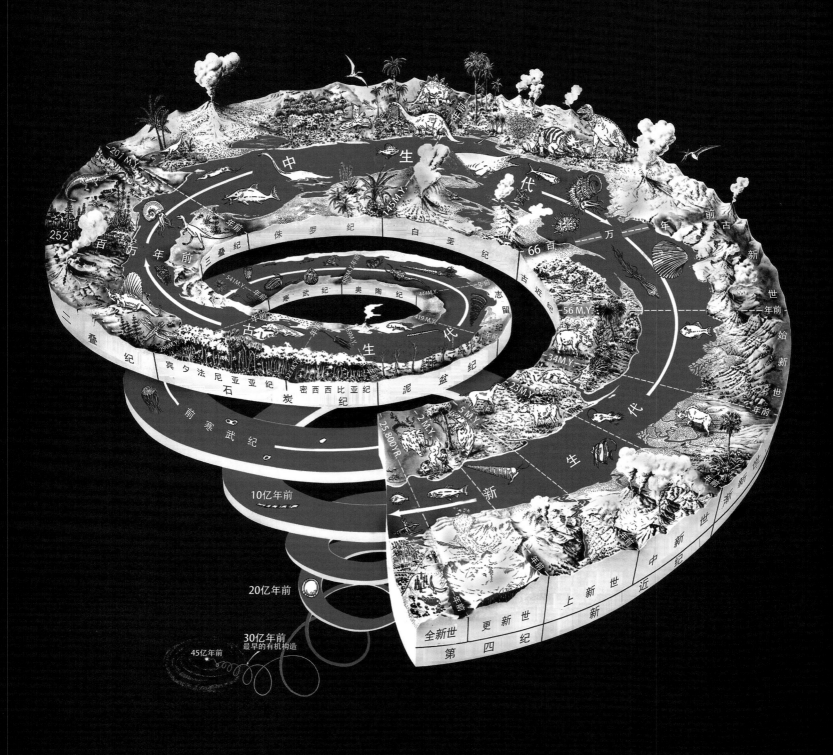

图2—24　地质年代螺旋——通往远古的路径　地球已存在约46亿年，地球上的生命也已延续了约30亿年。地球生命在漫长地史时期不断演化，遵循从低级到高级、从简单到复杂、从水生到陆生的规律，这个过程是不可逆的。保存在地层中的化石近于完整地记录了地球生命的演化过程。地层的层位越低，所含的化石越简单；反之，地层的层位越高，所含的化石就越复杂，面貌也越接近现代，这张地质年代螺旋图，概略了地球生命随时间推移的演化过程。

（Joseph Graham, William Newman, John Stacy 设计，Will Stettner 绘图，美国地质调查所允许引用、汉译）

### 2.2.3 地层切割律

地层切割律是依照地层之间的穿插、接触关系判别地层新老的定律。基本含义是：较老的地层会因构造变动发生倾斜而与较新沉积的地层发生不整合接触，或因断层或岩浆活动被其他地质体穿插。在这些情况下，较老的地质体总是被较新的地质体切割或穿插（图2-25~图2-27）。18—19世纪英国两位著名地质学家James Hutton（图2-28）和Charles Lyell（图2-29）对地层的切割律做过论述。1785年J. Hutton在苏格兰的Glen Tilt找到了花岗岩穿插到片岩之中的证据。1787年他还在苏格兰Arran岛观察到第一个角度不整合的例子（Montgomery，2003）。次年，J. Hutton在爱丁堡皇家学会上宣读了一篇论文（Hutton，1788），阐述了他的地球"火成论"和"均变论"学说，修正了以往"水成学派"认为的所有岩石都是在大洋中形成的片面观点。1788年，又在苏格兰东海岸的Siccar角观察到角度不整合面，即著名的"赫顿不整合

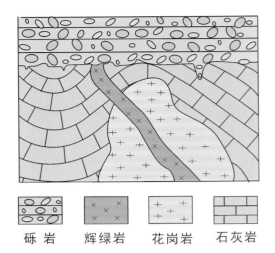

| | | | |
|---|---|---|---|
| 砾岩 | 辉绿岩 | 花岗岩 | 石灰岩 |

**图2-25　地层切割律示意**　根据地层切割律，切割或穿插其他地层的岩层或岩体，形成较晚（地质时代较新），而被切割或者被穿插的地层或岩体，形成较早（地质时代较老）。图中石灰岩被其他3种岩石体切割或穿插，它形成得最早、时代最老；穿插石灰岩的花岗岩，形成时代晚于石灰岩；穿插花岗岩和石灰岩的辉绿岩，形成时代晚于花岗岩和石灰岩；而砾岩不整合在石灰岩之上并且切割辉绿岩，形成得最晚，即晚于石灰岩、花岗岩、辉绿岩，时代最新。

**图2-26　地层切割律实例——美国亚利桑那州大峡谷的角度不整合**　图中上部寒武系Tonto群的Tapeats组（砂岩）几乎是水平的。它沉积在产状倾斜的中元古界大峡谷超群之上（图下部），两者之间构成角度不整合接触。据此推断，在Tapeats组沉积之前，大峡谷超群是倾斜的并受到剥蚀。

（James St. John　摄）

(Hutton's Unconformity)"（图2-30）。在大量野外观察基础上，他于1795年出版了著名的《地球原理》(*Theory of the Earth*) 一书 (Hutton, 1795)，书中对切割律作了阐述和解释。以后，C. Lyell 也在他的《地质学原理》(*Principles of Geology*) (Lyell, 1830) 对切割律作过阐述和解释。

图2-27　地层切割律实例——美国内华达州Mohave沙漠的新生代火成岩脉（图中棕黄色部分）切割了稍微褶曲的寒武纪灰岩（图左灰色部分），岩脉至少比灰岩年轻5亿年
〔据Babcock, 2009〕

图2-28　J. Hutton（1726-1797）　苏格兰人，他的重要贡献在于确认地层系统之间存在不整合现象的事实和意义，提出地球的发展存在着平静的沉积时期和激烈的抬升交替的"地质循环（geological cycles）"时期。

图2-29　C. Lyell（1797-1875）　英国皇家学会会员，被誉为"现代地质学之父"。他为均变论的形成和确立做出了重要贡献，是地质学渐进论和"将今论古"的现实主义方法的奠基人。

图2-30　地层切割律实例——苏格兰Siccar角的不整合面　平缓倾斜的老红砂岩（距今约3.45亿年，英国老红砂岩是志留纪晚期至石炭纪早期的沉积，Siccar Point的老红砂岩时代为早石炭世，不是以往认为的泥盆纪）覆盖在近于垂直的志留系杂砂岩（距今约4.3亿年）之上。这是J. Hutton用来确切证明地层切割律的典型地点。　（Dave Souza　摄）

### 2.2.4　地层的接触关系

地层的接触关系是指新老地层或岩石在空间上相互叠置的状态，是地壳运动在岩层中的表现。地壳下降会在水下产生沉积作用，如果地壳稳定且持续下降或虽有上升，但维持在水面之下，沉积作用就持续发生。但如果在地层形成之后，由于地壳上升而暴露在地表，沉积发生中断，已形成的地层会受到剥蚀。在地壳上升期间，地层还会受到不同程度的地质作用而发生产状倾斜。如果地壳以后又再次下降接受新的地层沉积，这套地层和后期新沉积的地层就会产生不同的接触关系。

地层的接触关系主要有三种，即整合接触（conformity）、不整合接触（unconformity）和侵入接触

（intrusive contact）（图2-31，2-32）。其中不整合接触又有三种主要类型，即平行不整合（disconformity）、角度不整合（angular unconformity）和非整合（non-conformity）。此外，整合接触和不整合接触为沉积接触；岩浆侵入岩层形成非成层的岩浆岩，与围岩之间形成侵入的接触关系。

#### 1. 整合接触

两套地层为连续沉积，其间不存在侵蚀面，表明它们之间没有沉积间断或地层缺失，地层的时代也连续，所含的生物连续过渡。在露头上，整合接触的上下两套地层的产状一致，新岩层在上，老岩层在下（图2-33，2-34）。

#### 2. 不整合接触

（1）平行不整合接触

平行不整合又称假整合。是指在侵蚀面上下的两套

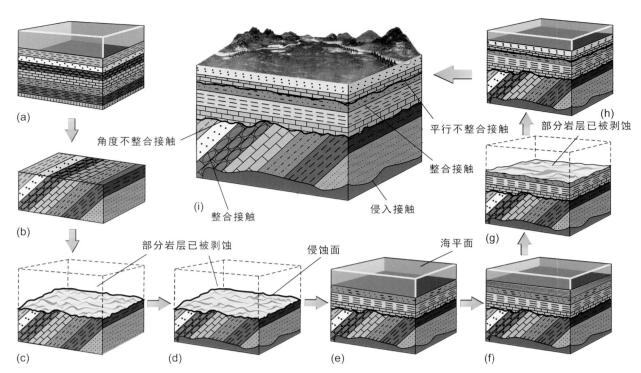

**图2-31　地层的整合接触、平行不整合接触、角度不整合接触和侵入接触示意**　a. 在海洋环境中发生沉积作用,形成成层岩层——地层,地层间形成整合接触关系;b. 在地质作用下,地层发生倾斜;c. 地壳上升,地层暴露地表,部分受到剥蚀;d. 岩浆从底部侵入到地层之中,与围岩形成侵入接触;e. f. 地壳下降,在老的倾斜地层之上再次发生沉积作用,新老地层之间形成角度不整合接触;g. 地壳再次上升,暴露在地表的地层部分受到剥蚀;h. 地壳又一次下降,在未受到剥蚀的地层上沉积新的地层,新老地层之间形成平行不整合(假整合)接触关系;i. 地壳又一次上升后,成为现今所见地貌,地层又一次经受剥蚀作用。

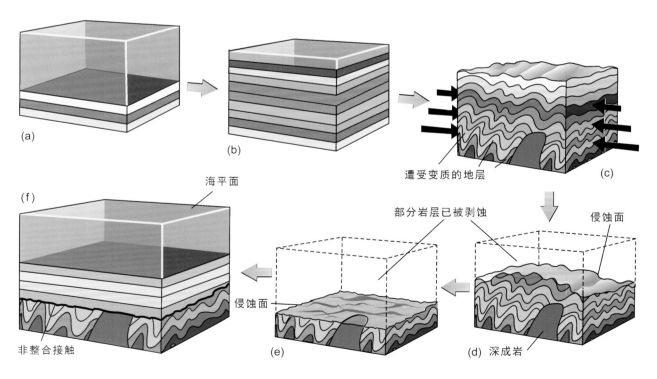

**图2-32　地层的非整合接触和侵入接触**　a. 在海洋环境中发生沉积作用,形成成层岩层——地层;b. 巨厚的地层沉积深度埋藏,地层发生倾斜;c. 侧向压缩,最下部的一些地层强烈变形、变质,后期有深层岩浆侵入,地壳上升后地层遭受剥蚀;d. 继续遭受剥蚀;e, f. 地壳下降再沉积新地层,新老地层形成非整合接触。

图2-33　地层整合接触实例——澳大利亚阿德莱德附近的Myponga海滨寒武系下部Sellick Hill组由砂岩、粉砂岩、页岩组成的地层　地层连续沉积，各岩层间呈整合接触。 　　　　　　（彭善池　摄）

图2-34　地层整合接触实例——湖南桃源瓦尔岗寒武系芙蓉统沈家湾组内连续沉积的细晶灰岩岩层　图左面为厚层灰岩，中心偏上部位是它的顶面，顶面十分平坦，没有任何剥蚀痕迹，与上覆的薄层灰岩间呈整合接触。图左上部能见到两者的整合过渡关系。图中红点（不是红线）是产三叶虫化石的层位，经鉴定，上下两层间的化石组合近于完全一致，并无化石带的缺失。 　　　　　　（雷澍　摄）

图2-35 地层平行不整合接触实例——北京昌平下苇甸村附近新元古界景儿峪组(下,距今约8亿年)与寒武系昌平组(上,距今约5.14亿年)之间的平行不整合(白色虚线处) 景儿峪组顶界为侵蚀面,两组间缺失近3亿年的地层沉积。(苏德辰 摄)

图2-36 地层平行不整合接触实例——贵州瓮安埃迪卡拉系陡山沱组内的平行不整合 图中下部灰白色岩层是位于该组中部的中—厚层状白云岩,顶部灰白色岩层是该组上部的磷灰岩,其间含大量"胚胎"化石。白云岩和磷灰岩之间是一层黑色页岩。白云岩与上覆黑色页岩之间为平行不整合接触,在白云岩顶部发育风化了的古喀斯特层(近白色条带),其顶面是侵蚀面。 (朱茂炎 摄)

图2-37 地层平行不整合接触实例——贵州省金沙岩孔剖面寒武系娄山关组上部(芙蓉统)岩层 地质锤所在位置是波状古岩溶(喀斯特)侵蚀面,侵蚀面之上是富含食盐假晶构造的中厚层白云岩,下部是灰褐色中层状白云岩,顶部具风化形成的渣状构造及微型喀斯特漏斗,紧接侵蚀面之上的棕黄色薄层状粘土层可能是古风化壳或火山灰层。 (左景勋 提供)

图2-38 地层平行不整合接触实例——广西来宾二叠系内岩石地层单位马平组和栖霞组的界线地层(界线年龄约2.8亿) 图下部灰白色厚层块状灰岩属马平组,其顶界为侵蚀面,侵蚀面之上沉积的灰色薄层硅质灰岩属栖霞组,两者间缺失"栖霞组底部煤系"或栖霞组底部的生物带,即缺失数十至数百万年的沉积。 (沈树忠 摄)

地层产状一致，但时代不连续（所含生物不连续过渡），两套地层间有沉积间断或剥蚀面，即有地层缺失。表明下面一套地层因构造运动或海平面下降地壳相对上升而暴露在地表，受到过剥蚀作用，其后又相对下降到海平面以下，再次接受上覆一套地层的沉积。在上下运动期间，地层产状基本保持不变，没有因地壳运动而发生倾斜（图2-35~图2-38）。

(2) 角度不整合接触

角度不整合是指在侵蚀面上下的两套地层产状不一致，以一定的角度相交的接触关系。上下两套地层的时代不连续，有沉积间断或地层缺失。表明沉积在先的下面一套地层曾经历过强烈的构造运动，如发生过褶皱、断裂、变质作用或岩浆活动等，而后再下降到海平面以下接受上覆的一套地层的沉积（图2-31，2-39）。

(3) 非整合接触

非整合是强烈褶皱古老岩体或变质岩在经受长期的暴露、风化、剥蚀后，与新沉积的地层之间的接触关系。在侵蚀面之上新沉积的地层并未经受过接触变质作用，其底部通常会沉积下伏岩体或变质岩来源的底砾岩（图2-32，图2-40~图2-43）。

3. 侵入接触

侵入接触是岩浆岩与围岩（岩浆岩、变质岩或沉积岩）之间的一种接触关系。岩浆侵入到先期形成的围岩中，经冷凝结晶形成岩浆岩（图2-27，2-31，2-32）。

图2-40 地层非整合接触实例——天津市蓟县元古界长城系常州沟组与下伏太古界片麻岩之间的非整合接触 图中站立者双脚所在地层是太古宇片麻岩（距今30~25亿年），其上的地层是常州沟组中一厚层石英砂岩（距今约18亿年），其间缺失7~12亿年的沉积。 （梅冥湘 摄）

图2-41 地层非整合接触实例——四川南江埃迪卡拉系莲沱砂岩（图上半部地层，距今约6.5亿年）与下伏的花岗岩体之间的非整合接触 花岗岩体顶部有平缓波状的侵蚀面，表明曾长期受到侵蚀，岩体内垂直节理极为发育，也有一些水平节理，易被误认为是层面。花岗岩年龄不详，如若与长江三峡的黄陵花岗岩同期侵入，距今年龄估计约为8.2亿年。如果准确，两者间可能有约1.7亿年的时间间断。 （朱茂炎 摄）

图2-39 地层角度不整合接触实例——加拿大新斯科舍省Rainy湾的角度不整合 图下部产状陡峭的石炭系Horton Bluff组（距今约3亿年）被产状徐缓倾斜的三叠系Wolfville组（距今约2.5亿年）所切割，形成角度不整合。 （Michael C. Rygel 摄）

图2-42 地层非整合接触实例——云南会泽埃迪卡拉—寒武系灯影组（距今5.5～5.3亿年）与下伏中元古界昆阳群（距今14～10亿年）之间的非整合接触 图下部强烈挤压变质的是昆阳群，顶部是古风化壳（呈土黄色带状分布），上覆厚层状岩石是灯影组白云岩。上、下两套地层间缺失4.7～8.7亿年的沉积。

（朱茂炎　摄）

图2-43 地层非整合接触实例——美国亚利桑那州大峡谷寒武系Tonto群Tapeats组的砂岩（距今约5.2亿年）沉积在古元古界Vishnu杂岩（距今约17亿年）之上构成的非整合接触 在这两套地层中间，有近11亿年的时间间隔。Tapeats组有时在大峡谷其他地方会沉积在大峡谷超群之上，这时，两者间呈角度不整合接触（参见图2-26）。

（Marli B. Miller　摄）

## 2.3 地层分类类型

构成地层的岩石本身具有诸多不同特性,地层分类 (stratigraphic classification) 是根据岩石客观存在的不同特征或属性将岩层划分为不同类型的地层。常用分类方法有三大类型:以形成时间作为划分依据的时间地层或年代地层;以岩性作为主要划分依据的岩石地层;以化石作为划分依据的生物地层。此外,与确立"金钉子"有关的还有同位素化学地层和层序地层等。建立单独一套地层单位来表示地层的所有不同性质是不可能的,因而需要建立不同类型的地层单位或地层系统。

### 2.3.1 年代地层系统和地质年代系统

年代地层学是地层学中研究地球岩层相对时间关系和年龄的学科。地质科学家根据地层形成的相对时间,建立了一套等级系统来划分地球历史时期形成的所有地层,即年代地层系统,"由大到小"依次为宇、界、系、统、阶,它们均是年代地层单位 (图2-44),其中阶是基本单位。综合的全球通用年代地层系统的框架是《国际年代地层表》(插页),它是国际地层委员会在近50年内组织全世界顶尖地层学家进行研究的成果,目前这个表还在进一步完善之中,最终完成的《国际年代地层表》将是完全连续的、按形成年代叠加的年代地层系统。与之相对应,地质科学家还建立了一套时间等级系统来划分地球的历史,即地质年代系统,"由长到短",依次分为宙、代、纪、世、期,它们都是地质年代单位与《国际年代地层表》相对应的是全球通用的《地质年代表》(插页)。地质年代系统与历史学家把人类历史划分为社会、朝代和年号十分相似,《地质年代表》与《中国历史年表》也十分类似。显而易见,在一段地质时期里,在地壳的海洋或陆地上会相应沉积一段地层,这段地层构成相应的年代地层。因此,在地球历史上某个时间跨度内 (地质年代) 形成的所有地层,无论其形成于何种环境 (如海相、陆相、海陆交互相、喷发岩相等),也无论是何种岩性 (如灰岩、页岩、砂岩、凝灰岩等),这段地层都是同时产生的,都应是同一名称的年代地层 (图2-45)。

《国际年代地层表》和《地质年代表》由国际地层委员会发布,每年更新。它们是地学领域生产实践和科学研

| 年代地层等级系统 | 地质年代等级系统 |
|---|---|
| 宇 | 宙 |
| 界 | 代 |
| 系 | 纪 |
| 统 | 世 |
| 阶 | 期 |
| 亚阶 | 亚期 |

**图2-44　年代地层系统和对应的地质年代系统的等级系列**
自上而下,单位等级依次降低,下一级单位从属于上一级单位。

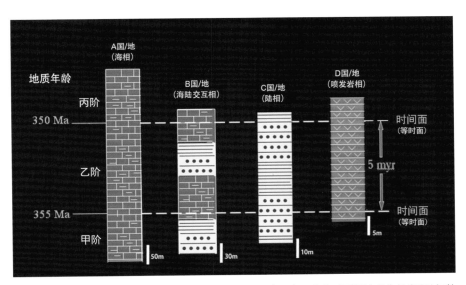

**图2-45　年代地层单位属性示意图**　年代地层单位乙阶是由两个等时面即该单位的底界(年龄假设距今3.55亿年)和其上覆的丙阶的底界(年龄假设距今3.50亿年)所限定的,乙阶是在500万年这一地质时间段里在世界各地所沉积的地层,无论其形成于何种环境(如海相、陆相、海陆交互相、喷发岩相等),也无论其是何种岩性。如在A国(或A地),乙阶或许是海相沉积的碳酸盐岩组成的地层(如灰岩等);在B国(或B地),乙阶或许是海相碳酸盐岩与陆相碎屑岩(如砾岩、砂岩等)交替沉积的地层;在C国(或C地),乙阶或许是陆相沉积的碎屑岩地层;而在D国(或D地),乙阶或许是陆相或海相沉积的喷发岩(如玄武岩、凝灰岩等)。Ma=百万年,为时间点(距今年数);myr=百万年,指持续的时间长度。

究通用的国际划分标准。《国际年代地层表》中有专门一栏用于标注"金钉子",标注所有被"金钉子"正式定义了的阶的底界。迄今已在19个国家为66个阶的底界确立了"金钉子",其中65枚在显生宇,1枚在元古宇。未标注的阶的底界今后将陆续被"金钉子"定义。本书所附《国际年代地层表》是国际地层委员会2015年1月发布的中文版本(Cohen et al., 2015;樊隽轩等, 2015),带红方框的10枚"金钉子"是在中国确立的。所附《地质年代表》根据2015年1月的中文版《国际年代地层表》和2012年的英文版《地质年代表》(Gradstein et al., 2012)翻译和绘制。

### 2.3.2 岩石地层系统

组成地层的岩石多种多样,如石灰岩、硅质岩、页岩、砂岩、砾岩等,它们都是沉积岩;又如大理岩、板岩等是变质岩;玄武岩、花岗岩等是岩浆岩。按岩石性质划分的地层是最简单、最直观的方法,这种地层称为岩石地层。例如,一套地层从下到上由砾岩、页岩、石灰岩三部分组成,就可以划分为三个部分或三个岩石地层单位。地质学家建立了一套等级系统来划分岩石地层,"由大到小"依次为群、组、段、层(图2-46),它们都是岩石地层单位。其中,组是最基本的单位,是由一种或几种岩石组成的岩石体。组有明确的顶界和底界,是在一定地理范围内易于识别,且可用来填图的岩石地层单位。几个组组成群,组又可再划分为段和层。按照岩性的不同,自下而上一个接一个层层相叠的岩层构成一个地层序列,通常称为岩石地层序列(图2-47),构成序列的每个岩层代表一个时长不等的地质时间段的沉积。岩石地层是"金钉子"研究的基础,几乎每枚"金钉子"都要明确记录"金钉子"层型剖面的岩性、归属的岩石地层单位,以及"金钉子"点位与岩石地层单位的关系,即载明"金钉子"点位的具

体地层位置,如位于界线层型剖面的某组(段、层)之内的某层位(level),和(或)与该组(段、层)底界或顶界之间的距离(即地层厚度)。

从图2-47不难看出,岩层的岩性通常有较大的变化。同一地区(或地点)在不同地质时期由于沉积环境或沉积物的变化,会形成岩性不同的岩层。图2-48和图2-49显示的是两个组一级单位之间的岩性变化;图2-50显示的是组内的岩性变化,通常可以根据组内的这种变化,将组进一步划分为段或更细分为层。地质学家根据岩性特征或岩层的组合特征来建立不同等级的岩石地层单位,即便厚度相当大但岩性几乎没有变化的一套地层,也只能建立一个组,如湘西北在寒武系斜坡环境下沉积的花桥

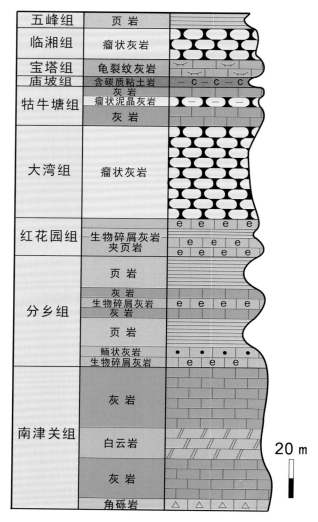

图2-47 岩石地层序列实例——湖北宜昌地区奥陶系的岩石地层序列 自下而上(由老到新),该序列由厚度差异很大的9个组构成。在这一地区,厚度最大的是南津关组,60~99米不等,而厚度最小的是庙坡组,厚仅1.2~2.6米。在地层剖面图或柱状图上,不同岩性可用不同花纹表示。中国为不同岩性制定了一套标准花纹(中华人民共和国国家标准GB 958—89)。为表示部分常见的标准岩性花纹,对图右边一栏地层柱状图各组的岩性做了简化。

(据汪啸风等,1987修改)

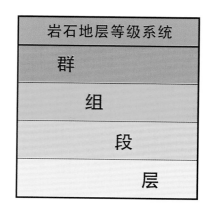

图2-46 岩石地层的等级系统 自上而下,单位的等级依次降低,下一级单位从属于上一级单位。在实践中有时并不把若干组组合为群,也不一定将组划分为段或层。

组，数百米厚的地层岩性却少有变化，应划为同一个组较为恰当。过去曾根据地层中生物内容的变化，将这段地层分为三个组就不太合适，混淆了岩石地层和生物地层的概念；相反，与相邻地层在岩性上区别较大而横向延伸较为稳定的地层，即使厚度不大，也可单独建组（如图2-47的庙坡组）。

图2-48 地层中的岩性变化实例——湖北宜昌宜（昌）—莲（沱）公路旁寒武系石牌组与天河板组之间的岩性变化 地质锤下的石牌组为土黄色粉砂质页岩（注意锤柄右下方标有石牌组代号∈s），锤上的是天河板组的薄层石灰岩（注意锤柄头左上标有天河板组代号∈t），两者的岩性截然不同。

（彭善池 摄）

图2-49 地层中的岩性变化实例——浙江长兴煤山二叠系—三叠系过渡层段岩石地层单位"长兴组"与殷坑组的分界（白线处） 下部深灰色微晶石灰岩为"长兴组"，上部薄层灰白色粘土岩为殷坑组。

（沈树忠 摄）

图2-50 地层中的岩性变化实例——广西来宾二叠系合山组内部的岩性变化 下为薄层片状的灰黑色页岩，上为薄层泥质灰岩，这样的岩性变化通常是划分地"层"的依据。

（彭善池 摄）

### 2.3.3 生物地层

地层中含有各式各样的化石 (图2-51),这些含有化石的地层可以根据所产的标准化石 (index fossil或guide fossil)、化石的组合等在地层中的分布,划分为不同性质的"生物带",如延限带、间隔带、富集带、组合带、顶峰带和谱系带等,它们是常用的生物带类型。在不与其他地层带混淆的情况下,"生物带"可简称为"带"。生物地层通常不设等级,但生物带有时可进一步划分为亚带,多个带可以组成超带。正式的生物地层单位由一个、最好不超过两个合适的化石与合适的生物带类型组合而成,如华北寒武系的蝴蝶虫富集带 (*Neodrepanura* abundance zone);华南寒武系的谢戈尔虫—伊伏辛盾壳虫组合带 (*Shergoldia-Ivshinaspis* Assemblage zone) 和泡状原球接子间隔带 (*Proagnostus bulbus* Interval zone) 等。自下而上相互接续排列的多个生物地层单位所组成的地层通常称为生物地层序列 (图2-52)。生物地层也是"金钉子"研究的基础,几乎每枚"金钉子"都要明确记录"金钉子"层型剖面的生物带或生物地层序列、各类生物的地层分布或演化关系。除少数"金钉子"外,大多数采用关键化石的首现点位 (通常与生物带底界一致),来确定所定义的年代地层单位的底界。

**图2-51  保存在岩石中的古生物(三叶虫)化石**  华北寒武系崮山组薄层灰岩层面上(及灰岩之中)保存有以璞氏蝙蝠虫(*Neodrepanura premisnili*)(左方框内)和中华蝴蝶虫(*Blackwelderia sinensis*)(右方框内)为主的密集三叶虫化石组合(图中主要为分离保存的尾部和活动颊等,几乎没有头盖)。根据崮山组(狭义)内的化石分布和组合特征,通常将该组划分为两个三叶虫带,即下部的蝴蝶虫(富集)带(*Blackwelderia* Zone)和上部的蝙蝠虫(富集)带(*Neodrepanura* Zone)。该标本产自山东长清崮山组的蝙蝠虫带。从这块标本上化石的共生状况不难理解富集带的特征:富集带是某一特定分类单元(如种)或一组特定的分类单元,在该带的丰度大大高于相邻的带,无需考虑该带的化石组合特征和地层延限。本例中,下部的蝴蝶虫带的标准化石*Blackwelderia*也可上延到蝙蝠虫带内。

(彭善池 摄)

# 地 质 年 代 表

## 显 生 宙

### 新 生 代

| 年龄(Ma) | 纪 | 世 | 期 | 距今年龄(Ma) |
|---|---|---|---|---|
| 0 | 第四纪 | 全新世 | | |
| | | 更新世 | 卡拉布里雅期 | 0.78 |
| | | | | 1.80 |
| | | | 杰拉期 | 2.58 |
| 5 | 新近纪 | 上新世 | 皮亚琴察期 | 3.60 |
| | | | 赞克勒期 | 5.33 |
| | | 中新世 | 墨西拿期 | 7.25 |
| 10 | | | 托尔托纳期 | 11.63 |
| 15 | | | 塞拉瓦莱期 | 13.82 |
| | | | 兰盖期 | 15.97 |
| 20 | | | 波尔多期 | 20.4 |
| | | | 阿基坦期 | 23.0 |
| 25 | 古近纪 | 渐新世 | 夏特期 | 28.1 |
| 30 | | | 吕珀尔期 | 33.9 |
| 35 | | 始新世 | 普利亚本期 | 37.8 |
| 40 | | | 巴顿期 | 41.2 |
| 45 | | | 卢泰特期 | 47.8 |
| 50 | | | 伊普里斯期 | 56.0 |
| 55 | | 古新世 | 坦尼特期 | 59.2 |
| 60 | | | 塞兰特期 | 61.6 |
| 65 | | | 丹麦期 | 66.0 |

### 中 生 代

| 年龄(Ma) | 纪 | 世 | 期 | 距今年龄(Ma) |
|---|---|---|---|---|
| 70 | 白垩纪 | 晚白垩世 | 马斯特里赫特期 | 72.1 |
| 80 | | | 坎潘期 | 83.6 |
| 90 | | | 圣通期 | 86.3 |
| | | | 康尼亚克期 | 89.8 |
| | | | 土伦期 | 93.9 |
| 100 | | | 塞诺曼期 | 100.5 |
| 110 | | 早白垩世 | 阿尔布期 | 113.0 |
| 120 | | | 阿普特期 | 125.0 |
| 130 | | | 巴雷姆期 | 129.4 |
| | | | 欧特里夫期 | 132.9 |
| 140 | | | 瓦兰今期 | 139.8 |
| | | | 贝里阿斯期 | 145.0 |
| 150 | 侏罗纪 | 晚侏罗世 | 提塘期 | 152.1 |
| 160 | | | 钦莫利期 | 157.3 |
| | | | 牛津期 | 163.5 |
| | | 中侏罗世 | 卡洛夫期 | 166.1 |
| 170 | | | 巴通期 | 168.3 |
| | | | 巴柔期 | 170.3 |
| | | | 阿林期 | 174.1 |
| 180 | | 早侏罗世 | 托阿尔期 | 182.7 |
| 190 | | | 普林斯巴期 | 190.8 |
| 200 | | | 辛涅缪尔期 | 199.3 |
| | | | 赫塘期 | 201.3 |
| 210 | 三叠纪 | 晚三叠世 | 瑞替期 | 208.5 |
| 220 | | | 诺利期 | 227 |
| 230 | | | 卡尼期 | 237 |
| 240 | | 中三叠世 | 拉丁期 | 242 |
| | | | 安尼期 | 247.2 |
| 250 | | 早三叠世 | 奥伦尼克期 | 251.2 |
| | | | 印度期 | 252.2 |

### 古 生 代

| 年龄(Ma) | 纪 | 世 | 期 | 距今年龄(Ma) |
|---|---|---|---|---|
| | 二叠纪 | 乐平世 | 长兴期 | 254.1 |
| | | | 吴家坪期 | 259.8 |
| | | 瓜德鲁普世 | 卡匹敦期 | 265.1 |
| 275 | | | 沃德期 | 268.8 |
| | | | 罗德期 | 272.3 |
| | | 乌拉尔世 | 空谷期 | 283.5 |
| 300 | | | 亚丁斯克期 | 290.1 |
| | | | 萨克马尔期 | 295.5 |
| | | | 阿瑟尔期 | 298.9 |
| | 石炭纪 | 宾夕法尼亚亚纪 | 上 格舍尔期 | 303.7 |
| | | | 卡西莫夫期 | 307.0 |
| | | | 中 莫斯科期 | 315.2 |
| 325 | | | 下 巴什基尔期 | 323.2 |
| | | 密西西比亚纪 | 上 谢尔普霍夫期 | 330.9 |
| 350 | | | 中 维宪期 | 346.7 |
| | | | 下 杜内期 | 358.9 |
| 375 | 泥盆纪 | 晚泥盆世 | 法门期 | 372.2 |
| | | | 弗拉期 | 382.7 |
| | | 中泥盆世 | 吉维特期 | 387.7 |
| 400 | | | 艾菲尔期 | 393.3 |
| | | 早泥盆世 | 埃姆斯期 | 407.6 |
| | | | 布拉格期 | 410.8 |
| | | | 洛赫考夫期 | 419.2 |
| 425 | 志留纪 | 普里道利世 | 卢德福特期 | 423.0 |
| | | 罗德洛世 | 高斯特期 | 425.6 |
| | | | | 427.4 |
| | | 温洛克世 | 侯墨期 | 430.5 |
| | | | 申伍德期 | 433.4 |
| | | 兰多维列世 | 特列奇期 | 438.5 |
| | | | 埃隆期 | 440.8 |
| | | | 鲁丹期 | 443.8 |
| 450 | 奥陶纪 | 晚奥陶世 | 赫南特期 | 445.2 |
| | | | 凯迪期 | 453.0 |
| | | | 桑比期 | 458.4 |
| | | 中奥陶世 | 达瑞威尔期 | 467.3 |
| | | | 大坪期 | 470.0 |
| 475 | | 早奥陶世 | 弗洛期 | 477.7 |
| | | | 特马豆克期 | 485.4 |
| | 寒武纪 | 芙蓉世 | 第十期 | 489.5 |
| | | | 江山期 | 494.0 |
| 500 | | | 排碧期 | 497.0 |
| | | 第三世 | 古丈期 | 500.5 |
| | | | 鼓山期 | 504.5 |
| | | | 第五期 | 509.0 |
| | | 第二世 | 第四期 | 514.0 |
| | | | 第三期 | 521.0 |
| 525 | | 纽芬兰世 | 第二期 | 529.0 |
| | | | 幸运期 | 541.0 |

## 前 寒 武 纪

| 年龄(Ma) | 宙 | 代 | 纪 | 距今年龄(Ma) |
|---|---|---|---|---|
| 600 | 元古宙 | 新元古代 | 埃迪卡拉纪 | 635 |
| 700 | | | 成冰纪 | 720 |
| 800 | | | 拉伸纪 | 1000 |
| 900 | | | | |
| 1000 | | | | |
| 1100 | | 中元古代 | 狭带纪 | 1200 |
| 1200 | | | 延展纪 | 1400 |
| 1300 | | | 盖层纪 | 1600 |
| 1400 | | | | |
| 1500 | | 古元古代 | 固结纪 | 1800 |
| 1600 | | | 造山纪 | 2050 |
| 1700 | | | 层侵纪 | 2300 |
| 1800 | | | 成铁纪 | 2500 |
| 1900 | | | | |
| 2000 | | | | |
| 2100 | | | | |
| 2200 | | | | |
| 2300 | | | | |
| 2400 | | | | |
| 2500 | 太古宙 | 新太古代 | | 2800 |
| 2600 | | | | |
| 2700 | | | | |
| 2800 | | 中太古代 | | 3200 |
| 2900 | | | | |
| 3000 | | | | |
| 3100 | | | | |
| 3200 | | 古太古代 | | 3600 |
| 3300 | | | | |
| 3400 | | | | |
| 3500 | | | | |
| 3600 | | 始太古代 | | 4000 |
| 3700 | | | | |
| 3800 | | | | |
| 3900 | | | | |
| 4000 | 冥古宙 | | | |
| 4100 | | | | |
| 4200 | | | | |
| 4300 | | | | |
| 4400 | | | | |
| 4500 | | | | ~4600 |

# 地层表　v 2015/01

员会
y.org

| 宇(宙) | 界(代) | 系(纪) | 统(世) | 阶(期) | GSSP | 地质年龄(Ma) |
|---|---|---|---|---|---|---|
| | | | | | | 358.9 ± 0.4 |
| 显生宇 | 古生界 | 泥盆系 | 上泥盆统 | 法门阶 | | |
| | | | | | | 372.2 ±1.6 |
| | | | | 弗拉阶 | | |
| | | | | | | 382.7 ±1.6 |
| | | | 中泥盆统 | 吉维特阶 | | |
| | | | | | | 387.7 ±0.8 |
| | | | | 艾菲尔阶 | | |
| | | | | | | 393.3 ±1.2 |
| | | | 下泥盆统 | 埃姆斯阶 | | |
| | | | | | | 407.6 ±2.6 |
| | | | | 布拉格阶 | | 410.8 ±2.8 |
| | | | | 洛赫考夫阶 | | |
| | | | | | | 419.2 ±3.2 |
| | | 志留系 | 普里道利统 | | | 423.0 ±2.3 |
| | | | 罗德洛统 | 卢德福特阶 | | 425.6 ±0.9 |
| | | | | 高斯特阶 | | 427.4 ±0.5 |
| | | | 温洛克统 | 侯墨阶 | | 430.5 ±0.7 |
| | | | | 申伍德阶 | | 433.4 ±0.8 |
| | | | 兰多维列统 | 特列奇阶 | | 438.5 ±1.1 |
| | | | | 埃隆阶 | | 440.8 ±1.2 |
| | | | | 鲁丹阶 | | 443.8 ±1.5 |
| | | 奥陶系 | 上奥陶统 | 赫南特阶 | | 445.2 ±1.4 |
| | | | | 凯迪阶 | | |
| | | | | | | 453.0 ±0.7 |
| | | | | 桑比阶 | | |
| | | | | | | 458.4 ±0.9 |
| | | | 中奥陶统 | 达瑞威尔阶 | | 467.3 ±1.1 |
| | | | | 大坪阶 | | 470.0 ±1.4 |
| | | | 下奥陶统 | 弗洛阶 | | 477.7 ±1.4 |
| | | | | 特马豆克阶 | | 485.4 ±1.9 |
| | | 寒武系 | 芙蓉统 | 第十阶 | | ~ 489.5 |
| | | | | 江山阶 | | ~ 494 |
| | | | | 排碧阶 | | ~ 497 |
| | | | 第三统 | 古丈阶 | | ~ 500.5 |
| | | | | 鼓山阶 | | ~ 504.5 |
| | | | | 第五阶 | | ~ 509 |
| | | | 第二统 | 第四阶 | | ~ 514 |
| | | | | 第三阶 | | ~ 521 |
| | | | | 第二阶 | | ~ 529 |
| | | | 纽芬兰统 | 幸运阶 | | 541.0 ±1.0 |

| 宇(宙) | 界(代) | 系(纪) | GSSP / GSSA | 地质年龄(Ma) |
|---|---|---|---|---|
| | | | | 541.0±1.0 |
| 前寒武系 | 元古宇 | 新元古界 | 埃迪卡拉系 | |
| | | | | ~ 635 |
| | | | 成冰系 | ~ 720 |
| | | | 拉伸系 | 1000 |
| | | 中元古界 | 狭带系 | 1200 |
| | | | 延展系 | 1400 |
| | | | 盖层系 | 1600 |
| | | 古元古界 | 固结系 | 1800 |
| | | | 造山系 | 2050 |
| | | | 层侵系 | 2300 |
| | | | 成铁系 | 2500 |
| | 太古宇 | 新太古界 | | 2800 |
| | | 中太古界 | | 3200 |
| | | 古太古界 | | 3600 |
| | | 始太古界 | | 4000 |
| | 冥古宇 | | | ~ 4600 |

所有的全球年代地层单位都是通过其底部的全球标准层型剖面和层型点（GSSP）界定。包括长期以来由全球标准地层年龄（GSSP）界定的元古宇和太古宇的各地层单位。图件及每个已批准的GSSP的详情参见国际地层委员会的官网。本图件的网址见右下角。

不断修订的年龄值不能用来界定显生宇和埃迪卡拉系的单位，而只能由GSSP界定。显生宇中没有确定GSSP或年龄值的单位，则标注了近似年龄值（～）。

除更新统下部、二叠系、三叠系、白垩系和前寒武系外，所有年龄值均引自Gradstein等的《地质年代表2012》，更新统下部、二叠系、三叠系和白垩系的年龄值由相关分会提供。

地层单位的颜色是参照世界地质图委员会的色谱（http://www.ccgm.org）

K. M. Cohen, S. C. Finney, P. L. Gibbard 制表

http://www.stratigraphy.org/ICSchart/ChronostratChart2013-01Chinese.pdf
《地层学杂志》39卷2期第133页

IUGS

# 国际年代地...
## 国际地层委...
www.stratigraph...

| 宇(宙) | 界(代) | 系(纪) | 统(世) | | GSSP | 年龄(Ma) |
|---|---|---|---|---|---|---|
| | | | 全新统 | | ⚐ | 现今 |
| | | | | | | 0.0117 |
| | | 第四系 | | "更新统上阶" | | 0.126 |
| | | | | "更新统中阶" | | 0.781 |
| | | | 更新统 | 卡拉布里雅阶 | ⚐ | 1.80 |
| | | | | 杰拉阶 | ⚐ | 2.58 |
| | | | 上新统 | 皮亚琴察阶 | ⚐ | 3.600 |
| | 新生界 | | | 赞克勒阶 | ⚐ | 5.333 |
| | | 新近系 | | 墨西拿阶 | ⚐ | 7.246 |
| | | | | 托尔托纳阶 | ⚐ | 11.63 |
| | | | 中新统 | 塞拉瓦莱阶 | ⚐ | 13.82 |
| | | | | 兰盖阶 | | 15.97 |
| | | | | 波尔多阶 | | 20.44 |
| | | | | 阿基坦阶 | ⚐ | 23.03 |
| 显生宇 | | | 渐新统 | 夏特阶 | | 28.1 |
| | | | | 吕珀尔阶 | ⚐ | 33.9 |
| | | | | 普利亚本阶 | | 37.8 |
| | | 古近系 | 始新统 | 巴顿阶 | | 41.2 |
| | | | | 卢泰特阶 | ⚐ | 47.8 |
| | | | | 伊普里斯阶 | ⚐ | 56.0 |
| | | | 古新统 | 坦尼特阶 | ⚐ | 59.2 |
| | | | | 塞兰特阶 | ⚐ | 61.6 |
| | | | | 丹麦阶 | ⚐ | 66.0 |
| | | | | 马斯特里赫特阶 | ⚐ | 72.1 ±0.2 |
| | | | | 坎潘阶 | | 83.6 ±0.2 |
| | | | 上白垩统 | 圣通阶 | ⚐ | 86.3 ±0.5 |
| | | | | 康尼亚克阶 | | 89.8 ±0.3 |
| | 中生界 | 白垩系 | | 土伦阶 | ⚐ | 93.9 |
| | | | | 塞诺曼阶 | ⚐ | 100.5 |
| | | | | 阿尔布阶 | | ~113.0 |
| | | | | 阿普特阶 | | ~125.0 |
| | | | 下白垩系 | 巴雷姆阶 | | ~129.4 |
| | | | | 欧特里夫阶 | | ~132.9 |
| | | | | 瓦兰今阶 | | ~139.8 |
| | | | | 贝里阿斯阶 | | ~145.0 |

| 宇(宙) | 界(代) | 系(纪) | 统(世) | | GSSP | 年龄(Ma) |
|---|---|---|---|---|---|---|
| | | | | | | ~145.0 |
| | | | 上侏罗统 | 提塘阶 | | 152.1 ±0.9 |
| | | | | 钦莫利阶 | | 157.3 ±1.0 |
| | | | | 牛津阶 | | 163.5 ±1.0 |
| | | 侏罗系 | | 卡洛夫阶 | | 166.1 ±1.2 |
| | | | 中侏罗统 | 巴通阶 | ⚐ | 168.3 ±1.3 |
| | 中生界 | | | 巴柔阶 | ⚐ | 170.3 ±1.4 |
| | | | | 阿林阶 | ⚐ | 174.1 ±1.0 |
| | | | | 托阿尔阶 | | 182.7 ±0.7 |
| | | | 下侏罗统 | 普林斯巴阶 | ⚐ | 190.8 ±1.0 |
| | | | | 辛涅缪尔阶 | ⚐ | 199.3 ±0.3 |
| | | | | 赫塘阶 | ⚐ | 201.3 ±0.2 |
| | | | | 瑞替阶 | | ~208.5 |
| | | 三叠系 | 上三叠统 | 诺利阶 | | ~227 |
| | | | | 卡尼阶 | ⚐ | ~237 |
| | | | 中三叠统 | 拉丁阶 | | ~242 |
| | | | | 安尼阶 | | 247.2 |
| | | | | 奥伦尼克阶 | | 251.2 |
| | | | | 印度阶 | ⚐ | 252.17 ±0.06 |
| 显生宇 | | | 乐平统 | 长兴阶 | ⚐ | 254.14 ±0.07 |
| | | | | 吴家坪阶 | ⚐ | 259.8 ±0.4 |
| | | | | 卡匹敦阶 | ⚐ | 265.1 ±0.4 |
| | | 二叠系 | 瓜德鲁普统 | 沃德阶 | ⚐ | 268.8 ±0.5 |
| | | | | 罗德阶 | ⚐ | 272.3 ±0.5 |
| | | | | 空谷阶 | | 283.5 ±0.6 |
| | 古生界 | | 乌拉尔统 | 亚丁斯克阶 | | 290.1 ±0.26 |
| | | | | 萨克马尔阶 | | 295.5 ±0.18 |
| | | | | 阿瑟尔阶 | ⚐ | 298.9 ±0.15 |
| | | | 宾夕法尼亚亚系 上 | 格舍尔阶 | | 303.7 ±0.1 |
| | | | | 卡西莫夫阶 | | 307.0 ±0.1 |
| | | | 中 | 莫斯科阶 | | 315.2 ±0.2 |
| | | 石炭系 | 下 | 巴什基尔阶 | ⚐ | 323.2 ±0.4 |
| | | | 密西西比亚系 上 | 谢尔普霍夫阶 | | 330.9 ±0.2 |
| | | | 中 | 维宪阶 | ⚐ | 346.7 ±0 |
| | | | 下 | 杜内阶 | ⚐ | |

| 阶 | 球接子三叶虫生物地层序列 | 多节类三叶虫生物地层序列 |
|---|---|---|
| 排碧阶 | *Glyptagnostus reticulatus* 带 | *Shengia quadrata* 带 |
| | | *Chuangia subquadrangulata* 带 |
| 古丈阶 | *Glyptagnostus stolidotus* 带 | *Liostracina bella* 带 |
| | *Linguagnostus reconditus* 带 | |
| 武陵阶 | *Proagnostus bulbus* 带 | *Wanshania wanshanensis* 带 |
| | *Lejopyge laevigata* 带 | *Pianaspis sinensis* 带 |
| | *Goniagnostus nathorsti* 带 | |
| | *Ptychagnostus punctuosus* 带 | |
| 台江阶 | *Ptychagnostus atavus* 带 | *Dorypyge richthofeni* 带 |
| | *Ptychagnostus gibbus* 带 | |

图2-52 生物地层序列实例——湖南花垣排碧剖面寒武系台江阶一排碧阶球接子三叶虫和多节类三叶虫生物地层序列 两个序列中的各个带都是间隔带（简称为带）。球接子是一类个体较小的生物，头部和尾部近于等大，胸部只有两个胸节，在寒武纪海相地层中广泛分布、演化迅速。许多球接子种的地层延限短，能将地层详细地划分为若干生物带，可作为洲际或全球性的生物地层划分标准；多节类三叶虫的胸部有4个以上的胸节，绝大多数仅保存在水体较浅的地台相地层中，其生物地层序列通常只作为区域性的生物地层划分标准。

（据Peng *et al.*, 2004a修改）

### 2.3.4 化学地层

不同时期由于地层中所含化学稳定同位素的比例不同，因此也能像岩石性质或生物内容那样，从化学成分角度进行沉积地层的划分和对比。通常所研究的化学地层种类包含碳同位素化学地层、氧同位素化学地层、锶同位素化学地层、硫同位素化学地层等。例如通过分析野外剖面所采集的石灰岩样品中碳-13相对于常见的碳-12的比例（$\delta^{13}C$），就能得到剖面所在地层内稳定碳同位素比例变化的曲线（图2-53），曲线能显示碳同位素比例在不同时间段有较为明显的正向或负向的移动，即正漂移或负漂移，此"漂移"反映的是稳定碳同位素全球的循环。化学地层无正式的或基本的单位，但一些明显的漂移有时也会被命名，以便于交流或在不同地区的剖面被识别。化学地层是"金钉子"研究的重要部分，许多"金钉子"都明确记录了剖面的稳定同位素漂移曲线，其中显著的漂移往往可作为在世界各地识别"金钉子"点位的次要标志。

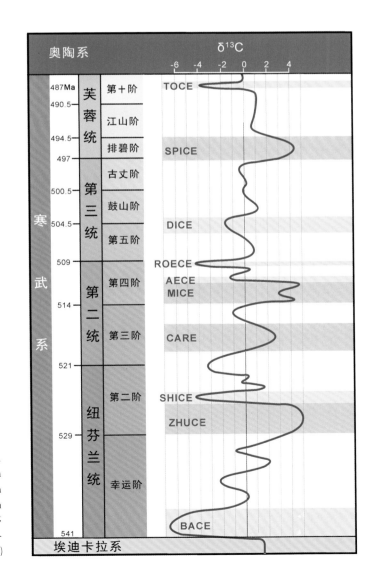

图2-53 寒武系碳同位素漂移曲线 该曲线中有10个已被命名的正漂移或负漂移，如寒武系底部碳同位素负漂移（basal Cambrian carbon isotope excursion，BACE）、鼓山期碳同位素负漂移（Drumian carbon isotope excursion，DICE）、斯芯普托期碳同位素正漂移（Steptoean posotive cambon isotope excursion，SPICE）、寒武系顶部碳同位素负漂移（top of Cambrian isotope excursion，TOCE）。它们常被用来对比世界各地的同期地层。

（据Zhu *et al.*, 2006）

## 2.4 地层的多重划分和对比

地球上任何地方在地史时期形成的地层,从下至上,客观上只有一套,但可以根据上述地层分类类型,如形成时代、岩石性质、所含生物内容和其他物理和化学性质(磁性、稳定同位素、沉积层序和沉积旋回等),对这套地层做不同类型的划分,这就是同一地层的多重划分。

《国际地层指南》指出:任何特性或属性在地层位置上的变化,未必与其他特性或属性的变化一致。所以,根据一种特性划分的地层单位一般不会与用另一特性所划分的地层单位吻合,其界线位置往往不一致(如按岩性划分的地层单位与按形成时代划分的地层单位极少会吻合,图2-54)。多重地层划分方法弥补了以往单一采用岩性划分地层的缺陷。这种多重划分手段可有效地对全球不同大陆和地区形成的地层进行较精确的地层对比。

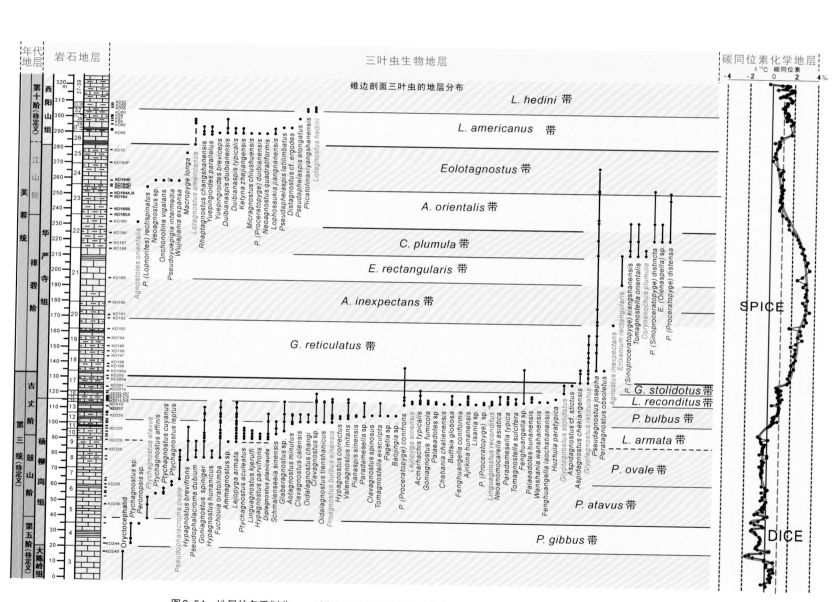

图2-54　地层的多重划分——以浙江江山碓边大豆山(碓边A)剖面为例　0—320 m为地层厚度标尺;3—39为剖面分层号;"三叶虫生物地层"栏中的黑色小圆点为化石的产出层位,连接黑色小圆点的竖线为三叶虫物种的地层垂直分布(延限),红色显示的物种是带的命名化石(带化石);"碳同位素化学地层"栏的黑色小圆点是该层位的δ¹³C碳同位素值。对这个剖面的地层有年代地层(2统6阶)、岩石地层(4组)、生物地层(15带)和化学地层(一个负漂移和一个正漂移)四种划分方式。

(据Peng et al.,2012)

### 2.4.1 剖面和层型

地层学的剖面 (section)，顾名思义，是指从地表向下将岩层切开后的垂直截面 (图2-55)。切面沿地表的痕迹称为剖面线 (line of section)；相邻地层单位间的界面在剖面上的痕迹称为界线 (boundary)，界线在剖面上与剖面线的交点称为点位 (point)。在地质生产和科研中，沿地表实际测量的天然或人工揭露的露头获得的地层资料，或用钻探方法获取的地层资料，通常可以编制成两种地层剖面图，即实测横剖面图 (cross section) (图2-56) 和柱状图 (columnar section) (图2-47，图2-54岩石地层栏右侧)。

各种地层单位的标准剖面或典型剖面称为层型 (stratotype)，它是一个命名的成层地层单位或地层单位界线的参考标准，层型有的是由命名人原始指定 (建立) 的，也可以是命名后由他人指定。

层型有两种：单位层型 (unite stratotype) 和界线层型 (boundary stratotype)。单位层型是岩石地层序列中一段特定地层的典型剖面，被用来表明该地层单位的定义和特征。其重要特征就是具有下、上 (底、顶) 两条界线，它们限定的全部地层就是该地层单位 (图2-57中的B组)。岩石地层序列中的群、组、段等单位的标准剖面就是典型的单位层型。由于岩石地层单位是以岩石种类 (或岩性) 划分的，而岩性变化主要受环境而非时间控制，因此当岩石地层单位从层型剖面向外延伸时，其下界或上界形成的时间 (地质年代) 在不同地点和地区通常不尽一致。也就是说，其下界和上界通常都有可能不在一个等时面上，这就是岩石地层单位的界线常见的穿时现象。

界线层型是岩石地层序列中含有一条地层界线 (特定点位) 的典型剖面，是定义和识别该条地层界线的标准，这个剖面通常只包括该点位所在的界线上下数米或数十米的地层 (图2-57)。年代地层单位以时间界面来划分地层，只采用界线层型定义，每一条界线 (时间面/点位) 代表地球历史长河中一个瞬间 (instant)。当年代地层单位的下界从层型剖面向外延伸时，在不同地点和地区形成的时间绝对是同一瞬间，因此在空间上，一个年代地层单位的底界就是一个等时面，这与其他地层单位穿

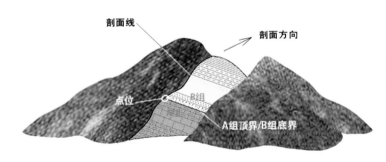

图2-55　剖面是从地表向下将岩层切开后的垂直截面　岩石地层和生物地层单位通常有底界和顶界两条界线，而年代地层单位本身只有底界，借用上覆单位的底界作为它的顶界。层型点位上下数米或数十米的地层称为界线层段 (boundary interval)。

（据彭善池，2010修改）

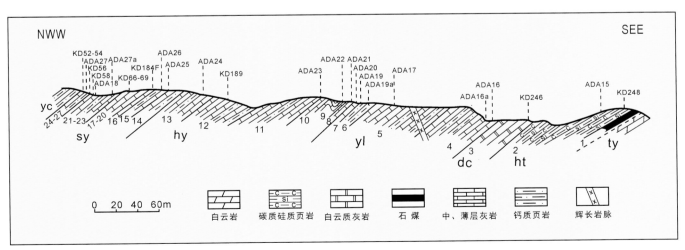

图2-56　地层横剖面图实例——浙江江山碓边A剖面寒武系横剖面图　剖面自下而上 (右起) 包括灯影组 (ty)、荷塘组 (ht)、大陈岭组 (dc)、杨柳岗组 (yl)、华严寺组 (hy)、西阳山组 (sy)、印渚埠组 (yc) 7个组级岩石地层单位和27个层级单位，也包含有三叶虫化石的采集层位 (如KD248、ADA15等)。地层横剖面图还要标明剖面方向、比例尺和岩性花纹图例。NWW=北西西，SEE=南东东。

（据卢衍豪、林焕令，1989修改）

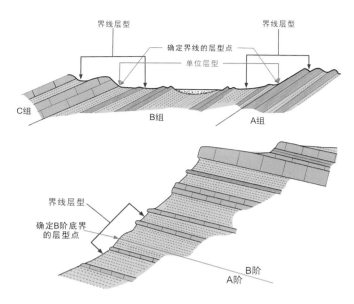

图2-57 界线层型与单位层型 （据Salvador，1994修改）

时的底界有本质区别。

"金钉子"是特殊的、全球使用的界线层型，是所在年代地层单位的底界最有代表性且研究程度最深的剖面，具有出露连续、岩性单一、化石丰富、定界化石有广泛对比性、地层无变质现象和受构造运动的影响等特点（图2-58～图2-60）。为了年代地层单位的底界能在全球不同地区更好地识别和对比，有时也为年代地层单位建立从属于"金钉子"的辅助层型剖面（Auxiliary Stratotype Section and Point，ASSP）。辅助层型的主要对比标志与"金钉子"一致，但在个别次要对比标志上或许更为优越或更容易在其他地区识别，因此能对"金钉子"的远距离精确对比起辅助作用。

图2-58 界线层型剖面实例——加拿大纽芬兰岛Green Point奥陶系底界"金钉子"剖面 全球层型在蓝色折线框定的范围内，是倒转的地层，包含第19层（厚层砾屑灰岩，右边蓝色竖线指在19层的底界）至第26层（页岩夹薄层灰岩，左边蓝色竖线指在26层中下部）所在地层。红线是奥陶系和特马豆克阶的共同底界，它与地表的交点为层型点位，与不定波纹巨神刺（*Iapetognathus fluctivagus*）的首现一致，红线之上的地层为寒武系（时代较老，正常地层位置应该在红线之下），覆盖在时代较新的奥陶系之上。

（据Cooper *et al.*，2012）

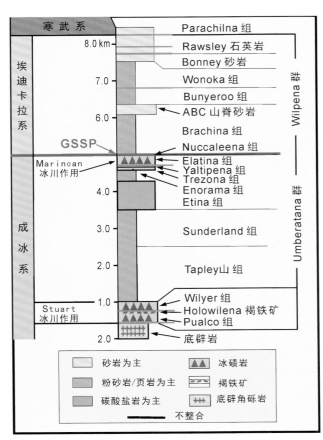

图2-59　界线层型剖面实例——澳大利亚 Flinders 山 Enorama Creek 埃迪卡拉系底界全球界线层型剖面　人物所坐位置是 Marinoan 冰碛岩顶部，层型点位在上覆粉砂岩内（红线旁的圆形铜质标志），其上是风化成褐黄色的 Nuccaleena 盖帽白云岩（雷澍　摄）。右图是 Flinders 山成冰系和埃迪卡拉系的 Umberatana 群和 Wilpena 群简略柱状剖面图，示界线层型点位（GSSP）的大致地层位置。

（据 Knoll *et al.*, 2006 修改）

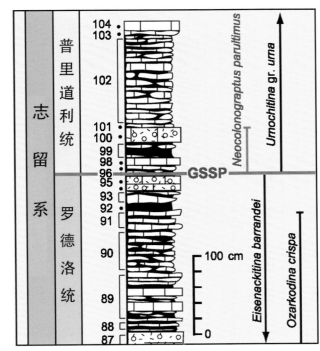

图2-60　界线层型剖面实例——捷克布拉格附近 Daleje 山谷志留系普里道利统底界层型剖面　普里道利统底界在 Požáry 组内的一层薄层灰岩之底，下距该组底界约 2 m，与近极新锯笔石（*Neocolonograptus parultimus*）的首现一致（红线处）（彭善池　摄）。右图是 Daleje 剖面罗德洛统和普里道利统综合柱状图，示界线层型点位（GSSP）的地层位置。

（Melchin *et al.*, 2012）

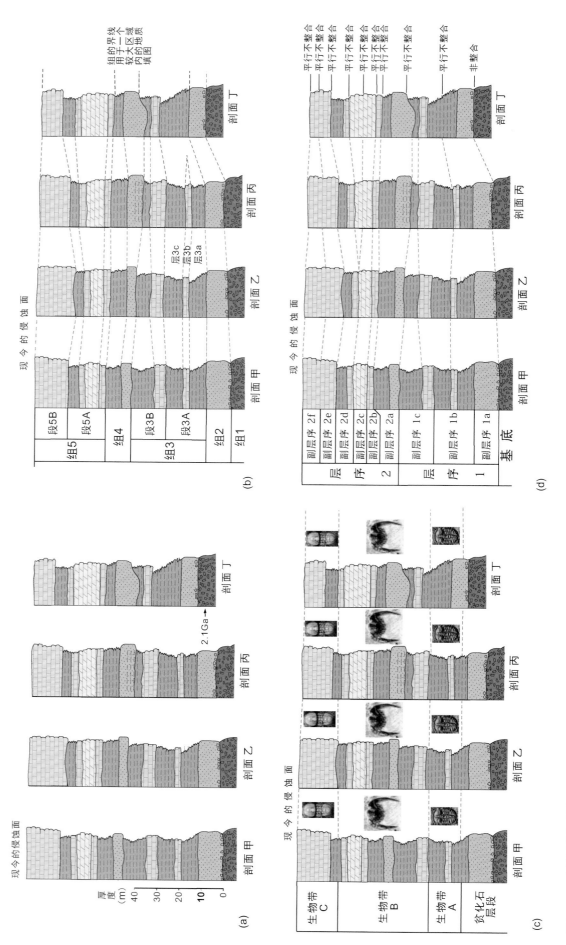

**图2-61 一套地层的多重划分和对比方法示意** a. 地层剖面和钻孔的岩芯能提供不同地点岩石相互对比的地层信息，剖面甲、乙、丙、丁为同一地理区的4个地层剖面。对这些剖面地层的不同特征和属性的研究，可以识别岩石单位（段、层）的岩石序列、生物地层序列，并确定沉积层序和对比剖面进行划分。b. 根据岩性划分剖面的地层进行对比。通常对用于填图的基本单位组之间界线进行对比，如果这些剖面组以下的次级单位（段、层）的特征明显，也可相互对比。c. 生物地层对比。生物地层是用标准化石的地层延限（化石带）进行对比，这里假设的3个带的带化石分别是遵义盘虫（Tsunyidiscus）、蝙蝠虫（Neodrepanura）和美洲花球接子（Lotagnostus americanus）。生物地层单位带的界线不一定与岩石地层对比。d. 层序地层对比。层序地层界线反映了海平面的变化，用分隔一套相邻地层的不整合界面进行地层对比。层序地层界线通常是其下地层顶部的侵蚀面，明显受到地层顶部的侵蚀但侵蚀低于大的岩性变化。层序地层界线可作为划分界定副剖面层序底界的依据。层序界线也不一定与岩石地层界线一致。1 Ga=10亿年。

（据Babcock，2009修改）

### 2.4.2 地层对比

地层对比是研究不同地区地层相互关系的重要手段之一。利用地层叠覆律、化石层序律，以及与岩石其他一些地球化学和地球物理性质（如地层中稳定同位素、地磁极性、伽马射线等的变化）相结合，可以对不同地区所发育地层的时代和层序进行对比，以证明不同地域的地层单位在层位上相当或在时间上同时或接近同时。根据地层的不同分类类型，有多种地层对比方法，如岩石地层对比、生物地层对比、年代地层对比、稳定同位素化学地层对比、层序地层对比等（图2-61~图2-63）。

岩石地层对比通常采用的方法有岩性和岩性组合、标志层、重要地层界面的对比。标志层是一特殊的单一岩层代表某一重要的地质事件，通常有厚度不大、特征明显、有稳定区域分布等特点，在岩石地层对比中尤为重要。重要的不整合面和岩性突变面也是重要的对比依据（图2-61b）。

生物地层常采用以标准化石所建的化石带进行地层对比。标准化石通常是常见且特征明显、演化迅速、扩散速度快的化石，这类化石的地层跨度短、地理分布广，便于较为精确的地层对比，含有相同标准化石的地层其时代也大致相同。在缺少标准化石的情况下，采用化石组合也是有效的对比方法。只有相同时代生活在同一环境形成的地层，才会含有相同的化石组合，不同时代的地层，化石的组合面貌不同（图2-61c，2-62）。

由于地球生命的演化具有不可逆性，年代地层对比也常常采用生物地层方法，即用生物成种事件所决定的"时间面"进行对比。"金钉子"常用单一物种的"首现"作为对比的依据，那些在演化谱系中演化迅速、地理分布广的物种，通常能定义一个可作为年代地层对比的时间面。

此外许多全球性的化学或物理事件如显著的碳同位素漂移事件、磁极反转事件和层序界面（图2-61d），都是年代地层对比采用的方法。碳、氧、锶、硫同位素化学地层的对比主要根据这些稳定同位素组成在地层中的变化特征进行地层对比（图2-63）。

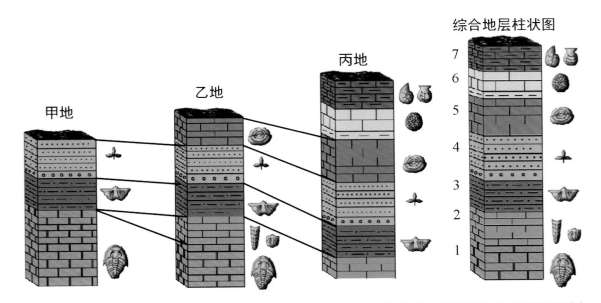

**图2-62 生物地层对比示意图** 将地层叠覆律和化石层序律结合起来，加上其他方法就可系统划分和对比分散在不同地方的地层，恢复整个沉积地层的形成顺序。最右面的综合地层柱状图是在甲、乙、丙三地的地层划分和对比基础上恢复而成的该三地完整的地层沉积顺序。甲地缺少乙地的第2个化石组合（自下而上，第2、第5化石组合），表明该地有地层缺失；甲地和乙地的第1个标准化石地层，在丙地没有沉积或没有出露；丙地最上部含标准化石组合的地层，在甲地和乙地都没有沉积。

（据郑度，2005）

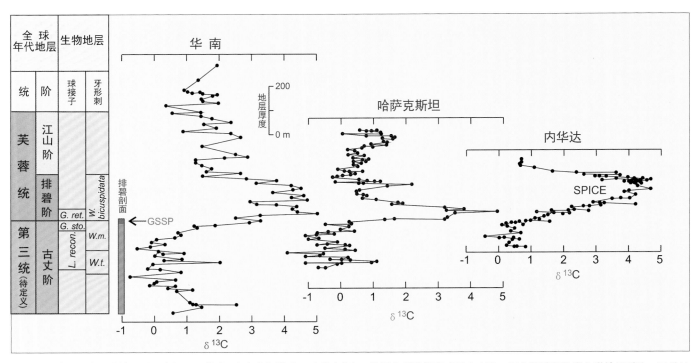

**图2-63** 碳同位素化学地层对比实例——华南（湖南花垣排碧）、哈萨克斯坦、美国内华达州寒武系古丈阶—江山阶碳同位素化学地层对比　三地从古丈阶顶部开始的SPICE正漂移可以较为准确地对比。SPICE漂移是寒武纪最大的正漂移。*G. ret.* = *Glyptagnostus reticulatus* 带；*G. sto.* = *Glyptagnostus stolidotus* 带；*L. recon.* = *Linguagnostus reconditus* 带；*W. bicuspidata* = *Westergaardodina bicuspidata* 带；*W. m.* = *Westergaardodina matsushitai* 带；*W. t.* = *Westergaardodina tetragonia* 带。

（据Saltzman *et al.*，2000；Peng *et al.*，2004b；祁玉平等，2004）

**参考文献**

樊隽轩，彭善池，侯旭东，陈冬阳. 2015. 国际地层委员会官网与《国际年代地层表》（2015/01版）. 地层学杂志，39（2）：125-132.

卢衍豪，林焕令. 1989. 浙江西部寒武世三叶虫动物群. 中国古生物志 新乙种第25号（总号第178册）. 北京：科学出版社.

彭善池. 2010. "金钉子"——地层划分的国际标准. 科学，62（4）：17-20.

祁玉平，王志浩，Bagnoli G. 2004. 芙蓉统和排碧阶底界全球层型剖面的牙形刺生物地层. 地层学杂志，28（2）：114-119.

汪啸风，倪世钊，曾庆銮，等. 1987. 长江三峡地区生物地层学（2）早古生代分册. 北京：地质出版社.

郑度. 2005. 彩图科技百科全书，第二卷地球. 上海：上海科学技术出版社，246.

Babcock L E. 2009. Visualizing earth history. Hoboken: Wiley.

Bonney T G. 1898. Smith, William (1769-1839)//Lee S. Dictionary of National Biography. London: Smith, Elder & Co.

Cohen K M, Finney S, Gibbard P L. [2015-7-10]. International Chronostratigraphical Chart. http://www.stratigraphy.org/ICSchart/ ChronostratChart2015-01.pdf.

Cooper R A, Nowlan G S, Williams H S. 2001. Global Stratotype Section and Point for base of the Ordovician System. Episodes, 24: 19-28.

Douglas P. 2005. Earth Time: Exploring the Deep Past from Victorian England to the Grand Canyon. Hoboken: Wiley.

Gradstein F M, Ogg J G, Schmitz M D, Ogg M G. 2012. The Geologic Time Scale (2 Volumes). Amsterdam: Elsevier.

Hillebrandt A v, Krystyn L, Kürschner W M, Bonis N R. Ruhl M, Richoz S, Schobben M A N, Urlichs M, Bown P R, Kment K, McRoberts C A, Simms M, Tomãsových A

Hutton J. 1788. Theory of the Earth (an Investigation of the Laws observable in the Composition, Dissolution, and Restoration of Land upon the Globe and appeared). Transactions of the Royal Society of Edinburgh, 1(2): 209-304.

Hutton J. 1795. Theory of the Earth. Volume 1 and Volume 2. Online at Project Gutenberg. website: http://www.gutenberg.org/files/12861/12861-h/12861-h.htm.

Knoll A H, Walter M R, Narbonne G M, Christie-Blick N. 2006. The Ediacaran Period: A new addition to the geologic time scale. Lethaia, 39: 13-30.

Lyell C. 1830. Principles of geology. London: John Murray.

Melchin M J, Sadler P M, Cramer B D. 2012. The Silurian Period. p.525-558. //Gradstein F M, Ogg J G, Schmitz M D, Ogg G M. The Geologic Time Scale (2 Volumes). Amsterdam: Elsevier.

Montgomery K. 2003. Siccar Point and Teaching the History of Geology. Journal of Geoscience Education, 51(5): 500-505.

Peng S C, Babcock L E, Lin H L. 2004a. Polymerid trilobites from the Cambrian of northwestern Hunan, China (2 Volumes). Beijing: Science Press.

Peng S C, Babcock L E, Robison R A, Lin H L, Ress M N, Saltzman M R. 2004b. Global Standard Stratotype-section and Point (GSSP) of the Furongian Series and Paibian Stage (Cambrian). Lethaia, 37: 365−379.

Peng S C, Babcock L E, Zuo J X, Zhu X J, Lin H L, Yang X F, Qi Y P, Bagnoli G., Wang L W, 2012. Global Standard Stratotype-section and Point (GSSP) for the base of the Jiangshanian Stage (Cambrian: Furongian) at Duibian, Jiangshan, Zhejiang, Southeast China. Episodes, 35: 462−477.

Saltzman M R, Ripperdan, R L, Brasier M D, Lohman K C, Robison R A, Chang W T, Peng, S C, Ergaliev G K, Runnegar B. 2000. A global carbon isotope excursion (SPICE) during the Late Cambrian: relation to trilobite extinctions, organic-matter burial and sea level. Palaeogeography,Palaeoclimatology, Palaeoecology, 162: 211−223.

Salvador A. 1994. International stratigraphic guide — a guide to stratigraphic classification, terminology and procedure, 2nd edition. Bouder: IUGS and the Geological Society of America.

Steno N. 1669. Preliminary discourse to a dissertation on a solid body naturally contained within a solid. Florentiae: ex typographia sub signo Stellae.

Smith W. Strata identified by organized fossils. London: Giuseppe Castrovilli.

Zhu M Y, Babcock L E, Peng S C. 2006. Advances in Cambrian stratigraphy and paleontology: Integrating correlation techniques, paleobiology, taphonomy and paleoenvironmental reconstruction. Palaeoworld, 15: 217−222.

# 3 地层学"金钉子"概念和中国的"金钉子"研究

位于捷克布拉格近郊 Klonk 的泥盆系底界全球层型剖面和点位纪念标志。远景的山坡是 Klonk 剖面,短白线为"金钉子"点位。 (彭善池 摄)

### 3.1 "金钉子"概念的形成

任何涉及与地球的地质历史、相关地质过程、同步发生的地质事件的科学研究和生产实践都离不开地层学，离不开精确的地层框架和精确的时间框架。地球上不同地点和不同相区地层的划分和精确对比也离不开标准的、易于广泛应用的地层框架。作为基础学科，年代地层学与其姊妹学科如生物地层学、岩石地层学，以及相关的古生物学、同位素年代学等学科，在地学领域的重要性不言而喻。年代地层学的核心是目前正在研发中的全球年代地层学框架，它以我们熟悉的《国际年代地层表》（过去称《国际地层表》）形式出现，而要建立一套精确划分的、既无重复也无缺失的地层（时间）框架，采用全球标准层型剖面和点位（"金钉子"）定义年代地层单位是达到这个目的的唯一途径，对于显生宇的地层框架是如此，从目前的国际研究动向看，对于元古宇的埃迪卡拉系和成冰系的地层框架，同样如此。

如前几章所述，早在17世纪中叶，地层的叠复顺序与其形成的时间早晚关系就已被认识 (Steno, 1669)。到19世纪中叶，现今的《地质年代表》中的主要地层（地质年代）单位就已经相继建立并被广为采用，如寒武系 (Sedgwick, 1835)、石炭系 (Kirwan, 1799)、白垩系 (d'Omalius d'Halloy, 1822)、古新统 (Lyell, 1833)、丹麦阶 (Desor, 1847) 等。但这些年代地层单位基本都是根据特征动物群的更替或者地层序列中的间断来识别的，有的直接来自岩石地层单位。按现代地层学的概念，这些单位的性质仍然是岩石地层。在引入"金钉子"的理论和方法之前的一百多年时间里，这些单位已相继被世界各国广泛采用，但由于缺乏明确的定义和清晰的概念，它们的界线在不同地区往往被放在上下相差极为悬殊的层位上，结果，同一年代地层单位在不同国家所代表的时间间隔往往不同，概念极为混乱。突出的例子是奥陶系的底界，当时这条界线在世界各地基本上都不在同一"等时面"上。在标准地区的英国，这条界线传统上放在"阿伦尼格统 (Arenig Series)"之底 (Cowie et al., 1972)；而在中国和苏联，则放在与英国位于"阿伦尼格统"之下的"特马豆克统 (Tremadoc Series)"的底界大致相当的位置上 (Keller, 1954；卢衍豪，1959；Sokolov et al., 1960；Sheng, 1980)。在有的国家和地区，如澳大利亚和近、中东地区，这条界线甚至低于"特马豆克统"的底界 (Druce & Jones, 1971；Shergold et al., 1985；Wolfart, 1983)，而在北美洲则高于"特马豆克统"的底界 (Ross, 1951；Ludvigsen, 1982)。即使在中国和苏联，不同地区由于划分标准所依据的生物门类（如笔石、三叶虫、牙形刺）不同，奥陶系底界的位置也不一致，并不等时（张文堂等，1982；卢衍豪，1975）。这种现象不仅造成地层划分和对比困难，也难以识别世界不同地区同步发生的地质事件。产生这种混乱的直接原因在于缺乏统一的标准或"共同语言"。

地层学发展的数百年间，尽管对年代地层单位规范化和标准化在20世纪60年代前就屡有尝试，但真正将年代地层单位规范化和标准化全面付诸实施，还是在1965年国际地层委员会成立之后。从其成立伊始，国际地层委员会就已清楚地认识到年代地层单位的应用问题，并将建立全球统一的、精确定义的年代地层系列和地质年代系列作为其主要工作目标，以改变过去存在的混乱状况。其首先考虑的是通过解决各系的界线精确划分问题，对所有系级单位进行标准化和规范化。除接管其前身即下属于国际地质大会的"地层委员会"原有的国际界线工作组外（如在1960年第21届国际地质大会期间成立的志留系—泥盆系界线工作组），还相继成立了其他系界的工作组，如前寒武系—寒武系，寒武系—奥陶系，泥盆系—石炭系界线工作组等，基本涵盖当时所有系的界线。在各工作组的组织和协调下，世界各国陆续开展了全球各系界线层型剖面的研究。

1972年，先后由德国波恩大学 Heinrich K. Erben 教授和加拿大地质调查所所长 Digby J. McLaren 博士所领导的国际志留系—泥盆系界线工作组，历时12年，在考察全球近10个国家和地区的16个剖面的基础上，率先取得突破，在捷克首都布拉格附近的Klonk剖面的岩层序列中，以一致单笔石（*Monograptus uniformis*）在该剖面的首次出现（或首次产出）划定这条界线，建立了新的志留系—泥盆系界线全球标准（Chlupáč *et al.*, 1972）。

这项成果的重要性不仅在于它是第一个正式定义的全球年代地层界线，建立了划分志留系—泥盆系界线的国际标准，更在于它创立了以"界线层型"定义年代地层单位底界的原则和以单一物种的首现来划分这条界线的方法。这项开创性的研究及其确立的原则迅速得到国际地层委员会和国际地质科学联合会（简称国际地科联）的重视和肯定，在当年于蒙特利尔举行的第24届国际地质大会上，被批准作为全球地层划分的标准，这就是"金钉子"的原始概念。

泥盆系底界的确立及其经验，对年代地层学的发展产生了深远影响，具有重要的科学意义，也为国际地层委员会以后逐步确立以全球标准层型剖面和点位（"金钉子"）定义年代地层底界的原则奠定了基础。正因为如此，Klonk剖面被认为是全球第一个"金钉子"剖面。其后，在国际地层委员会大力倡导和不断完善下，这个原则在国际学术界获得广泛认同，最终形成现在的"金钉子"概念，并发展和确立了建立年代地层界线的方法与准则（Hedberg,

1976；Martinsson, 1977；Cowie, 1986；Cowie *et al.*, 1986；Salvador, 1994；Remane *et al.*, 1996），极大地推动了地层科学的发展。

"金钉子"是划分和定义全球年代地层基本工作单位"阶"的底界的国际标准。由于年代地层等级系列中有些阶的底界与更高级别的年代地层单位如统、系、界、宇的底界一致，这些阶的"金钉子"因而也是确定这些高等级年代地层单位的国际标准。近50年来，在国际地层委员会和下属各地层分会的努力下，通过不断地建立"金钉子"，稳步推进年代地层单位的规范化和标准化，现在建立的66枚"金钉子"已经正式定义了《国际年代地层表》显生宇70%以上的各级年代地层单位（156个单位中111个已被正式定义）和一个元古宇年代地层单位。目前，国际地层委员会还在继续推进其余"金钉子"的研究和标准年代地层单位的建立，也在考虑用"金钉子"定义所有的年代地层单位，包括长期以来一直用"全球标准地层年龄（Global Standard Stratigraphic Age, GSSA）"定义的元古宇和太古宇的地层单位。

### 3.1.1 全球首枚"金钉子"

世界上首枚"金钉子"于1972年在捷克斯洛伐克建立，是志留系—泥盆系界线的全球界线层型，同

图3-1 全球首枚"金钉子"——捷克Klonk剖面 白线为泥盆系洛赫考夫阶底界，与一致单笔石（*Monograptus uniformis*）的首现点一致。该"金钉子"同时定义泥盆系、下泥盆统和洛赫考夫阶的底界。 （彭善池 摄）

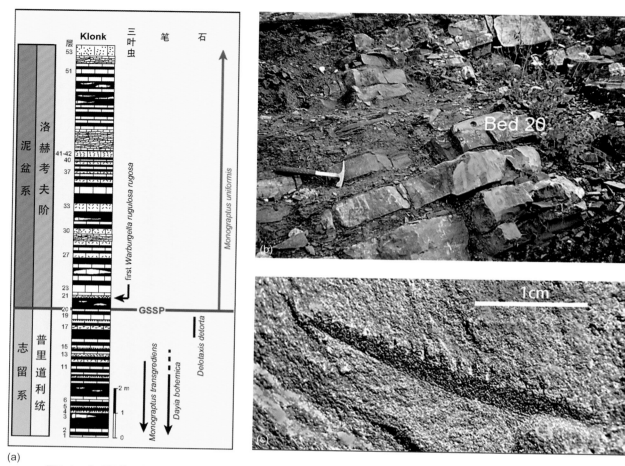

(a)

**图 3-2 全球泥盆系底界"金钉子"的层型点位及定义该界线的首要标志物种** a. Klonk 剖面的柱状图及重要化石的地层分布。b. Klonk 剖面近景，地质锤所在位置是 20 层，厚 7~10 cm，层型点位在本层的上部。c. 一致单笔石，它是划定洛赫考夫阶底界的首要标志物种。

（据 Becker *et al.*, 2012 修改）

时定义泥盆系、下泥盆统和洛赫考夫阶（下泥盆统最低的阶）的共同底界。这条界线的全球标准层型剖面和点位（"金钉子"）位于其首都布拉格西南 20 余千米的 Suchomasty 村附近一个名叫 Klonk 的山坡上。"金钉子"剖面处于捷克境内著名的古生代地质小区巴朗德区（Barrandian area）之内，该剖面在有 34 米高的天然陡崖内（图 3-1），包含志留系普里道利统最晚期和下泥盆统洛赫考夫阶早期的地层，是一套由异地来源的灰岩和原地沉积的页岩交替沉积形成的韵律岩石序列。层型点位在第 20 层灰岩之内，紧靠该层上部的 *Monograptus uniiformis uniiformis* 和 *M. uniiformis angustidens*（一致单笔石的两个亚种）突然和大量出现的位置之下（Jaeger，1977）（图 3-2）。

### 3.1.2 "金钉子"的科学内涵

在用"金钉子"作为界线层型定义年代地层之前，传统的"年代地层单位"，特别是由岩石地层转换而来的单位，都是由单位层型定义的。由于这类地层单位各自都

有下界和上界的属性，因此建立在甲地的下伏单位的上界与建立在乙地的上覆单位的下界就不可能等时，这两条界线之间，就必然会出现地层（时间）的重复或者缺失（图 3-3 左），据此建立的全球年代地层（地质年代）系统也必然不连续和不完整。即使在非常接近的两个地点，也不能证明用单位层型定义的下伏单位的上界和上覆单位的下界完全等时（Harland，1992）。

"金钉子"理论的核心内涵是：只采用界线层型定义一个年代地层单位的底界，这个底界又自动定义下伏单位的上界，也就是说，一个年代地层单位本身并无上界，它是借用上覆单位的底界作为它的上界（图 3-3）。从而保证两个接续的、通常建立在不同地点的年代地层单位严格地共用一条界线（同一个时间点）。采用这种方法是建立一个完全连续的全球年代地层系统的唯一途径，确保在不同地点所建立的年代地层单位叠加成一个整体后，单位之间既不会出现地层重复，也不会有地层缺失，从而得到一个完全连续的年代地层和地质年代系统，避免了采用既有底界

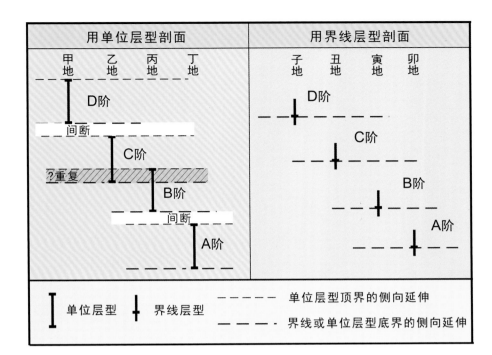

| 用单位层型剖面 | 用界线层型剖面 |
|---|---|

图3-3 单位层型与界线层型的比较 用底界的界线层型定义与层型地点相距遥远的阶,比用单位层型定义优越。前者不会出现后者经常发生的地层重复和间断的情况。

（据Salvador,1994修改）

又有顶界的"单位层型"所带来的弊病。

国际地层委员会在其官方的正式法规性文件中明确指出:"显生宇的全球标准年代地层单位只能通过界线层型定义。即使出现一个地层单位之下界和上界的全球层型位于同一剖面(例如在英国的志留系的层型)的情况,也不能表明两个全球层型之间的地层和生物群代表一个单位层型"(Remane et al.,1996)。由此不难看出,国际地层委员会否认年代地层单位有单位层型的态度是毫不含糊的。有些含有连续两枚"金钉子"的剖面,如我国浙江长兴煤山D剖面和西班牙北部比斯开湾海边的Zumaia剖面(图3-4)均不代表一个年代地层的单位层型。煤山D剖面含分别定义二叠系长兴阶和上覆三叠系印度阶的两枚"金钉子"(Yin et al.,2001;Jin et al.,2006);祖迈亚剖面含有分别定义古近系古新统塞兰特阶和上覆古新统坦尼特阶的"金钉子"(Schmitz et al.,2011)。

"金钉子"的实用性关键在于点位的精确性和远距离对比的潜力,因此,点位选择就非常重要。通常遵循的原则包括:一是要将点位选择在连续沉积的海相地层中,陆相地层存在许多间断,不能满足这个要求;二是点位特征要明显、易识别。在地球历史中,生命发展具有不可逆性,保存在岩石中的生物成种事件就是最好的识别标志,即在一个分类群的演化序列中某一特征种的"首现点(First Appearance Datum,FAD)";三是要保证点位能在尽量大的范围内识别和应用,最理想的点位是可在全球范围识别和对比。这一方面要求所选择的关键物种有尽

可能广泛的地理分布,也要求关键物种有较短的地层垂直分布。地史时期有许多这样的生物,它们大多营漂浮或浮游生活,如寒武纪的球接子三叶虫,奥陶纪、志留纪的牙形刺、笔石,泥盆纪、石炭纪的牙形刺、中生代的菊石等都有洲际或全球的地理分布,是通常被选取的首要标志物种(primary marker)。另一方面,为确保点位能在不同岩相的地层中识别和应用,需要采用尽可能多的辅助标志或手段,如辅助生物标志、碳同位素演变标志、地磁极性变化标志等。

## 3.2 确立"金钉子"的化石

化石是保存在岩石中形成于地质历史时期的生物遗体和遗迹,它是确立"金钉子"的主要工具。作为全球统一的地层划分的国际标准,"金钉子"不但能在标准地点确定地层界线,也必须能在世界各地识别和应用。因此,只有那些特征清楚、在关键地层中保存丰富、有洲际或全球分布的化石物种,才能成为确立"金钉子"的首要标志物种。因为这类化石可以用于长距离的对比,达到"金钉子"点位在世界各地都能识别和应用的目的。地史上许多化石物种具有这种特性,它们包括:球接子三叶虫、笔石、牙形刺、有孔虫、菊石、超微化石等。从目前所确立的66枚"金钉子"来看,球接子三叶虫是确立寒武系上半段地层"金钉子"的首要定界化石。笔石是确立奥陶纪和志留系绝大多数阶的首要定界化石,但奥陶纪、志留系少数几个阶的"金钉子"也用牙形刺定义。牙形刺是确立

图3-4　西班牙北部比斯开湾海边的Zumaia剖面　该剖面含有定义古近系古新统塞兰特阶底界（右边红线）和上覆的古新统坦尼特阶底界（定义塞兰特阶的顶界，左边红线）的两枚"金钉子"。根据国际地层委员会的意见，即使出现一个年代地层单位之下界和上界（实际是上覆单位的底界）的全球层型位于同一剖面，也不能表明两个全球层型之间的地层代表一个单位层型。因此，这两个全球界线层型之间的地层（塞兰特阶），不能认为是塞兰特阶的单位层型。

（Stanley C. Finney　摄）

上古生界（泥盆系、石炭系、二叠系）和中生界三叠系"金钉子"的首要定界化石，但泥盆系的个别阶（洛赫考夫阶）采用笔石定义，石炭系的个别阶（维宪阶）采用有孔虫定义，三叠系的个别阶（拉丁阶）的"金钉子"采用菊石定义。菊石是中生界侏罗系和白垩系各阶"金钉子"的首要定界化石，只有少数中生界的阶采用有孔虫（白垩系塞诺曼阶）或双壳类（白垩系圣通阶）定义。而新生界（古近系、新近系、第四系）的首要定界标志较为复杂，有生物的也有非生物的，就生物标志而言，多采用超微化石或有孔虫。

### 3.2.1　球接子三叶虫

球接子三叶虫（Agnostoids）是一类已灭绝的无脊椎动物（图3-5），隶属节肢动物门三叶虫纲球接子目球接子亚目，统称球接子类。三叶虫是生活在古生代时海洋中的节肢动物，在寒武纪和奥陶纪最为繁盛，在二叠纪末完全灭绝。球接子具备三叶虫类最基本的形态特征，即身体纵向和横向都分为三部分，纵向分为头部、胸部和尾部，横向分为两侧的颊部（或肋部）和中间的轴部。球接子类三叶虫个体很小，身体长度通常为6~8 mm，小的2~3 mm，最大的不超过20 mm。球接子最突出的特点是头部无眼、胸部只有两个胸节，因此与头部有眼、胸部三个胸节的同为少节类的盘虫类合称少节类三叶虫。盘虫类是古盘虫亚目的统称。古盘虫亚目和球接子亚目球接子的头部和尾部外形通常为圆形，很像两个连接起来的"球"，因此而得名。球接子三叶虫生存的年代几乎为整个古生代，在寒武纪第二世晚期出现，一直延续到中二叠世，其后在地球上灭绝。

绝大多数球接子三叶虫有全球性的地理分布，因为这种三叶虫通常在洋面飘游生活或有很强的游泳能力，能较迅速地扩散到世界各地，因此是划分和对比寒武纪地层最有效的工具，有重要的地层学意义。目前所确立的寒武系内的"金钉子"，全部采用球接子三叶虫为首要

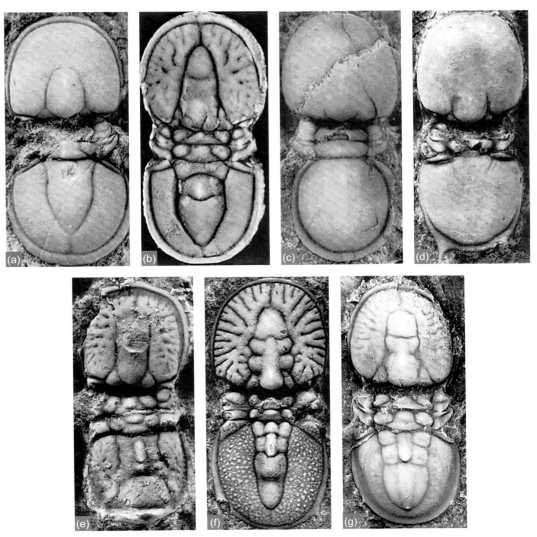

图3-5 各种球接子三叶虫化石 a. *Hypagnostus*；b. *Ptychagnostus*；c. *Peratagnostus*；d. *Lejopyge*；e. *Oidalagnostus*；f. *Goniagnostus*；g. *Lotagnostus*。其中 *Ptychagnostus* 的种名为始祖球接子［*Ptychagnostus atavus*（Tullberg）］，是定义寒武系鼓山阶的标志性化石。*Lotagnostus* 的种名为美洲花球接子［*Lotagnostus americanus*（Billings）］，是寒武纪地层分会表决通过的定义寒武系全球第10阶（暂名）的标志性化石。 （a–f. 据 Peng & Robison，2000；g. 据 Peng *et al.*，2015）

定界物种。

与球接子类三叶虫对应的是多节类三叶虫，这类三叶虫通常个体较大，胸部通常由众多胸节组成（4节以上，有的多达数十节）。它们大多栖息在浅海海底生活，扩张能力有限，地理分布因此较为局限，不适于长距离的地层对比，这也限制了它们应用于地层学研究的价值，难以被作为确定"金钉子"的首要定界化石。但极少多节类三叶虫有浮游或极强的游泳能力，地理分布也很广泛，可以用做次要的定界化石或协助地层对比，如确定寒武系全球江山阶底界的次要化石窄边小依尔文虫（*Irvengella angustilimbata*），以及能有效协助定义和对比寒武系第10阶底界的君王赫定虫（*Hedinaspis regalis*）和诺林却尔却克虫（*Charchaqia norini*）等。

### 3.2.2 笔石

笔石（Graptolites）是一种已灭绝的海生动物，隶属半索动物门笔石纲。它们大多以黑色碳质薄膜形式沿岩石层面保存在页岩中，极像用笔在岩石上"书写"出来的痕迹，因此而得名（图3-6）。笔石动物为单枝状或多枝状的群体，笔石群体（笔石枝）由原始胎管和由胎管伸出并发育为无数相互串联的胞管所组成，胞管形态多种多样，是笔石分类的依据之一。笔石枝的长度差异极大，从几毫米至1米以上不等，笔石枝数目、组合形态和排列方向也是笔石的分类依据。笔石动物在寒武纪第三世（暂名）出现，延续到石炭纪早期，即在早石炭世末灭绝。寒武纪的笔石动物主要为树形笔石类，在末期由树形笔石演化为正笔石类的早期代表如多枝的劳氏笔

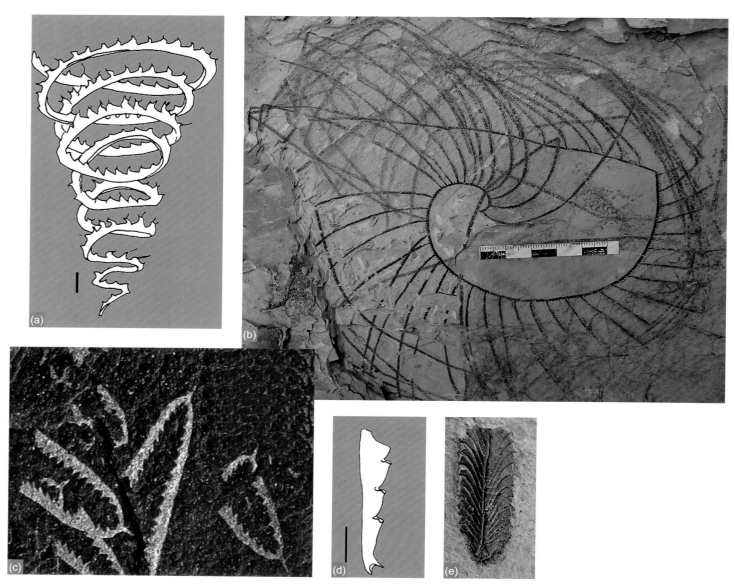

图3-6 各种笔石化石 a. *Spirograptus*；b. *Cyrtograptus*；c. *Didymograptus*；d. *Neocolonograptus*；e. *Phyllograptus*。其中 a 的种名为 *Spirograptus guerichi*（Loydell, Štorch et Melchin），是定义下志留统全球特列奇阶底界的标志性化石；d 的种名为 *Neocolonograptus parlutimus parultimus*（Jaeger），是定义志留系全球普里道利统底界的标志性化石。比例尺 a, d=1 mm；b=1 cm（每黑白大格）。

（a, d. 由 Gabi M. Ogg 提供；b. 由王键提供）

石；奥陶纪是正笔石目的繁盛时期，主要有无轴亚目、隐轴亚目以及有轴亚目中的双列攀合的笔石类，后一类笔石能延续到志留系，但无轴目和隐轴亚目已在志留纪灭绝，取而代之的是单列的有轴笔石类。正笔石目在早泥盆世灭绝，而树形笔石目的少数分子生存时限最长，延续到早石炭世灭绝。

笔石动物可以在滨海至陆棚斜坡的广阔海域生活，除绝大多数树形笔石营固着生活外，少数树形笔石和所有其他类型笔石通常在洋面营浮游生活，因此通常有非常广泛的地理分布，是划分和对比奥陶纪和志留纪地层的有效工具之一，地层学研究价值较大。奥陶系除少数

阶（特马豆克阶、大坪阶）"金钉子"首采用牙形刺为首要定界化石，其中的有5个阶都用笔石定义，而志留系除特列奇阶外，所有的阶以及泥盆系的洛赫考夫阶"金钉子"的首要定界物种都是笔石。

### 3.2.3 牙形刺

牙形刺（Conodonts）是一种刺状或锯齿状的微体化石，也有称牙形石、牙形虫、牙形类等，其分类地位争论了一百多年，有18种不同的分类假说，但现在多数牙形刺专家认为它们可能是已灭绝的最古老海生脊椎动物的进食器官。这种动物被称为牙形动物，有的学者认为它们中绝大多数是一类像鳗鱼那样细长的小型动物。

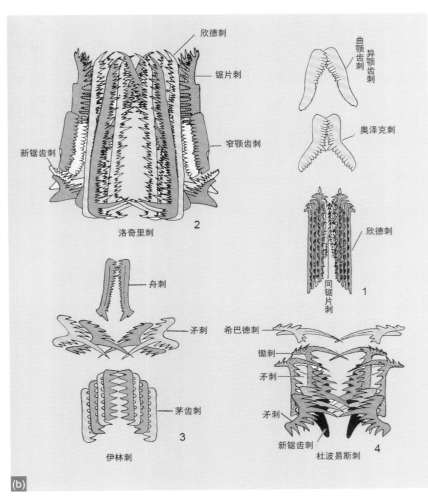

图3-7　牙形刺自然集群　a. 牙形刺自然集群化石；b. 4个牙形刺自然集群图解。　（据Hass，1962；Lindström，1964；王成源，1987修改）

牙形刺长度通常只有零点几毫米至1毫米，最大的也只有6 mm左右。

牙形刺由磷灰石构成，通常保存在碳酸盐岩中，如石灰岩、泥灰岩，磷灰石不被弱酸分解，因此可以很容易地通过酸解碳酸盐岩获取这种化石。牙形刺有时也可保存在页岩之中。大多数牙形刺以分离的单个化石保存，根据形态分为单锥型、复合型和台型三种类型，并进一步再分为若干属种。1934年在德国和美国的页岩表面发现了牙形刺自然集群 (natural assemblage)（图3-7），这是许多不同类型的单个牙形刺分子形成的组合，成对成行，左右对称，排列得相当规律 (Schmidt, 1934；Scott, 1934)，表明单个牙形刺只是牙形动物硬体的一部分，同一牙形动物体内包含不同的牙形刺"属、种"。从而证明，以单个分离牙形刺为依据而建立的分类系统中的"属、种"是人为的形式属种，并非生物的自然属种。这种分类系统虽然应用方便，但没有生物学分类价值。牙形动物可以生活在从滨海至深海的各类海洋环境中，有人认为它们的生活习性是被动漂浮而非积极游泳，牙形动物的生存时代较长，在古生代寒武纪至中生代三叠纪末期的海相地层中，均有牙形刺化石存在。

牙形刺种类繁多（图3-8），特征明显，演化迅速，地理分布广泛，是划分和对比古生代和三叠纪生物地层的主导化石门类，地层学意义重要。全球年代地层许多阶底界的"金钉子"都采用牙形刺为首要定界物种。包括奥陶系的特马豆克阶和大坪阶、泥盆系底界所在的洛赫考夫阶外的所有阶（共6个阶）、石炭系底界所在的杜内阶和巴什基尔阶、二叠系所有目前被正式定义了的阶（共6个阶），以及三叠系底界所在的印度阶。也作为定义上三叠统和卡尼阶共同底界的辅助标志。

### 3.2.4　菊石

菊石 (Ammonites) 是一类已灭绝的海生无脊椎动物，隶属软体动物门头足纲外壳亚纲菊石目。保存在地层中的菊石化石通常是它们的外壳。早中期菊石外壳的旋卷方向大多为平旋、扁平，呈铁饼状或流线型，但演化后期

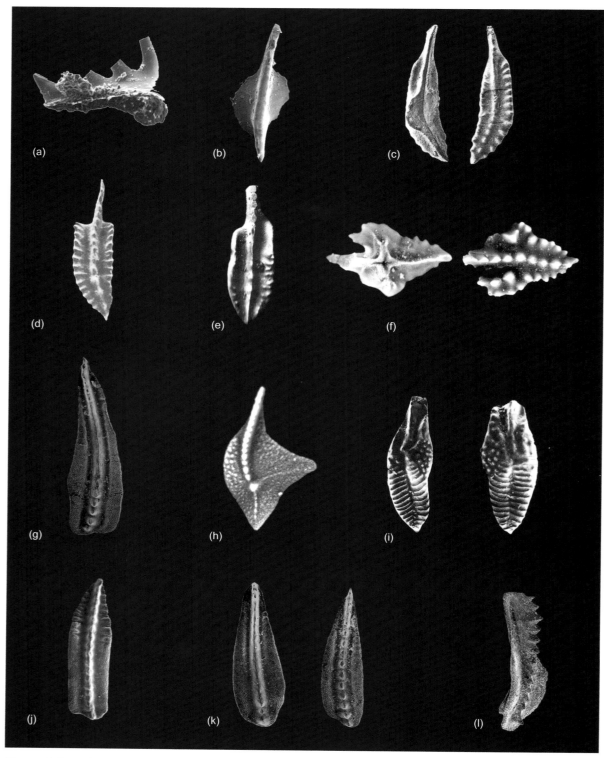

图3-8　各种牙形刺化石　除定义中国的全球长兴、吴家坪、印度阶底界的牙形刺外，图中牙形刺除个别为次要标志性化石（l）外，都是定义全球标准阶底界的标志性化石。a. *Iapetoglathus fluctivagus*（Cooper, Nowlan et Williams），定义全球奥陶系（含特马豆克阶）底界；b. *Eognathodus sulcatus* s. l.，定义全球下泥盆统布拉格阶的底界；c. *Eocostapolygnathus kitabicus* Yolkin, Kim, Weddige, Talent et House，定义全球下泥盆统埃姆斯阶的底界；d. *Polygnathus costatus partitus* Klapper, Ziegler et Mashkova，定义全球中泥盆统（含埃菲尔阶）的底界；e. *Polygnathus hemiansatus* Bultynck，定义全球中泥盆统吉维特阶的底界；f. *Ancyrodella rotundiloba*（Bryant），定义全球上泥盆统（含弗拉阶）的底界；g. *Jinogondolella postserrata*（Behnken），定义全球二叠系瓜德鲁普统卡匹敦阶的底界；h. *Palmatolepis ultima* Ziegler，定义全球上泥盆统法门阶的底界；i. *Streptognathodus isolates* Chernykh, Ritter et Wardlaw，定义全球二叠系及乌拉尔统（阿瑟尔阶）的底界；j. *Jinogondolella nankingensis*（Ching），定义全球二叠系瓜德鲁普统（含罗德阶）的底界；k. *Jinogondolella aserrata*（Clark et Behnken），定义全球二叠系瓜德鲁普统沃德阶的底界；l. *Paragondolella polygnathiformis noah*（Hayashi），定义全球上三叠统（含卡尼阶）的底界的次要标志性化石。

（由 G. M. Ogg 提供）

**图3-9 各种菊石化石** a. *Psiloceras*；b. *Cleoniceras*；c. *Quenstedtocras*；d. *Gonolkites*；e. *Dactylioceras*；f. *Macrocephalites*；g. *Audoliceras*；h. *Cleoniceras*，其中a的种名为 *Psiloceras spelae tirolicum* Hillebrand & Krysty，是定义全球侏罗系（含赫塘阶）界界的标志性化石；d的种名为 *Gonolkites convergens* Buckman，是定义侏罗系全球巴通阶底界的标志性化石。

（a，d. G. M. Ogg 提供；b，c，e. J. St. John 提供；f. 阴家润提供）

则向三维空间旋卷，即白垩纪出现大量异形菊石。菊石壳面装饰复杂多变，有的光滑，有的呈不同的横向和纵向的纹饰，有些菊石还具有壳刺、瘤或结节等突起（图3-9）。壳饰及其组合特点是菊石分类的依据。菊石壳体被隔壁分隔成气壳（包含若干气室）和住室，隔壁边缘与壳内壁接触之处称缝合线，菊石的高度弯曲或极为复杂的缝合线是它们与只有简单弧形缝合线的鹦鹉螺类（如角石、鹦鹉螺）的最重要区别。缝合线的构造也是菊石演化的重要证据。菊石个体大小差异非常明显，小型菊石的壳不到1 cm，而巨型菊石的壳的直径可达2.5 m。最早的菊石类出现在泥盆纪早期,它们在白垩纪末期全部灭绝。

菊石为肉食类海洋生物,生活于水深30~300米的环境中,有很强的游泳能力或漂浮习性,可迅速扩散到世界各地。菊石是中生代地层的主导化石,由于地理分布广、演化迅速和易于辨认,因此,是划分和对比中生代地层特别是侏罗纪和白垩纪地层的重要工具或标准化石。目前这两个系绝大多数阶底界的"金钉子"都采用菊石为首要定界物种,只有少数阶的"金钉子"采用有孔虫(如白垩系塞诺曼阶)或双壳类(如白垩系圣通阶)为首要物种来定义底界。此外,中生界三叠系的拉丁阶、卡尼阶"金钉子"也以菊石为首要物种来定义底界。

### 3.2.5　有孔虫

有孔虫(Foraminifera)是一种具伪足的微小单细胞动物,隶属原生动物门肉足纲有孔虫目(图3-10)。有孔虫大多具钙质外壳,也有硅质的和假几丁质壳,还有由自身分泌的物质胶结外来物质而成的胶结质壳。壳上多有开口(口孔)或多个细孔,供伪足伸出。两房室

间的隔壁上有细孔,故名有孔虫。有孔虫身体由一团原生质组成(包括细胞质和细胞核)。细胞质分为两层,外层薄而透明称外质,可分泌外壳;内层在壳内,颜色较深称内质。壳的特征是有孔虫分类的主要依据。壳体有单房室、双房室或多房室。单房室类群的壳体多呈近球形或平旋管状;多房室类群的壳体房室排列多数为螺旋式,其次为平旋、盘状、绕旋、单列、双列、三列等。还有混合排列,如从平旋到单列或双列、从双列到单列、从螺旋到三列等形式。有孔虫壳表面可见各种纹饰,有网格状、纹线、肋脊、疣刺等。因种类不同,有孔虫外壳大小差异较大,小的极其微小,只有0.15 mm,但最大的直径可超过5 cm。有孔虫通常分为6个亚目,包括已灭绝的䗴亚目(Fusulinina)。

有孔虫在寒武纪出现,一直延续到现代。地史上古生代的石炭纪至二叠纪、中生代的白垩纪、新生代古近纪的始新世、新近纪的中新世是它们相对繁盛的时期。现代有孔虫也较为繁盛,生活于各种性质的水体,但绝大多

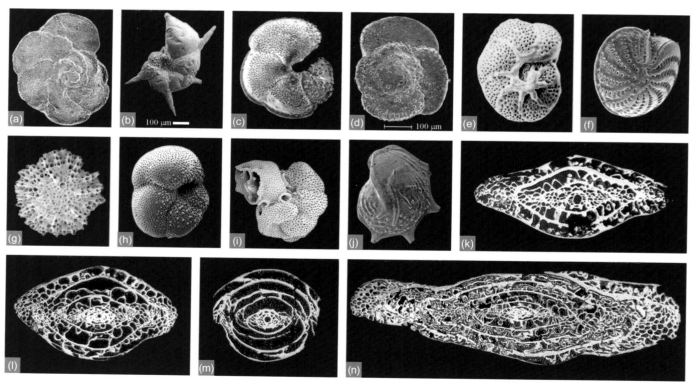

图3-10　形态各异的有孔虫化石　其中a-j为实体化石;k-n为䗴类,为化石的横切面薄片。a. *Thalmanninella globotruncanoides*(Sigal, 1948);b. *Hantkenina alabamensis* Cushman, 1924;c. *Globorotalia miotumida* Jenkins, 1960;d. *Globorotalia crassaformis*(Galloway et Wissler, 1927);e. *Astrononion* Cushman et Edwards, 1937;f. *Elphidium* de Montfort, 1808;g. *Calcarina* d'Orbigny, 1826;h. *Globorotalia crassula* Cushman et Stewart, 1930;i. *Cibicide lobatus*(Walker et Jacob, 1978);j. *Lenticulina echinata*(d'Orbigny, 1846);k. *Pseudofusulina yunanica* Zhang, 1982;(d'Orbigny, 1846);l. *Pseudoschwagerina muongthensis*(Deprat, 1915);m. *Zellia chengkunensis* Sheng, 1949;n. *Schwagerina deuxa callosa*(Kireeva, 1949)。其中a是定义白垩系塞诺曼阶底界的标志性化石;b是定义古近系渐新统和吕珀尔阶共同底界的标志性化石;c是定义新近系墨西拿阶底界的标志性化石;d是定义新近系上新统和赞克勒阶共同底界的标志性化石。

(a-d. 由G. M. Ogg提供;k-n. 据张遴信等,2010)

数是海生,少数生活在泻湖等半咸水环境和超过正常盐度的水体中,极个别种类也可在淡水中生活。有孔虫大多数营底栖生活,从潮间带至深海海盆均有分布,最深能超过10 000m。只有少数有孔虫营浮游生活。

各地质时期的有孔虫化石常被用作确定地质年代的标准化石和古沉积环境的指相化石。䗴是一类大型有孔虫,生存时代为石炭纪和二叠纪,因其壳常呈纺锤形或椭圆形,也称纺锤虫。䗴类的壳为钙质包旋壳,具多房室。䗴类演化迅速、地理分布广、地层分带明显,是划分和对比石炭纪和二叠纪地层的主导化石之一,有重要的生物地层学研究价值。我国的䗴类化石十分丰富,盛金章等(1988)曾将我国石炭纪和二叠纪地层划分为14个䗴化石带,其后金玉玕等(2000a, b)又将石炭纪和二叠纪地层划分为9个和15个䗴化石带序列。

有孔虫特别被用于研究恢复新生代的古气候、古海洋环境(如古水深、古温度、古盐度、古洋流等)以及推测沉积速率等。有些有孔虫的地理分布广,是远距离地层对比的有效工具之一。石炭系维宪阶底界、白垩系塞诺曼阶底界和新近系墨西拿阶底界的"金钉子"就采用底栖或浮游有孔虫为首要定界物种。浮游有孔虫还是新近系皮亚琴察阶的次要定界物种,也是定义新近系阿基坦阶、托尔托纳阶、赞克勒阶以及第四系杰拉阶底界的辅助标志。

### 3.2.6　钙质超微化石

超微化石(Nannofossils)是个体极为细小的化石总称,其个体通常不大于10 μm,也有30 μm以下的。这类化石需要借助高倍偏光显微镜和电子显微镜才能观察和研究。超微化石包括的生物种类很多,其中大部分是单细胞双鞭毛浮游藻类的遗骸,称为钙质超微化石(calcareous nannofossils),这种双鞭毛浮游藻类的细胞体会制造碳酸钙成分的钙质小片,小片能被运输到细胞的表面,多集结成球状的颗石藻(coccoliths),并从细胞表面脱落而沉淀到洋底,成为海洋沉积物的组成部分并保存为化石(图3-11)。双鞭毛浮游藻类广布于全球海洋表层10~200 m以内的透光带,可进行光合作用营自养生活。它们生长迅速,以细胞分裂方式大量繁殖,是海洋生物链中的初级生产者。钙质超微化石在地质历史中的演化极为迅速,地理分布广泛,且分析过程较简单,可使用偏光显微镜快速鉴定,是海上油气勘探和海洋地质调查中生物地层工作的主要依据之一,也是划分和对比新生代地层的重要古生物学工具之一。由于钙质超微化石部分属、种的出现(首现)或灭绝(末现)是全球同时发生的大规模生物事件,能

在确定新生界"金钉子"过程中发挥重要作用。钙质超微化石是古近系卢泰特阶"金钉子"的首要定界物种,是定义全球古近系塞兰特阶、坦尼特阶,新近系阿启坦阶、塞拉瓦尔阶、托尔托纳阶、墨西拿阶、赞克尔阶,以及第四系杰拉阶、卡拉布里雅阶底界的次要或重要工具。

### 3.2.7　双壳类

双壳类(Bivalves)是一类外壳通常由大小和形状完全相同的两片贝壳组成的软体动物(图3-12),两壳左右对称,每一壳无对称面,因此可与两壳左右对称、形状不相同、每壳有对称面的腕足类区别开。这种动物的身体无头部、有斧状足,可缓慢爬行和使身体潜居泥沙。双壳类与人类关系最为密切,许多双壳类可食用,营养丰富、味道鲜美,如河蚌、河蚬、青蛤、花蛤、海扇、牡蛎等。

双壳类的生活领域相当广泛,在大海的潮间带至5 km以上的深海都有分布,这类动物大部分生活在正常的海洋环境,但在非正常环境的咸化海洋和在缓流及静水环境的淡水湖泊、河流、沟渠中也有分布。双壳类主要营底栖爬行或固着生活,也有的凿石或凿木而栖,少数营寄生生活。双壳类最早在寒武纪初出现,一直延续到现代。始新世至今为这类动物的全盛期。双壳类生活方式以底栖为主,地理分布相对较窄,地层延限也相对较长,不太适合定义年代地层单位。目前只有个别金钉子采用双壳类作为首选定界物种 [如定义白垩系全球圣通阶的 *Platyceramus undulatoplicatus* (Roemer) ]。

### 3.2.8　遗迹化石

遗迹化石(Trace fossils)是地质历史时期生物活动遗留在沉积物表面或沉积物内部各种形迹所形成的化石。远古生物的活动遗迹包括低等生物挖掘的潜穴(图3-13)和爬行时留下的移迹(图3-14)、高等动物留下的足迹等。元古宙以来的各个地质时期都有遗迹化石发现。几乎所有遗迹化石都是在原地埋藏和保存的,无论是在沉积物表面留下的足迹、移迹,还是在沉积物内部造出的潜穴、钻孔,都不会因水流作用而被搬运到异地。因此,遗迹化石不仅是地球生物活动的证据,能反映生物本身的行为和习性,还有准确恢复沉积环境的功用,是不同沉积相的可靠指相化石。

遗迹化石的另一特点,是有同物异迹和异物同迹现象。同一种造迹生物由于习性行为不同,可以造出几种完全不同的遗迹,例如三叶虫在海底爬行产生的足迹称双轨迹(*Diplichnites*)(图3-14),在海底暂时歇息形成的是停息迹(*Rusophycus*),在觅食潜穴过程中可产生二叶石(*Cruziana*,或称克鲁斯迹)(图3-15);相反,不同门类生物

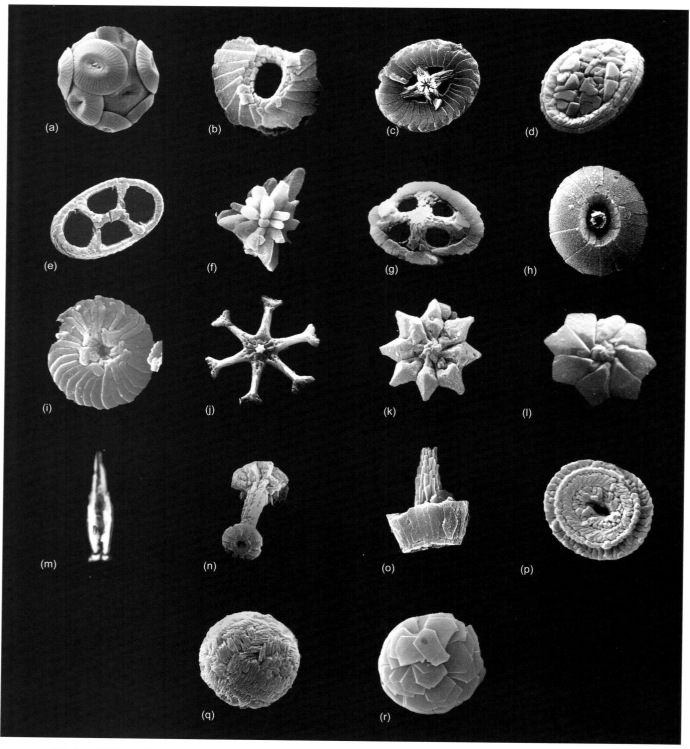

图3-11  形形色色的钙质超微化石   a，r. *Coccolithus*；b. *Anulasphaera*；c. *Cruciellips*；d. *Arkhangelskiella*；e. *Neococcolithus*；f. *Sphenolithus*；g. *Axopodorhabdus*；h. *Biscutum*；i. *Calcidiscus*；j，k，l. *Discoaster*；m. *Blackites*；n. *Chiasmolithus*；o. *Parhabdolithus*；p. *Prinsiosphaera*；q. *Florisphaer*。其中m的种名为 *Blackites inflatus*（Bramlette et Sullivan，1961），是定义古近系卢泰特阶底界的标志性化石。

（m. 由 G. M. Ogg 提供）

图3-12　各种双壳类化石和现生双壳类　a，e. *Pecten*；b. *Lahillia*；c. *Lepidodesma*；d. *Platyceramus*；f. *Papillicardium*；g. *Cucullaea*；
h. *Anodonta*. 其中d的种名为 *Platyceramus undulatoplicatus*（Roemer），是定义上白垩统全球圣通阶底界的标志性化石。
（c. 据中国科学院南京地质古生物研究所《中国的鳃类化石》编写组，1976；d. 由 G. M. Ogg 提供）

图3-13　遗迹化石 *Trichophycus pedum*（Seilacher，1955）　*T. pedum*
的首现定义了全球寒武系幸运阶的底界，同时也定义纽芬兰统、寒武
系、古生界和显生宇的共同底界。这枚遗迹化石是由较为复杂生活习性
的生物产生的遗迹，这种生物生活在5.41亿年前，比最早出现的三叶虫
早2 000万年，目前还不了解该造迹生物个体的确切形态。
（据 Peng *et al.*，2012）

图3-14　美国纽约州东部华盛顿县保存于寒武系Postdam组薄层细砂
岩层面上的遗迹化石双轨迹（*Diplichinites* inchosp.）　该标本左上和右
面两列平行的遗迹是三叶虫在海底表面行走时留下的两道痕迹，每道
痕迹两侧有两列小点是三叶虫外肢留下的足迹，两道痕迹中间的线状
痕迹或许是三叶虫尾刺拖曳出的印痕。
（彭善池　摄）

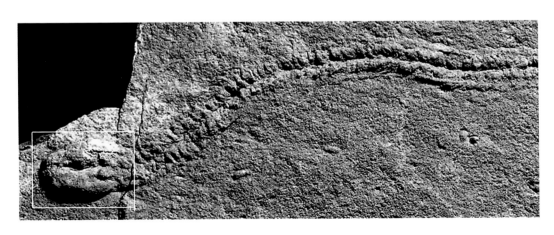

图3-15　遗迹化石停息迹
（*Rusophycus* inchosp.）（白
框内）和克鲁斯迹（*Cruziana*
inchosp.）（白框外的部分）
它们都是由同一三叶虫在觅食
潜穴过程中产生的两种不同痕
迹。三叶虫从右向左觅食，附
肢搅动软泥形成克鲁斯迹，最
后在停歇时形成停息迹。
（据 Gon Yang III）

由于适应相似的环境可以形成相同的遗迹,例如在近岸强烈水动力条件下的砂岸环境中,不同门类生物可以营造出形状相同的垂直管状潜穴或U形潜穴。

遗迹化石的地层延限通常较长,不太适合地层的精确划分和对比。目前只有一枚"金钉子",即寒武系最下部的幸运阶的底界"金钉子"采用遗迹化石 *Trichophycus pedum* 定义(图3-13)。幸运阶的底界也是纽芬兰统、寒武系、古生界和显生宇的共同底界。这是目前用金钉子定义的一条级别最高的年代地层界线。采用 *T. pedum* 定义这条重要界线是因为相对前寒武纪生物营造的非常简单的遗迹而言,它是一种较为复杂的潜穴,反映了留下这些痕迹的造迹生物具备更为复杂的"古生代生物"生活习性。

## 3.3 建立"金钉子"的基本要求

作为全球通用的国际标准,全球层型剖面和点位应包含对各种相关标志性事件有尽可能完备的记录,因此,国际学术界对"金钉子"的要求格外严格。在国际地层委员会表决通过的法规性文件《国际地层委员会关于建立全球年代地层标准的准则(修订本)》(以下简称《准则修订本》)中,详细列举了对理想"金钉子"在地质、生物地层及其他方面的一系列要求(Remane *et al.*, 1996),只有那些在各方面都较为优异、能基本满足这些要求的剖面,才有可能被选为"金钉子"。

### 3.3.1 地质要求

➤ 剖面必须出露足够的沉积厚度,确保剖面能代表一段足够长的时间间隔的沉积,从而可以使用界线附近的辅助标志来推断和确定界线;

➤ 剖面沉积连续,在界线附近既无地层间断,也无地层凝缩;

➤ 剖面要有足以分辨出相继发生的事件的沉积速率;

➤ 剖面应无与沉积同期发生的扰动和后期的构造的扰动;

➤ 剖面应无变质和强烈的成岩蚀变,能识别出地磁和地球化学信号。

### 3.3.2 生物地层要求

➤ 关键层段要有丰富的高分异度的且保存良好的化石(多种多样的生物群能提供尽可能精确的对比);

➤ 在界线位置或界线附近应无纵向的相变(岩相和生物相的改变反映生态状况的改变。生物相改变可能控制了某一特定物种在界线层位上的出现;岩性的突变或许表示岩层的间断);

➤ 有利于远距离生物地层对比的生物相(这种生物相通常形成于开阔的海洋环境,这种环境要比近岸和大陆环境具有更多的有广泛地理分布的物种。近岸和陆地生物相应当避免)。

### 3.3.3 其他研究方法的要求

作为辅助标志,非生物学方法有助于帮助推断和确定层型点位,在候选层型剖面的生物地层研究程度大体相当的情况下,要优先选择非生物方法研究剖面,这些方法包括:放射性同位素测年研究、磁性地层学研究、化学地层学研究,以及层型剖面的区域古地理背景和相关系的研究。

### 3.3.4 其他要求

➤ 为"金钉子"设立永久性的固定标志;

➤ "金钉子"剖面要易于到达,不应选择那些处于偏远地区,或需耗费巨资才能到达的候选剖面;

➤ "金钉子"应对外开放,供所有地层学家研究;

➤ 有关当局要对"金钉子"可自由进入研究,以及对其所在地永久保护做出明确承诺。

需要提及的是,并非每枚"金钉子"都能绝对充分满足以上各项要求。从目前被批准的"金钉子"来看,每一

图3-16　2011年国际地科联批准建立寒武系江山阶"金钉子"后,浙江省江山市人民政府、江山市国土资源局迅速召开会议,组织有关管理部门和专家研讨江山阶"金钉子"保护措施

（雷澍　摄）

枚"金钉子"都有各自的特色,都是根据自身的地质和古生物条件,结合国际地层委员会的要求,经反复论证后确定的产物。

在中国建立的"金钉子",研究深入、严谨,大多数是在国际地层委员会最后表决中以高得票率通过的,能满足国际地层委员会提出的基本要求。在"金钉子"获得国际地科联批准并被正式确立后,中国的主管部门和"金钉子"所在省份的各级政府高度重视,针对各"金钉子"的具体情况,研究保护"金钉子"的措施。通常为"金钉子"建立保护区,设立核心保护范围,设置保护界碑、保护标志;并结合当地地质特点,为"金钉子"建立国家级或省级地质公园,或者建立传播科学知识的科普教育基地(图3-16~图3-19)。中国的"金钉子"目前都已受到妥善保护。

图3-17 湖南省古丈县人民政府、古丈县国土资源局在罗依溪古丈阶"金钉子"剖面周围设置的保护界碑和严禁乱采乱挖的告示 (雷澍 摄)

图3-18 浙江省常山县人民政府为奥陶系达瑞威尔阶"金钉子"剖面设置的保护标志 (雷澍 摄)

图3-19　国土资源部、浙江省和长兴山县人民政府为二叠系长兴阶"金钉子"和三叠系印度阶"金钉子"建立的国家级地质遗迹保护区（地质公园）

（雷澍　摄）

## 3.4　确立"金钉子"的科学程序

### 3.4.1　确立"金钉子"的原则和程序

地层学上只为全球"阶"的底界建立"金钉子"，这是因为阶是年代地层的基本工作单位。在年代地层单位的等级系统中，高级别的单位，如统、系、界、宇的底界总是与其下级单位中最下部单位的底界保持一致，因此有些阶的"金钉子"就能定义一个或多个更高等级的年代地层单位的底界。也就是说，定义了阶的底界，进而也就定义了所有更高级别的年代地层单位的底界。目前定义年代地层单位最多的"金钉子"是寒武系幸运阶"金钉子"（图3-20），它同时定义纽芬兰统、寒武系、古生界、显生宇5个不同级别年代地层单位的共同底界（图3-21）。

"金钉子"确立的过程复杂而慎重，按国际地层委员会1986年发布的《准则》（Cowie *et al.*, 1986）、1996年发布的《准则修订本》的规定，结合近20年来的工作实践，确立程序如下：

（1）成立界线工作组。

国际地层委员会各个系的分委员会负责本系各个阶"金钉子"的研究和遴选。要建立某个阶的"金钉子"，首先要建立相应的阶（已命名的、待命名的）的底界工作组。

工作组通常由研究各阶（或界线）相关地层和古生物的前沿科学家组成，成员包括尽可能广泛的专业和地域的专家，规模一般不超过20名。工作组的任务是向分会推荐单一的"金钉子"候选层型剖面。

（2）表决划分阶的底界的首要标志。

工作组首先要寻求划分阶的底界的首要标志，这通常是指地理分布广泛的物种在地层中的"首次出现"（代表时间面）。划界标志需由相应分会最后表决决定（需要超过有效投票人数的60%，而有效投票人数也需占全体

图3-20　位于加拿大纽芬兰岛西南Fortune Head的寒武系底界全球标准层型剖面和点位

（据Peng & Babcock, 2008）

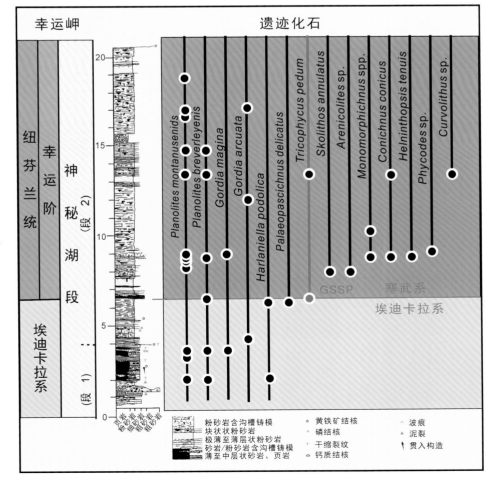

图3-21 加拿大纽芬兰岛Fortune Head寒武系底界"金钉子"剖面遗迹化石的地层分布 幸运阶的底界采用遗迹化石 *Trichophycus pedum*（Schlacher, 1955）的首现定义，这枚"金钉子"同时定义幸运阶、纽芬兰统、寒武系、古生界、显生宇五级年代地层单位的底界。

（据 Peng *et al.*, 2012修改）

投票人数的60%，投票者可选择"赞成"、"反对"和"弃权"）。如国际寒武纪地层分会2005年表决通过以三叶虫光滑光尾球接子 (*Lejopyge laevigata*) 的首现，作为确定寒武系第7阶底界的首要标志，后来根据这个标志在中国湘西确立了古丈阶的"金钉子" (Peng *et al.*, 2009a)。又如国际奥陶纪地层分会表决以纤细丝笔石 (*Nemagraptus gracilis*) 的首现，作为确定上奥陶统底界的首要标志，后来根据这个标志在瑞典的 Fågelsång 确立了上奥陶统 (桑比阶) 的"金钉子" (Bergström, 2000)。

（3）在世界各地寻求候选层型剖面。

一旦确定划界的首要标志，工作组将号召各国地层学家研究本国或他国有希望的剖面，并推荐候选层型剖面。由于国际学术界对"金钉子"剖面要求严格，这需要经历一段长期的研究过程。

（4）遴选和首轮表决唯一候选层型剖面。

一般而言，工作组最终会收到若干候选层型剖面的提议，并根据全球层型的要求对提议的候选剖面进行筛选，最后通过表决遴选出唯一的候选层型，并要求其研究团队提交"金钉子"提案报告进行表决，这需要超过有效投票人数60%的赞成票才能获得通过。在这期间，工作组会反复进行公开通讯讨论，也会举行会议讨论和协商，必要时去剖面做实地考察，这是国际学术竞争最为激烈的阶段。实践中有时也有例外，即工作组有时会向分会提交多个候选层型，交由分会表决遴选唯一候选层型 (但这不符合规定)。如在该轮表决中没有达到60%支持率的候选剖面，则需对得票最多的剖面做另一轮表决，直到获得多于60%的支持。

（5）"金钉子"提案报告进行第二和第三轮表决。

被工作组表决通过的"金钉子"提案报告，按规定要在60天内 (但通常只在1~2周内) 由相关的地层分会连同选票报送分会选举委员审核。从这时起，提案报告进入严格的审批阶段。分会通常会在表决前，安排一段时间供选举委员通讯讨论，对提案报告发表评论意见。如果候选剖面在二轮表决中获得法定多数通过，将由提案人按讨论的意见对提案报告做适当修改后，报送国际地层委员会审核和由国际地层委员会的"全委会 (full commission)"最后表决。"全委会"由国际地层委员会的执委 (主席、副主席、秘书长) 和各地层分会的主席组成，是国际地层委员会的最高决策机构。同样，国际地层委员会在表决之前，也会安排一段时间供"全委会"成员通讯讨论 (从2008年起，规定有30天的讨论期)，然后表决。

如提案的问题较多，则退回分会进行补充和修订后才予表决。"金钉子"提案如果在地层委员会的表决中获得法定多数的支持，将呈报国际地科联最后批准。只有国际地科联批准后，"金钉子"才能正式确立。

（6）建立"金钉子"永久性的标志和保护区。

国际地科联的批准并不代表"金钉子"确立程序的结束，按国际地层委员会的要求，在批准后3年内，要为"金钉子"建立永久性的标志，所在国家还应根据承诺对"金钉子"加以妥善保护 (图3-22~图3-29)。

《准则修订本》是经国际地层委员会"全委会"表决通过的正式文件，因此，以上程序是必须遵守的规定。

图3-22　国际地层委员会主席 S.C.Finney 教授 (左) 手持即将楔入古新统塞兰特阶底界层型点位的永久性标志——一枚用黄铜打造的"金钉子"
(S. C. Finney 提供)

图3-23　楔入"金钉子"的仪式　根据应在层型点位设立永久性标志的要求，2010年5月6日，在西班牙比斯开湾海边 Zumaia 剖面古近系古新统塞兰特阶界"金钉子"和上覆的古新统坦尼特阶底界"金钉子"揭牌庆典仪式后，当地官员和国际地层委员会的官员参加了在塞兰特阶底界的层型点位上楔入"金钉子"的活动。正在用铁锤楔入铜质"金钉子"的是时任国际地层委员会古近纪地层分会主席、西班牙萨拉戈萨大学 (Universidad de Zaragoza) Eustoquio Molina 教授，左2为国际地层委员会主席 S. C. Finney 教授。
(S. C. Finney 提供)

图3-24 在Zumaia剖面嵌入的第2枚"金钉子",标志古新统坦尼特阶底界的层型点位 图中模型地质锤的锤头仅长5 cm。

（S. C. Finney 提供）

图3-25 Zumaia剖面上为古新统坦尼特阶底界"金钉子"设置的标志牌

（S. C. Finney 提供）

图3-26 奥地利Kuhjoch"金钉子"剖面设置永久性标志之前的临时保护措施 Kuhjoch剖面位于因斯布鲁克市北东约25 km的Hintterriss村附近,是侏罗系底界和该系最下的赫塘阶的全球层型。

（S. C. Finney 提供）

图3-27　国际二叠纪地层分会主席沈树忠(右)和前主席Charles M. Henderson(后中)为二叠系瓜德鲁普统卡匹敦阶安置"金钉子"层型点位标志后,与美国得克萨斯瓜德鲁普山国家公园的管理人员合影　卡匹敦阶"金钉子"位于瓜德鲁普山国家公园的Nipple Hill。（沈树忠　提供）

图3-28　美国得克萨斯瓜德鲁普山国家公园Guadalupe Pass,安置在二叠系瓜德鲁普统沃德阶底界上的"金钉子"层型点位标志

（沈树忠　提供）

图3-29　在澳大利亚Flinders山Enorama Creek剖面为全球埃迪卡拉系"金钉子"点位安置的永久性标志　（彭善池　摄）

### 3.4.2　全球已建立的"金钉子"

按照现有《国际年代地层表》的划分,显生宇有100个阶需用"金钉子"定义。在元古宇新元古界最上部的埃迪卡拉系的底界用"金钉子"定义之后,国际地层委员会已考虑也用"金钉子"定义该系甚至其下伏的成冰系内的各条界线。1972年到2015年底,国际地层委员会及其下属的地层分会,已在全世界确立66枚"金钉子",其中一半以上在2000年以后建立(图3-30)。66枚"金钉子"中,显生宇65枚,元古宇1枚。就显生宇而言,各地质系中,奥陶系、志留系和泥盆系的"金钉子"都已全部建立,其他各系还剩35枚"金钉子"有待确立。元古宇目前只确立了一枚"金钉子"(埃迪卡拉系底界)。今后,元古

宇埃迪卡拉系和成冰系将会进一步划分为统和阶,并采用"金钉子"定义。由于这两个系的再划分研究目前还在进行中,究竟将需要多少"金钉子"尚不得而知。不仅如此,元古宇的拉伸系和古、中元古界,以及太古宇的中、新太古界的一些系也有可能用"金钉子"定义。但从目前的研究进展看,太古宇更老的界级单位和冥古宇的界级单位,仍将采用全球标准地质年龄(GSSA)定义(Van Kranendonk, 2012)。

目前已建立的66枚"金钉子",分布于19个国家(图3-31)。这些"金钉子"半数以上建立在欧洲,合计39枚,占59.1%,这与地层学发源于欧洲不无关系。亚洲目前有12枚,占18.1%,中国有10枚。美洲9枚,占13.6%,非洲4枚,占6.0%,大洋洲只有1枚,只占1.5%。本书的《国际年代地层表》中,以"金钉子"符号表示已建立的"金钉子"位于它们所定义的阶(含统、系、界、宇)的底界之上。

## 3.5　中国的"金钉子"研究

### 3.5.1　参与和挫折

中国的全球年代地层即"金钉子"研究始于20世纪70年代后期,比国外同行开展"金钉子"研究晚了十余年。那时,全球第一枚"金钉子"即全球志留系和泥盆系界线的"金钉子"已建立5年之久,其他各个系与系之间的界线研究也在如火如荼地开展。

1977年,中国正式参与国际地层委员会的活动。当年冬天,云南省地质科学研究所和中国地质科学院的专家率先在云南开展了全球前寒武系—寒武系界线(寒武

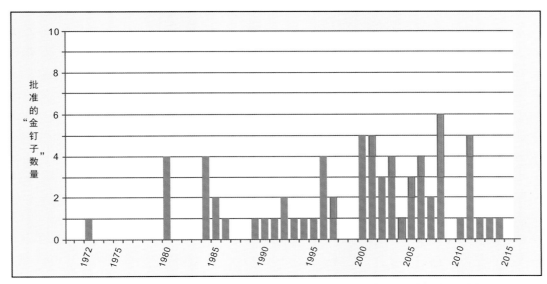

图3-30 国际地质科学联合会历年批准的"金钉子"数量 红框内为历年批准的中国"金钉子"

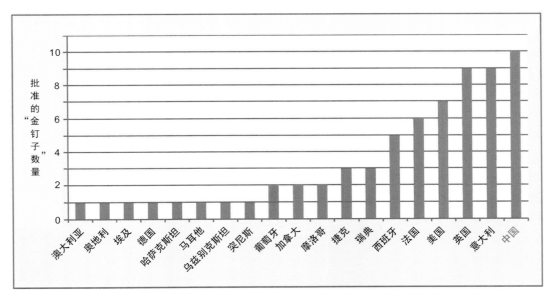

图3-31 全球66枚"金钉子"所在国家和数量 〔截至2015年12月31日〕

系底界) 层型的研究,开启了中国全球年代地层研究的历史。以罗惠麟、邢裕盛为首的研究团队,在短短几年里,在前人研究的基础上 (程裕淇,1939;卢衍豪,1941;王鸿祯,1941;王曰伦,1941;江能人等,1964),对昆明附近的晋宁梅树村剖面 (图3-32) 的前寒武系—寒武系界线地层作了多学科研究,研究内容涉及年代地层学、岩石地层学、生物地层学、磁性地层学、同位素测年和小壳化石、遗迹化石、微古植物、疑源类等古生物化石的系统古生物学研究,取得了重要研究进展,从而大大提升了梅树村剖面的研究质量 (罗惠麟等,1980,1982,1984;罗惠麟,1981;蒋志文,1980a, b,1984),受到国际前寒武系—寒武系界线工作组的肯定和认可,由此跻身于竞争前寒武系—寒

武系全球界线层型的前沿研究。

1983年5月,在英国布里斯托尔大学 (Bristol University) 举行的国际前寒武系—寒武系界线工作组会议上,梅树村剖面与苏联西伯利亚的Ulakhan-Sulugur剖面、加拿大纽芬兰岛南部Berin半岛的某个剖面 (当时无具体剖面) 同时被选为全球前寒武系—寒武系界线候选层型剖面 (Brasier et al., 1994)。当时,根据国际学术界确定的以"后生动物"出现的划分标准,前寒武系—寒武系界线 (寒武系底界) 被划在梅树村剖面的"A"点 (图3-33,国际上称为中国"A"点,即"China A point"),与小壳化石在该剖面的首现基本一致。其后,国际上划分全球前寒武系—寒武系界线的标准有所变动,改为尽量接近小壳

图3-32 中国最早研究的全球年代地层单位界线层型剖面之一——云南昆明晋阳梅树村剖面 a. 云南晋宁梅树村剖面的部分露头和在剖面前为剖面树立的永久性标志；b. 梅树村剖面的起点标志，起点位于剖面的"A"点之下，在埃迪卡拉系东龙潭组之内。 (彭善池 摄)

图3-33 晋宁梅树村剖面的"A"点 这是中国科学家最初提出的全球前寒武系—寒武系界线（即寒武系底界）的候选层型点位，在剖面第1岩性层的底界之上0.8 m。推测现今的全球寒武系的底界（亦即中国寒武系年代地层序列中最低的晋宁阶底界），在梅树村剖面的起点和"A"点之间，精确位置有待确定。

(彭善池 摄)

图3-34 晋宁梅树村剖面的"B"点 "B"字母标志中间的横线是梅树村剖面的"B"点，位于剖面的第7层之底（中谊村段上部），是中国科学家最终提出的全球前寒武系—寒武系界线（即寒武系底界）的候选层型点位

(彭善池 摄)

化石的"首现"。根据这个研究动向,为有效竞争前寒武系—寒武系界线的"金钉子",中国前寒武系—寒武系界线研究团队将界线上移,改置于梅树村剖面的"B"点(图3-34),即放在中谊村段上部的第7岩性分层之底,亦即小壳化石*Paragloborilus-Siphogonuchites*带的底界位置,与*Paragloborilus subglobusus*(图3-35)在剖面的首现一致。

布里斯托尔大学会议还决定会后对苏联西伯利亚的剖面进行表决,表决结果,否决了西伯利亚剖面作为候选层型剖面的资格。

直到1983年12月,加拿大纽芬兰仍没能提出具体的前寒武系—寒武系界线候选剖面,更拿不出令人满意的划界标准。在这种情况下,前寒武系—寒武系界线工作组决定对中国梅树村剖面进行通讯表决。两轮的投票结果均得到明显多数的支持,赞成将这条界线的"金钉子"放在中国的梅树村。就此,中国的梅树村剖面成为前寒武系—寒武系界线的唯一候选层型剖面,候选的层型点位放在"B"点。此时的梅树村剖面,似乎稳操胜券。只等提交后由国际地层委员会作最后表决,以及国际地科联的批准,就可以成为中国的第一枚"金钉子"。

然而,"金钉子"的国际竞争异常激烈。就在梅树村剖面被接受为全球唯一候选层型的当年,作为竞争对手,研究纽芬兰剖面的少数人,极力反对梅树村剖面,一方面找出种种理由否定梅树村剖面,夸大梅树村剖面的"缺陷"。如认为梅树村剖面界线附近有间断,小壳化石对比的可靠性差,剖面三个点位(A、B、C点)(C点是三叶虫的首现点)之间的动物群缺乏连续性等(Bengtson *et al.*, 1984;Brasier, 1989;Qian, 1989;Brasier *et al.*, 1990;Kirchivink *et al.*, 1991;Landing, 1994);另一方面,又接二连三地大力宣传在界线附近只产遗迹化石的纽芬兰剖面的优越性,占领舆论高地。如声称遗迹化石在碎屑岩地层中极为常见,而全球有70%的跨越前寒武系—寒武系界线的层段是碎屑岩地层,有利于远距离对比。又说遗迹化石地层延限短、这类生物在寒武纪的地理分布也不像在以后的各个地质时期那样局限(Narbonne, 1987;Narbonne *et al.*, 1987;Crimes, 1987;Narbonne & Myrow, 1988),这一说法显然有悖事实。但国际上的这些舆论对梅树村剖面极为不利,鉴于学术界某些人的压力,前寒武系—寒武系界线工作组不得不在1984年要求国际地层委员会推迟对梅树村剖面的表决。最后,国际地层委员会取消了表决,将梅树村"金钉子"提案报告退回给前寒武系—寒武系界线工作组,要求重

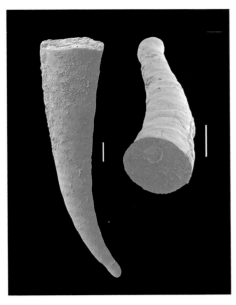

图3-35 *Paragloborilus subglobusus* He in Qian, 1977 左,侧视,产于云南曲靖先锋磷矿;右,斜顶视,产于云南会泽梨树坪。比例尺=200 μm。
(据Yang *et al.*, 2013)

新评估界线的定义(Bassett, 1985;Cowie, 1985)。这个决定给中国的梅树村剖面带来极为严重的负面影响,也为某些人在纽芬兰寻找和研究候选剖面赢得了时间。等到6年后的1990年,纽芬兰研究团队完成了对Fortune Head剖面的各项研究时,国际前寒武系—寒武系界线工作组才又对当初所选的三个剖面重新再次表决,结果中国和苏联的剖面均被纽芬兰的剖面所淘汰。中国首次冲击"金钉子"的尝试,只差一步之遥而没有成功。

到20世纪80年代初,全球界线地层研究在中国得到广泛地开展,除继续研究全球前寒武系—寒武系界线外,研究范围扩大到寒武系—奥陶系界线、奥陶系—志留系界线、泥盆系—石炭系界线、二叠系—三叠系界线等领域,国际上相关界线工作组也多次来华考察中国研究的剖面。1983年10月,在南京召开了寒武系—奥陶系界线和奥陶系—志留系界线国际学术讨论会(图3-36~图3-38),参加这个会议的国外学者多为这两条界线国际工作组的选举委员。通过会议的学术交流和会后的野外考察,有力地推动了中国的年代地层研究,也显著提高了中国全球界线地层研究的质量(Nanjing Institute of Geology and Palaeontology, Academia Sinica, 1984a, b)。1984年中国科学院南京地质古生物研究所陈均远组队在吉林浑江市(现为白山市)大阳岔深入开展全球寒武系—奥陶系界线的研究。这个团队通过对大阳岔小阳桥剖面界线地层的岩石学、沉积学、地球化学、牙形刺、笔石、三叶虫、疑源

图3-36　国际学术会议　a. 1983年10月在江苏南京举行的寒武系—奥陶系、奥陶系—志留系界线国际学术讨论会大会会场；b. 自左至右，在大会主席台上就座的为已故中科院院士叶连俊、卢衍豪、穆恩之。叶连俊时任中国科学院地学部常务副主任，卢衍豪、穆恩之时任中国科学院南京地质古生物研究所副所长，分别为国际寒武系—奥陶系界线工作组和国际奥陶系—志留系界线工作组选举委员。　　　　　（王铁成　摄）

图3-37　1983年10月在南京举行的寒武系—奥陶系、奥陶系—志留系界线国际学术讨论会的大会会场　　　　（王铁成　摄）

类化石的古生物学以及铷/锶法测年等学科做了深入的调查（Chen et al., 1985；Chen, 1986），发表的成果引起国际寒武系—奥陶系界线工作组的重视（图3-39）。1985年7月，在加拿大卡尔加里举行的寒武系—奥陶系界线工作组会议上，经界线工作组全体选举委员的投票，小阳桥剖面与加拿大纽芬兰西北的Green Point剖面一道（Barnes, 1988），成为仅剩的两个候选层型剖面。1990年，在苏联新西伯利亚举行的工作组会议上，经投票表决，小阳桥剖面脱颖而出，成为唯一的全球候选层型。

1992年，国际地层委员会决定由奥陶纪地层分会重新组建寒武系—奥陶系界线工作组。1995年，在美国拉斯维加斯举行的第七届奥陶系国际讨论会上，新换届的寒武系—奥陶系界线工作组内的某些西方学者提出，改用牙形刺伊阿珀托斯颌刺（Iapetognothus）的一个尚未命名的新种Iapetognothus n. sp. 1，取代原先的林氏肿叶刺（Cordylodus lindstromi）作为划定全球寒武系—奥陶系界线的标准，还重新启用加拿大纽芬兰西北的Green Point

剖面和新增加的美国Lawson Cove剖面为候选层型的两项提议。这个改变定界标准提议的意图十分明显，既可打压中国剖面，也为增加两个候选层型剖面找到理由。会议最后表决通过了这两项提议，由此形成了对小阳桥剖面极为不利的局面。因为小阳桥剖面并不产有伊阿珀托斯颌刺这个新种（Nowlan & Nicall, 1995），这就等于变相地淘汰了小阳桥剖面。1997年1月，寒武系—奥陶系界线工作组对3个候选剖面进行了通讯投票，结果大阳岔（小阳桥）剖面仅获2票而惨遭淘汰。中国冲击"金钉子"的努力再次遭受挫折。

### 3.5.2　突破和收获

20世纪90年代初，中国的全球年代地层研究出现了转机，1991年，国际地层委员会奥陶纪地层分会决定采用澳洲齿状波曲笔石（Undulograptus austrodentatus）的首现，定义奥陶系的一个全球年代地层单位（统或阶）（陈旭，1991）。中国科学院南京地质古生物研究所陈旭及时把握这个机会，组织了有多国科学家参与的国际界线工

图3-38 国际学术会议活动 a. 会议的奥陶系—志留系分会会场，代表在听取学术报告；b. 会议期间，会议代表、国际寒武系—奥陶系系界线工作组和奥陶系—志留系界线工作组选举委员访问中国科学院南京地质古生物研究所后，与该所有关科研人员合影。 (a. 王铁成 摄；b. 陈孝正 提供)

作组，对中国三山地区 (浙江江山、常山、江西玉山) 的多个含澳洲齿状波曲笔石首现的界线地层剖面做了多学科的研究 (陈旭等，1997，1998；Mitchell et al., 1997)。1995年底，奥陶纪地层分会又表决通过了全球奥陶系的六分方案，即分为三统，每统又各分为两阶 (Willims, 1996)。

澳洲齿状波曲笔石的首现被用来定义第4阶 (即中奥陶统的上阶) 的底界。根据这些决定和国际界线工作组在中国三山地区的研究成果 (Chen & Bergström, 1995；Chen & Milchell, 1995)，界线工作组提议以澳洲齿状波曲笔石在中国浙江常山黄泥塘剖面的首现，建立全球奥陶系第4阶

图3-39　吉林白山市大阳岔小阳桥剖面　a.剖面上部的地层露头；b.剖面的寒武系—奥陶系界线层段。白线为提议的全球寒武系—奥陶系界线"金钉子"点位。

（彭善池　摄）

"金钉子"，阶名采用澳大利亚的区域性年代地层单位达瑞威尔阶（Mitchell *et al.*，1997）。达瑞威尔阶"金钉子"的提案报告于1996年7月在国际奥陶纪地层分会选举委员通讯表决中以85%的得票率通过，同年11月，又在国际地层委员会的表决中以65%的得票率通过，在1997年2月被国际地科联执行局批准。由此，中国首枚"金钉子"在浙江常山黄泥塘正式确立，它也是在奥陶系建立的首枚"金钉子"。

达瑞威尔阶"金钉子"在中国的成功确立，实现了中国"金钉子"零的突破，之后，中国的年代地层研究领域捷报频传，一枚接一枚的"金钉子"相继在华夏大地建立。

2001年，由中国地质大学殷鸿福率领的研究团队，确立了三叠系最下部印度阶底界"金钉子"，这枚"金钉子"

同时定义印度阶、下三叠统、三叠系和中生界的共同底界，是中国定义年代地层单位最多的"金钉子"。

2003—2006年，中国科学院南京地质古生物研究所每年都为中国确立一枚"金钉子"，包括由彭善池主持研究的寒武系排碧阶"金钉子"（2003）、金玉玕主持研究的二叠系吴家坪阶和长兴阶"金钉子"（2004、2005）、陈旭、戎嘉余主持研究的奥陶系赫南特阶"金钉子"（2006）。其中排碧阶"金钉子"同时定义寒武系芙蓉统的底界，吴家坪阶"金钉子"同时定义二叠系乐平统的底界。

2008年是中国"金钉子"的丰收之年，这一年在中国同时确立了三枚"金钉子"，即彭善池主持研究的寒武系古丈阶"金钉子"、国土资源部武汉地质矿产研究所汪啸风主持研究的奥陶系大坪阶"金钉子"、中国地质科学院

图3-40 长江三峡宜昌市莲沱镇附近埃迪卡拉系剖面 三峡地区的埃迪卡拉系包含陡山沱组和上覆灯影组的绝大部分,是这两个组的标准地区。图中远山山顶地形陡峭的岩层是灯影组,主要由白云岩组成;其下约45°斜坡所在的地层是陡山沱组,岩性以泥质灰岩、黑色页岩为主。陡山沱组最底部有一层3~5 m厚的泥质白云岩,俗称盖帽白云岩,是识别陡山沱组下界的标志层。 (孙卫国 提供)

地质研究所侯鸿飞主持研究的石炭系维宪阶"金钉子"。此时在中国确立的"金钉子"数量增至9枚,赶上了英国和意大利,与这两个欧洲国家并列第一。2011年,彭善池率领的国际研究团队又在浙江江山碓边确立寒武系江山阶"金钉子",中国的"金钉子"数量增至10枚,成为拥有"金钉子"最多的国家。

但是在确立以上"金钉子"期间,中国的年代地层研究也并非一帆风顺。中国争夺埃迪卡拉系底界(即当时所称的末元古系、后来改称为新元古III系的底界,那时还是有待正式命名的新系)的"金钉子"就最终失利。对于划分这条界线的标准,国际末元古纪地层分会在2000年12月通过投票表决,绝大多数选举委员支持将该系底界划在盖帽碳酸盐岩之底或之内。根据这个表决结果,分会号召各国按通过的两个标准提交拟建新系的"金钉子"候选层型剖面的正式提案。中国科学家推荐中国埃迪卡拉系(原震旦系)经典地区的湖北宜昌三斗坪镇附近的田家园子剖面(赵自强,1978)(图3-40,3-41)与印度推荐的小喜马拉雅地区的Maldeota剖面、澳

图3-41 湖北宜昌三斗坪田家园子剖面陡山沱组底部的"盖帽白云岩" 田家园子剖面是中国提出的全球埃迪卡拉系(新元古界III系)金钉子候选剖面,层型点位置于盖帽白云岩之底(图的底部中间地质锤头所在位置),与下伏的南沱组平行不整合接触。将年代地层单位的底界划在有地层缺失的不整合面上,是田家园子剖面竞争全球层型失利的原因之一。 (孙卫国 提供)

大利亚推荐的两个位于南澳Flinders山剖面，即Enorama Creek剖面和Wearing Dolomite剖面，竞争这枚金钉子。田家园子剖面有相当深厚的研究基础（刘鸿允、沙庆安，1963；陈梦莪、王义昭，1977；赵自强，1978；邢裕盛、刘桂芝，1978；赵自强等，1980，1985，1988；张忠英，1981；尹磊明，1986；湖北省地质矿产局，1989；丁莲芳等，1996），曾被选为"震旦系"陡山沱组的典型剖面（邢裕盛等，1982）。

在以后的三年中，国际末元古纪地层分会对上述候

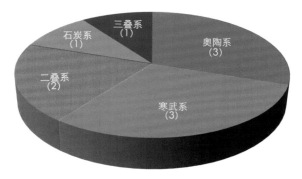

**图3-42　中国"金钉子"的地层分布**　括号内数字是每个系确立的"金钉子"数量。

选剖面进行了多次考察和评估，在2003年组织了两次通讯表决，结果不仅淘汰了田家园子剖面，也否决了中国提名"震旦系"取代"新元古III系"（前寒武系最上部的系）作为全球通用标准名称的提案。最终末元古系底界的"金钉子"被确立在澳大利亚的Enorama Creek剖面，埃迪卡拉系被选为取代末元古系的正式系名。

目前中国确立的10枚"金钉子"，全部位于华南，浙江4枚，湖南、湖北、广西各两枚。从"金钉子"所在的地层位置看，其中9枚建立在古生代地层中，包括寒武系3枚、奥陶系3枚、石炭系1枚、二叠系2枚（图3-42）；另一枚"金钉子"虽然建在中生界的三叠系，定义的是印度阶的底界，但实质上这条界线也是古生界的顶界（图3-43）。这充分表明在中国的华北、华南、塔里木和西藏等地层区系中，华南的古生代地层在岩相、生物相、地层的出露状况和可到达性等方面，优于其他地层区，更加有利于年代地层研究和确立全球标准，相信随着中国的年代地层研究不断深入，今后在华南无疑还会确立更多的中国"金钉子"。

| 建立顺序 | 界 | 系 | 阶（底界） | GSSP层型剖面地点 | 层型点位 | 生物标志 | 地理坐标 | 批准年份 | 备注 |
|---|---|---|---|---|---|---|---|---|---|
| 2 | 中生界 | 三叠系 | 印度阶 | 浙江长兴煤山（D剖面） | 殷坑组底之上19 cm，27c层之底 | 牙形刺Hindeodus parvus首现 | 31°4'50.47"N 109°42'22.24"E | 2001 | 同时定义下三叠统、三叠系、中生界底界 |
| 5 | 古生界 | 二叠系 | 长兴阶 | 浙江长兴煤山（D剖面） | 长兴组底界之上88 cm，4a-2层之底 | 牙形刺Clarkina wangi首现 | 31°04'55"N 109°42'22.9"E | 2005 | |
| 4 | 古生界 | 二叠系 | 吴家坪阶 | 广西来宾蓬莱滩 | 茅口组来宾灰岩顶部，6k层之底 | 牙形刺Clarkina postbitteri postbitteri首现 | 23°41'43"N 109°19'16"E | 2004 | 同时定义乐平统底界 |
| 7* | 古生界 | 石炭系 | 维宪阶 | 广西柳州北岸乡碰冲 | 鹿寨组碰冲段83层之底 | 有孔虫Eoparastaffella simplex首现 | 24°26' N 109°27E | 2008 | |
| 6 | 古生界 | 奥陶系 | 赫南特阶 | 湖北宜昌王家湾 | 五峰组观音桥层底界之下39 cm | 笔石Normalograptus extraordinarius首现 | 30°58'56"N 111°25'10"E | 2006 | |
| 1 | 古生界 | 奥陶系 | 达瑞威尔阶 | 浙江常山钳口镇黄泥塘 | 宁国组中部，化石层AEP184之底 | 笔石Undulograptus austrodentatus首现 | 28°52.265'N 118°29.558'E | 1997 | |
| 7* | 古生界 | 奥陶系 | 大坪阶 | 湖北宜昌黄花场 | 大湾组底界之上10.57m，Shod-16牙形刺样品层之底 | 牙形刺Baltoniodus triangularis首现 | 30°51'37.8"N 110°22'26.5"E | 2008 | 同时定义中奥陶统底界 |
| 10 | 古生界 | 寒武系 | 江山阶 | 浙江江山碓边 | 华严寺组底界之上108.12 m | 球接子三叶虫Agnostotes orientalis首现 | 28°48.977'N 118°36.887'E | 2011 | |
| 3 | 古生界 | 寒武系 | 排碧阶 | 湖南花垣排碧四新村 | 花桥组底界之上369.06 m | 球接子三叶虫Glyptagnostus reticulatus首现 | 28°23.37'N 119°31.54'E | 2003 | 同时定义芙蓉统底界 |
| 7* | 古生界 | 寒武系 | 古丈阶 | 湖南古丈罗依溪西北约5 km | 花桥组底界之上121.3 m | 球接子三叶虫Lejopyge laevigata首现 | 28°43.20'N 119°57.88'E | 2008 | |

*维宪阶、大坪阶、古丈阶于2008年3月在国际地科联第58届执委会上同时批准，建立顺序不分先后

**图3-43　在中国建立的"金钉子"的相关资料**　（截至2015年12月31日；据彭善池，2013修改）

参考文献

陈梦莪, 王义昭. 1977. 峡东区上震旦统中段的管状动物化石. 科学通报, 1977(4—5): 219—221.

陈旭. 1991. 推动全球奥陶纪年代地层标准的建立——第六届国际奥陶系大会纪要. 地层学杂志, 15(4): 321.

陈旭, Mitchell C E, 张元动, 王志浩, Bergström S M, Winston D, Paris, F. 1997. 中奥陶统达瑞威尔阶及其全球层型剖面点 (GSSP) 在中国的确立. 古生物学报, 36(4): 423—431.

陈旭, 王志浩, 张元动. 1998. 中国第一个"金钉子"剖面的建立. 地层学杂志, 22(1): 1—9.

程裕淇. 1939. 云南昆阳中邑村磷灰岩矿地质简报. 地质论评, 4(3—4): 185—193.

丁莲芳, 李勇, 胡夏嵩, 肖娅萍, 苏春乾, 黄建成. 1996. 震旦纪庙河生物群. 北京: 地质出版社.

湖北省地质矿产局. 1989. 湖北省区域地质志. 北京: 地质出版社.

江能人, 王尊周, 陈永光. 1964. 滇东区寒武纪地层探讨. 地质学报, 44(2): 138—155.

蒋志文. 1980a. 云南梅树村剖面梅树村阶单板类、腹足类动物群. 地质学报, 54(2): 112—113.

蒋志文. 1980b. 云南晋宁梅树村阶及梅树村动物群. 中国地质科学院院报, 3(1): 75—92.

蒋志文. 1984. 早期带壳生物演化及梅树村动物群的基本特征. 地层古生物论文集, 13: 1—22.

金玉玕, 范影年, 王向东, 王仁农. 2000b. 中国地层典, 二叠系. 北京: 地质出版社.

金玉玕, 尚庆华, 侯静鹏, 李莉, 王玉净, 朱自力, 费淑英. 2000a. 中国地层典, 石炭系. 北京: 地质出版社.

刘鸿允, 沙庆安, 1963. 长江峡东地区震旦系新见. 地质科学, 1963(4): 177—187.

卢衍豪. 1941. 云南昆明附近下寒武统地层及三叶虫群. 中国地质学会志, 21(1): 71—90.

卢衍豪. 1959. 中国南部奥陶纪地层的分类和对比 // 中国地质学编辑委员会. 中国地质学基本资料专题总结论文集第2号. 北京: 地质出版社, 1959.

卢衍豪. 1975. 华中及西南奥陶纪三叶虫动物群. 中国古生物志新乙种11 (总152册): 1—463.

罗惠麟. 1981. 云南晋宁梅树村早寒武世筇竹寺组的三叶虫. 古生物学报, 20(4): 331—340.

罗惠麟, 蒋志文, 伍希彻, 宋学良, 欧阳麟. 1982. 云南东部震旦系—寒武系界线. 昆明: 云南人民出版社.

罗惠麟, 蒋志文, 伍希彻, 宋学良, 欧阳麟, 邢裕盛, 刘桂芝, 张世山, 陶永和. 1984. 中国云南晋宁梅树村震旦系—寒武系界线层型剖面. 昆明: 云南人民出版社.

罗惠麟, 蒋志文, 徐重九, 宋学良, 薛啸风. 1980. 云南晋宁梅树村、王家湾村震旦系—寒武系界线研究. 地质学报, 54(2): 95—111.

盛金章, 张遴信, 王建华. 1988. 蜓类. 北京: 科学出版社.

王成源. 1987. 牙形刺. 北京: 科学出版社, 471.

王鸿祯. 1941. 云南昆阳中邑村磷矿述略. 中国地质学会志, 21(1): 60—70.

王曰伦. 1941. 云南磷矿之成因及时代. 地质论评, 6(1—2): 73—94.

邢裕盛, 刘桂芝. 1978. 峡东地区震旦纪微古植物群极为其他化石研究 // 湖北省地质局三峡地层研究组编. 峡东地区震旦系至二叠系地层古生物. 北京: 地质出版社, 109—127.

邢裕盛, 刘桂芝, 乔秀夫, 高振家, 王自强, 朱鸿, 陈忆元, 余秋琦. 1982. 中国地层概论, 中国的上前寒武系. 北京: 地质出版社.

尹磊明. 1986. 长江三峡地区震旦系的微体植物化石. 地层学杂志, 10(4): 262—269.

张遴信, 周建平, 盛金章. 2010. 贵州西部晚石炭世和早二叠世的蜓类. 中国古生物志, 新乙种, 34 (总195): 1—128.

张文堂, 李积金, 葛梅钰, 等. 1982. 中国奥陶系的划分及对比 // 中国各纪地层对比表及说明书, 中国奥陶纪地层对比表及说明书. 北京: 科学出版社, 55—72.

张忠英. 1981. 峡东地区震旦纪陡山沱组微体化石新知. 地质论评, 27(5): 452—454.

赵自强. 1978. 第一章 震旦系 // 湖北省地质局三峡地层研究组编. 峡东地区震旦系至二叠系地层古生物. 北京: 地质出版社, 1—24.

赵自强, 邢裕盛, 丁启秀, 刘桂芝, 赵雅秀, 张树森, 孟宪鋆, 尹崇玉, 宁伯儒, 韩培光. 1988. 湖北震旦系. 武汉: 中国地质大学出版社.

赵自强, 邢裕盛, 马国干, 陈忆元. 1985. 长江三峡地区生物地层学(1), 震旦纪分册. 北京: 地质出版社. 1—143.

赵自强, 邢裕盛, 马国干, 余汶, 王自强. 1980. 湖北峡东震旦系 // 中国地质科学院天津地质矿产研究所. 中国震旦亚界. 天津: 天津科学技术出版社, 31—51.

中国科学院南京地质古生物研究所《中国的鲢类化石》编写小组. 1976. 中国的瓣鳃类化石. 北京: 科学出版社.

Barnes C R. 1988. The proposed Cambrian-Ordovician global boundary stratotype and point (GSSP) in western Newfoundland, Canada. Geological Magazine, 125: 381—414.

Bassett M G. 1985. Towards a "Common Language" in Stratigraphy. Episodes, 8(2), 87−92.

Becker R T, Gradstein F M, Hammer O. 2012. The Devonian Period// Gradstein F M, Ogg J G, Schmitz M D, Ogg G M. The Geologic Time Scale (2 Volumes). Amsterdam: Elsevier, 559−601.

Bengtson S, Missarzhevsky V V, Rozanov A Y. 1984. The Precambrian-Cambrian boundary: a plea for caution//IGCP Project 29 Circular Newsletter, Lund: University Press, 14−15.

Bergström S M, Finney S C, Chen X, Christian Påsson, Wang Z H, Grahn Y. 2000. A proposed global boundary stratotype for the base of the Upper Series of the Ordovician System: The Fågelsång section, Scania, southern Sweden. Episodes, 23: 102−109.

Brasier M D, Cowie J, Tavlor M. 1994. Decision on the Precambrian-Cambrian boundary stratotype. Episodes, 17(1, 2): 3−8.

Brasier M D, Magaritz M, Corfield R, Luo H L, Wu X C, Ouyang L, Jiang Z W, Hamdi B, He T G, Fraser A G. 1990. The carbon-and oxygen-isotope record of the Precambrian — Cambrian boundary interval in China, and Iran, and their correlation. Geological Magazine, 127: 319−332.

Brasier M D. 1989. China and the Palaeotethya Belt (India, Pakistan, Iran, Kazakhstan and Mongolia)//Cowie J W, Brasier M D. The Precambrian — Cambrain boundary. Oxford: Oxford University Press, 40−74.

Chen J Y, Qian Y Y, Lin Y K, Zhang J M, Wang Z H, Yin L M, Erdtmann B D. 1985. Study on Cambrian-Ordovician Boundary strata and biota in Dayangcha, Hunjiang, Jilin,China. Beijing：China Prospect Publishing House.

Chen J Y. 1986. Aspects of Cambrian-Ordovician Boundary in Dayangcha, China. Beijing：China Prospect Publishing House.

Chen X, Bergström S M. 1995. The base of austrodentatus zone as a level for global subdivision of the Ordovician System. Palaeoworld, 5: 1−117.

Chen X, Mitchell C E. 1995. A proposal — the base of the austrodentatus Zone as a level for global subdivision of the Ordovician System. Palaeoworld, 5: 102.

Chlupáč I, Jaeger H, Zikmundova J. 1972. The Silurian-Devonian boundary in the Barrandian. Bulletin of Canadian Petroleum Geology, 20: 104−174.

Cowie J W, Rushton A W A, Stubblefield C J. 1972. A correlation of Cambrian rocks in the British Isles. Geological Society Special Reports, 2: 1−42.

Cowie J W. 1985. Continuing work on the Precambrian-Cambrian boundary. Episodes, 8: 93−97.

Cowie J W. 1986. Guidelines for boundary stratotypes. Episodes, 9: 78−82.

Cowie J W, Ziefler W, Boucot A I, Bassett M G, Remane J. 1986. Guidelines and statutes of the International Commission on Stratigraphy (ICS). Courier Forschongsinstitut Senckenberg, 83: 1−14.

Crimes T P. 1987. Trace fossils andt he Precambrian-Cambrian boundary. Geological Magazine, 124: 97−119.

Desor F. 1847. Sur le terrain danien, nouvelétage de la Craie. Bulletin de la Sociétégéologique de France, 4: 179−182.

d'Omalius d' Halloy J G J. 1822. Observations sur un essai de cartes géologiques de la France, des Pays-Bas, et des contre'es voisines. Annales de Mines, 7: 353−376.

Druce E C, Jones P J. 1971. Cambro-Ordovician conodonts from the Burke River Structural Belt, Queensland. Bureau of Mineral Resources of Australia Bulletin, 110: 1−158.

Harland W B. 1992. Stratigraphic guidance and regulation: A critique of Current tendencies in stiatigraphic codes and guides. Bulletin of the Geological Society of America, 104: 1231−1235.

Hass W H, 1962. Conodonts//Moore R C. Treatise on Invertebrate Paleontology, Part W, Miscellanea. Lowrence: Geological Society of America and University of Kansas Press, 3−60.

Hedberg H D. 1976. International stratigraphic guide — a guide to stratigraphic classification,terminology and procedure. New York: John Wiley and Sons.

Jaeger H. 1977. Graptolites//Martinsson A. The Silurian-Devonian Boundary. International Union of Geological Sciences, Series A, 5: 337−345.

Jin Y G, Wang Y, Henderson C, Wardlow B R, Shen S Z, Cao C Q. 2006. The Global Boundary Stratotype Section and Point (GSSP) for the base of Changhsingian Stage (Upper Permian). Episodes, 29: 175−182.

Keller B M. 1954. Ordovician type section//Shamsky N. S. Ordovician Kazakhstan 1. Trudy of Institute of Geological Sciences, the USSR Academy of Sciences, 154: 5−24.

Kirschvink J, Magaritz M, Ripperdan R I, Zhuravlev A Y, Rozanov A Y. 1991. The Precambrian — Cambrian boundary: magnetostraligraphy and Carbon isotopes resolve correlation problems between Siberia, Morocco and South China. GSA

Today, 1: 69–71, 87. 91.

Kirwan R. 1799. Additional Observations on the Proportion of RealAcid in the Three Ancient Known Mineral Acids and on the Ingredients in Various Neutral Salts and other Compounds. Dublin: Georg Bonham.

Landing E. 1994. Precambrian-Cambrian boundary global stratotype ratified and a new perspective of Cambrian time. Geology, 22: 179–182.

Lindström M. 1964. Conodonts. Amsterdam: Elsevier.

Ludvigsen R. 1982. Upper Cambrian and Lower Ordovician trilobite biostratigraphy of the Rabbitkettle Formation, western District of Mackenzie. Life Sciences Contributions Royal Ontario Museum, 134: 1–188.

Lyell C. 1833. Principles of Geology: Being an inquiry how far the former changes of the Earth's surface are referable to causes now in operation, Vol. III. London: John Murray.

Martinsson A. 1977. The Silurian-Devonian Boundary: final report of the Committee on the Silurian-Devonian boundary within IUGS Commission on Stratigraphy and a state of the art report for Project Ecostratigraphy. Stuttgart: E. Schweizerbart'sche Verlagsbuchhandlung, IUGS Series A, 5: 1–349.

Mitchell C E, Chen X, Bergström S M, Zhang Y D, Wang Z H, Webeey B D, Finney S C. 1997. Definition of a global boundary stratotype for the Darriwilian Stage of the Ordovician System. Episodes, 20(3): 158–176.

Nanjing Institute of Geology and Palaeontology, Academia Sinica. 1984a. Stratigraphy and Palaeontology of Systemic Boundaries in China, Cambrian and Ordovician Boundary (1). Hefei: Anhui Science and Technology Publishing House.

Nanjing Institute of Geology and Palaeontology, Academia Sinica. 1984b.Stratigraphy and Palaeontology of Systemic Boundaries in China, Ordovician and Sliurian Boundary (1). Hefei: Anhui Science and Technology Publishing House.

Narbonne G M. 1987. Trace fossils, small shelly fossils und the Precambrian-Cambrian Boundary. Episodes, 10: 339–340.

Narbonne G M, Myrow P M. 1988. Trace fossil biostratigraphy in the Precambrian-Cambrian boundary Interval//Landing E, Narbonne G M, Myrow P. Trace fossils, small shelly fossils and the Precambrian-Cambriun boundary. New York State Museum Bulletin, 463: 72–76.

Narbonne G M, Myrow P M, Landing E, Anderson N M. 1987. A candidate stratotype for the Precambrian-Cambrian boundary, Fortune Head, Burin Peninsula, southeastern Newfoundland. Canadian Journal of Earth Sciences, 24: 1277–1293.

Nowlan G S, Nicoll R S. 1995. Re-examination of the conodont biostratigraphy at the Cambro-Ordovician Xiaoyangqiao Section, Dayangcha, Jilin Province, China//Cooper J D, Droser M L, Finney S C. Ordovician Odyssey. Short papers for the Seventh International Symposium on the Ordovician System. Pacific Section Society for Sedimentary Geology, 77: 113–116.

Peng S C, Babcock L E. 2008. Cambrian Period//Ogg J G, Ogg G, Gradstein F M. The Concise Geologic Time Scale. Cambridge: Cambridge University Press.

Peng S C, Robison R A. 2000. Agnostoid biostratigraphy across the middle-upper Cambrian boundary in Hunan, China. Paleontological Society Memoir 53(supplement).Journal of Paleontology, 74(4): 1–104.

Peng S C, Babcock L E, Cooper R A. 2012. The Cambrian Period// Grandstein F M, Ogg J G, Schmitz M D, Ogg G M. The Geologic Time Scale 2012 (2 volumes). Amsterdam: Elsevier, 437–488.

Peng S C, Babcock L E, Zhu X J, Ahlberg P, Terfelt F, Dai T. 2015. Intraspecific variation and taphonomic alteration in the Cambrian (Furongian) agnostoid Lotagnostus americanus: new information from China. Bulletin of Geosciences, 90 (2): 281–306.

Peng S C, Babcock L E, Zuo J X, Lin H L, Zhu X J, Yang X F, Robison R A, Qi Y P, Bagnoli, G, Chen Y A. 2009a. The Global boundary Stratotype Section and Point of the Guzhangian Stage (Cambrian) in the Wuling Mountains, northwestern Hunan, China. Episodes, 32: 41–55.

Qian Y, Bengtson S. 1989. Palaeontology and biostratigraphy of the Meishucun Stage in Yunnan Province, South China. Fossils and Strata, 24: 1–156.

Remane J, Bassett M G, Cowie J W, Gorbandt K H, Wang N W. 1996. Revised guidelines for the establishment of global chronostratigraphic standards by the International Commission on Stratigraphy (ICS). Episodes, 19: 77–81.

Ross R J Jr. 1951. Stratigraphy of the Garden City Formation in northeastern Utah, and its trilobite faunas. Bulletin of Peabody Museum of Natural History, Yale University, 6: 1–161.

Salvador A. 1994. International stratigraphic guide — a guide to stratigraphic classification, terminology and procedure, 2nd edition. Bouder: lUGS and the Geological Society of America.

Schmidt H. 1934. Conodonten-Funde in ursprunglichem Zuzammenhang. Paläontologische Zeitschrift, 16: 76–85.

Schmitz B, Pujalte V, Molina E, Monechi S, Orue-Etxebarria X, Speijer R P, Alegret L, Apellaniz E, Arenillas I, Aubry M P, Baceta J I, Berggren W A, Bernaola G, Caballero F, Clemmensen A, Dinarès-Turell J, Dupuis C, Heilmann-Clausen C, Orús A Hi, Knox R, Martín-Rubio M, Ortiz S, Payro A, Petrizzo M R, Salis K V, Sprong J, Steurbaut E, Thomsen Er. 2011. The Global Stratotype Sections and Points for the bases of the Selandian (Middle Paleocene) and Thanetian (Upper Paleocene) stages at Zumaia, Spain. Episodes 34: 220–243.

Scott H W. 1934. The zoological relationships of conodonts. Journal of Paleontology, 8: 448–455.

Sedgwick A, Murchison R I. 1835. On the Silurian and Cambrian Systems, exhibiting the order in which the older sedimentary strata succeed each other in England and Wales. The London and Edinburgh Philosophical Magazine and Journal of Science, 7: 483–535.

Sheng S F. 1980. The Ordovician System in China, correlation chart and explanatory notes. IUGS publication, 1: 1–7.

Shergold J, Jago J, Cooper R, Laurie J R. 1985. The Cambrian System in Australia, Antarctica, and New Zealand, correlation chart and explanatory notes. IUGS publication, 19: 1–85.

Sokolov B S, Alikhova T I, Keller B M, Nikiforva O I, Obit A M. 1960. Stratigraphy, Correlation and Paleography of Ordovician, USSR//Sokolov B S, Nikiforova O I, Obut A M. Ordovician and Silurian stratigraphy and correlations. Leningrad: Soviet-State Scientific-Technical Publishing House of Petraoleum and Mineral feels literature, 20–28.

Steno N. 1669. Preliminary discourse to a dissertation on a solid body naturally contained within a solid. Florentiae: ex typographia sub signo Stellae.

Van Kranendonk M J. 2012. A chronostratigraphic division of the Precambrian// Gradstein F M, Ogg J G, Schmitz M D, Ogg G M. The Geologic Time Scale(2 Volumes). Amsterdam: Elsevier, 299–302.

Williams H. 1996. Subcommission on Ordovician Stratigraphy Titular Members Meeting, Las Vegas. Ordovician News, 13: 26–29.

Wolfart R. 1983. The Cambrian System in the Near and Middle East, correlation chart and explanatory notes. IUGS publication, 15: 1–71.

Yang B, Steiner M, Li G X, Keupp H.2013. Terreneuvian small shelly faunas of East Yunnan (South China) and their biostratigraphic implications, Palaeogeography, Palaeoclimatology, Palaeoecology, 398(2014): 28–58.

Yin H F, Zhang K X, Tong J N, Yang Z Y, Wu S B. 2001. The Global Stratotype Section and Point (GSSP) of the Permian-Triassic Boundary. Episodes, 24: 102–114.

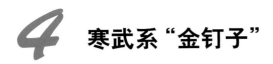

# 4 寒武系"金钉子"

寒武纪 距今 5.41~4.85 亿年

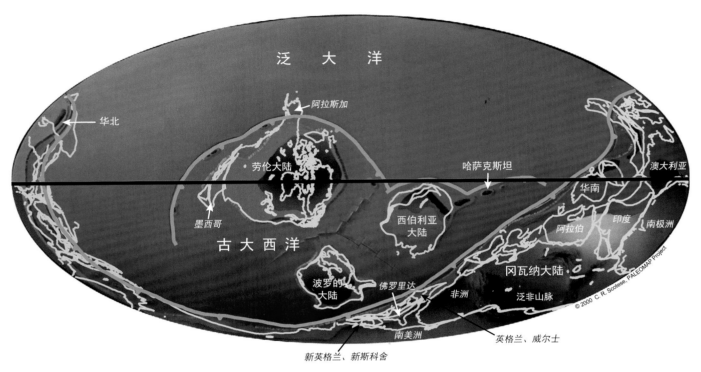

寒武纪黔东世都匀初期（距今 5.14 亿年）全球古地理图

　　寒武纪（Cambrian Period）是显生宙（含古生代和"早古生代"）的第一个纪，其名称来源于 Cambria，它是威尔士语 "Cymru"（意为"威尔士"或"威尔士人"）一词的拉丁化。英国著名地质学家 Adam Sedgwick1835 年首次使用 Cambrian 来称呼北威尔士和"Camberland（英国西北部）"的一大套"寒武纪"地层。现今的寒武系只相当于他所指的寒武系的下部层段，而上部层段因与 Roderick I. Murchison 在 1839 年建立的志留系重叠，以后被 Charles Lapworth 命名为奥陶系（Lapworth, 1879）。

　　寒武纪始于距今 5.41 亿年，持续了 5560 万年。寒武纪的特征包括：出现矿化骨骼的后生生物，生物界"爆发"式的分异和扩散，海洋基底的非生物化，出现保存后生生物软体的"化石库"，生物界绝大多数门类在该时期建立；寒武纪的生物分区强烈，三叶虫占据主导地位；寒武纪全球处于温室效应的温暖气候。此时古大西洋，即伊佩阿托斯洋（Iapetus ocean）开始形成，劳伦大陆、波罗的大陆、西伯利亚大陆、阿瓦隆尼亚大陆等陆块由冈瓦那大陆分离并向赤道漂移。

　　寒武系传统分为下、中、上三统。长期以来，随着对寒武系底界（显生宇底界）划分标准的不断改变，寒武系底界也不断下移，造成不断更新的"下寒武统"的沉积时间超过中、上统的总和。更新后的"下寒武统"还包括三叶虫出现这一重要事件，这一事件是长期被用来划分寒武系底界的传统标志。根据这些新出现的情况，有必要对寒武系重新进行划分。2004 年彭善池提议将全球寒武系划分为 4 统 10 阶（Peng, 2004），该方案当年被国际寒武纪地层分会批准，2005 年被国际地层委员会采纳入《国际地层表》，成为现今全球通用的划分方案。目前已为寒武系 5 个阶建立了"金钉子"，其中 3 枚在中国确立，分别定义古丈阶、排碧阶和江山阶的底界。（据 Peng et al., 2012a; Gradstein et al., 2012 改写；古地理原图经 Christopher R. Scotese 允许，由 G. Ogg 提供）

古丈阶 "金钉子"

位于武陵山区中段的全球古丈阶罗依溪"金钉子"剖面。剖面在酉水的西南岸，为建设公路的人工开凿面。照片中间的白色组碑是古丈阶"金钉子"的永久性标志　　（彭善池　摄）

## 4.1 古丈阶"金钉子"

全球古丈阶是寒武系的第7阶,隶属于目前暂名的第3统(中国称武陵统),是该统最上部的阶(图4-1)。定义古丈阶底界即古丈阶与下伏鼓山阶(中国称王村阶)界线的"金钉子",由中国科学院南京地质古生物所彭善池领导的、由中、美、意三国科学家组成的研究团队所确立,以古丈阶"金钉子"所在的湖南湘西土家族苗族自治州古丈县命名。2007年2月由国际地层委员会寒武纪地层分会的第7阶工作组通讯表决通过,得票率90%(9票赞成,零票反对,1票弃权);2007年7月和8月分别由国际寒武纪地层分会和国际地层委员会以全票表决通过;2008年3月中旬由国际地质科学联合会在其58届执委会会议上被批准建立,当年3月31日,时任国际地科联秘书长Peter Bobrowsky签署了批准书(图4-2),寒武系古丈阶"金钉子"得以在中国确立,并在当年进入《国际地层表》(《国际年代地层表》的前身)。古丈阶目前已被全国地层委员会接纳为中国寒武系的年代地层单位,也已进入《中国地层表》(全国地层委员会,2014)。

### 4.1.1 地理位置

古丈阶底界"金钉子"位于武陵山区中段,处于张家界至吉首的公路(现为S229省道)旁(图4-3),是沿酉水(凤滩水库)西南岸开凿岩层时形成的陡壁,包含一套完全由石灰岩组成的地层。

"金钉子"坐落在国家级地质公园——红石林国家地质公园之内(图4-4),位于公路旁,交通便利,易于到达。由古丈县罗依溪镇经S229省道往西北约4 km即可抵达古丈阶"金钉子"剖面,再往北约4 km就是著名的旅游风景点永顺县王村镇(芙蓉镇)(图4-5,4-6)。罗依溪镇设有铁路车站(猛洞河站),从长沙、宜昌、柳州等地通过铁路在张家界或怀化中转到达该镇,再转乘汽车抵达"金钉子"剖面。

古丈阶"金钉子"层型点位的地理坐标为东经109°57.88′、北纬28°43.20′,海拔高程216 m。

### 4.1.2 武陵山区地质概况和生物地层序列

#### 1. 地质概况

湘西北所在的武陵山区,是中国发育寒武系的重要地区之一,目前已有古丈阶和排碧阶两枚寒武系"金钉子"在这一地区建立。这里先对该地区的地质、寒武纪的沉积环境和生物地层序列作一简介。

湘西北的武陵山区由泥盆纪之后挤压构造运动所形成的一系列褶皱和断块组成(湖南省地质矿产局,1988)。在华南由西向东,寒武纪期间发育的是从地台至盆地的三种主要沉积环境(刘宝珺等,1990;蒲心纯,1991;彭善池,2000;Peng & Robison,2000;Peng & Babcock,2001):华南(或西南)上扬子地台的浅水环境,其东南外侧是较深水的斜坡环境(江南斜坡带),再往东南是水体更深的江南盆地

| 全球年代地层单位 | | | 中国区域年代地层单位 | |
|---|---|---|---|---|
| 系 | 统 | 阶 | 统 | 阶 |
| 奥陶系 | | | | |
| 寒武系 | 芙蓉统 | 第十阶(待定义) 489.5 | 芙蓉统 | 牛车河阶 |
| | | 江山阶 494 | | 江山阶 |
| | | 排碧阶 497 | | 排碧阶 |
| | 第三统(待定义) | 古丈阶 500.5 | 武陵统 | 古丈阶 |
| | | 鼓山阶 504.5 | | 王村阶 |
| | | 第五阶(待定义) 509 | | 台江阶 |
| | 第二统(待定义) | 第四阶(待定义) 514 | 黔东统 | 都匀阶 |
| | | 第三阶(待定义) 521 | | 南皋阶 |
| | 纽芬兰统 | 第二阶(待定义) 529 | 滇东统 | 梅树村阶 |
| | | 幸运阶 541 | | 晋宁阶 |
| 埃迪卡拉系 | | | | |

图4-1 全球古丈阶在全球和中国区域寒武系年代地层序列中的位置
图中数字为所在界线的地质年龄,单位为百万年。

图4-2 全球古丈阶"金钉子"批准书

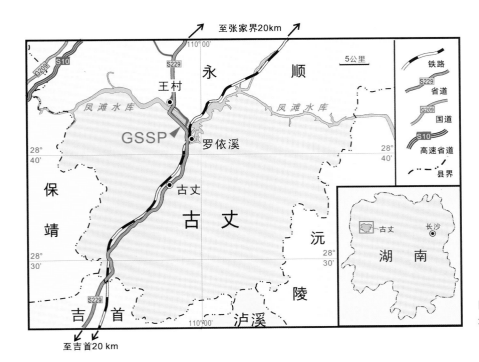

图4-3 全球古丈阶"金钉子"的
地理位置（GSSP所指处）

**图4-4 红石林国家地质公园** 红石林地质公园出露的地层为紫台组,属上奥陶统,经风化后形成了较为特殊的喀斯特地
貌(石芽、溶沟等)。
（彭善池 摄）

**图4-5 酉水河畔的古镇王村** 王村是土家族世代居住的千年古镇,连同其附近的猛洞河(酉水的支流),都是湘西著名的旅游景点。酉水因下游筑坝提升水位后形成凤滩水库。

(雷澍 摄)

**图4-6 蔚为壮观的王村瀑布** 瀑布位于王村镇东南端,从60余米高的平台沿奥陶系南津关组灰岩峭壁飞流而下,注入酉水,气势磅礴。

(雷澍 摄)

环境。湘西北武陵山区,包括所在的罗依溪—王村地区和排碧阶"金钉子"所在的花垣排碧地区,在寒武纪大多处于江南斜坡带内,接受的是以碳酸盐岩为主的斜坡相沉积。

罗依溪古丈阶"金钉子"剖面(图4-7)是在古丈罗依溪镇至河西镇的跨越整个寒武系剖面中实测的古丈阶"金钉子"界线层段,它定义古丈阶的底界,与其隔河相对的是永顺县王村剖面(图4-7),两岸的地层层序完全相同。

罗依溪—王村地区的寒武系发育完全,岩石地层序列自下而上包括了牛蹄塘组、杷榔组、清虚洞组、敖溪组、花桥组和娄山关组。牛蹄塘组和杷榔组主要由细碎屑岩组成,前者以黑色页岩为主,后者主要为深灰色泥岩,风化后为黄绿色页岩,这两组在罗依溪镇附近发育,向北西层位逐渐增高。继续沿S229向王村方向,穿越主要为灰岩的清虚洞组所在的隧道,便进入敖溪组。敖溪组是台江期的沉积。敖溪—花桥组的接触面是一个层序地层的界面,代表一次大的海平面上升(海侵事件),在以后相当长的时间内(至少包括王村期、古丈期和排碧期),本地区

与湘西北其地区一样,一直维持较深水的斜坡沉积环境(Rees et al., 1992)。王村剖面的花桥组包含武陵统(全球单位是尚未正式定义的第三统)台江阶的顶部至芙蓉统排碧阶的底部(图4-8),是在江南斜坡带沉积的一套完整的、未受构造干扰的海相岩石序列。几乎完全由碳酸盐岩(泥晶、细晶灰岩为主)组成,这套岩层地层序列厚度巨大、岩相单一,基本不含浊积夹层,反映远源浊流沉积的小规模截断面和滑动面少见或不存在。在这套碳酸盐岩中,含有高丰度和高分异度的三叶虫化石,其中的球接子类三叶虫尤为丰富。三叶虫是寒武纪的主导化石门类,球接子三叶虫有漂游生活习性,通常有世界性的地理分布,因此,武陵山区的花桥组特别适于建立"金钉子"。

湘西北武陵山区的另一枚"金钉子",是花垣县排碧镇附近的全球排碧阶"金钉子"剖面(图4-7),定义排碧阶的底界,这条界线也是古丈阶的顶界。排碧剖面由东、西两段组成,西段与永顺王村剖面的地层完全相当,也发育台江阶顶部至芙蓉统底部的地层,是王村剖面的同期

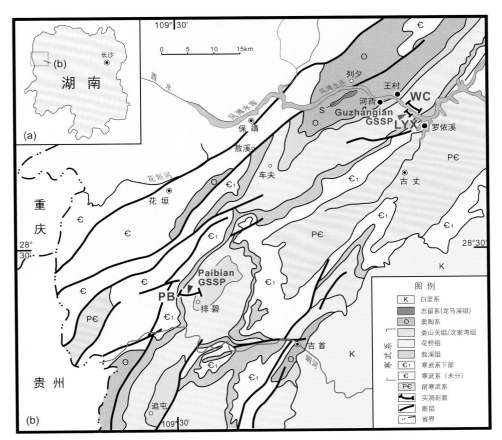

图4-7 湘西北武陵山区的吉首、花垣、保靖、古丈、永顺一带地质略图 图中寒武系是在江南斜坡带内沉积的斜坡相地层。罗依溪全球古丈阶"金钉子"剖面(代号LYX,Guzhangian GSSP所指是古丈阶"金钉子"层型点位)和包含地层较全的王村剖面(代号WC),分别位于酉水(凤滩水库)的南北两岸。在区域地质上,这两个剖面位于追屯—列夕向斜的东翼。图下部的排碧剖面(代号PB),位于追屯—列夕向斜的西翼,Paibian GSSP所指是排碧阶"金钉子"层型点位。

排碧阶 古丈阶

reticulatus △ stolidotus △ reconditus △ bulbus △

(a)

(b)

图 4-8　湖南永顺王村寒武系花桥组剖面　a. 剖面包含的生物和年代地层单位。a. 除最右边的 *Ptychagnostus atavus* 首现之下的岩层外，其余全属花桥组，是一套单一岩相、厚度超过 300 m 的碳酸盐岩地层；生物地层划分为 9 个球接子三叶虫间隔带，*P. atavus* 首现之下的地层可能属 *P. gibbus* 带；年代地层划分包括武陵统的台江阶(顶部)、王村阶、古丈阶和芙蓉统的排碧阶(底部)。三角形箭头所指是每个带的带化石首现点位。白线是年代地层单位的界线：右边的是王村阶(或全球鼓山阶)的底界，中间的是全球古丈阶的底界，左边的是排碧阶的底界(亦即暂未定义的全球第 3 统与芙蓉统的界线)。?gibbus=*Ptychagnostus gibbus* 带?, atavus=*P. atavus* 带, punctuosus=*P. punctuosus* 带, nathorsti=*Goniagnostus nathorsti* 带, armata=*Lejopyge armata* 带, laevigata=*L. laevigata* 带, bulbus=*Proagnostus bulbus* 带, reconditus=*Linguagnostus reconditus* 带, stolidotus=*Glyptagnostus stolidotus* 带, reticulatus=*G. reticulatus* 带。b. 2001 年，出席第七届国际寒武系再划分现场会议的代表考察王村剖面。

（彭善池　摄）

沉积（图4-9，4-10）。不过，排碧剖面在地层结构上与王村剖面（包括罗依溪剖面）不尽相同，尽管它们都是斜坡环境的碳酸盐岩沉积。重要区别在于排碧剖面在背景沉积中，含有大量"外来的"的浊积岩夹层（debris bed），主要是砾屑灰岩（braccia）夹层，而王村剖面仅有与排碧剖面相似的背景沉积，几乎不含砾屑灰岩夹层。这种差异表明，排碧剖面在陆棚斜坡上处于比王村和罗依溪剖面更高的位置。由于砾屑灰岩夹层的加入，排碧剖面西段的地层要比王村剖面厚100余米。

2. 生物地层序列

（1）三叶虫生物地层序列

武陵山区斜坡相的三叶虫动物群，是球接子和多节类的混生类型，具有重要的地层学意义。以往中国对这类动物群的研究不多，研究地点也局限于湘西—黔东边境的凤凰、三都（卢衍豪，1956；叶戈洛娃等，1963；杨家骤，1978）。20世纪70年代末以来，彭善池等通过对湖南桃源沈家湾和瓦儿岗剖面、花垣排碧剖面、永顺王村剖面、古丈罗依溪剖面所产三叶虫的详细采集和较为深入的系统古生物学、生物地层学研究（Peng，1984，1992，2009；彭善池，1987，1990，1999，2009a,b；彭善池等，1995；Peng & Robison，2000；Peng et al.，2004a，2015；Peng & Babcock，2005），识别出近于完整的寒武系武陵统和芙蓉统斜坡相三叶虫生物地层序列（彭善池，2009a，b；Peng，2009），其中的球接子生物地层序列主要根据与古丈阶和排碧阶"金钉子"密切相关的王村和排碧剖面建立。王村剖面曾在申报建立全球古丈阶的提案报告中，被提议为古丈阶"金钉子"参考剖面（Peng et al.，2009a）。

Peng & Robison（2000）最初根据球接子三叶虫在排碧和王村剖面的地层分布和重要分子的首现，将两剖面的花桥组自下而上划分为8个球接子带。其后，彭善池等（Peng et al.，2004a，2009a；彭善池，2009a，b）又根据排碧和王村剖面都产有弯曲褶纹球接子（Ptychagnostus gibbus）和罗依溪剖面古丈阶"金钉子"界线层段的研究结果，将这个序列修订为10个球接子带（图4-8～图4-11）。自下而上分别为：① 弯曲褶纹球接子带（Ptychagnostus gibbus Zone），② 始祖褶纹球接子带（Ptychagnostus atavus Zone），③ 斑点褶纹球接子带（Ptychagnostus punctuosus Zone），④ 纳氏棱球接子带（Goniagnostus nathorsti Zone），⑤ 具刺光尾球接子带（Lejopyge armata Zone），⑥ 光滑光尾球接子带（Lejopyge laevigata Zone），⑦ 泡状原球接子带（Proagnostus bulbus Zone），⑧ 隐匿舌球接子带（Linguagnostus reconditus

Zone），⑨ 甲胄雕球接子带（Glyptagnostus stolidotus Zone），⑩ 网纹雕球接子带（Glyptagnostus reticulatus Zone）。

这个修订的序列中，新增加的是1带和5带。Ptychagnostus gibbus 在排碧和王村剖面都有发现（Peng & Robison，2000），均在较 P. atavus 首现高的层位发现。但在世界各地，其首现要早于 P. atavus，但可上延到 P. atavus 带内。在北美等地，它通常作为标志性化石（带化石）建带（Robison，1976，1984）。排碧和王村剖面发现的 P. gibbus 无疑产自该种地层分布范围的上段。湘西北武陵山区 P. atavus 带之下的敖溪组是白云岩相的"哑地层"，但根据 P. gibbus 的存在，在 P. atavus 之下，似应存在 P. gibbus 带。P. gibbus 是良好的对比工具，其地理分布甚至比定义全球鼓山阶底界的首要标志化石 P. atavus 更为广泛（Geyer & Shergord，2000）。Lejopyge armata 在包括中国湖南、浙江和哈萨克斯坦在内的世界各地广为发现，层位稳定，先于 L. laevigata 出现（Ergaliev，1980；卢衍豪、林焕令，1989；林焕令等，1990；Peng & Robison，2000；Ergaliev & Ergaliev，2008），也通常作为带化石建带。

这个球接子序列中所有带的底界都以带化石的首现定义，而顶界借用上覆带的带化石首现定义，因而这些球接子生物带是间隔带，这种生物带的底界，可以用来作为划分年代地层的标志，如其中的 Ptychagnostus atavus 带、Lejopyge laevigata 带和 Glyptagnostus reticulatus 带的底界，就分别是王村阶（全球称鼓山阶）、古丈阶和排碧阶的底界（图4-9，4-10）。

武陵山区的这个三叶虫生物地层序列，是目前所知寒武纪鼓山期—排碧期最完整的球接子生物地层序列，被认为是寒武纪球接子序列的国际通用标准（Axheimer & Ahlberg，2003；Ahlberg et al.，2004，2009；Axheimer et al.，2006）。

排碧和王村剖面与球接子共生的多节类三叶虫也较为丰富，并有相当高的分异度（彭善池等，1995；Peng et al.，2004a）。对这些多节类三叶虫的系统分类和生物地层研究表明，P. gibbus 带之上的9个球接子带与5个多节类三叶虫带相当，自下而上，依次为：① 李氏叉尾虫带（Dorypyge richthofeni Zone），② 中华平壤虫带（Pianaspis sinensis Zone），③ 万山万山虫带（Wanshania wanshanensis Zone），④ 美丽光壳虫带（Liostracina bella Zone），⑤ 亚方形庄氏虫带（Changia subquadranulata Zone）。

研究表明，在所含生物化石的丰富程度和化石物种的分异度上，排碧剖面与罗依溪和王村剖面的球接子

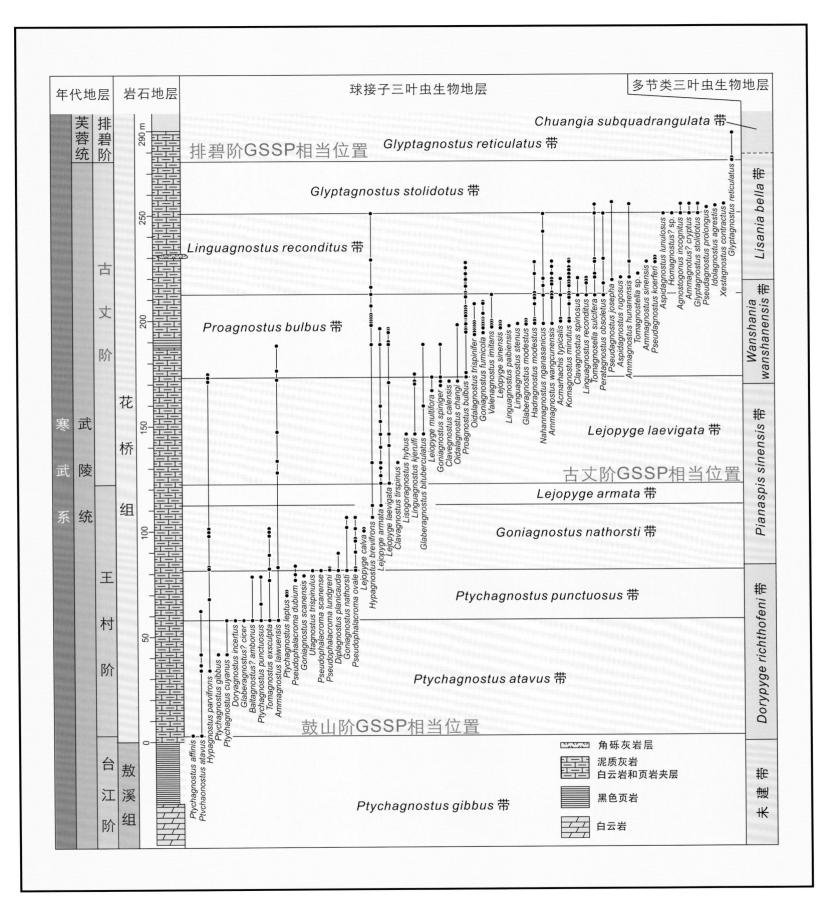

图4-9 湖南永顺王村剖面花桥组球接子三叶虫的地层分布和生物地层序列 右列为与其相应的多节类三叶虫生物地层序列。

（据Peng et al., 2004a, 2009a；彭善池等, 2013b修改）

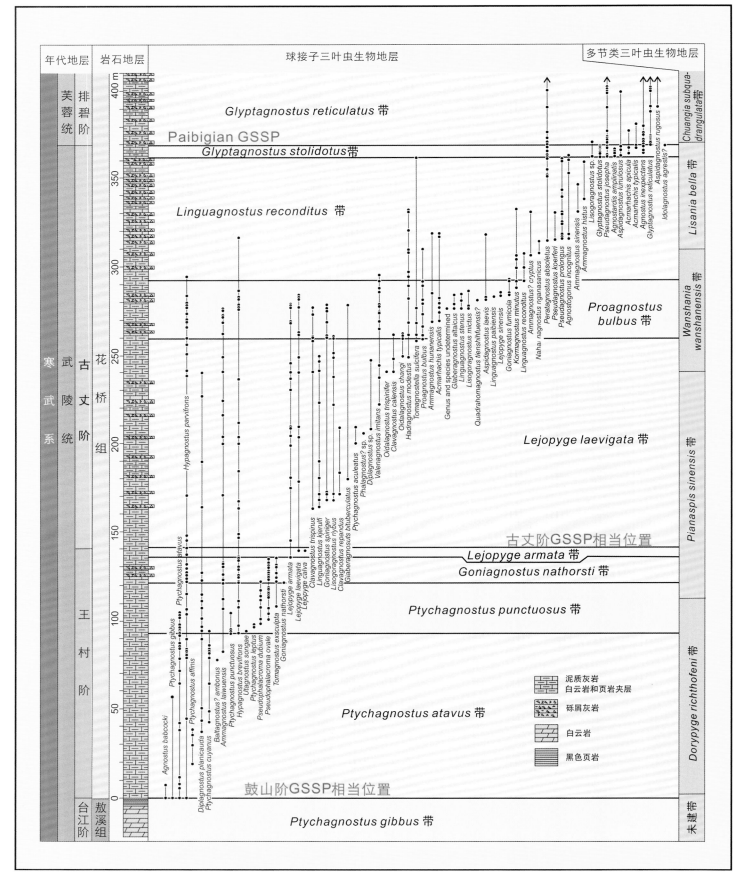

图4-10 湖南花垣排碧剖面花桥组球接子三叶虫的地层分布和生物地层序列 右列为与其相应的多节类三叶虫生物地层序列。

（据Peng et al.，2004a，b；彭善池等，2013a修改）

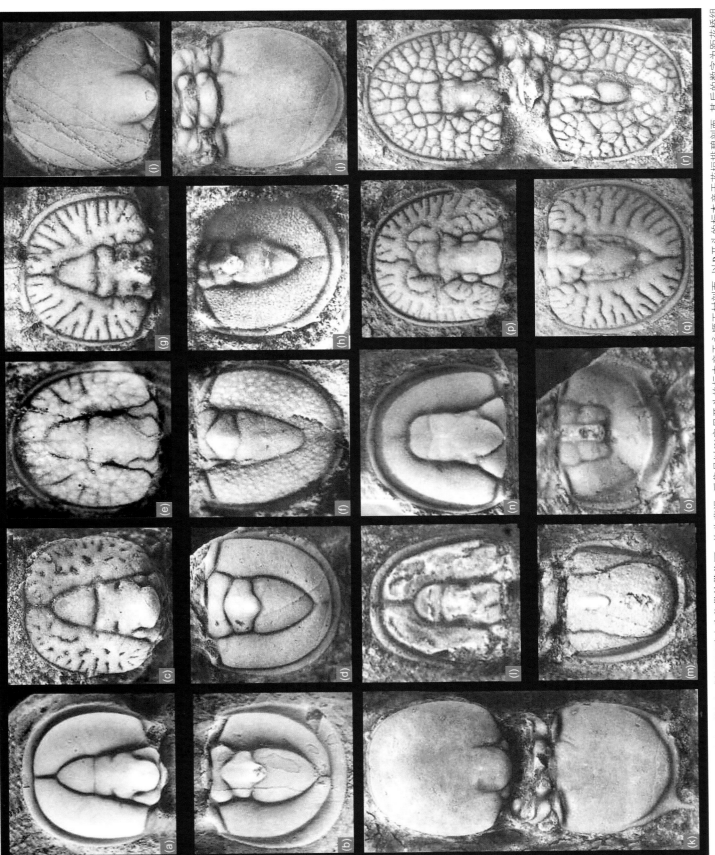

图4-11 湘西武陵山区寒武系花桥组球接子三叶虫生物带的带化石 均为背视；采集号以W字母字头的标本产于永顺王村剖面，以P开头的标本产于花垣排碧剖面，其后的数字为距花桥组底界的米距（厚度）。a，b. Ptychagnostus punctuosus（Angelin，1851）. c. 头部，P57.0，×10；b. 尾部，P57.0，×10. c, d. Ptychagnostus atavus（Tullberg，1880）. c. 头部，W1.2，×10；d. 尾部，W1.2，×10. e, f. Ptychagnostus gibbus（Linnarsson，1869）. e. 头部，P105.0，×12；f. 尾部，P105.0，×12. g, h. Goniagnostus nathorsti（Brøgger，1878）. g. 头部，W101.0，×12；h. 尾部，W123.6，×11. i, j. Lejiopyge laevigata（Dalman，1828）. i. 头部，W195.7，×9. j. 胸，尾部，W194.6，×12. k. Lejiopyge armata（Linnarsson，1869）. 背壳，W187.8，×12. l, m. Proagnostus bulbus Butts，1926. l. 头部，W195.7，×15. m. 尾部，W188.2，×10. n. o. Linguagnostus reconditus Poletaeva et Romanenko，1979. n. 头部，P319.8，×13；o. 尾部，W251.2，×11. p. q. Glyptagnostus stolidotus Öpik，1961. p. 头部，P210.5，×14. p. q. Glyptagnostus stolidotus Öpik，1961. 背壳，W210.5，×14. p. q. Glyptagnostus stolidotus Öpik，1961. 背壳，W210.5，×14. p. q. Glyptagnostus stolidotus Öpik，1961. n. o. 尾部，W251.2，×10. r. Glyptagnostus reticulatus（Angelin，1851）. 背壳，P401.4，×6.5。

动物群的差别不太明显，分别包含66和64种 (Peng & Robison, 2000)。但多节类的分异度却有相当大的差别，排碧剖面有155种之多，而王村剖面只有101种，仅为前者的三分之二 (Peng et al., 2004a)。这种分异度差异显然与排碧剖面和王村剖面在斜坡上所处的位置和多节类三叶虫的生态有关。多节类主要营底栖生活，排碧剖面位置相对较高、水体较浅，更有利于底栖三叶虫发育，多节类因此有较高的分异度；反之，王村剖面位置相对较低、水体较深，不太适宜以底栖为主的多节类繁衍和分异。球接子三叶虫营漂游生活，水体深浅对其分异度影响不大，似应是两个剖面分异度相似的原因。

（2）牙形刺生物地层序列

武陵山区排碧和王村剖面的花桥组也产有较丰富的牙形刺和腕足类 (董熙平，1993，1999；Dong & Bergström, 2001；祁玉平，2002；祁玉平等，2004；Dong et al., 2004; Qi et al., 2006; Engelbretsen, 2008；Bagnoli et al., 2008)。对于寒武系生物地层研究而言，牙形刺是仅次于三叶虫的第2主导化石门类。排碧剖面花桥组的牙形刺生物地层，Dong & Bergström (2001) 做过较深入的研究，自上而下将剖面的花桥组划分为5个牙形刺带 (组合带) (图 4–12, 4–13)：① *Gapparodus bisulcatus-Westergaardodina brevidens* 带，② *Shandongodus priscus-Hunanognathus tricuspidatus* 带，③ *Westergaardodina quadrata* 带，④ *Westergaardodina matsushitai-W. grandidens* 带，⑤ *Westergaardodina proligula* 带。

其中 *S. priscus-H. tricuspidatus* 带的带化石 *S. priscus* 似应下延到球接子 *L. laevigata* 带下部约四分之一的位置。当初建立这个序列时，该种最低层位在球接子 *L. laevigata* 带的顶部或中部 (Dong & Bergström, 2001)。但对罗依溪古丈阶"金钉子"层段研究发现，这个种在 *L. laevigata* 带近下部就已出现。此外，*Westergaardodina proligula* 带的带化石是无效的裸记名称 (即在发表时既无描述也无附图)，以后董熙平等 (Dong et al., 2004) 将其重新命名为 *Westergaardodina ani* 并取代 *W. prolingula* 带，另建新的 *Westergaardodina lui-W. ani* 带。武陵山区排碧和王村剖面的牙形刺生物地层序列以后又有修订 (Qi et al., 2006)，将在本章第2节中讨论。腕足类目前只有排碧剖面花桥组所产化石的报道 (Engelbretsen & Peng, 2007)，也留待第2节中讨论。

### 4.1.3 确定古丈阶底界的首要标志
古丈阶底界采用球接子三叶虫光滑光尾球接子

(*Lejopyge laevigata*) 的首现定义 (图4–14)，它是一个世界性分布的寒武纪球接子三叶虫。在阿根廷、澳大利亚 (昆士兰东部、塔斯马尼亚)、中国 (贵州、湖南、四川、新疆、浙江)、丹麦、英格兰、德国 (漂砾)、格陵兰北部、印度北部、哈萨克斯坦南部、吉尔吉斯斯坦、挪威、波兰北部、俄罗斯 (西伯利亚地台南部和东北部)、瑞典、乌兹别克斯坦、美国西部大盆地等均有发现 (Westergård, 1946; Pokrovskaya, 1958; Öpik, 1961, 1979; Palmer, 1968; Khairullina, 1973; Robison et al., 1977; 杨家䘵，1978, Ergaliev, 1980; Egorova et al., 1982; Robison, 1984, 1988, 1994; Laurie, 1989; 卢衍豪、林焕令，1989；杨家䘵，1991；董熙平，1991; Tortello & Bordonaro, 1997; Geyer & Shergold, 2000; Peng & Robison, 2000; Jago & Brown, 2001; Babcock et al., 2004, 2005; Axheimer et al., 2006; Peng et al., 2006)。在波罗的海地区、冈瓦纳、哈萨克斯坦、西伯利亚、劳伦大陆和阿瓦隆大陆东部的地层中被用作分带的标准化石 (Westergård, 1946; Cowie et al., 1972; Robison, 1976, 1984; Öpik, 1979; Shergold et al., 1985; Geyer & Shergold, 2000; Peng & Robison, 2000; Axheimer et al., 2006; Peng et al., 2006)。在地层序列上，这个种是处于 *Lejopyge calva* (祖先种) 向 *Lejopyge sinensis* (后裔种) 演化的序列中，即自下而上，依次出现 *L. calva*、*L. laevigata* 和 *L. sinensis*。它的首现层位是寒武系内最容易识别的层位之一，也被公认为是定义寒武系全球阶底界"金钉子"的最佳层位之一 (Robison et al., 1977; Rowell et al., 1982; Robison, 1999, 2001; Geyer & Shergold, 2000; Shergold & Geyer, 2001; Babcock et al., 2004; Peng et al., 2006)。2004年8月，彭善池提议以该种的首现作为定义寒武系一个全球阶的底界的标志。2004年12月，寒武纪地层分会通过通讯表决，决定用它作为定义寒武系第7阶底界的首要定界标志物种。有16个选举委员参与了表决，全票通过。

国际地层委员会寒武纪地层分会一致赞成用光滑光尾球接子的首现定义寒武系一个阶的底界，除了这个球接子物种具有全球性的地理分布和演化序列清楚外，还在于它的形态特征较为显著，易于鉴定和在野外识别它的首现位置。

### 4.1.4 层型剖面和层型点位
古丈阶"金钉子"的层型剖面是罗依溪剖面，以古丈县城以北东约10 km的罗依溪镇命名。剖面位于罗依溪北西约3 km的张家界—吉首的公路边。

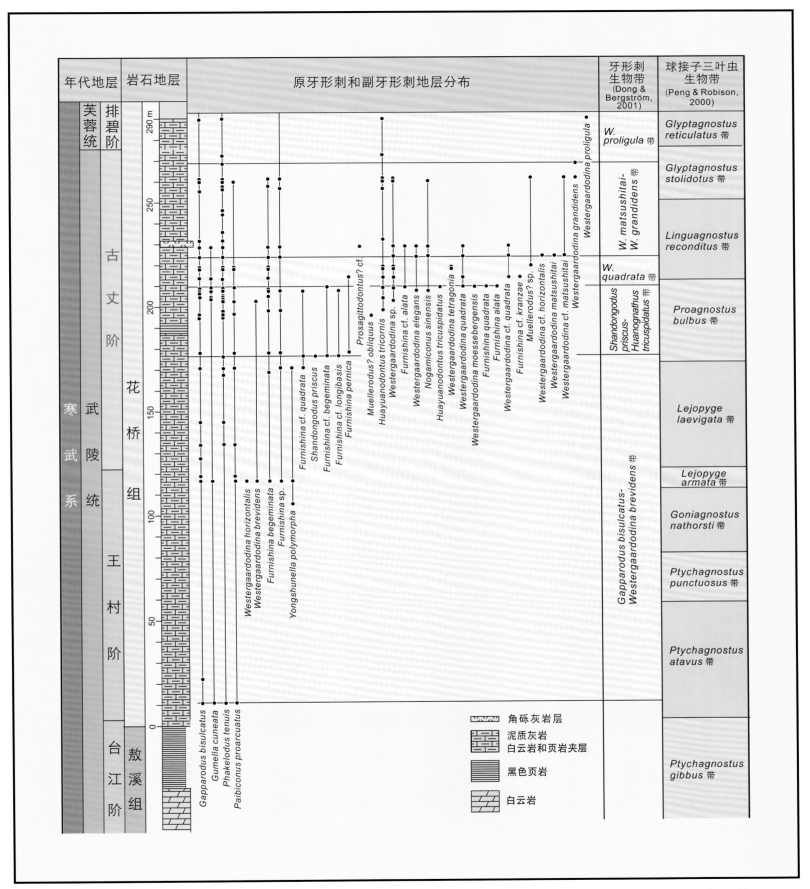

图4-12 湖南王村剖面花桥组牙形刺的地层分布、生物地层序列以及与球接子三叶虫带的对比　其中*Shandongodus priscus*带及上覆的三个牙形刺
带，已被祁玉平等（2004）和Qi *et al.*（2006）修改（参见本章图4-62）。　（据Dong & Bergström，2001；Dong *et al.*，2004修订）

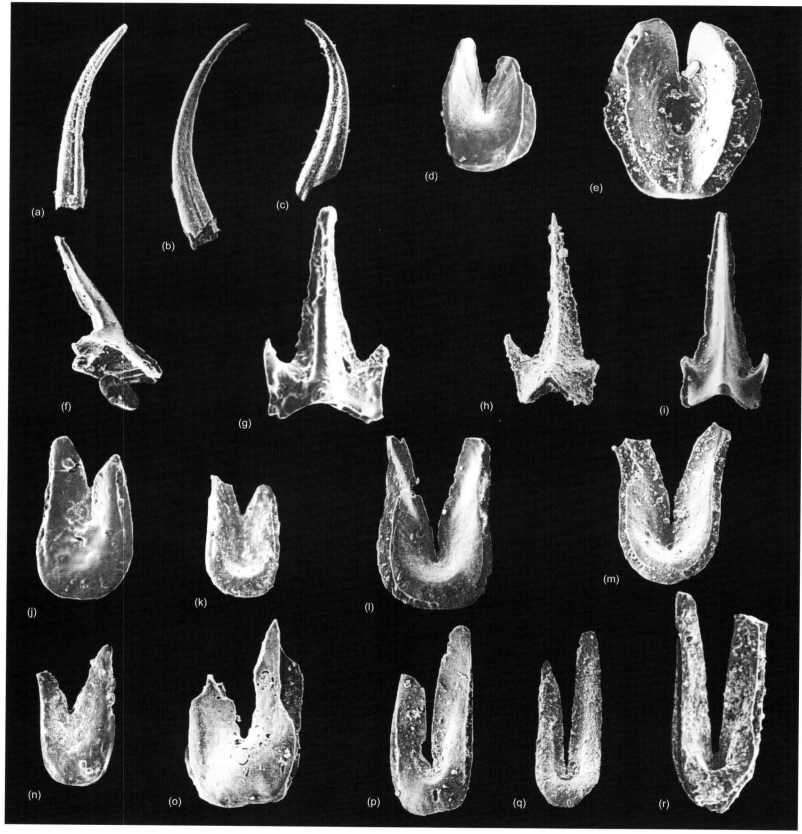

图4-13　湘西武陵山区寒武系花桥组牙形刺生物带的带化石　采集号以W字母开头的标本产于永顺王村剖面，以P开头的标本产于花垣排碧剖面，其后的数字为距花桥组底界米距（厚度）。a-c. *Gapparodus bisulcatus*（Müller，1959）.均为侧视，a. P279.6，×130；b. P279.6，×60；c. P139.6，×100. d、e. *Westergaardodina brevidens* Dong，1993. 均为后视，d. P261.4，×25；e. P128.5，×160. f. *Shandongodus priscus* An，1982. 后视，P195. 6，×170. g-i. *Hunanognathus tricuspidatus* Dong，1993. 均为后视，g. P246.5×100；h. P270. 1，×80；i. P261.4，×80. j-m. *Westergaardodina quadrata*（An，1982）.均为后视，j. W200.9，×130；k. P320.5，×80；l. P320.5，×90；m. P320.5，×130. n-p. *Westergaardodina matsushitai* Nogami，1966.均为后视，n. P341.0，×80；o. P364.7，×170；p. P343.0，×120. q、r. *Westergaardodina grandidens* Dong，1993. 均为后视，q. P364.7，×60；r. P341.0，×100。

（据 Dong & Bergström，2001）

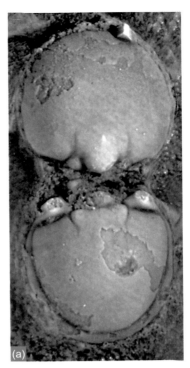

图4-14 定义古丈阶底界的首要标志物种——光滑光尾球接子(*Lejopyge laevigata*) a. 完整的背壳标本,产于罗依溪"金钉子"剖面光滑光尾球接子首现点位(任意零点以上21.9 m;花桥组底界之上121.3 m);b. 位于古丈阶"金钉子"永久性标志组碑处的光滑光尾球接子的浮雕。(雷澍 摄)

1990年王村镇为开发旅游经济,便于从猛洞河火车站(罗依溪)方向来的游客前往王村镇,在酉水北岸开山修建公路。彭善池及其团队利用开凿形成的良好露头,实测了剖面的花桥组(图4-8)。此后,逐年在新开公路剖面采集三叶虫(图4-15,4-16),研究花桥组的三叶虫系统分类和生物地层(彭善池等,1995;Peng & Robison, 2000; Peng *et al.*, 2001a,c)。2002年湖南省在酉水南岸新修张家界至吉首的公路后,团队又将研究重点转移到南岸的罗依溪剖面,逐年在罗依溪剖面和王村剖面开展古丈阶(当时称寒武系第7阶)的全球候选层型剖面研究(图4-17~图4-19),历时18年。2008年罗依溪剖面在国际竞争中胜出,被批准为"金钉子"。同年中国被国际地科联批准的"金钉子"还有石炭系维宪阶"金钉子"(广西来宾碰冲剖面)和奥陶系大坪阶"金钉子"(湖北宜昌黄花场剖面)。

罗依溪剖面古丈阶"金钉子"界线层段处于一套长而完整的地层系列之中,主要包括暗色薄层状纹层灰岩、泥质灰岩和少量的细晶灰岩(图4-20,4-21)。从王村阶上部开始,所含化石主要包含一系列演化上有联系的褶纹球接子类三叶虫的组合。以产 *Goniagnostus nathorsti*(花桥组底界之上79.4 m)开始,相继的层位有:*Lejopyge armata* 的首现(花桥组底界之上111.9 m)和 *Lejopyge laevigata* 的首现(花桥组底界之上121.3 m;划分古丈阶

的底界),*Proagnostus bulbus* 的首现(215.7 m)。

古丈阶"金钉子"的层型点位,位于该剖面花桥组底界之上121.3 m,与世界性分布的球接子三叶虫光滑光尾球接子(*Lejopyge laevigata*)的首现一致(图4-20,图4-22~图4-25),该种在层型点位(121.3 m)较为稀少,在其首现之后的最初40 m的地层中,依旧不太常见。但在较高层位的岩层内则相当丰富。

地层学家通常利用生物一个连续演化系列中某一物种在地层中的首现,亦即通过成种事件(在地球上新产生的物种),来确定年代地层单位的底界。理想的情况是,在剖面较老的地层中找到该物种的祖先种(祖先类型)和在较新的地层中找到它的后裔种(后裔类型),从而令人信服地表明,所确定的点位的确是该物种的首现位置。

层型点位处于光面光尾球接子(*Lejopyge calva*)向中华光尾球接子演化的地层中,与光滑光尾球接子(*Lejopyge laevigata*)的首现一致(图4-23~图4-25)。

根据华南和国外的多个剖面的资料,*Lejopyge calva* 是 *Lejopyge laevigata* 祖先类型,它首先演化为 *Lejopyge laevigata* 的较为原始的类型,进而演化为 *Lejopyge laevigata* 较为进化的类型,再向后裔种中华光尾球接子(*Lejopyge sinensis*)演化(图4-23f, g)。在罗依溪剖面古丈阶"金钉子"界线层段,*L. calva* 在花桥组底界之上

图4-15 1998年,研究团队在王村剖面做野外研究 a.韩耀军(左)、李越(左2)和彭善池(右1)在王村剖面采集化石;b.彭善池(左2)和李越(右1)在王村剖面包装采集到的化石标本。 (彭善池 摄)

图4-16 1992年研究团队主要研究人员、球接子三叶虫专家、美国堪萨斯大学Richard A. Robison教授(右)和405地质队区调分队队长陈永安在王村剖面做野外研究 他们共同所指界线是球接子三叶虫 *Linguagnostus reconditus* 的首现位置,该种的首现与传统的"中—上寒武统"界线基本一致,在当时被认为是可作为定义这条界线的首要标志物种(Peng & Robison, 2000; Geyer & Shergold, 2001)。 (彭善池 摄)

**图4-17 研究团队在野外详测罗依溪剖面,采集标本** a. 2002年11月张家界至吉首的公路尚在建设之中,最前部正在观察标本上三叶虫的是古丈阶 "金钉子"研究骨干、已故的林焕令研究员;b. 2004年研究团队在罗依溪剖面采集标本,研究地层,当时张家界至吉首的公路已建成。 (彭善池 摄)

**图4-18 2004年研究团队的青年骨干在野外工作** 左起,左景勋、朱学剑、杨显峰。

(彭善池 摄)

图4-19 民工在罗依溪剖面协助采集含三叶虫化石的岩石 （彭善池 摄）

**图4-20　湖南古丈罗依溪全球古丈阶"金钉子"剖面**　a，b. 界线层段远观；c，d. 层型点位附近地层的近景（摄于2002年10月，吉首—张家界公路建设期间）。*G. nathorsti* 为纳氏棱球接子（*Goniagnostus nathorsti*）；*L. armata* 为具刺光尾球接子（*Leojopyge armata*）；*L. laevigata* 为光滑光尾球接子（*Lejopyge laevigata*）。这三个球接子带（间隔带）的底界采用同名球接子（带化石）的首现点位定义。

（彭善池　摄）

图 4-21 2011年5月，凤滩水库低水位时的罗依溪古丈阶底界"金钉子"剖面 "金钉子"界线地层在水位下降后的岸边也出露极佳。（彭善池 摄）

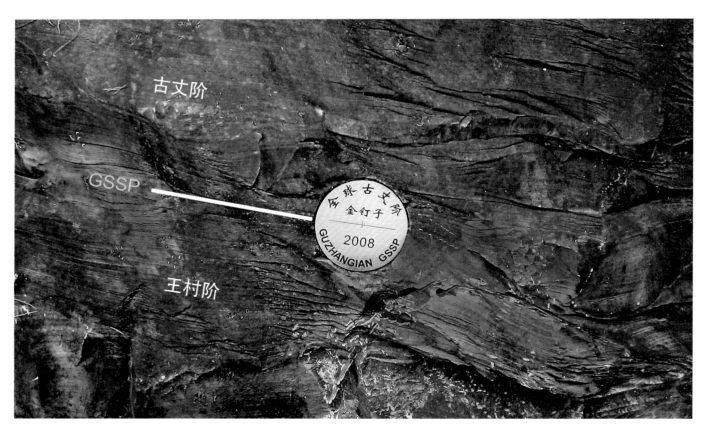

图 4-22 湖南古丈罗依溪剖面全球古丈阶"金钉子"的层型点位 点位位于花桥组底界之上121.3 m（实测剖面任意零点之上21.9 m），与光滑光尾球接子在剖面的首现层位一致。下伏于古丈阶的是王村阶，与中国王村阶相当的全球年代地层单位是鼓山阶。 （雷澍 摄）

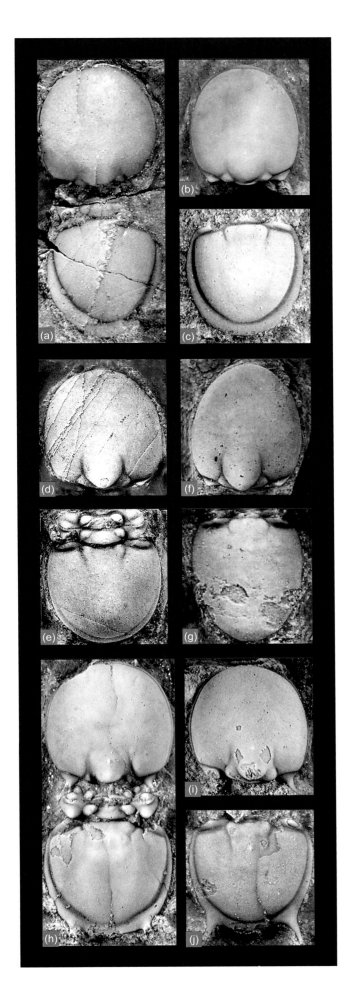

**图4-23** **光滑光尾球接子的祖先种、后裔类型、后裔种和相关物种** 除d-g产于王村剖面（代号WC）外，所有标本均产于罗依溪剖面（代号LYX）。a-c. *Lejopyge calva* Robison, 1964, 被认为是*Lejopyge laevigata*的祖先种. a. 背壳，×10, LYX19.05, 花桥组底界之上118.45 m; b. 头部，LYX15.4, 花桥组底界之上114.8 m, ×8; c. 尾部，LYX15.15, 花桥组底界之上114.55 m, ×10. d, e. *Lejopyge laevigata*（Dalman, 1828）的进化类型. d. 头部，W195.7, 花桥组底界之上195.7 m, ×9; e. 胸部和尾部，W194.6, 花桥组底界之上194.6 m, ×12. f, g. *Lejopyge sinensis* Lu et Lin in Peng, 1987, 被认为是*Lejopyge laevigata*的后裔种: f. 头部，W193.3, 花桥组底界之上196.3 m, ×11; g. 尾部，W197.5, 花桥组底界之上197.5 m, ×10. h-j. *Lejopyge armata*（Linnarson, 1869）, 形态和地层分布都与*Lejopyge laevigata*接近的光尾球接子，可能也是*Lejopyge calva*的后裔种. h. 背壳，LYX56.92, 花桥组底界之上156.32 m, ×8; i. 头部，LYX27.65, 桥组底界之上127.05 m, ×8; j. 尾部，LYX27.65, 花桥组底界之上127.05 m, ×8。

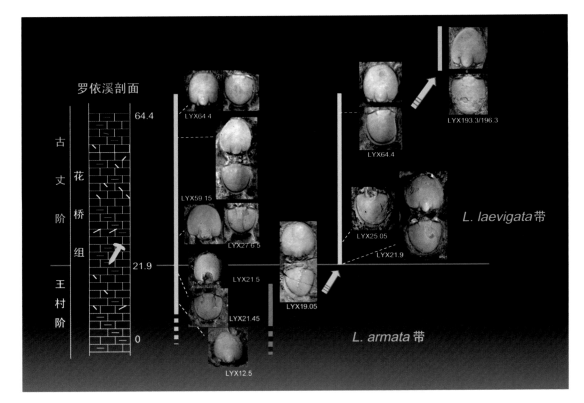

图4-24 罗依溪剖面光尾球接子（*Lejopyge*）在古丈阶"金钉子"界线层段中的系统演化 剖面柱状图上的黄色金钉子符号所指的是"金钉子"点位，红色横线是古丈阶的底界，与光滑光尾球接子（*Lejopyge laevigata*）的首现一致；垂直的彩色粗线代表光尾球接子谱系各相关物种的地层分布。绿线：具刺光尾球接子（*Lejopyge armata*）；浅蓝线：光面光尾球接子（*Lejopyge calva*），它是光滑光尾球接子祖先类型；黄线：光滑光尾球接子（*Lejopyge laevigata*），底部产出的标本是它的原始类型；上部层位中产出的标本是它的进化类型；粉红线：中华光尾球接子（*Lejopyge sinensis*），产出层位超出罗依溪"金钉子"剖面界线层段，在王村剖面的更高层位中出现。采集号前为LYX的标本，产于罗依溪"金钉子"剖面界线层段，其后数字是该标本在任意零米之上的米距；前为W的标本，产于王村剖面，其后数字是该标本在花桥组底界之上的米距。

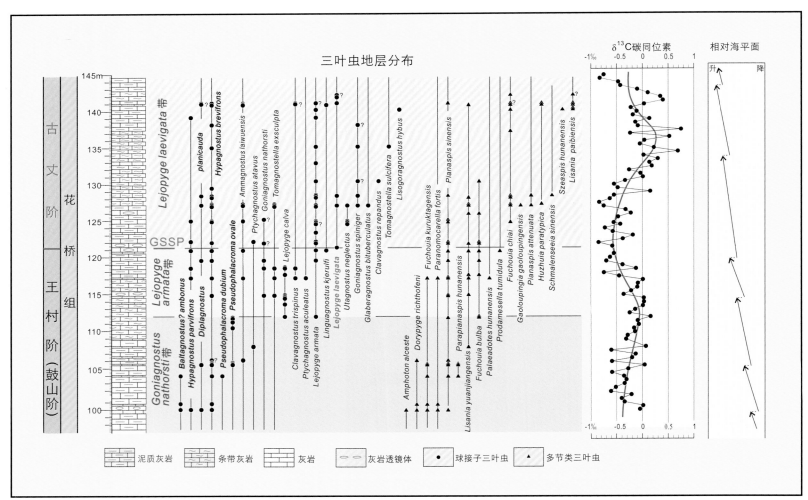

图4-25 罗依溪剖面古丈阶"金钉子"界线层段三叶虫地层的分布、碳同位素 δ¹³C值变化曲线以及反映地区性小规模或全球海平面变化的解释性曲线

111.9 m处首现, 根据该种在王村和排碧剖面的地层分布 (Peng & Robison, 2000), 先于 *L. laevigata* 出现 (也先于 *L. armata* 出现), 并可上延到 *L. laevigata* 带的最底部; 相继出现的是 *L. laevigata* 的原始类型 (121.3 m) 和较为进化的类型 (163.8 m)。隔河相对的王村剖面上以及排碧剖面, 在较罗依溪"金钉子"剖面 *L. laevigata* 带更高的 *Proagnostus bulbus* 带内, 产有数层 *L. sinensis* (图4-9, 4-10)。中华光尾球接子在华南的其他剖面如湖南花垣排碧剖面、桃源瓦尔岗剖面、浙江江山碓边大豆山剖面 (碓边A剖面)、新疆库鲁克塔格莫合尔山北坡剖面, 也出现在比 *Lejopyge laevigata* 更高一些的地层中, 生物的地层序列与王村剖面完全一致 (彭善池, 1987; 卢衍豪、林焕令, 1989; 林焕令等, 1990; Peng & Robison, 2000)。在浙西和塔里木在 *Lejopyge laevigata* 带之上, 还建有 *Lejopyge sinensis* 带 (卢衍豪、林焕令, 1983, 1989; 林焕令等, 1990, 2001)。*Lejopyge* 这些有演化联系的种的地层分布, 表明位于花桥组底界之上121.3 m 是 *Lejopyge laevigata* 的首现位置, 是定义古丈阶底界的"金钉子"层型点位。

### 4.1.5 "金钉子"剖面的三叶虫地层分布

古丈阶罗依溪剖面"金钉子"界线层段所记录的三叶虫地层垂直分布见图4-25。这段地层包括3个球接子三叶虫带: *Goniagnostus nathorsti* 带 (上部), *Lejopyge armata* 带和 *Lejopyge laevigate* 带 (下部), 是湘西北10个球接子带的一部分 (图4-9, 4-10) (彭善池, 2009a, b; Peng, 2009a)。其中 *G. nathorsti* 带和 *L. armata* 带属全球鼓山阶 (中国称王村阶), *Lejopyge laevigata* 带属古丈阶。这三个带与湘西北的多节类三叶虫 (*Pianaspis sinensis*) 带大体相当 (Peng *et al.*, 2004a)。

### 4.1.6 "金钉子"剖面的牙形刺地层分布

罗依溪剖面古丈阶"金钉子"界线地层产有较丰富的牙形刺 (Bagnoli *et al.*, 2008), 能识别出两个在华北地台区采用的牙形刺带 (An, 1982), 即莱芜莱芜颌刺带 (*Laiwugnathus laiwuensis* Zone) 和原始山东刺带 (*Shandongodus priscus* Zone)。牙形刺动物群的转变与 *L. laevigata* 带底界的位置相当 (图4-26)。剖面 110.0~136.25 m 的层段划为 *Laiwugnathus laiwuensis* 带, 此带以副牙形类的首次出现为特征, 包括 *Yongshunella polymorpha, Furnishina bigeminata, F. kleithria,* 和 F. cf. *F. alata* 等几个种。带化石 *L. laiwuensis* 在紧靠 *L. laevigata* 首现之下的位置出现; 其上的 *Shandongodus priscus* 带的

带化石 *S. priscus* 出现在 *L. laevigata* 带的底部, 其下界位于 *L. laevigata* 带下约四分之一的位置。在王村剖面, *S. priscus* 带的下界之上, 牙形刺动物群呈现出分异度增加的趋势 (Dong & Bergström, 2001)。罗依溪剖面的重要牙形刺化石见图4-27。

### 4.1.7 "金钉子"剖面的化学地层

虽然 *Lejopyge laevigata* 的底界附近碳同位素数值无明显变化 (图4-25, 4-28), 但这条界线还是能通过在地层中维持较长时间的 $\delta^{13}$C 值识别。即在与 *L. laevigata* 首次出现相当的层位附近, 这个颇长的负漂移, 峰值可达0.58‰ $\delta^{13}$C 附近。界线之下王村阶 (鼓山阶) 上部, 地层以稍微负漂移的 $\delta^{13}$C 值为特征 (最高可达7.6‰), 其中 *L. armata* 带的底界, 与峰值大约为0.15‰的一个小的正方向移动吻合, 接续它的是一个较长的负方向移动, 其峰值与古丈阶的底界近于一致 (左景勋, 2006; 左景勋等, 2008; Zuo *et al.*, 2008)。

在古丈阶其余层段出现 $\delta^{13}$C 值曲线的小幅振荡, 数值通常在−1‰与+1‰之间。再往上, 从古丈阶 *Linguagnostus reconditus* 带上部开始, $\delta^{13}$C 值曲线开始向正向移动, 此后一直维持正向漂移, 到上覆的排碧阶的底部, 它是古生代已知的最大的 $\delta^{13}$C 正漂移之一, 峰值可达5‰, 即名为 SPICE (Steptoean positive carbon isotope excursion) 的漂移, 与排碧阶的底界基本一致 (Brasier & Sukhov, 1998; Montañez *et al.*, 2000; Saltzman *et al.*, 2000; Zhu *et al.*, 2004; Peng *et al.*, 2004b, 2012a)。在古丈阶下伏王村阶的近底部, 碳同位素明显负漂移被命名为 DICE 漂移, 即鼓山期碳同位素漂移 (Drumian carbon isotope excursion)。以往文献中曾将王村阶 (全球鼓山阶) 的底界划到 DICE 之上 (Peng *et al.*, 2009a; 彭善池等, 2013b), 本文对此做了订正, 将其移到 DICE 之下。

### 4.1.8 "金钉子"剖面的层序地层

在武陵山区的研究表明, 全球古丈阶的底界 (即 *Lejopyge laevigata* 带的底界) 与一次海进事件的早期阶段相关联 (图4-22, 4-28)。总体而言, 花桥组是在8个3级旋回期间沉积的 (左景勋, 2006)。添加在这些长期周期之上的是一系列规模更小的海侵-海退旋回。左景勋 (2006) 在第一个3级旋回内识别出11个4级旋徊, 在第二个3级旋徊内识别出9个4级旋徊。在罗依溪剖面 *L. laevigata* 的首现与一小规模的海侵事件, 即第6个4级旋回相关联 (几乎与第一个5级旋回的顶界一致)。古丈阶标志性物种 *L. laevigata* 首现被认为是在代表一个小

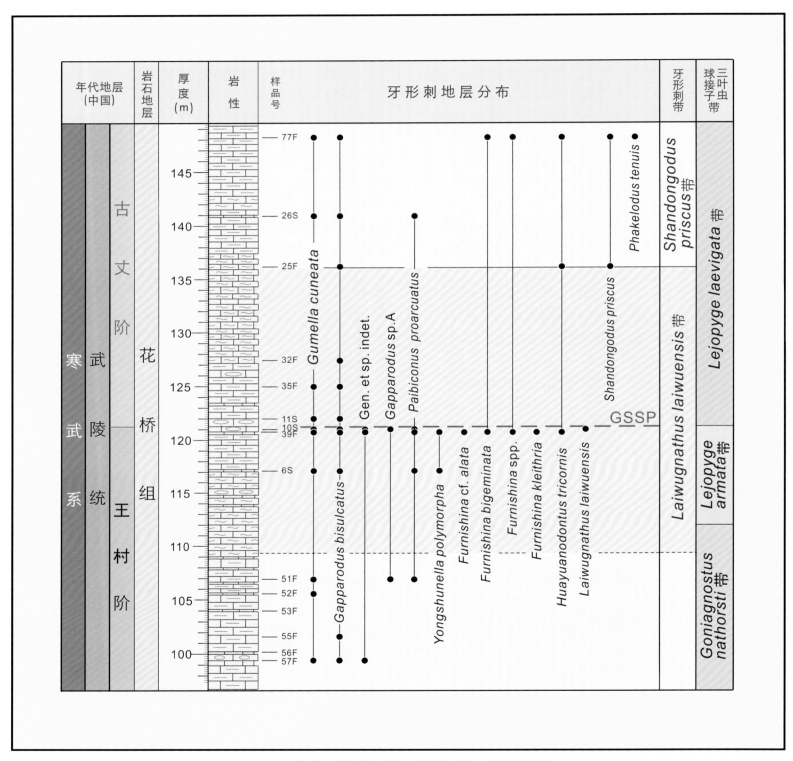

图4-26　罗依溪剖面的古丈阶"金钉子"界线层段牙形刺的地层分布

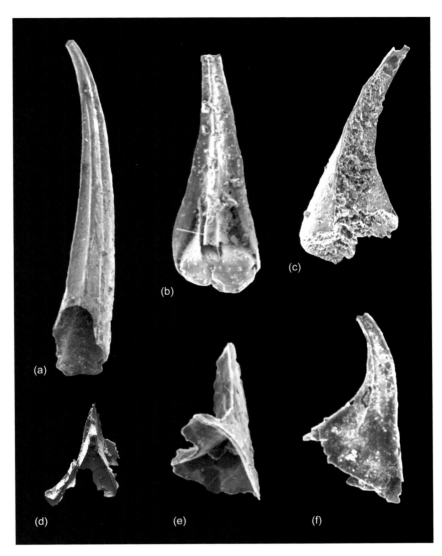

图4-27 罗依溪古丈阶"金钉子"剖面界线层段的牙形刺 所有标本产于罗依溪剖面。a. *Gapparodus bisulcatus*(Müller, 1959),后侧视,51F,花桥组底界之上106.9 m,×53。b. *Laiwugnathus laiwuensis* An,1982,后视,10S,花桥组底界之上121.0 m,×72。c. *Yongshunella polymorpha* Dong et Bergström,2001,侧视,6S,花桥组底界之上117.15 m,×83。d. *Furnishina kleithria* Müller et Hinz,1991,后视,39F,花桥组底界之上120.8 m,×28。e. *Shandongodus priscus* An,1982,后侧视,25F,花桥组底界之上136.25 m,×207。f. *Yongshunella polymorpha* Dong et Bergström,2001,侧视,6S,花桥组底界之上117.15,×82。

量加深事件的层序界面之上不大于20 cm的位置。对湘西的排碧剖面、王村剖面、美国大盆地的一些剖面的类似研究表明,*L. laevigata*首次出现是在冈瓦纳和劳伦大陆的外陆架和斜坡相区的一个海侵事件的早期阶段,与*L. laevigata*首现相关联的这次海侵事件被认为属于全球规模的海平面变化。

### 4.1.9 协助确定古丈阶底界的次要标志

在古丈阶"金钉子"的界线地层中,除以*Lejopyge laevigata*首现确定古丈阶的底界之外,还有其他一系列有重要洲际对比意义的球接子三叶虫,可以辅助控制古丈阶底界的位置(图4-29)。包括*G. nathorsti*和*L. calva*,前者的末现层位稍低于*L. laevigata*的首现,而后者的末现较*L. laevigata*的首现稍低或与其一致。也包括*Ptychagnostus punctuosus*,这是一个特征明显、易于鉴定的物种,其地层分布局限于*P. punctuosus*带,与古丈阶底界之间仅间隔两个地层厚度很薄的生物带(*G. nathorsti*和*L. armata*带);以及*Clavagnostus trispinus*、*Linguagnostus kjerulfi*、*Ptychagnostus aculeatus*、*Glaberagnostus bituberculatus*,这些球接子物种的首现略高于古丈阶的底界(图4-9,4-10,4-25)。

古丈阶底界界线层段所产的某些多节类有一定的地理分布,有助于区域范围的地层对比,也可以在一定区域内作为判别古丈阶底界的次要工具(Peng *et al.*, 2004a)(图4-30)。如中华平壤虫带(*Pianaspis sinensis* Zone)产

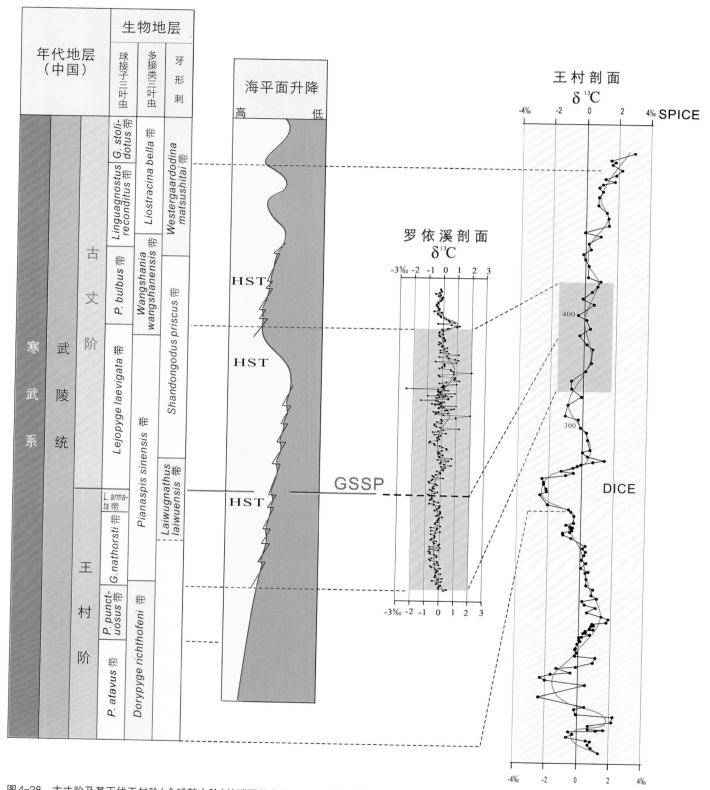

**图4-28 古丈阶及其下伏王村阶（全球鼓山阶）的碳同位素化学地层和层序地层** 王村剖面的碳同位素漂移曲线是黔东统（全球寒武纪第2统）至武陵统（全球寒武系第3统）的化学地层，其中深色部分碳同位素曲线是与罗依溪"金钉子"剖面的碳同位素曲线对比的层段，两个剖面所测的碳同位素值几乎完全一致（左景勋，2006；Zhu *et al.*，2004）。在王村阶（全球鼓山阶）底部明显的碳同位素负漂移是DICE漂移。武陵山区层序地层的海平面变化曲线，三级层序为紫红色曲线，四级层序为黑色折线。古丈阶底界与一次不大的海进事件早期阶段相关。本图也显示用于识别古丈阶"金钉子"点位的主要手段，包括生物地层（左起第2列）、层序地层（左起第3列）和碳同位素化学地层（左起4，5列）。其中，生物地层包括球接子三叶虫生物带（Peng & Robison，2000；Peng *et al.*，2006）、多节类三叶虫生物带（Peng *et al.*，2004a；Peng *et al.*，2006）、牙形刺生物带（Peng *et al.*，2009a）。

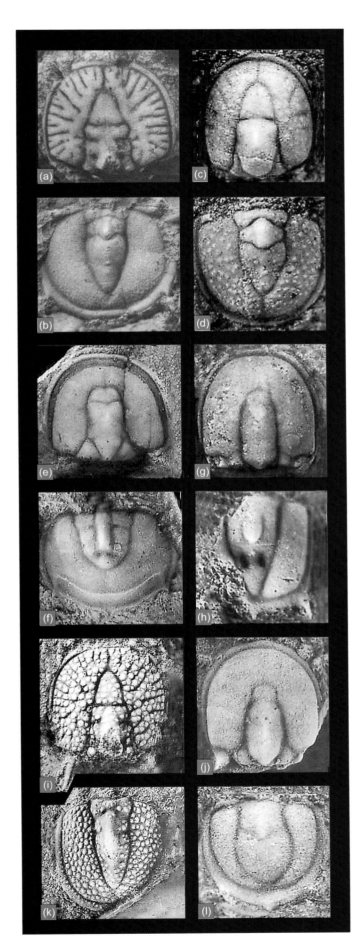

图4-29 一些辅助控制古丈阶底界位置的球接子三叶虫 a,
b. *Goniagnostus nathorsti*（Brøgger, 1878）. a.头部, W101.0, ×10;
b.尾部, W82.1, ×8. c, d. *Ptychagnostus punctuosus*（Angelin, 1851）.
c. 头部, W56.7×14; d. 尾部, W77.8, ×13. e, f. *Linguagnostus
kjerulfi*（Brøgger, 1878）. e. 头部, W146.2, × 8; f. 尾部（橡胶模
型）, P240.5, ×8. g, h. *Clavagnostus trispinus* Zhou et Yang in Zhou
et al., 1977. g. 头部, W132.4, ×11; h. 尾部, P240.5, ×14. i, j. *Pty-
chagnostus aculeatus*（Angelin, 1851）. i. 头部, P209.5, × 9; j. 尾
部, P209.5×8. k, l. *Globeragnostus bituberculatus*（Angelin, 1851）.
k. 头部, W158.7, ×10; l. 尾部, 146.2, × 14。

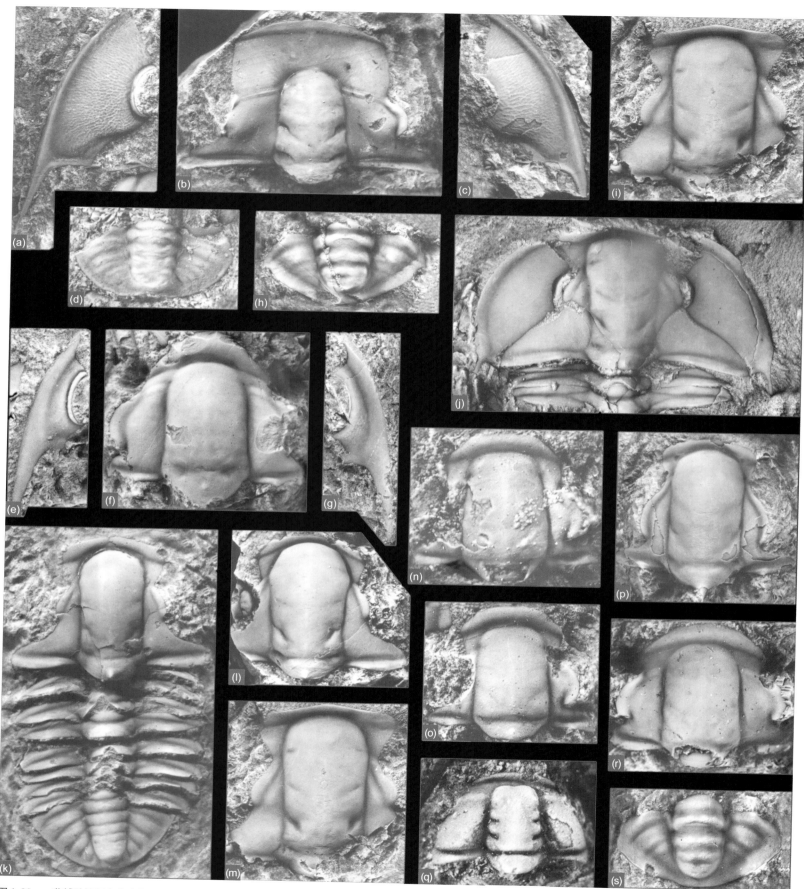

图4-30 一些辅助控制古丈阶底界位置的多节类三叶虫 采集号的含义见图4-11。a–d. *Pianaspis sinensis*（Yang in Zhou *et al.*, 1977）. a, 活动颊, P136.3, × 5; b, 头盖, W99.3, × 4; c, 活动颊, W82.1, × 5; d, 尾部, P136.3, × 8. e–h. *Lisania yuanjiangensis*（Yang in Zhou *et al.*, 1977）. e, 活动颊, P134.2, × 5; f, 头盖, P134.2, × 7; g, 活动颊, P134.2, × 5; h, 尾部, P136.3, × 5. i, j. *Fuchouia chiai* Lu, 1957. i, 头盖, P171.5, × 4; j, 带有2个胸节的头部, P171.5, × 3. k–m. *Fuchouia bulba* Peng, Babcock et Lin, 2004a. k, 背壳, W99.3, × 4; l, 头盖, P131.7, × 3; m, 头盖, W98, × 6. n, o. *Qiandongaspis convexa* Peng, Babcock et Lin, 2004a. n, 背壳, P171.5, × 10; o, 背壳, P171.5, × 10. p. *Amphoton alceste*（Walcott, 1905）. 头盖, P136.3, × 3. q. *Prodamesella tumidula* Peng, Babcock et Lin, 2004a. 背壳, P123.6, × 16. r, s. *Lisania paratungjenensis*（Yang in Zhou *et al.*, 1977）. r, 头盖, P125 × 9; s, 尾部, P204, × 6.5。

有分异度高的多节类三叶虫组合，这些三叶虫除见于江南斜坡带的湘西、黔东外，还见于华北和东北南部、皖南、浙西、塔里木和哈萨克斯坦等地 (Walcott, 1913；卢衍豪等，1965；张太荣，1981；仇洪安等，1983；林焕令等，1990；Ergaliev, 1980)。地层分布从球接子 G. nathorsti 带延续到 L. laevigata 带中；其中的 P. sinensis, Fuchouia chiai, Lisania yuanjiangensis, Lisania paratungjenensis, Amphoton alceste 和 Prodamesella tumidula 都在 L. laevigata 之前首现，并局限在 L. laevigata 带的下部或该带之内；而 Fuchouia bulba 和 Qiandongaspis convexa 是两个延限较短的种，延限跨越古丈阶的底界，其首现稍早于 L. laevigata 的首现，末现发生在 L. laevigata 带的最下部。

牙形刺和碳同位素的变化一定程度上也能帮助确定古丈阶的底界，尽管它们所确定的界线不如球接子三叶虫精确。古丈阶以副牙形类在首次出现为特征。莱芜莱芜颌刺 (Laiwugnathus laiwuensis) 在紧靠古丈阶底界之下的位置首现；原始山东刺带 (Shandongodus priscus) 则在 L. laevigata 带的底部首现。在古丈阶底界的界线地层中，碳同位素数值变化不明显，在正负两个方向分别作 +0.3‰ ～ −0.58‰ 的较小漂移，在与 L. laevigata 首次出现的层位附近，有一个颇长的、可达到 −0.58‰ $\delta^{13}C$ 负漂移峰值，似可辅助确定古丈阶的底界。

### 4.1.10 "金钉子"的保护

国际地层委员会要求在"金钉子"被批准后的三年内，建立永久性标志和保护区。根据这一要求，湖南省人民政府和古丈县人民政府在 2007—2010 年期间，在古丈阶"金钉子"点位附近建立了永久性标志组碑，设立了保护标志，并建立了地质遗迹保护区（图4-31~图4-37）。

图4-31　由三个次碑组成的古丈阶"金钉子"永久性标志组碑　〔雷澍　摄〕

图4-32　在罗依溪古丈阶"金钉子"剖面两端设立的剖面告示和保护区界碑　（雷澍　摄）

图4-33　全球古丈阶"金钉子"广场上安置的5块介绍地层学知识的碑刻　（雷澍　摄）

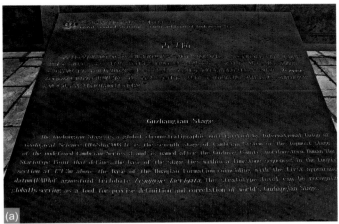
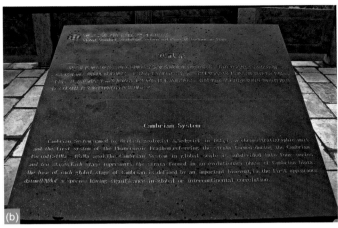

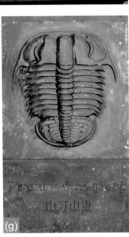

**图4-34 在全球古丈阶"金钉子"广场安置的碑刻和嵌入地面的三叶虫浮雕** a. 介绍古丈阶的碑刻；b. 介绍寒武系的碑刻；c. 4块三叶虫浮雕的俯视；d. 沟纹小切割球接子（*Tomagnostella sulcifera*）浮雕；e. 始祖褶纹球接子（*Ptychagnostus atavus*）浮雕；f. 球状复州虫（*Fuzhouia bulba*）浮雕；g. 万山万山虫（*Wanshania wanshanensis*）浮雕。 （雷澍、彭善池 摄）

**图4-35 在"金钉子"广场树立的表示地史时期生物灭绝、复苏的示意碑** 碑的正面中部的横条是地质年代，顶部的轮廓折线，象征地史时期生物数量的变化，剧烈下陷的线段表示数量骤减，代表一次生物灭绝事件。在泥盆纪末、二叠纪末、白垩纪末都发生过较大的生物灭绝事件。 （雷澍 摄）

图4-36 古丈阶"金钉子"永久性标志揭碑仪式　a.前排右起第4人为时任国际地层委员会寒武纪地层分会秘书、现任分会主席 L. E. Babcock,第5人为全国地层地层委员会常务副主任、时任秘书长王泽九,第6人为国际地层委员会副主席、时任寒武纪地层分会主席彭善池,第8人为中国科学院地质与地球物理研究所研究员、中国科学院院士孙枢,第9人为中国科学院南京地质古生物研究所研究员、中国科学院院士陈旭;b. 古丈阶"金钉子"研究首席科学家、国际地层委员会副主席彭善池(右)和古丈阶"金钉子"研究团队核心成员、时任国际地层委员会寒武纪地层分会秘书、现任分会主席 L.E.Babcock 在古丈阶"金钉子"永久性标志碑揭碑仪式上。

（雷澍　摄）

图4-37 介绍古丈阶"金钉子"的红石林国家地质公园博物馆　a. 有民族特色的博物馆，b. 古丈阶"金钉子"陈列馆，c. 陈列室内介绍研究者的电子投影影像，d. 陈列室内介绍古丈阶"金钉子"的展板。

（雷澍 摄）

排碧阶"金钉子"

武陵山区中段的湖南花垣四新村排碧阶"金钉子"剖面，为碳酸盐岩组成的天然露头 （彭善池 摄）

## 4.2  排碧阶"金钉子"

排碧阶是寒武系的第8阶,隶属于芙蓉统,是该统最底部的阶。这枚"金钉子"由中国科学院南京地质古生物所彭善池率领的中、美研究团队确立,定义排碧阶和芙蓉统的共同底界,亦即排碧阶和下伏古丈阶的界线和芙蓉统与下伏暂名为第3统(中国称武陵统)的界线(图4-38)。

2001年夏,在中国举行的第7届国际寒武系再划分现场会议上,排碧剖面和哈萨克斯坦南部的Kyrshabakty剖面被国际寒武系分会确定为"中—上寒武统界线"候选层型剖面,要求在年底提交申请提案,其后哈萨克斯坦最终放弃了竞争。中国的提案采用网纹雕球接子的首现定义这条界线,鉴于界线的层位显著高于以往国际通用的瑞典上寒武统的底界(即传统的全球中—上寒武统界线),为避免混乱,中美团队决定不再使用传统的"上寒武统",而将大大缩减了的上寒武统命名为芙蓉统,将其最下面的阶命名为排碧阶,提议排碧剖面为排碧阶底界的全球界线层型。

2002年3月,中国的提案经国际地层委员会寒武纪地层分会通讯表决,以82.4%的支持率获得通过(14票赞成,2票反对,1票弃权)。6月又被国际地层委员会以全票表决通过。2003年8月被国际地质科学联合会批准,由时任国际地质科学联合会主席E. de Mulder教授签发了批准书(图4-39),寒武系内的首枚"金钉子"得以在中国确立。芙蓉统和排碧阶也由此成为寒武系首批正式全球年代地层单位,并于2003年进入《国际地层表》。芙蓉统和排碧阶目前已被中国地层委员会接纳为中国寒武系的年代地层单位,进入《中国地层表》(全国地层委员会,2014)。

排碧阶和芙蓉统分别以中国的湘西土家族苗族自治州花垣县的排碧镇和湖南省的别称芙蓉国命名。随着它们的建立,《国际年代地层表》从此有了由中国学者以中国地名命名的全球年代地层标准单位。

### 4.2.1  地理位置

位于湖南省花垣县排碧乡的排碧剖面(含排碧阶"金钉子"剖面),位于湘西土家族苗族自治州花垣县境内,分为东西两段,包含寒武系敖溪组的最顶部、花桥组和娄山关组的底部(图4-40~图4-42),东段又称排碧2号(排碧-2)剖面。全球排碧阶"金钉子"层型剖面仅仅是排碧剖面的一部分,位于排碧镇以西的四新村境内的一个小山包的南坡,距湘西自治州首府吉首约35 km,距花垣县

| 全球年代地层单位 | | | 中国区域年代地层单位 | |
|---|---|---|---|---|
| 系 | 统 | 阶 | 统 | 阶 |
| 奥陶系 | | | | |
| 寒武系 | 芙蓉统 | 第十阶(待定义)  489.5 | 芙蓉统 | 牛车河阶 |
| | | 江山阶  494 | | 江山阶 |
| | | 排碧阶  497 | | 排碧阶 |
| | 第三统(待定义) | 古丈阶  500.5 | 武陵统 | 古丈阶 |
| | | 鼓山阶  504.5 | | 王村阶 |
| | | 第五阶(待定义)  509 | | 台江阶 |
| | 第二统(待定义) | 第四阶(待定义)  514 | 黔东统 | 都匀阶 |
| | | 第三阶(待定义)  521 | | 南皋阶 |
| | 纽芬兰统 | 第二阶(待定义)  529 | 滇东统 | 梅树村阶 |
| | | 幸运阶  541 | | 晋宁阶 |
| 埃迪卡拉系 | | | | |

图4-38  全球排碧阶在全球和中国区域寒武系年代地层序列中的位置  图中数字为所在界线的地质年龄,单位为百万年。

图4-39  排碧阶"金钉子"批准书

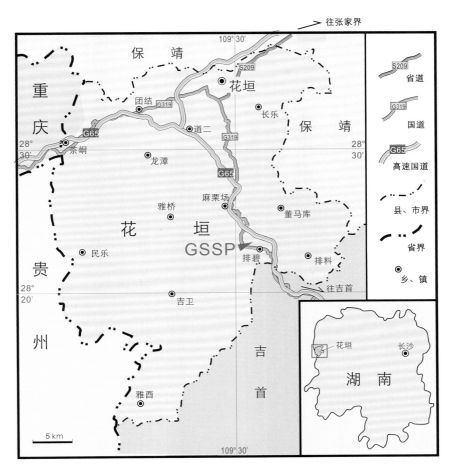

图4-40　排碧"金钉子"地理位置图

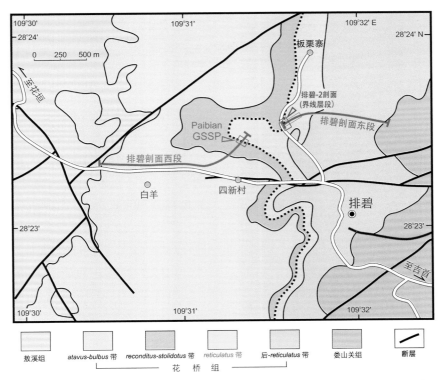

图4-41　花垣排碧四新村一带地质略图，示排碧剖面（含排碧阶"金钉子"剖面）和排碧-2剖面（排碧剖面东段的绿色细框部分）　排碧阶"金钉子"（Paibian GSSP）剖面和排碧-2剖面的排碧阶底界界线层段剖面，分别在小红框和小绿框所在位置。atavus-bulbus 带＝Ptychagnostus atavus 带-Proagnostus bulbus 带；reconditus-stolidotus 带＝Linguagnostus reconditus 带-Glyptagnostus stolidotus 带；reticulatus＝Glyptagnostus reticulatus 带；后-reticulatus 带＝Glyptagnostus reticulatus 带之后沉积的生物带。

图4-42 位于湘西花垣排碧四新村附近的排碧剖面 a. 排碧剖面西段最顶部层段，左下部分是全球排碧阶"金钉子"界线层段，黄色箭头所指位置是层型点位；b. 排碧剖面的东段（含排碧-2剖面）全貌。与"金钉子"点位相当的层位在左下方的乡村公路边（红线为G. reticulatus在排碧-2的首现位置），公路以上至左边小山丘顶为排碧阶，远处两个小山丘出露的是江山阶及上覆地层（花桥组最上部和上覆娄山关组）。（彭善池 摄）

县城约28 km，距排碧乡约1.5 km。从319国道沿新建的通往"金钉子"永久性标志的小径上行约600 m（垂直高度约100 m）（图4-43），即可到达。2013年在319国道北侧又建成一条简易公路，公路从"金钉子"剖面旁通过，从此，乘车即可抵达。

排碧阶"金钉子"层型点位的地理坐标为东经109°31.54′、北纬28°23.37′，海拔高程774 m。

### 4.2.2 湘西北武陵山区的地质概况

湘西北吉首、花垣、保靖、古丈、永顺一带所在的武陵山区的地质概况、花桥组的生物地层，在4.1节已介绍。全球排碧阶"金钉子"与下伏的全球古丈阶"金钉子"都在这一地区确立，分别处于追屯—列夕向斜的西翼和东翼（图4-44）。在排碧地区，向斜的核部是娄山关组，覆于花桥组之上。娄山关组由西向东进积，底界穿时，层位逐渐升高。在其标准地点黔北桐梓和遵义等地，它位于高台组之上,底界的时代为黔东世台江晚期(全球寒武纪第2世第5期晚期),而在湘西北排碧、古丈等地该组底界的时代为江山早期或中期,显著高于其层型地区。在排碧地区,仅在向斜核部发育娄山关组,时代为寒武纪,而在永顺王村,向斜核部发育的是志留系最底部的龙马溪组。在保靖比挑(以往误作比条)、永顺王村的娄山关组,顶部可能包括了奥陶系的地层。

图4-43 通往全球排碧阶"金钉子"剖面的步道 a. 吉首至花垣319国道旁的步道入口,上行约600 m,即可到达"金钉子"广场;b. 入口边的关于排碧"金钉子"剖面的中、英文介绍,步道位于四新村以西约200 m处。

(雷澍 摄)

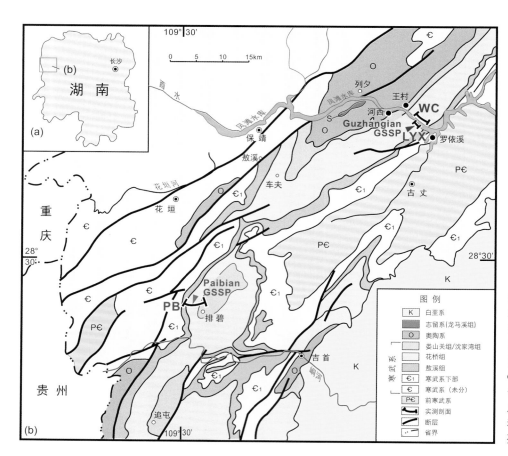

图4-44　湘西北武陵山区吉首、花垣、保靖、古丈、永顺一带地质略图　排碧阶排碧剖面(代号PB)处于追屯—列夕向斜的西翼，排碧剖面由东、西两段组成，全球排碧阶"金钉子"剖面是西段的一部分(Paibian GSSP所指)。武陵山区另一枚"金钉子"全球古丈阶"金钉子"(Guzhangian GSSP所指)，其全球层型罗依溪剖面(代号LYX)和对岸的王村剖面(代号WC)也在追屯—列夕向斜之内，但位于其东翼。

### 4.2.3　确定排碧阶底界的首要标志

2001年初，国际地层委员会寒武地层分会通过表决，决定采用网纹雕球接子 (Glyptagnostus reticulatus)(图4-45) 的首现定义当时所称的"中—上寒武统"界线("上寒武统"最下阶的底界)。17人的选举委员，13人赞成，得票率76%，超过法定的60%。网纹雕球接子是国际寒武纪地层分会首次通过投票产生、用来定义一个阶(底界)的首要标志物种。选择这个种的理由较为简单，一是这个种的地理分布广泛，它可能是寒武纪所有物种中地理分布最广的一个种，在包括南极洲在内的所有大陆的数十个剖面都有发现，是全球性分布的球接子三叶虫之一。目前所知，这些剖面分布在中国 (湖南、安徽、甘肃、湖北、江西、新疆、浙江)、韩国、哈萨克斯坦、澳大利亚 (昆士兰、塔斯马尼亚)、南极洲 (Ellswork山、维多利亚北部)、俄罗斯 (西伯利亚东北和西北)、北欧 (瑞典、挪威、丹麦)、西欧 (英国)、加拿大 (不列颠哥伦比亚、西北领地)、美国 (亚拉巴马州、内华达州、田纳西州、得克萨斯州)、阿根廷等地；二是这个种的特征明显，有独特的壳面装饰和较为特殊的轴部构造 (特别是尾轴的构造)，可能是寒武纪最易鉴定的三叶虫之一，在野外识别毫无问题。这就既能

保证由它的首现定义的界线可在世界范围内识别，也可以保证这条界线在野外就能精确地界定。

也就是在2001年初，寒武纪地层分会向分会的选举委员和荣誉委员发出选票和问卷，征询如采用网纹雕球接子的首现定义这个阶，哪些剖面最有成为"金钉子"潜力。绝大多数人认为中国湖南的一些剖面最有潜力，其次是哈萨克斯坦Malyi Karatau的剖面，而俄罗斯西伯利亚的剖面却少有支持。2003年的最终表决结果是，湖南花垣排碧剖面被选为以网纹雕球接子的首现定义排碧阶和芙蓉统共同底界的"金钉子"。

### 4.2.4　层型剖面和层型点位

排碧剖面西段在20世纪80年代初由西向东实测，最初2/3层段，剖面为沿319国道北侧出露的天然露头和少量的公路开凿面连续出露。经过30余年变迁，部分露头现已为民房所占据。后1/3转向东北，沿山坡的天然露头测制。整个西段是一套几乎全由碳酸盐岩组成的地层，岩性主要为薄层状纹层灰岩、泥质灰岩、微晶灰岩、砾屑灰岩、白云岩。岩层中通常有含化石的灰岩透镜体。如前所述，这套地层与古丈阶"金钉子"所在的罗依溪剖面和王村剖面一样，都是寒武纪时期在华南江南斜坡带内接受的斜坡相

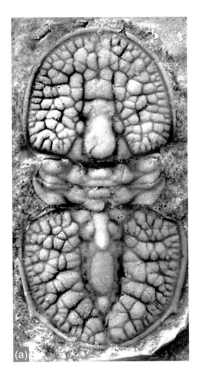

图4-45 定义排碧阶底界的首要标志物种——网纹雕球接子(*Glyptagnostus reticulatus*)(Angelin, 1851) a. 标本产自排碧阶"金钉子"层型剖面花桥组, 在其底界之上383.5 m; b. 排碧阶"金钉子"永久性标志碑正面上部安放的网纹雕球接子浮雕。 (彭善池 摄)

沉积。排碧剖面因含有大量"外来的"浊积岩夹层 (debris bed), 要比王村剖面厚100余米 (图4-9, 4-10)。

　　排碧剖面砾屑灰岩夹层从花桥组底界之上120 m起开始出现, 通常十几米的地层内便有一层砾屑灰岩, 单层厚度8~30 cm, 从距花桥组底界约280 m向上, 砾屑灰岩夹层逐渐增多, 单层厚度也有所增加, 通常数米的地层内便有1~2层砾屑灰岩夹层, 有时达到3层, 有的夹层的单层厚度甚至可达1 m以上。

　　排碧阶"金钉子"层型剖面的界线层段是排碧剖面西段的一部分, 处于西段的最东端, 位于319国道北侧直线距离约为300 m的小山丘的南坡, 出露良好 (图4-42a, 4-46)。界线层段厚约16 m, 仅包括花桥组的甲胄雕球接子带和网纹雕球接子带 (下部) 所在的地层。剖面岩性基本为单一岩相的深灰至黑色、薄层状泥屑灰岩层系列, 其间夹有5层薄的或中等厚度的砾屑灰岩, 厚度5~70 cm不等。此段地层的薄层状泥屑灰岩含丰富的三叶虫化石, 数量多, 动物群分异度也高 (图4-47)。

　　位于排碧剖面西段的全球排碧阶"金钉子"层型点位, 处于球接子 *Glyptagnostus stolidotus* 向 *G. reticulatus* 演化的谱系中, 在花桥组底界之上369.06 m与 *G. reticulatus* 在剖面的首现一致。*G. reticulatus* 的祖先种是甲胄雕球接子 (*G. stolidotus*) (图4-48, 4-49左1)。在寒武系武陵统 (全球为有待定义的第三统) 与芙蓉统的过渡地层中, 总是先出现甲胄雕球接子, 然后出现网纹雕球接子。这

个序列已在世界各地无数剖面中被观察证实。这两个种在形态上也有密切联系, *G. stolidotus* 头部的颊部和尾部的肋部都只有放射状沟纹装饰, 这些沟纹不连接成网状; 而 *G. reticulatus* 则在放射状的沟纹之间生出新的沟纹, 放射状的沟纹连接成网状。排碧剖面连续采集所获得的雕球接子的材料进一步表明, 在雕球接子演化谱系中, *G. stolidotus* 首先演化出的是 *G. reticulatus* 的原始类型, 这种类型只在颊部的后部和肋部的前端结网 (图4-49左2)。而随着地层层位的增高, 出现颊部和肋部全面结网的较为进化的类型 (图4-49左3)。在更高的层位上, 出现这个种更为进化的类型, 结网程度更密集和复杂, 在颊叶和肋叶形成无数泡状或疣状小叶 (图4-45, 4-49左4)。在过去文献中, 曾根据这些差异为 *Glyptagnostus reticulatus* 建立了三个亚种, 即网纹雕球接子安氏亚种 (*Glyptagnostus reticulatus angelini*)、网纹雕球接子网纹亚种 (*Glyptagnostus reticulatus reticulatus*) 和网纹雕球接子结节状亚种 (*Glyptagnostus reticulatus nodulosus*) (Resser, 1938; Westergård, 1947; Henningsmoen, 1958; Palmer, 1962), 它们实际上是同一物种内的形态变异, 因此现在已经不再有学者采用这种亚种分类。

　　全球排碧阶"金钉子"的层型点位 (图4-46, 4-47) 处于球接子 *Glyptagnostus stolidotus* 向 *G. reticulatus* 演化的谱系中 (图4-49), 与全球性分布的 *G. reticulatus* 的首现一致 (亦即 *G. reticulatus* 带的底界)。

**图4-46 全球排碧阶"金钉子"剖面** a. 排碧剖面西段的东侧露头（2001年摄）；b. "金钉子"剖面界线层段的近景（2006年摄）；c. "金钉子"近景，白线是网纹雕球接子首现层位；d. 含"金钉子"点位岩层的横断面，Gr所指是网纹雕球接子首次出现的层位，右边的比例尺每格为1 cm。 （彭善池 摄）

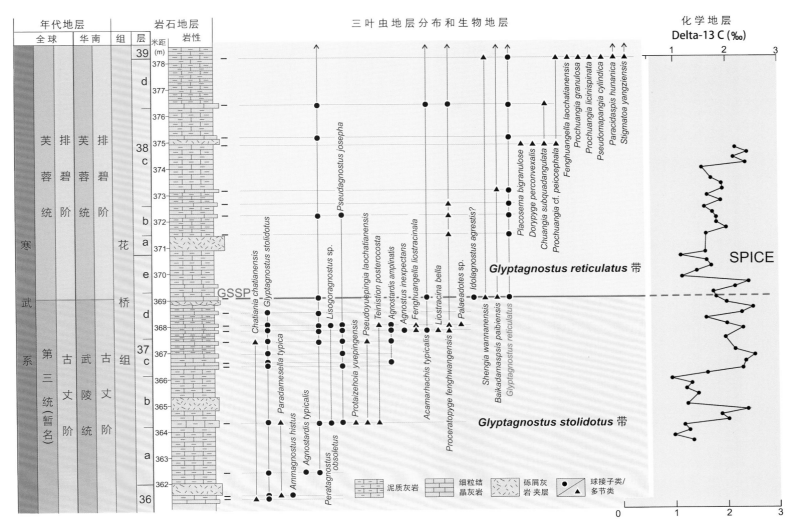

图4-47　全球排碧阶"金钉子"剖面三叶虫的地层分布、生物地层划分和碳同位素化学地层

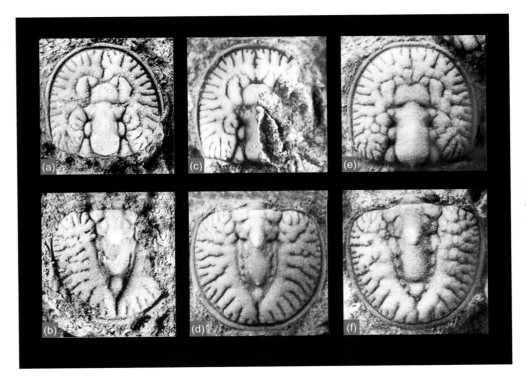

图4-48　甲胄雕球接子（*Glyptagnostus stolidotus* Öpik, 1961）它是网纹雕球接子的祖先种，在地层中先于后者出现（采集号以P开头的产自排碧剖面，以Pβ开头的产自排碧-2剖面；以W开头的产自王村剖面，P和W后的数字是采集层位在花桥组之上的米距；Pβ后的负数数字是在任意零点之下的米距）。a, c, e.均为头部，P364.5，Pβ-2.75；W251.2，×9，×6，×10；b, d, f.均为尾部，P364.5，W251.2，W251.2，×10，×10，×7。

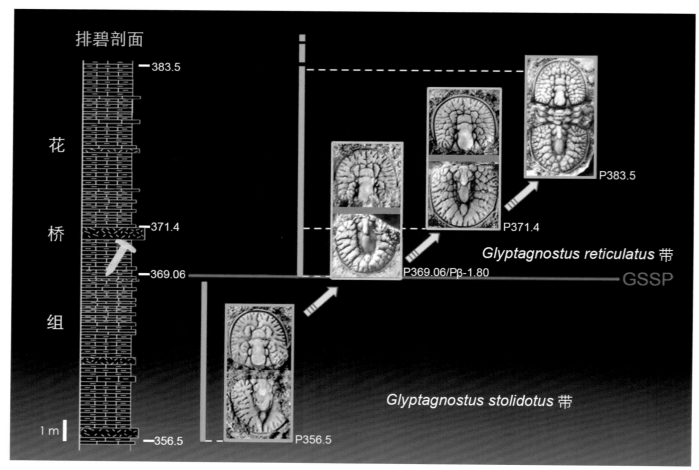

图4-49 排碧"金钉子"剖面排碧阶底界界线层段中雕球接子（*Glyptagnostus*）的演化系列　剖面柱状图上的黄色金钉子符号所指的为"金钉子"点位。红色横线是排碧阶的底界，与网纹雕球接子（*G. reticulatus*）的首现一致。垂直的彩色粗线代表雕球接子谱系各相关物种的地层分布。蓝线：网纹雕球接子祖先种甲胄雕球接子（*G. stolidotus*）；橙线：网纹雕球接子（包括3种种内类型）。化石旁的采集号中，P表示产于排碧剖面，Pβ表示产于排碧-2剖面，其后的正数数字是标本在花桥组底界之上的米距，负数为在排碧-2剖面任意零点下的米距。排碧2剖面的-1.80 m与排碧剖面的396.06 m完全相当，是 *G. reticulatus* 在这两个剖面的首现点位。

图4-50 排碧-2剖面　a. 剖面中的排碧阶底界界线层段（方框内），是排碧"金钉子"的辅助剖面。它是排碧剖面东段的最西端部分，是与排碧剖面西段最东段"金钉子"点位附近重复的地层。b. 黄色箭头a所指为 *Glyptagnostus stolidotus* 的末现层位，箭头b所指为 *G. reticulatus* 的首现层位。刷有白漆的岩层是采集化石的层位，任意零点位于厚层砾屑灰岩之底，其下的负数是在任意零点之下的米距。

（彭善池 摄）

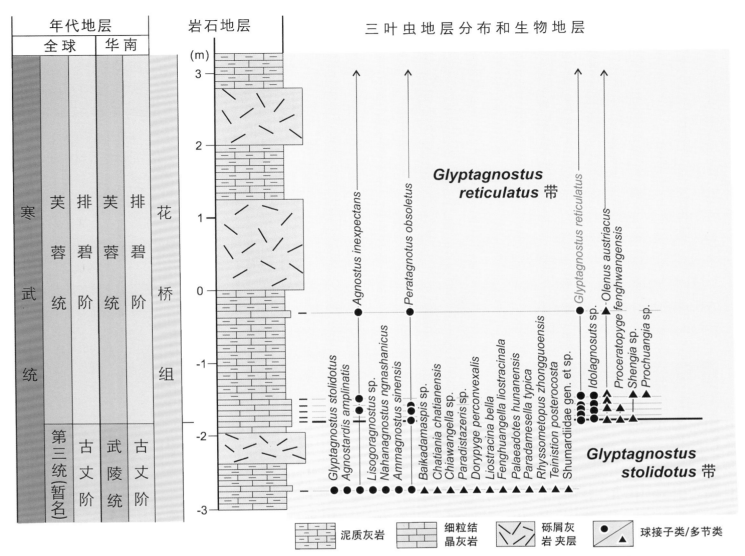

图4-51　排碧-2剖面三叶虫的地层分布和生物地层划分

　　排碧阶"金钉子"的辅助剖面，是排碧-2剖面中的排碧阶底界界线层段剖面 (图4-50, 4-51)，它是排碧-2剖面最西段的部分，位于319国道北侧通往板栗寨的简易公路旁。仅厚6 m (即任意零点上下各3 m)，任意零点以一层厚约1.2 m的砾屑灰岩的底界设定。排碧阶底界界线层段剖面的地层与排碧剖面西段的排碧阶"金钉子"剖面层型点位之下1.2 m和之上4.8 m地层重复 (彭善池等，2001)。在排碧-2剖面，G. reticulatus 的最低产出层位 (首现) 在任意零点之下1.80 m，这个层位相当于排碧剖面西段的"金钉子"点位。G. reticulatus 的祖先种 G. stolidotus，在排碧-2剖面的最高产出层位 (末现)，位于任意零点之下2.75 m。其间的0.95 m没有采集到三叶虫化石，包括一层厚40 cm的砾屑灰岩。这个剖面不仅肯定了在排碧剖面西段排碧阶"金钉子"点位确系 G.

reticulatus 的首现位置，还在排碧阶的最底部发现以往在王村剖面和排碧剖面西段都未曾发现过的重要多节类三叶虫 Olenus autriacus。Olenus 是少数有洲际地理分布的多节类三叶虫，见于瑞典、英格兰、北美、哈萨克斯坦、韩国等地，是过去识别"上寒武统"的标准分子之一。在中国，Olenus autriacus 产于湖南凤凰、桃源等地的排碧阶 G. reticulatus 带，后来也在英格兰，以及可能在北威尔士发现 (Taylor & Rushton, 1972；Rushton, 1983；Peng, 1992)，可作为在其他地区识别排碧阶底界的辅助工具。

### 4.2.5　排碧剖面研究简史

　　排碧剖面最早由湖南省地矿局405地质队区调分队，于1981年在花垣等地进行1:50 000区域地质调查过程中发现和实测，分队对所发现的31个三叶虫化石层位做了初步采集。同年，彭善池受405队大队和区调分队的邀请，到湘西乾州405队队部鉴定该剖面所采集的三叶虫，对这一高丰度和高分异度的球接子和多节类混生三叶虫动物群的印象深刻，鉴定结束后，便将该队赠予的许多标本带回南京，从此开启了对排碧剖面的科学研究。其后在时任区调分队队长陈永安等人的协助下，对这个剖面的三叶虫作了长期的逐层详细采集，多年的野外工作积累，使采集三叶虫层位增至258个（含排碧–2剖面28个），所获得的大量标本成为中国斜坡相寒武纪三叶虫系统古生物学和生物地层学研究的重要材料。

1990年开始，彭善池又与林焕令、朱学剑等人以及美国科学家合作（图4-52~图4-55），对排碧剖面开展了全球界线层型的多学科综合研究。团队的美国科学家来自三所大学，即堪萨斯大学的R. A. Robison、俄亥俄州立大学的L. E. Babcock和Matthew S. Saltzman、内华达大学拉斯维加斯分校的Margaret N. Rees，陆续发表了一系列研究成果（Rees et al.,

1992；彭善池等，1995，2000c，2001；Peng et al., 2001a, b, c；Peng & Robison, 1997, 2000；傅启龙等，1999；Saltzman et al., 2000；Saltzman, 2001；Peng & Babcock, 2001）。

2001年，国际地层委员会寒武纪地层分会在中国湖南张家界举行了第7届寒武系再划分野外现场会议（图4-56）。有80余名国内外代表出席了会议，其中包括国际寒武纪地层分会的多名选举委员。会议期间，代表们考察了排碧剖面（图4-57, 4-58），按照国际地层委员会有关全球界线层型的要求，对剖面出露地层的完整性、连续性，剖面所产化石的丰度、分异度，剖面的可到达性以及剖面研究程度等方面均做了积极评价，认为能满足全球界线层型剖面的要求，决定接受排碧剖面为全球"中—上寒武统"界线候选层型剖面。会后，中、美研究团队又对排碧剖面西段的含雕球接子的层段做了加密采集，以及碳同位素化学地层和牙形刺生物地层的初步研究。最终按照分会的要

**图4-52　1990年中、美排碧"金钉子"研究团队在排碧剖面做野外研究**　a. 骨干研究人员陈永安（左1）、林焕令（左2）、L. E. Babcock（左3）和M. N. Rees（左5）在野外合影；b. 美方首席研究人员R. A. Robison在野外；c. L. E. Babcock在 *Glyptagnostus reticulatus* 带采集化石，图中标有HP30c的岩层中，产 *G. reticulatus* 等4个球接子种和8个多节类种（Peng et al., 2004a）所在地层其后被命名为排碧阶；d. M. N. Rees（左3）和中方陪同人员雒昆利（左4）身着苗族盛装、佩戴银饰与苗族妇女在排碧剖面合影。
（彭善池　摄）

图4-53　2001年11月，排碧"金钉子"研究团队研究人员陈永安（右1）、林焕令（右2）、朱学剑（左2）等在排碧剖面含雕球接子层段做野外补充研究　图中用白色油漆涂刷的是产甲胄雕球接子岩层。　　　　　　　　　　（彭善池　摄）

图4-54　20世纪90年代，排碧阶"金钉子"研究团队首席科学家彭善池（中）和研究骨干陈永安（右）、朱学剑（左）在排碧剖面"金钉子"层段
（彭善池　提供）

图4-55　排碧阶"金钉子"批准后，2004年，排碧阶"金钉子"研究团队成员朱学剑（左1）、彭善池（左2）、陈永安（左3）和林焕令对"金钉子"剖面做"后层型"研究，正在讨论采集到的三叶虫化石（彭善池　提供）

图4-56 2001年8月在湖南张家界举行的第7届
国际寒武系再划分现场会开幕式会场 会议组织
委员会主席彭善池(左),时任国际地层委员会寒武
纪地层分会主席J.Shergold(中),时任张家界市副
市长李建国在主席台上。 (彭善池 提供)

图4-57 第7届国际寒武系再划分现场会议的代表会后考察排碧剖面 排碧阶"金钉子"研究团队成员L. E. Babcock(持话筒者)向代表
介绍剖面的地质和研究状况。 (彭善池 摄)

求,在2001年底前向分会提交了在排碧剖面建立全球芙蓉统暨排碧阶标准层型剖面和点位的申请报告,完成了排碧阶"金钉子"的研究。这项研究从1981年算起,长达20年,如果从1990年专项研究"金钉子"算起,也有11年。

如前所述,不再使用"中—上寒武统"的原因是芙蓉统和排碧阶的共同底界显著高于传统的"中—上寒武统"界线(Peng et al., 2004a)。

### 4.2.6 "金钉子"剖面的三叶虫生物地层

排碧剖面西段花桥组的三叶虫生物地层,特别是球接子三叶虫生物地层已在4.1节中介绍。这段地层共划分为10个球接子带(图4-10),自下而上:① *Ptychagnostus gibbus* 带,② *Ptychagnostus atavus* 带,

图4-58　第7届国际寒武系再划分现场会议期间，会议代表考察排碧剖面"中—上寒武统"界线层段　这条界线后被命名为芙蓉统（暨排碧阶）的底界所替代。a. 著名三叶虫专家、国际寒武纪地层分会主席 J.Shergold（中）；b. 寒武纪地层分会荣誉委员 R. A. Robison（前右）和选举委员 J. B. Jago（前左）；c. 著名三叶虫专家、寒武纪地层分会选举委员 T. V. Pegel 在排碧剖面考察；d. 国际寒武纪地层分会通讯委员、三叶虫专家 S. J. Hollingsworth 及其夫人在排碧-2剖面考察。

（彭善池　提供）

③ *Ptychagnostus punctuosus* 带，④ *Goniagnostus nathorsti* 带，⑤ *Lejopyge armata* 带，⑥ *Lejopyge laevigata* 带，⑦ *Proagnostus bulbus* 带，⑧ *Linguagnostus reconditus* 带，⑨ *Glyptagnostus stolidotus* 带，⑩ *Glyptagnostus reticulatus* 带。这段地层也划分为5个多节类三叶虫生物带，自下而上，即：① *Dorypyge richthofeni* 带，② *Pianaspis sinensis* 带，③ *Wanshania wanshanensis* 带，④ *Liostracina bella* 带，⑤ *Chuangia subquadrangulata* 带。

排碧"金钉子"剖面，即排碧阶"金钉子"的界线层段以及排碧-2剖面，仅包含有两个球接子三叶虫带，即下伏的甲胄雕球接子带（*G. stolidotus* 带）和上覆的网纹雕球接子带（*G. reticulatus* 带）。"金钉子"界线层段的三叶虫生物地层和其他手段的多重地层划分（年代地层、岩石地层、碳同位素化学地层）详见图4-47。

### 4.2.7 "金钉子"界线地层的重要多节类三叶虫

寒武纪三叶虫（主要是多节类）经历了3次较大规模的灭绝过程，即黔东世末以莱氏虫类为代表的灭绝、武陵世末以德氏虫类为代表的灭绝和芙蓉世末以索克虫类为代表的灭绝。古丈期与排碧期之交是寒武纪三叶虫第二次大灭绝时期，在武陵世一度极为繁盛的德氏虫类，如著名的德氏虫（*Damesella*）、蝴蝶虫（*Blackwelderia*）、蝙蝠虫（*Neodrepanura*）、副蝴蝶虫（*Parablackwelderia*）、宽甲

虫 (*Teinistion*) 等, 在排碧期开始之前, 就完全灭绝。现在已知, 从古丈最末期至排碧期, 海洋环境出现了很大的变化, 出现了一次寒武纪最大的碳同位素正漂移事件, 即SPICE事件, 寒武纪三叶虫的第二次大灭绝显然是对海洋环境变化的响应。

图4-59是排碧阶界线地层中仅见于古丈阶的重要多节类三叶虫, 有的仅限于 *G. stolidotus* 带。有的由下伏的 *L. reconditus* 带 (或 *Liostracina bella* 带) 上延而来, 其

中一些种如玉屏原太子河虫 (*Protaizuhoia yuepingensis*)、标准拟德氏虫 (*Paradamesella typica*)、湖南古裔虫 (*Palaeadotes hunanensis*) 和后轴脊宽甲虫 (*Teinistion posterocostum*) 都是德氏虫类三叶虫。德氏虫类三叶虫的最大特点是头部的头鞍呈梯形, 没有内边缘; 胸部的胸节和尾部的各节末端均有刺或具有许多边缘刺, 是寒武纪非常特殊的一类三叶虫。上文罗列的德氏虫、蝴蝶虫、蝙蝠虫、副蝴蝶虫和宽甲虫都是中国华北 (含东北南部)

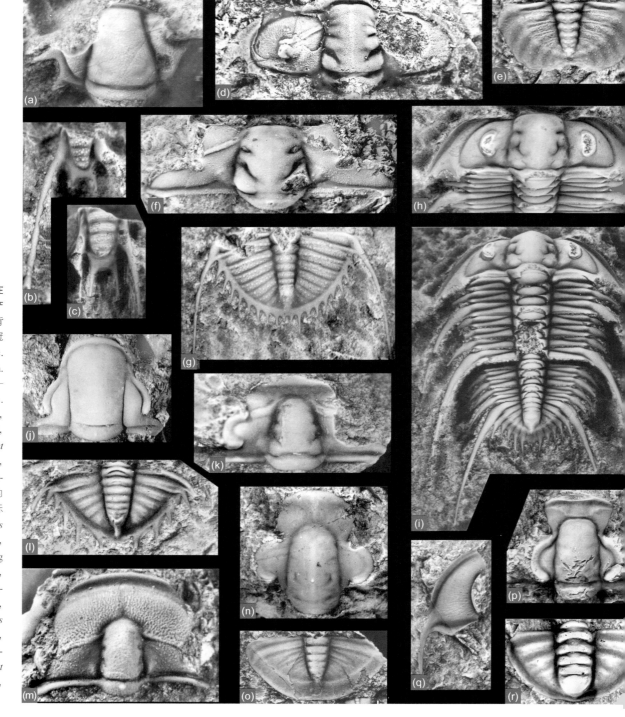

图4-59 全球排碧阶"金钉子"剖面在排碧阶底界之下层段 (古丈最末期) 所产的重要多节类三叶虫 所有照片均为背视, 标本号含义同前 (即除两枚采集号冠以W的标本外, 均产自排碧剖面)。a–c. *Chaiwangella hunanensis* Peng et al, 2004a. a, 头盖, W227, ×7; b, 尾部, Pβ–2.70, ×10; c, 尾部, Pβ–2.70, ×7. d, e. *Protaizuhoia subquadrata* (Peng, 1987). d, 头部, P325.7, ×6; e, 尾部, P319.8, ×5. f, g. *Paradamesella typica* (Yang in Zhou et al., 1977). f, 头部, P325.7, ×3.3; g, 尾部, Pβ–2.75, ×3.7. h, i. *Palaeadotes hunanensis* (Yang in Zhou et al., 1977). h, 背壳的头部, 背视, P308, ×4.4; i, 同一背壳标本, 背视, ×3.7. j. *Chatiania chatienensis* (Yang in Zhou et al., 1977). 头盖, P311.7, ×7. k, l. *Teinistion posterocostum* (Yang in Zhou et al., 1977). k, 头盖, P319.6, ×8.8; l, 尾部, P319.6, ×4.4. m. *Liostracina bella* Lin et Zhou, 1983, 头盖, W227, ×8. n, o. *Pseudoyuepingia laochatianensis* Yang in Zhou et al., 1997. n, 头盖, P353.7, ×1.5; o, 尾部, P353.7, ×5. p–r. *Rhyssometopus zhonguoensis* Zhou in Zhou et al., 1977. p, 头盖, P348, ×3; q, 活动颊, P356.5, ×3.7; r, 尾部, P348, ×3.7。

和华南共有的属。但华南还有一些地方性德氏虫类，如古裔虫 (*Palaeadotes*)、拟德氏虫 (*Paradamesella*)、原太子河虫 (*Protaitzuhoia*) 等，目前尚未或极少在华北发现 (后一属也偶见于华北和西北，但在华南极为繁盛)。贾汪虫 (*Chiawangella*) 过去曾被归入德氏虫类 (朱兆玲，1959；卢衍豪等，1963，1965)，因其特征与这类三叶虫相近，深入研究已将其排除在外 (Peng *et al.*, 2004a)。

排碧阶"金钉子"界线地层中，在古丈晚期极度繁盛的多节类三叶虫动物群，只有少数几个残存的属种上延到排碧阶中 (图4-47)，其余是新出现的分子，以关盖虫类三叶虫如庄氏虫 (*Chuangia*)、原庄氏虫类 (*Prochuangia*)；小醒头虫类三叶虫如互助虫 (*Huzhuia*)、扁圆虫 (*Placosema*)；以及油栉虫科的油栉虫 (*Olenus*) 最常见 (图4-60)。图4-59 和图4-60 是在界线之下和之上地层中分别发育的两套特殊动物群的各个物种，由于是在接近排碧阶底界地层中的分子，都有助于识别排碧阶的底界。

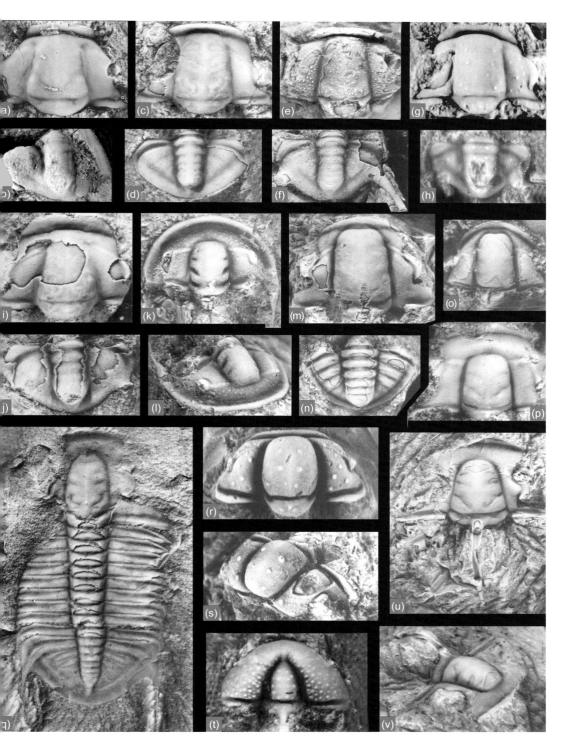

图4-60 全球排碧阶"金钉子"剖面在排碧阶底界之上层段 (排碧最早期) 出现的多节类三叶虫 所有标本均产自排碧剖面，除注明外，均为背视，标本号含义同前。a, b. *Chuangia subquadrangulata* Sun, 1935. a, 头盖，P370.6，×3.3；b, 尾部，P374.9，×6. c, d. *Chuangia austriaca* Yang in Zhou *et al.*, 1977. c, 头盖，Pβ22.4，×4.4；d, 尾部，Pβ23.5，×6.2 e, f. *Prochuangia granulata* Lu, 1956. e, 头盖，Pβ56.5，×3.7；f, 尾部，Pβ56.5，×2.6. g, h. *Prochuangia linicispinata* Peng, 1992. g, 头盖，P378.25，×9；h, 尾部，P378.25，×7. i, j. *Prochuangia* cf. *P. leiocephala* Lu, 1956. i, 头盖，P378.25，×3.3；j, 尾部，P378.25，×3.3. k, l. *Baikadamaspis paibiensis* Peng, Babcock et Lin, 2004a. 头部 (12为斜侧视)，Pβ5.1，×7. m, n. *Shengia wannanensis* Qiu in Qiu *et al.*, 1983. m, 头盖，P378.25，×2；n, 尾部，P378.25，×22. o. *Huzhuia curvata* Peng, Babcock et Lin, 2004a. 头盖，P374.9，×11. p. *Olenus austriacus* Yang in Zhou *et al.*, 1997. 头盖，Pβ-0.3，×6.6. q. *Proceratopyge* (*Proceratopyge*) *trancata* Yang in Zhou *et al.*, 1977. 背壳，Pβ27.2，×3. r, s. *Placosema bigranulosum* Peng, Babcock et Lin, 2004a. 头盖 (s为斜侧视)，P374.9，×6. t. *Fenghuangella laochatianensis crassa* Peng, Babcock et Lin, 2004a. 头盖，P378.25，×15. u, v. *Stigmatoa yangziensis* Yang in Zhou *et al.*, 1977. 头盖 (v为斜侧视)，Pβ56.5，×2.2。

### 4.2.8 "金钉子"剖面的牙形刺生物地层

4.1节对Dong & Bergström (2001) 建立的湘西北武陵山区花桥组王村期至排碧早期的牙形刺生物地层作过介绍(图4-12)，提及依据王村和排碧剖面所列的*Westergaardodina proligula*带的带化石并未见于排碧剖面。Dong et al. (2004) 后来对Dong & Bergström (2001) 建立的跨越排碧阶底界的两个牙形刺带，即*Westergaardodina matsushitai-W. grandidens*和*Westergaardodina proligula*带做了修订，建立新种*Westergaardodina ani*代替原先的裸记命名的种*W. proligula*，新建*W. lui-W. ani*组合带代替原先划为*W. proligula*带的地层。还重新定义了*W. matsushitai-W. grandidens*带，分别以*W. matsushitai*的首现和*W. lui*的首现界定该带的底界和顶界，后者即*W. lui-W. ani*带的底界，他们将这条界线与全球排碧阶的底界作了对比 (Dong et al., 2004, 表2)。

但是，如同*W. proligula*，*W. lui-W. ani*带的这两个带化石 (*W. lui, W. ani*)，也只见于王村剖面，并未在排碧剖面发现。而王村剖面的*G. reticulatus*带的底界 (排碧阶的底界) 至今未被精确界定 (Peng & Robison, 2000, 图

3)。根据地层厚度，在排碧剖面，*G. reticulatus*的首现仅比*G. stolidotus*的首现高约8 m；而在王村剖面，所发现的*G. reticulatus*高于*G. stolidotus*首现29 m，粗略界定的*G. reticulatus*带底界大致高于*G. stolidotus*首现15 m，因此要显著高于排碧阶的底界。而在该剖面，*W. ani* (=*W. proligula*) 又在比这条粗略界定的界线更高的位置出现 (图4-12)，因此，不能断定*W. lui-W. ani*带的底界与以"金钉子"剖面所代表的全球排碧阶底界一致。

排碧阶"金钉子"研究团队的祁玉平等，专门对排碧"金钉子"剖面的界线层段做了密集的牙形刺采样和深入研究 (祁玉平等，2004；Qi et al., 2006)。先后两度对界线层段的牙形刺生物地层做了修订 (图4-61)。经研究发现，在古丈期繁盛且占主导优势的*Westergaardodina*在排碧期的分异度已急剧下降，代之而起的是以高分异度为特色的*Furnishina*牙形刺生物群，即在"金钉子"剖面排碧阶的底部 (37e至38层)，归属于*Furnishina*种，约占总计20个种的整个动物群分子的近一半，达9种之多 (图4-61)。他们在排碧阶"金钉子"界线地层中，识别出*Furnishina miao*和*Furnishina quadrata-F. longibasis*两个牙形刺组合 (图4-62，4-63)。其中*F. miao*的最

| 年 代 地 层 | | 岩石地层 | 球接子三叶虫生物地层 | 牙形刺生物地层 | | | |
|---|---|---|---|---|---|---|---|
| 全球 | 华南 | | (Peng & Robison, 2000; Peng et al., 2004; 彭善池, 2009) | (Dong & Bergstöm, 2001) | (祁玉平等, 2004) | (Dong et al., 2004) | (Qi et al., 2006) |
| 寒武系 | 芙蓉统 | 排碧阶 | 芙蓉统 排碧阶 | 花桥组 | *Glyptagnostus reticulatus* 带 | *Westergaardodina proligula* | *Westergaardodina bicuspidatus* 带 | *Westergaardodina Lui - W. ani* 带 | *Furnishina quadrata - F. longibasis* 组合 |
| | | | | | *Glyptagnostus stolidotus* 带 | *Westergaardodina matsushitai - W. grandidens* 带 | *Westergaardodina matsushitai* 带 | *Westergaardodina matsushitai - W. grandidens* 带 | *Furnishina miao* 组合 |
| | 古丈阶 武陵统 | 古丈阶 武陵统 | 王村阶 | | *Linguagnostus reconditus* 带 | *Westergaardodina quadrata* 带 | *Westergaardodina tetragonia* 带 | *Westergaardodina quadrata* 带 | |
| | | | | | *Proagnostus bulbus* 带 | *Shandongodus priscus - Hunanognathus tricuspidatus* 带 | | *Shandongodus priscus - Hunanognathus tricuspidatus* 带 | |
| 第三统(暂名) | | | | | *Lejopyge laevigata* 带 | *Gapparodus bisulcatus - Westergaardodina brevidens* 带 | | *Gapparodus bisulcatus - Westergaardodina brevidens* 带 | |
| | 鼓山阶 | | | | *Lejopyge armata* 带 | | | | |
| | | | | | *Goniagnostus nathorsti* 带 | | | | |
| | | | | | *Ptychagnostus punctuosus* 带 | | | | |
| | | | | | *Ptychagnostus atavus* 带 | | | | |
| 第五阶暂名 | 台江阶 | 敖溪组 | *Ptychagnostus gibbus* 带 | 未建带 | | 未建带 | |

图4-61　湖南花垣排碧剖面花桥组牙形刺生物地层研究沿革及其与球接子生物和年代地层的对比　*Westergaardodina proligula, W. lui*和*W. ani*三者目前尚未在排碧剖面发现。

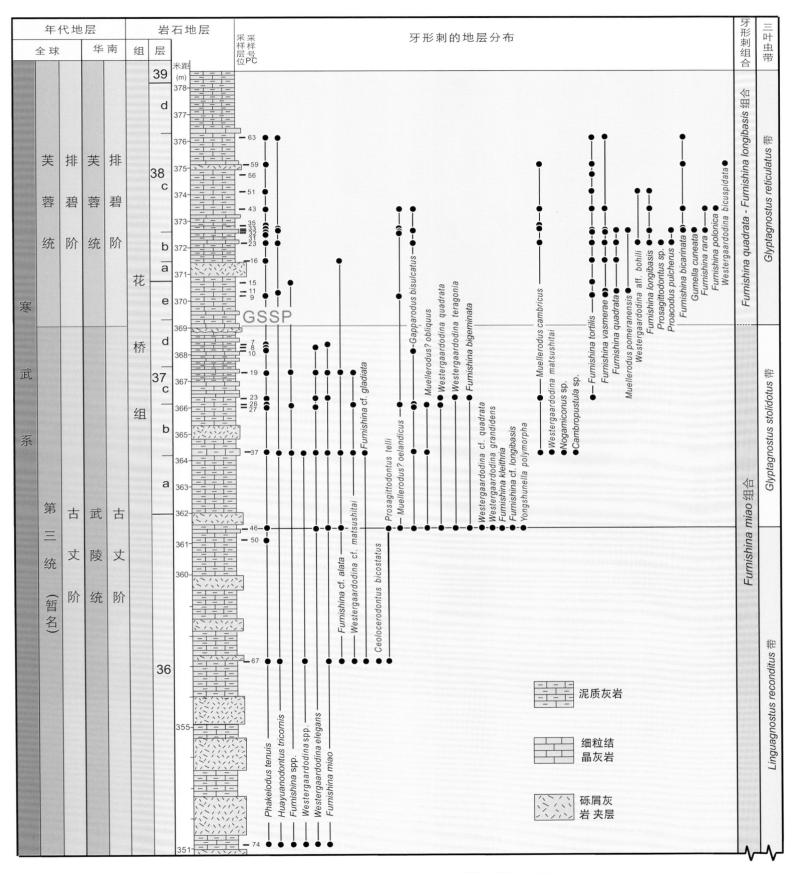

图4-62　全球排碧阶"金钉子"剖面的牙形刺地层分布和生物地层划分　（据Qi *et al.*, 2006）

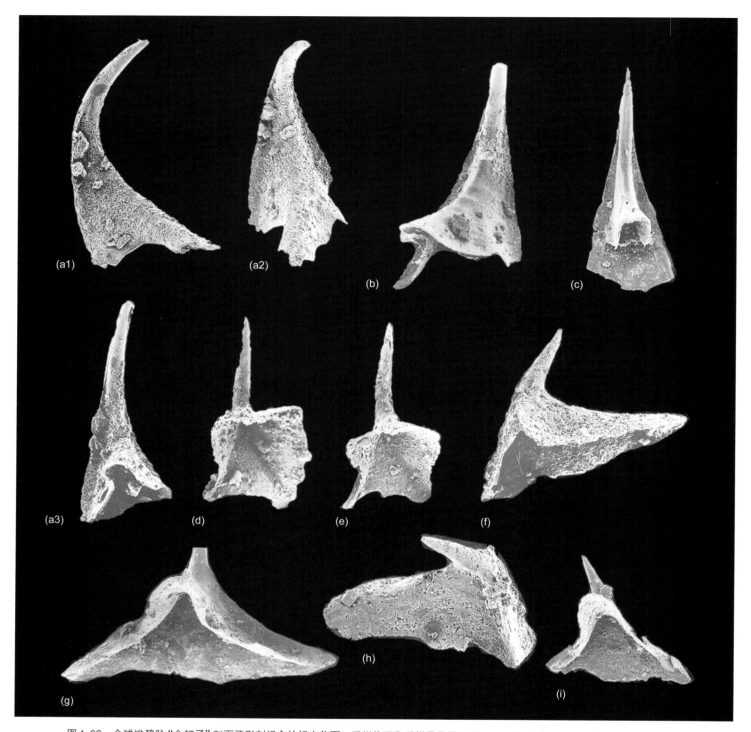

图4-63　全球排碧阶"金钉子"剖面牙形刺组合的标志化石　采样位置和采样号见图4-65。a–c. *Furnishina miao* Qi, Gabriella et Wang, 2006. a, 非对称分子, 副模, a1, 侧视, a2, 后口视, a3, 后视, PC46, ×80; b, 非对称分子, 正模, 后侧视, PC46, ×70; c, 非对称分子, 副模, 后视, PC37, ×70. d, e. *Furnishina quandrata* Müller, 1959. d, 后视, PC16, ×70; e, 后视, PC23, ×70. f–i. *Furnishina longibasis* Bednarczyk, 1979. f, 侧视, PC31, ×80; g, 亚对称分子, 后视, PC23, ×70; h, 侧口视, PC23, ×80; i, 后视, PC23, ×70。　　　　〔据Qi *et al.*, 2006〕

高产出层位紧靠排碧阶底界之下, 而 *F. quadrata* 和 *F. longibasis* 则分别在排碧阶底界之上约1 m和3 m处首次出现。由于 *F. miao* 组合的底界和 *F. quadrata-F. longibasis* 组合的顶界都没有界定, Qi *et al.* (2006) 暂未将它们定义为正式的生物带。

### 4.2.9　湘西北武陵山区寒武系武陵统的腕足类

湘西北武陵山区寒武系花桥组的腕足类化石相对较为稀少, 但保存尚佳。Engelbretsen & Peng (2007) 对排碧剖面的腕足类做过相对较为详细的研究, 共描记了舌形贝类11属12种 (图4-64, 4-65)。目前的研究程度尚不足

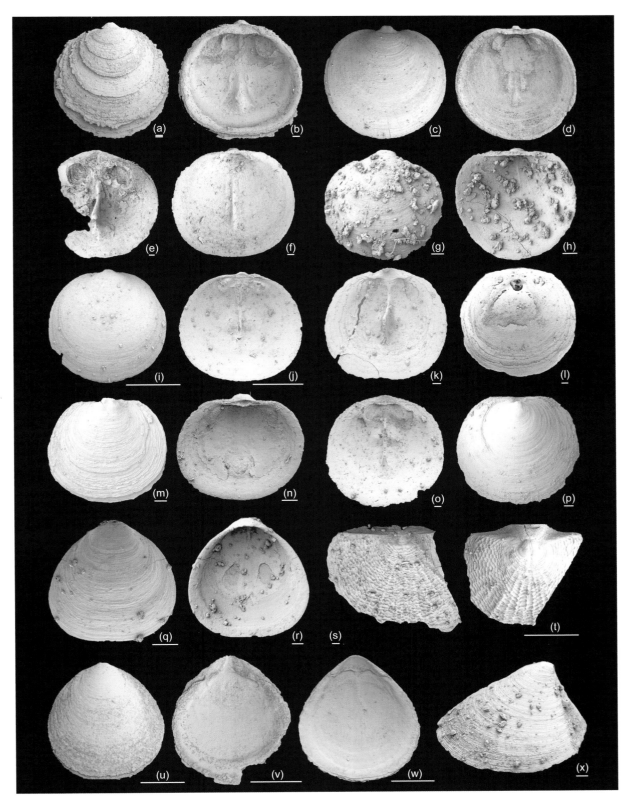

**图4-64** 湘西北花垣排碧剖面武陵统王村阶及古丈阶腕足类化石 所有标本均产自排碧剖面,除注明外,均为俯视图,标本号含义同前,比例尺除i、j、t—w为1 mm外,其余均为100 μm。a、b. *Anabolotreta tegula* Rowell & Henderson, 1978. a. 背壳外面,P137.8;b. 背壳内面,P164.0. c、d. *Anabolotreta? glabra* Streng & Holmer, 2006. c. 背壳外面,P268.3;d. 背壳内面,P265.1. e. *Dactylotreta* sp. 背壳内面,P104.2. f. *Araktina?* sp. 背壳内面,P136.7. g、h, *Neotreta* sp. cf. *N. tumida* Sobolev, 1976. g,腹壳外面,?P105.0/107.0;h,背壳内面,?P105/107. i、j. *Linnarssonia ophirensis*(Walcott, 1902). i. 背壳外面,P136.7;j. 背壳内面,P136.7. k、l. *Treptotreta jucunda* Henderson & MacKinnon, 1981. k. 背壳外面,P7.6;l. 腹壳外面,P268.3. m、n. *Pegmatreta clavigera* Engelbretsen, 1996. m. 背壳外面,P7.2;n. 背壳内面,P7.6. o、p. *Quadrisonia* sp. o. 背壳内面,P134.3;p. 腹壳外面,P7.6. q、r. *Dysoristus?* sp. q. 背壳外面,P119.8;r. 背壳外面,P119.8. s、t. *Micromitra* sp. cf. *M. modesta*(Lochman, 1940). s. 背壳外面,P319.6;t. 腹壳外面,P319.6. u-w. Obolidae gen. et sp. indet. u. 背壳外面,P319.6;v. 腹壳内面,P73.2;w. 背壳内面,P73.2. x. *Treptotreta jucunda* Henderson & MacKinnon, 1981. 腹壳外面,斜侧视,P268.3。

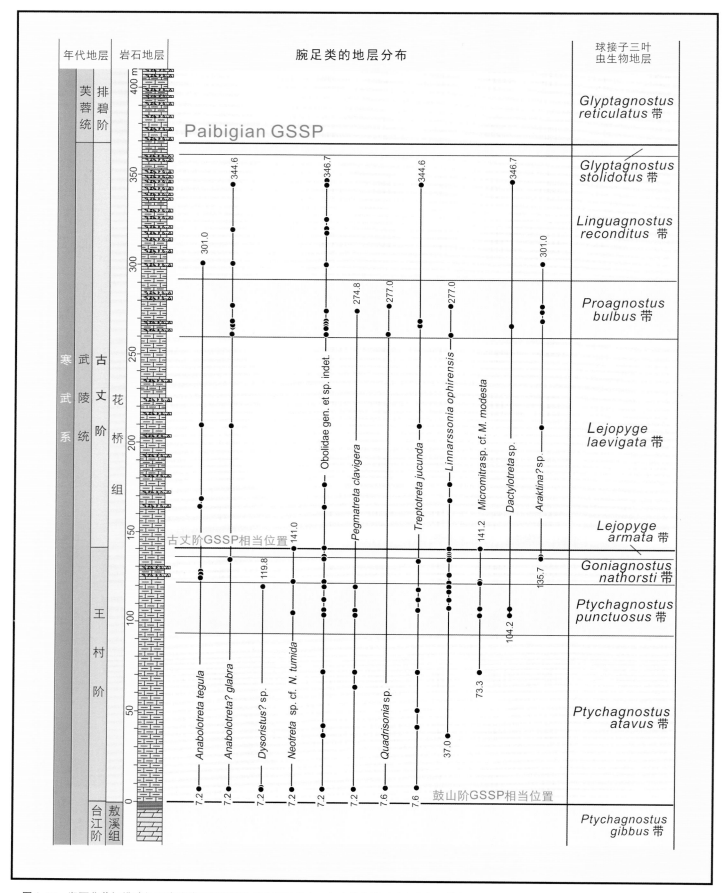

图4-65　湘西北花垣排碧剖面武陵统无铰纲腕足类的地层分布　每个物种地层分布的起止数字，分别是所观察到的该物种最低和最高层位距花桥组底界的米距，岩性图例见图4-10。

（据Engelbretsen & Peng，2007修改）

### 4.2.10 排碧剖面的年代地层划分

排碧剖面西段跨越了武陵统和芙蓉统底部,即包含台江阶(最顶部)、王村阶(与全球鼓山阶一致)、古丈阶和排碧阶(最底部)的地层(图4-10,4-65)。其中的台江阶至古丈阶属武陵统(与尚未正式定义的全球寒武系第三统为等时沉积),排碧阶属芙蓉统。网纹雕球接子在剖面的首现定义全球芙蓉统及排碧阶的共同底界。2011年全球江山阶"金钉子"在中国浙西确立后,以东方拟球接子(*Agnostotes orientalis*)首现定义江山阶底界,自动定义了排碧阶的顶界;全球奥陶系的底界(全球特马豆克阶的底界)以牙形刺*Iapetognathus fluctivagus*的首现定义,也自动定义芙蓉统的顶界,亦即是寒武系的顶界。

### 4.2.11 排碧剖面的碳同位素化学地层

排碧阶的底界与寒武纪的一个大的δ¹³C值正漂移亦即SPICE漂移的开始颇为吻合(Brasier, 1993; Runnegar & Saltzman, 1998; Saltzman *et al.*, 1998, 2000; Saltzman, 2001; Perfetta *et al.*, 1999)(图4-66)。SPICE漂移的底部不太容易精确确定,这是因为这个漂移是尾随着一个与背景值不易区分的、单调的δ¹³C值漂移的。在湖南桃源瓦儿岗剖面,SPICE漂移的峰值处于网纹雕球接子

的首现点位与层位在其上的伊尔文三叶虫(*Irvingella angustilimbata*)的首现点位之间,可达到+4‰ δ¹³C(Saltzman *et al.*, 2000)。在北美,这个峰值的点位大致与劳伦古陆的Pterocephaliid生物节(biomere)中的生物分异度的峰值相对应(Rowell & Brady, 1976),亦可与在劳伦古陆上以Sauk II—Sauk III之间的间断为代表的一次重要的海平面下降相对应(Palmer, 1981; Saltzman *et al.*, 2000)(图4-66)。这个漂移除在美国大盆地(Great Basin)表现明显外,在包括湘西斜坡区(排碧剖面及瓦尔岗剖面)的中国华南的芙蓉世早期地层、在哈萨克斯坦Malyi Karatau的Kyrshabakty剖面和澳大利亚昆世兰的同期地层内都能识别(Saltzman *et al.*, 2000)。

SPICE漂移的碳酸盐岩沉积环境,包括以黑色薄层石灰岩为主的斜坡相环境和含有各种碳酸盐岩(粘结灰岩、鲕状石灰岩、格状石灰岩)沉积为特征的浅水台地相环境(Saltzman *et al.*, 2000)。有报道认为,当时全球规模的海水锶同位素⁸⁷Sr/⁸⁶Sr比值升高,与劳伦古陆碳同位素SPICE漂移相吻合(Montanez *et al.*, 1996, 2000; Denison *et al.*, 1998)。SPICE碳同位素漂移事件是在世界各地识别全球排碧阶底界的次要标志。

### 4.2.12 "金钉子"的保护

为妥善保护排碧阶"金钉子",湖南省、湘西土家族苗

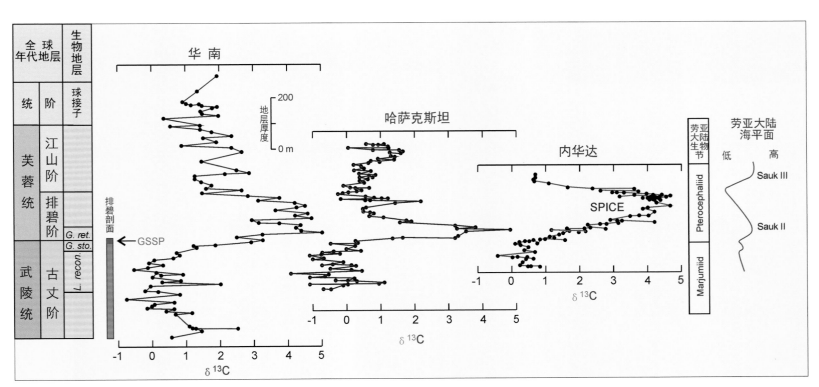

图4-66 排碧剖面西段的碳同位素漂移曲线及其与哈萨克斯坦和北美大盆地的化学地层对比 各地SPICE正漂移起始似乎从*G. stolidotus*带开始,与排碧阶底界近于吻合,在排碧阶内达到它的最大峰值(+5‰)。

(据Peng *et al.*, 2004b修改)

族自治州和花垣县人民政府已在排碧剖面周围建立了省级地质公园、"金钉子"地质遗迹保护区和小型博物馆。"金钉子"坐落于地质公园之内。2006年在"金钉子"点位上安置了指示"金钉子"点位的标志（图4-67），2004年

在"金钉子"界线层段附近建立了永久性标志碑（图4-68），"金钉子"标志碑建立以来，到剖面参观、考察的游人和专家络绎不绝，科研单位和大专院校还继续在排碧剖面开展相关的科研工作（图4-69，4-70）。

图4-67　全球排碧阶"金钉子"点位的标志，黄线是首要标志化石 *G.reticulatus* 的首现位置，是全球古丈阶和排碧阶的界线。

（雷澍　摄）

图4-68　2004年建成的寒武系排碧阶"金钉子"永久性标志碑。a. 标志碑底座上方是国际地层委员会会标的造型，即被三条横线穿越的中文"山"字，横线代表通常发育在山中的地层。会标造型之上是金色地球的造型，象征这里是地层的全球标准；b. 标志碑底座的三个面上镌刻着碑名及研究和赞助单位，图为碑名。

（雷澍　摄）

图4-69 排碧"金钉子"剖面的永久性标志
建成后,前往剖面参观的人络绎不绝
（彭善池 摄）

图4-70 排碧"金钉子"的"后层型研究" 排碧"金钉子"的建立仅仅是排碧剖面
研究的一个阶段,建成后,剖面的科学研究工作并未终止,中国科学院南京地质古生物
所与其他研究单位合作,开展了一系列的"后层型研究"。 （雷澍 摄）

全球江山阶"金钉子"层型剖面，剖面为天然露头（彭青池 摄）

## 4.3 江山阶"金钉子"

江山阶是寒武系的第9阶，以"金钉子"所在的浙江省江山市命名，是芙蓉统的第2个阶 (图4-71)。这枚"金钉子"是中国科学院南京地质古生物所彭善池领导的、由中国、美国、意大利科学家组成的研究团队确立的。2007年，国际地层委员会寒武纪地层分会第9阶工作组建议各国在年底提交寒武系第9阶"金钉子"提案。当年11月，俄罗斯、中国、哈萨克斯坦先后向工作组提交建立该"金钉子"的提案报告，俄罗斯提议以西伯利亚Yakutia的Khos-Nelege河剖面为全球层型，建立全球"切库洛夫阶 (Chekurovian Stage)"；中国提议以浙江碓边B剖面为全球层型，建立全球"江山阶"；哈萨克斯坦提议以Malyi Karatau的Kyrshabakty剖面为全球层型，建立"苏扎克阶 (Suzakian Stage)"。在工作组首轮表决中，中国的提案报告获6票支持 (85.7%)，哈萨克斯坦剖面仅得1票，俄罗斯剖面得零票，双双被淘汰。碓边B剖面得票率超过法定的60%，成为唯一候选层型。2010年6月经国际地层委员会寒武系分会的表决，以85%的得票率 (17票赞成，3票反对，零票弃权) 获得通过；在2011年4月的国际地层委员会表决中，以全票通过。2011年8月国际地科联批准江山阶"金钉子"和新建的全球年代地层单位江山阶，批准书由时任主席 Alberto C. Riccardi 签署 (图4-72)。江山阶

"金钉子"的建立，使中国在全球年代地层研究领域一跃成为世界上拥有"金钉子"最多的国家。这个领先地位迄今未被超越。

### 4.3.1 地理位置

寒武系江山阶"金钉子"(碓边B剖面)和20世纪80年代研究的重要剖面碓边A剖面 (含全球寒武系—奥陶系界线层型候选层型层段)，均位于江山市以北约10 km的碓边村附近，碓边村隶属江山市区双塔街道丰足村委会。由江山沿市区至大陈、常山的公路 (S48省道) 在丰足附近转X402乡道丰新线 (丰足—新塘坞)，可直达碓边村 (图4-73)。碓边江山阶"金钉子"剖面——碓边B剖面在村西北的大豆山山脚，小型车辆一年四季都可直达剖面。碓边A剖面在"金钉子"剖面以北约200 m，包含全部寒武纪地层，从村北公路所在的灯影组 (顶部) (在浙西属埃迪卡拉系) 向西，由老至新依次沿山坡出露，从公路沿小路步行可抵达印渚埠组 (寒武—奥陶系) 所在的大豆山顶。江山市历史悠久，以境内的江郎山得名，江郎山2009年被联合国教科文组织列为世界自然遗产名录 (图4-74)。"江山阶"一名实际上也是得名于此山。

江山阶"金钉子"层型点位的地理坐标为东经118°36.887′，北纬28°48.977′，海拔高程125 m。

| 全球年代地层单位 | | | 中国区域年代地层单位 | |
|---|---|---|---|---|
| 系 | 统 | 阶 | 统 | 阶 |
| 奥陶系 | | | | |
| 寒武系 | 芙蓉统 | 第十阶(待定义) 489.5 | 芙蓉统 | 牛车河阶 |
| | | 江山阶 494 | | 江山阶 |
| | | 排碧阶 497 | | 排碧阶 |
| | 第三统(待定义) | 古丈阶 500.5 | 武陵统 | 古丈阶 |
| | | 鼓山阶 504.5 | | 王村阶 |
| | | 第五阶 509 | | 台江阶 |
| | 第二统(待定义) | 第四阶(待定义) 514 | 黔东统 | 都匀阶 |
| | | 第三阶 521 | | 南皋阶 |
| | 纽芬兰统 | 第二阶(待定义) 529 | 滇东统 | 梅树村阶 |
| | | 幸运阶 541 | | 晋宁阶 |
| 埃迪卡拉系 | | | | |

图4-71　江山阶在全球和中国区域寒武系年代地层序列中的位置　图中数字为所在界线的地质年龄，单位为百万年。

图4-72　全球江山阶"金钉子"批准书

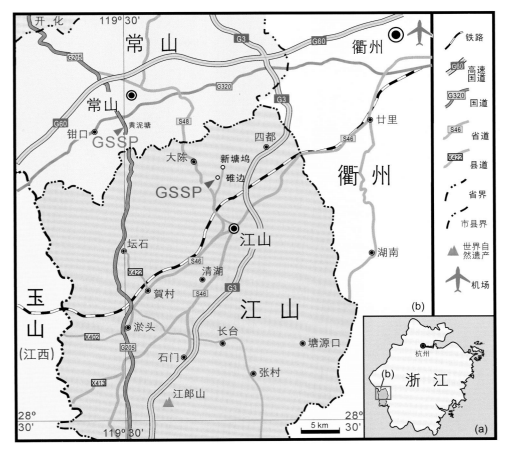

图4-73　浙赣边境"三山地区"全球寒武系江山阶"金钉子"（GSSP）地理位置　紫色GSSP是在本区确立的另一枚全球奥陶系达瑞威尔阶"金钉子"。

### 4.3.2　江山地区三叶虫及碓边剖面研究简史

浙西江山地区的寒武系以海相碳酸盐岩沉积为主，产丰富的斜坡相三叶虫，也产有少量的牙形刺和腕足动物，有60余年寒武纪古生物和地层研究的历史。盛莘夫 (1951) 最早报道过碓边剖面附近的江山大陈所产的寒武纪三叶虫。其后卢衍豪等 (1955, 1963, 1974) 以及李蔚秾和俞从流 (1965) 等对该地区寒武系和古生物做了深入研究。江西抚州地质学校师生率先发现并实测了碓边大豆山寒武系剖面 (碓边A剖面)，其后的1979—1984年，卢衍豪、林焕令等人在江山碓边详测寒武系碓边A剖面 (图4-75)，除研究三叶虫和头足类系统分类、生物地层以及沉积学和地球化学之外 (卢衍豪，林焕令，1980, 1983, 1989；Lu & Lin, 1984；Yang, 1984；Liu *et al.*, 1984)。卢衍豪等还深入研究了碓边A剖面的全球寒武系—奥陶系界线 (Lu *et al.*, 1984；图4-76)，开创了碓边剖面全球层型剖面的年代地层学研究历史。在1983年南京国际寒武系—奥陶系和奥陶系—志留系界线讨论会上 (图3-36~图3-38)，时任中

国科学院南京地质古生物研究所副所长的卢衍豪院士 (学部委员) 作大会报告，介绍了他们的江山碓边A剖面寒武系—奥陶系界线的研究成果，受到参会的国内外代表的高度重视。会后，以时任国际地层委员会寒武系—奥陶系界线工作组组长 Brian S. Norford 为首的10余名来自加拿大、美国、英国、德国、挪威、澳大利亚、新西兰多国的工作组选举委员对该剖面做了两天的详细考察 (图4-77，4-78)。尽管碓边A剖面最终落选，但卢衍豪等 (Lu *et al.*, 1984；Lu & Lin, 1984) 的研究，为在该地开展寒武系全球江山阶"金钉子"的研究奠定了坚实的基础。

1989年，卢衍豪、林焕令出版了他们对浙西寒武纪三叶虫研究的专著，其中的三叶虫材料来自浙江江山的4个剖面和常山的2个剖面，以江山碓边A剖面 (大豆山剖面)、江山大陈杨柳岗剖面和常山西阳山剖面尤为重要。这项研究成果获得1990年中国科学院自然科学一等奖。他们在专著中描述的产于碓边A剖面的东方拟球接子 (*Agnostotes orientalis*)，当时称棒形假雕球接子

图4-74　世界自然遗产江郎山,位于浙江江山市境内,市名和阶名均源于此山　（雷澍　摄）

**图4-75 浙江碓边大豆山全景** 右侧的山脊是碓边A剖面（原称碓边剖面）的上半段。原先剖面线经过的石灰岩层，现在已被开采而空形成山脊左侧的峭壁；左边GSSP所指是全球江山阶"金钉子"碓边B剖面的层型点位。最左侧的农村道路可供越野或小型家用车辆驶入"金钉子"剖面起点。

（彭善池 摄）

**图4-76 对碓边寒武系剖面研究作过重要贡献的两位地层古生物学家** a. 20世纪80年代初，已故中科院院士卢衍豪在江山碓边剖面（后称碓边A剖面）研究三叶虫化石；b. 2004年，碓边A剖面的主要研究者、全球江山阶"金钉子"研究骨干、已故研究员林焕令重返碓边剖面踏勘时，在寒武系—奥陶系界线处。

（彭善池 摄）

碶边A剖面

图4-77　国际地层委员会全球寒武系—奥陶系界线工作组考察碶边A剖面　a. 卢衍豪、林焕令等陪同界线工作组成员考察剖面，正中戴墨镜者为工作组组长 Brian S. Norford；b. 界线工作组选举委员 David L.Bruton（左）和 Bryan Stait；c. 界线工作组选举委员 Mary Wade（左）和 James F. Miller；d. 彭善池（左前，当时是卢衍豪的博士研究生）和浙江石油地质大队的鞠天吟（左后）陪同界线工作组选举委员考察碶边剖面。
（王铁成摄于1983年10月）

图4-78 在国际地层委员会全球寒武系—奥陶系界线工作组对江山碓边考察期间，彭善池等与工作组成员在现场交流 a. 彭善池与工作组长Brian S. Norford交谈；b. 彭善池与美国斜坡相三叶虫研究专家Michael E. Taylor讨论在碓边剖面采获的三叶虫；c. 彭善池（左1）、林焕令（右2）、张俊明（后）和新西兰笔石专家Roger A. Cooper讨论碓边剖面的化石保存状况和沉积特征。 （王铁成摄于1983年10月）

(*Pseudoglyptagnostus clavatus*)，就是以后被国际寒武纪地层分会选择为定义寒武系第9阶底界的首要物种。该项研究是彭善池团队选择在江山碓边研究寒武系第9阶底界全球界线层型，并最后在碓边B剖面"钉下"江山阶底界"金钉子"的重要依据。

2003—2004年，为研究寒武系第9阶底界的全球界线层型，彭善池团队在碓边做研究前期的考察和踏勘时（图4-79），发现A剖面产*A. orientalis*的层段由于大量开采石灰岩已被破坏，形成的陡崖采掘面难以立足和开展研究。幸运的是，在碓边A剖面南面寻找到层位大体相当、可到达性比A剖面更优越的剖面，它就是次年开展研究的碓边B剖面（图4-80，4-81）。2010年6月，研究团队完成对碓边B剖面的多学科研究，在规定时间内向国际寒武系第9阶工作组提交了建立"江山阶"的提案。

### 4.3.3 浙西"三山地区"的地质概况

浙西的江山、常山和江西的玉山，是地层学研究领域中知名的地理区（简称"三山地区"）以早古生代地层出露好、化石丰富著称。寒武系江山阶和奥陶系达瑞威尔阶底界的"金钉子"便是在该地区确立的，分别位于江山市碓边和常山县黄泥塘（图4-82a）。"三山地区"由泥盆

纪之后或二叠系之后的挤压构造运动形成的一系列褶皱和断块组成（浙江地质矿产局，1989；江西地质矿产局，1984）。江山阶"金钉子"和达瑞威尔阶"金钉子"分别位于发育于赣东和浙西的一个复向斜的东西两翼。而其中江山阶"金钉子"（碓边B剖面）和碓边A两个剖面，均位于复向斜东翼的一个次级小向斜的东翼。如4.1节所述，华南寒武纪地层分别在地台至盆地的三个主要的环境中沉积（蒲心纯，叶红专，1991；Peng & Robison，2000；Peng & Babcock，2001），即华南（或西南）扬子地台的浅水环境，向外（东南）是较深水的斜坡环境（江南斜坡带）以及更深水的江南盆地环境。江山阶"金钉子"所在的华严寺组是一套较厚的碳酸盐岩层系列，沉积于江南斜坡带的最外侧，接近于江南盆地。

江山市碓边附近主要为寒武纪地层，出露良好（图4-81b），剖面所在的次级向斜的东翼，走向近于南北，倾角在30°~50°。自东向西，依次出露灯影组（以往称西峰寺组，隶属埃迪卡拉系）至印渚埠组（寒武系—奥陶系），卢衍豪和林焕令（1989）所测的碓边A剖面跨越了这些地层。灯影组是泥质白云岩沉积，与上覆的荷塘组平行不整合接触，其间有大量的地层缺失（埃迪卡拉系顶部、

图4-79　2004年，寒武系第9阶（后为江山阶）"金钉子"研究团队在江山碓边剖面做前期野外研究　a.研究骨干朱学剑在野外调查；b.首席科学家彭善池和团队外籍成员、现任国际寒武纪地层分会主席L. E. Babcock在野外调查。

（a.彭善池　摄，b.朱学剑　摄）

图4-80　2005—2006期间，江山阶"金钉子"研究团队在候选层型碓边B剖面界线层段做野外研究和采集三叶虫化石　图中标记在岩石上的白色数字是距任意零点的米距，图a下中部标注在岩层上的两个白色圆点，是发现的 *Agnostotes orientalis* 的两个最低产出层位。

（a,b.彭善池　摄；c.杨显峰　摄）

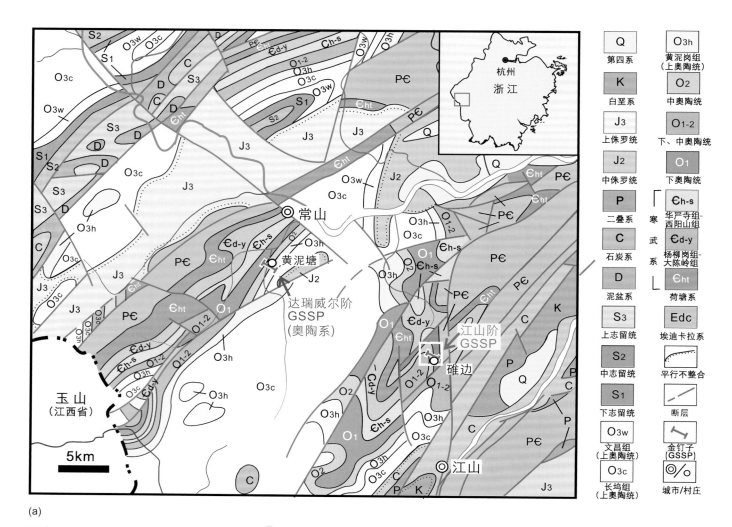

(a)

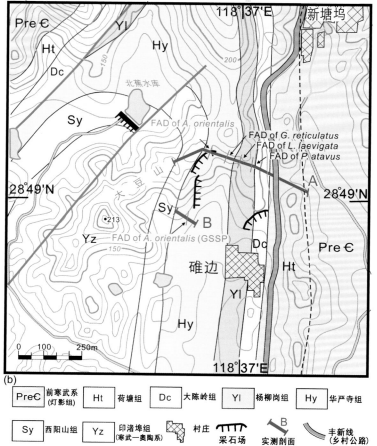

(b)

图4-81　浙江省江山、常山一带的地质略图和碓边附近的地质图　a. 图中的寒武系、奥陶系地层主要为在江南斜坡带形成的斜坡相沉积。红色GSSP是寒武系江山阶"金钉子"位置，紫色GSSP是奥陶系达瑞威尔阶"金钉子"位置；b. 为图a中白色小框区域放大图，江山市碓边村一带地质略图。碓边A剖面由灯影组顶部实测到印渚埠组底部，包含全部寒武系（卢衍豪，林焕令，1989），箭头分别指示王村阶（全球鼓山阶）底界（*Ptychagnostus atavus* 首现）、古丈阶底界（*Lejopyge laevigata* 首现）、排碧阶底界（*Glyptagnostus reticulatus* 首现）和江山阶底界（*Agnostotes orientalis* 首现）所在位置；碓边B剖面仅与A剖面的部分层段相当，箭头指示"金钉子"的层型点位（*Agnostotes orientalis* 首现）。

寒武系滇东统全部、黔东统的下部)(薛耀松、周传明，2006)。荷塘组是细碎屑岩地层(碳质页岩)、底部有石煤层。江山—新塘坞公路(丰新线)修建在荷塘组内，基本与地层走向平行。荷塘组之上是一大套连续沉积的碳酸盐岩系，包括寒武纪的大陈岭组、杨柳冈组、华严寺组、西阳山组。江山阶"金钉子"的层位在华严寺组的近顶部，覆盖在西阳山组之上的印渚埠组，再次为细碎屑岩沉积(钙质页岩)，以往印渚埠组被认为完全是奥陶纪沉积，实际上该组是个穿时的单位，底部的一段地层(Hysterolenus带大部或全部)，隶属寒武系(彭善池，2009a,b)。

### 4.3.4 确定江山阶底界的首要标志

2004年9月彭善池在韩国太白市举行的第九届寒武系再划分现场会议的大会报告中，提出寒武系4统10阶划分新框架，同时提议一些物种的首现为划分寒武系待建阶底界的标准，包括用东方拟球接子(*Agnostotes orientalis*)首现(当时称*Agnostotes-Irvingella*组合)定义寒武系的第9阶底界(图4-82)。其后，报告形成三篇论文分别在中国和韩国发表(彭善池、Babcock，2005；Babcock *et al.*，2005；Peng & Babcock，2005)。其中一篇论文提议采用东方拟球接子为定义第9阶底界的关键物种(Peng & Babcock，2005)，该建议在2014年12月国际寒武纪地层分会的通讯表决中，以95%的得票率获得通过(15票赞成，零票反对，1票弃权，3票无回应)。

选择球接子三叶虫东方拟球接子的首现作为定义寒武系全球第9阶底界的首要标志并获得高支持率，理由与以网纹雕球接子(*Glyptagnostus reticulatus*)的首现定义排碧阶的底界和以光滑光尾球接子(*Lejopyge laevigata*)的首现定义古丈阶的底界相同。一是这个球接子三叶虫有世界性的地理分布，它的首现被公认为是定义全球寒武系一个阶级单位的底界的最佳层位之一(Geyer & Shergold，2000；Shergold & Geyer，2001；Babcock *et al.*，2005；Peng & Babcock，2005)，容易在冈瓦纳、北美、哈萨克斯坦和西伯利亚的地层中识别，并可通过多种手段以合理的精度确定这条界线。二是其形态特殊、易于鉴定。还有就是它大约在芙蓉统的下三分之一处首现，位置也比较恰当，适宜定义芙蓉统第2个阶的底界。

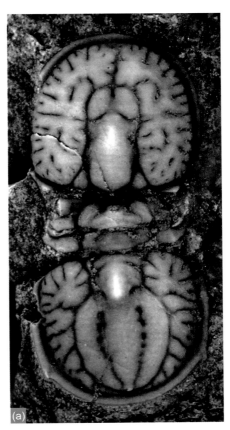
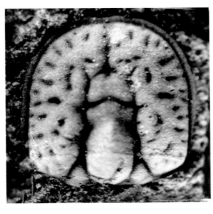
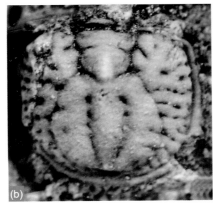
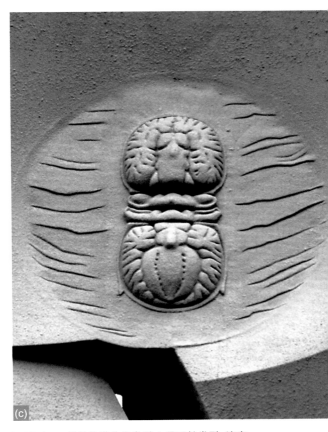

图4-82 定义江山阶底界的首要标志物种——东方拟球接子(*Agnostotes orientalis*)(Kobayahsi,1935) a是较为进化的类型，b是原始类型，注意两者头鞍前叶前端缺凹的形态差别。a. 近于完整的背壳，产于碓边B剖面，DB30.6，距华严寺底界119.0 m，背壳长8.5 mm；b. 头部和尾部，产于湖南慈利沈家湾剖面，TT22，花桥组近顶部，壳长分别为3.3 mm和2.6 mm(尾部的挤压变形通过计算机程序做了校正)；c.江山阶永久性标志碑上的东方拟球接子雕塑。

(c.朱学剑 摄)

#### 4.3.5 确定江山阶底界的次要生物标志

非常巧合的是，多节类三叶虫窄边小依尔文虫（*Irvingella angustilimbata*）（Kobayashi, 1938）（图4-83a, b）也在碓边B剖面的"金钉子"层型点位首现，与球接子三叶虫*A. orientalis*首现一致。

实际上，球接子三叶虫*Agnostites orientalis*与多节类三叶虫*Irvingella angustilimbata*首现一致，并非只出现在碓边剖面。在华南湖南慈利和桃源两县交界的沈家湾剖面，*A. orientalis*与*I. angustilimbata*也在TT22化石采集层同时首现（Peng, 1992）[*A. orientalis*当时称为*Glyptagnostus (Pseudoglyptagnostus) clavatus*]。在国外，这一化石组合也见于加拿大西部Mackenzie山的寒武纪地层中（Pratt, 1992）。因此，*Irvingella angustilimbata*的首现可以作为确定江山阶底界的次要生物地层标志。在碓边B剖面和沈家湾剖面所产的*A. orientalis*和*Irvingella angustilimbata*分别见图4-82和图4-83。

据Palmer（1965）、Hong和Choi（2003）研究，伊尔文虫（*Irvingella*）各个种之间有明显的演化联系。对*Irvingella*演化谱系的研究表明，*I. angustilimbata*的直系祖先可能是*Irvingella typa*（Kobayashi, 1935）或者*Irvingella tropica*（Öpik, 1963），而它的直系后裔是*Irvingella convexa*（Kobayashi, 1935）（图4-83e, f）。*I. convexa*则进一步演化为*Irvingella major* Ulrich et Resser

in Walcott, 1924（图4-83g, h）。浙江江山碓边B剖面的*Irvingella*材料能支持这一论点。

*Irvingella*的地理分布也很广泛（Geyer & Shergold, 2000），是澳大利亚、波罗的海地区、东阿瓦隆大陆、劳伦大陆、阿根廷或许还有南极大陆的含*Irvingella*地层作精确的或相当接近的对比的媒介。该属是芙蓉统地层中少有的演化关系较清楚的多节类，除*I. angustilimbata*的首现可直接确定江山阶的底界外，其他的近亲种也可帮助控制江山阶底界地层位置。

#### 4.3.6 层型剖面和层型点位

全球江山阶"金钉子"全球层型为碓边B剖面（图4-84, 4-85），位于碓边村以西，层型剖面是江山阶底界上下各约20 m厚的地层。主要由薄层石灰岩所组成，包含4个球接子带（图4-85a）。这段地层仅相当于卢衍豪、林焕令（1989）研究的碓边A剖面华严寺组近顶部的一小段地层（图4-81b）。

江山阶"金钉子"层型点位在碓边B剖面的任意零点之上19.72 m，与东方拟球接子*A. orientalis*的最原始类型在剖面的首现一致。确定江山阶的底界不像确定寒武系古丈阶和排碧阶底界那样，采用演化系列中出现的关键物种首现定义。因为到目前为止，定义江山阶底界的首要标志物种*A. orientalis*的祖先种尚不明了。虽然*A. orientalis*与下伏地层中的某些球接子三叶虫，如雕球接

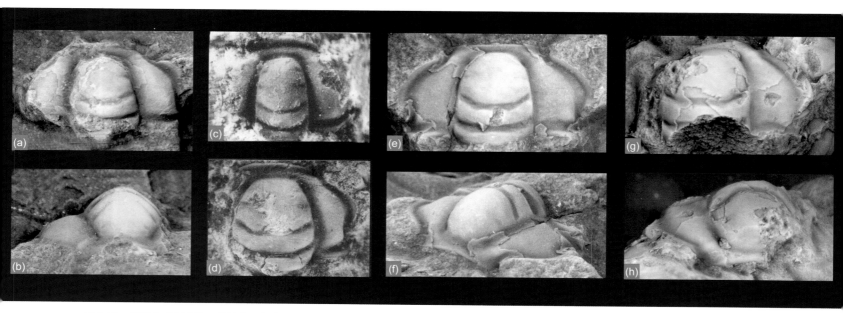

图4-83 确定全球江山阶底界的次要标志化石*Irvingella angustilimbata* Kobayashi, 1938和与它有演化联系的*Irvingella*物种 a-d. *Irvingella angustilimbata* Kobayashi, 1938。a, b. 头盖的背视和前视，DB19. 72. 均×7，产于碓边B剖面华严寺组，距该组底界118.12 m；c, d. 幼年头盖和成年头盖，TT23，×10，×5，产于湖南慈利和桃源交界处的沈家湾剖面，花桥组近顶部。在碓边B和沈家湾剖面，该种的首现与首要标志化石*A.orientalis*的首现一致；e, f. *Irvingella convexa*（Kobayashi,1935）的头盖背视和前侧视，DB30.6，均×5.7，产于碓边B剖面华严寺组，距该组底界119 m；g, h. *Irvingella major* Ulrich et Resser in Walcott, 1924的头盖背视和前视，DB31.1，均×4.2，产于碓边B剖面华严寺组，距该组底界119.5 m。

子 *Glyptagnostus*，或许有演化上的联系（*Agnostotes* 就曾被称为假雕球接子 *Pseudoglyptagnostus*），但究竟是哪个种直接演化出 *A. orientalis*，目前还不能肯定。所幸的是，*A. orientalis* 本身存在一个微演化进程，最明显的表现是其头鞍前叶顶端的缺凹（notch，或称 frontal sulcus）的形态变化。*A. orientalis* 的原始类型，其缺凹是很短的细沟，而在进化类型中，细沟逐渐后延并增宽，以致纵穿头鞍前叶。在更为进化的类型中，甚至可将前叶分成左右两个卵形小叶

（图 4-82，4-86）。因此，根据 *A. orientalis* 的微演化进程所显示的特征，就可确定 *A. orientalis* 在地层中的首现位置。

卢衍豪和林焕令（1989）曾在碓边 A 剖面一个层位、即华严寺组底界之上 116.6 m（AD185 采集层）采获到关键物种 *Agnostotes orientalis*，但这个层位并非是 *A. orientalis* 在碓边 A 剖面的首现。研究表明，它与在碓边 B 剖面 DB 28.2 采集层所采集到的标本特征一致。根据这个采集层位推算，层型点位应在华严寺组底界之上 108.12 m。

**图 4-84 江山阶"金钉子" 碓边 B 剖面底部露头** a. 剖面起点标志（左下的零点及零点标记）和 0~6 m 层段（华严寺组底界之上 88.4~94.4 m）；b. 碓边 B 剖面任意零点之上的 10~15 m 层段（华严寺组底界之上 98.4~103.4 m）（注意在岩石上标注的距零点的白色米距）。

（彭善池 摄）

**图4-85 全球江山阶"金钉子"碓边B剖面** a. 全球"江山阶"底界界线层段的生物带和层型点位（GSSP），E. rectangularis=Erixanium rectangularis,
T.=Tomagnostella, A.=Agnostotes; E. duibianensis=Eolotagnostus duibianensis; b. 碓边B剖面的任意零点之上19~32 m层段（华严寺组底界之上
107.4~120.4 m）; c. 碓边B剖面的任意零点之上18~22 m层段（华严寺组底界之上108.4~110.4 m），显示Agnostotes orientalis首现的层型点位;
d. 江山阶"金钉子"层型点位近景。

（彭善池 摄）

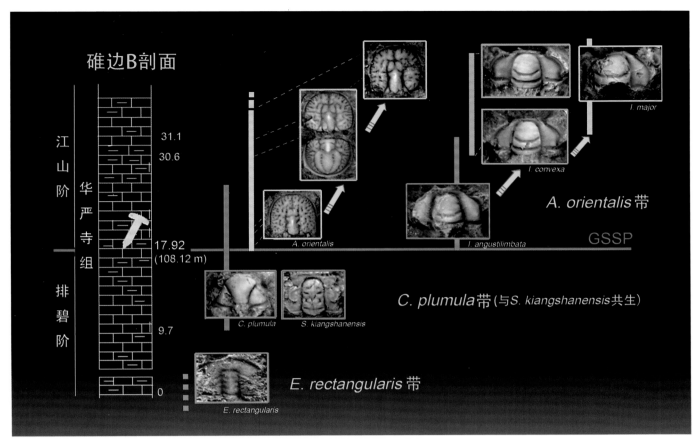

图4-86　硿边B剖面江山阶底界界线层段*Agnostotes orientalis*各种类型在地层中的微演化系列和*Irvingella*各物种的演化系列　注意*A. orientalis*头鞍前端缺凹的形态变化，三组标本分别产于任意零点之上19.72 m、30.6 m和31.1 m。*Irvingella*的种 *I. angustilimbata*、*I. convexa*和*I. major*，分别在任意零点之上19.72 m、30.6 m和31.1 m首次产出。

### 4.3.7　硿边A剖面的生物地层

#### 1. 三叶虫生物地层

卢衍豪和林焕令 (1989) 研究了硿边A剖面近于完整的寒武系的三叶虫生物地层，建立了的16个三叶虫带。最近彭善池等 (Peng *et al*., 2012b) 将硿边A剖面的武陵统*Ptychagnostus gibbus*带至芙蓉统*Lotagnostus hedini*之间过去由卢衍豪、林焕令 (1989) 建立的13个带修订为15个带 (图4-87)，加上下伏黔东统 (原称"下寒武统") 的3个带，合计18个带，自下而上 (由老到新)，硿边A剖面的三叶虫生物带为：

芙蓉统

牛车河阶

18) *Lotagnostus hedini*带

17) *Lotagnostus americanus*带

江山阶

16) *Eolotagnostus dubianensis*带

15) *Agnostotes orientalis*带

排碧阶

14) *Corynexochus plumula*带

13) *Erixanium rectangularis*带

12) *Agnostus inexpectans*带

11) *Glyptagnostus reticulatus*带

武陵统

古丈阶

10) *Glyptagnostus stolidotus*带

9) *Lingugnostus reconditus*带

8) *Proagnostus bulbus*带

7) *Lejopyge armata*带

王村阶

6) *Pseudophalacroma ovale*带

5) *Ptychagnostus atavus*带

台江阶

4) *Ptychagnostus gibbus*带

黔东统

都匀阶

3) *Arthricocephalus-Changaspis*带

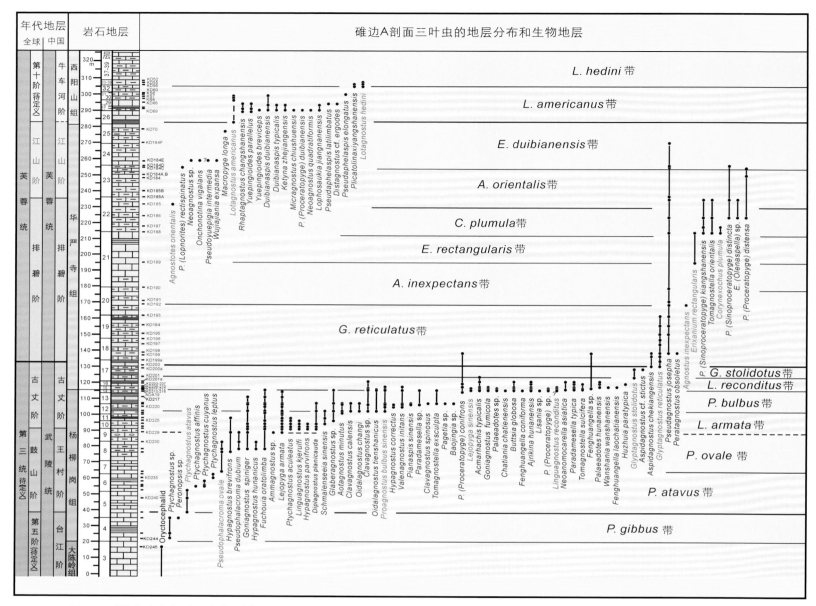

图4-87　浙江江山碓边A剖面寒武系上部三叶虫的地层分布(*Ptychagnostus gibbus*带至*Lotagnostus hedini*带)、经修订后的生物地层和年代地层划分　红字的物种是带化石。缩写的生物带分别为：*P. gibbus=Ptychagnostus gibbus*; *P. atavus=Ptychagnostus atavus*; *P. ovale=Pseudophalacroma ovale*; *L. armata=Lejopyge armata*; *P. bulbus=Proagnostus bulbus*; *L. reconditus=Linguagnostus reconditus*; *G. stolidotus=Glyptagnostus stolidotus*; *G. reticulatus=Glyptagnostus reticulatus*; *A. inexpectans=Agnostus inexpectans*; *C. plumula=Corynexochus plumula*; *A. orientalis=Agnostotes orientalis*; *E. duibianensis=Eolotagnostus duibianensis*; *L. americanus=Lotagnostus americanus*; *L. hedini=Lotagnostus hedini*。

2) *Shabaella*带

南皋阶

1) *Hunanocephalus*带

滇东统

未建带

本序列的13至16带所在的地层，与碓边B剖面"江山阶"界线层段相当。

2. 头足类生物地层

李罗照（Li, 1984）根据在江山碓边A剖面和常山西阳山和山背岭发现的13属46种，在芙蓉统中上部建立了一个鹦鹉螺组合带，即*Acaroceras-Antacaroceras*带。此带曾被置于碓边A剖面的*Lotagnostus hedini*带与*Lotagnostus americanus*（=*L. pubctatus*）带之间（Lu *et al.*, 1984；卢衍豪、林焕令, 1989）。根据Lu & Lin（1984）报道，在此带与头足类共生的三叶虫有*L. americanus, Duibianaspsi typicalis*和*Pseudaphelaspis elongatus*，此带的地层位置应在修订后的*L. americanus*带的上部。这个带属于寒武系最上部的牛车河阶的中部，层位要比江山阶高出许多。

### 4.3.8 "金钉子"剖面的生物地层

#### 1. 三叶虫生物地层

全球江山阶"金钉子"碓边B剖面产有分异度较高的三叶虫动物群,在总共40.5 m的界线层段中,采集到三叶虫化石33层,经初步鉴定,有三叶虫21属(亚属)35种,图4-88和4-89是产于界线地层中的代表性三叶虫(关键化石 *Agnostotes orientalis* 和 *Irvingella angustilimbata* 除外)。

碓边B剖面中最为常见球接子类三叶虫是假球接子类(pseudagnostids),包括 *Pseudagnostus, Neoagnostus*

两属,以前者居多,绝大多数的含化石层位都有 *Pseudagnostus* 产出,这个属在界线地层中分异度高,有5个种,即 *Pseudagnostus josepha, P. sagittus, P. hunanensis, P. vastulus, P.* sp.,其中以 *P. josepha* 的丰度最高, *P. hunanensis* 也相对较为常见,其他的丰度较低。碓边B剖面所产的其他球接子三叶虫中 *Peratagnostus obsoletus, Tomagnostella orientalis* 相对较为常见,其他各种较稀少。碓边B剖面所产球接子三叶虫 *Eolotagnostus duibianensis* 曾两次作为新种发表(Peng *et al.*, 2012b;彭善池等 2013c),但未描述,补充如下:

球接子科 Agnostinae McCoy, 1849

始花球接子属 *Eolotagnostus* Zhou in Zhou *et al.*, 1982.

1982 *Eolotagnostus* Zhou in Zhou *et al.* (周志强等), 1982, p. 217.

1990 *Lotagnostus (Eolotagnostus)* Zhou, Shergold, *et al.*, p. 34.

2012b *Eolotagnostus* Zhou, Peng *et al.*, p. 472.

**模式种** (Type species)  *Eolotagnostus gansuensis* Zhou in Zhou *et al.*, 1982.

碓边始花球接子 *Eolotagnostus duibianensis* Peng sp. nov. (图4-88 j-n)

**特征**  头部和尾部边缘沟宽,头鞍和尾轴短小,头鞍的F3强烈向后弯曲,尾轴的后轴叶横向3分,后缘尖圆。

**描述**  头部亚方形,长宽近于相等。头鞍短,长度约为头部长度的0.60。头鞍前叶小,亚圆形,前端圆润;横沟 (F3),圆弧形,强烈后弯曲,两侧深、中部浅;F2鞍沟横直,短而深;F1鞍沟短,外侧浅,横直,内端深,向内向前伸;头鞍后叶略向前收缩,中瘤长,位于后叶的中部。基底叶圆三角形,基底沟中等深度。边缘窄脊状,边缘沟宽;内叶不收缩,其上有短浅的放射状沟纹。

尾部亚方形,由前向后略变宽,最大宽度在后侧刺之间,后沿宽圆。尾轴短而窄,长度约为尾部全长的0.60,前轴节短,仅占尾轴的1/3凸起,M1、M2纵向3分,中间部分后部凸起,后轴节后缘尖圆,横向微弱3分,中间部分加两侧略凸起,末端具末瘤。后侧刺基部宽,相对位置在尾轴末端与尾部后缘之间。内叶的表面呈不光滑的皱状,有密集的细点装饰。

**比较**  本新种与湖南慈利沈家湾花桥组所产的 *Eolotagnostus decorus* Peng (1992, fig. 7E-H) 有些相似,主要区别是后者头部的F3沟近于平直,不后弯,边缘沟较窄;尾部壳形为亚圆形,宽度向后逐渐收敛,尾轴较长,后缘相对较为圆润,横向3分较不明显,尾刺短小。

同样产于沈家湾花桥组的 *E.* cf. *E. scrobicularis* (Ergaliev, 1980) (Peng, 1992, fig. 7A-C, ?D) 也与本新种有相似之处,特别是它的头部具有沟纹装饰,其中一枚存疑归入该种的标本还有向后弯曲的F3。 *E.* cf. *E. scrobicularis* 与本新种区别除与 *E. decorus* 相同外 (F3的弯曲程度也不如新种强烈),还在于它的尾轴较长较宽、比例较大。

**产地层位**  浙江江山碓边,华严寺组近顶部。

碓边B剖面中最为常见的多节类三叶虫是刺尾虫类(ceratopygids),包括 *Proceratopyge, Pseudoyuepingia, Tamdaspis, Sinoproceratopyge, Lopnorites* 等属(亚属),其中 *Proceratopyge (Sinoproceratopyge) kiangshanensis*

在华南通常被用作带化石(卢衍豪、林焕令, 1989; Peng, 1992)。 *Proceratopyge (Sinoproceratopyge) distincta* 的总体形态表明,这个种可能演化出 *Hedinaspis* 谱系早期的种 [即 *Hedinaspis* (=*Asiocephalus*) *sulcatus, H. canadensis*],

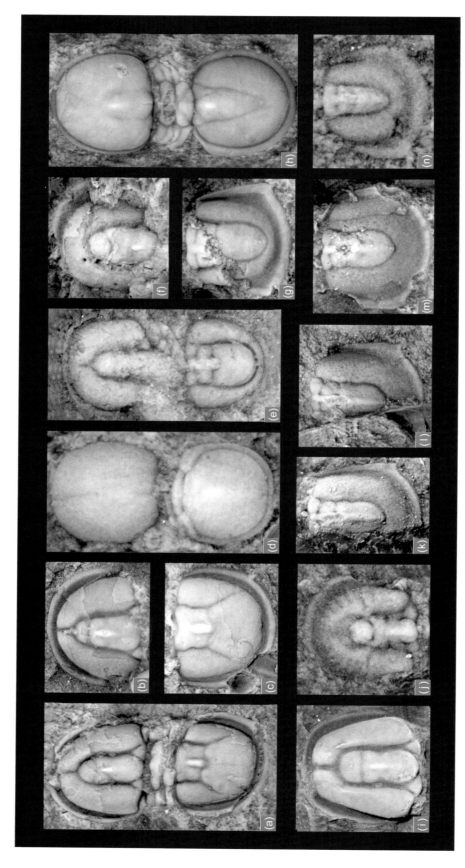

图4-88 碓边B剖面所产的代表性球接子三叶虫 采集号DB后的数字是在任意零点之上的米距。a. Pseudagnostus josepha (Hall, 1863). 背壳, DB1.9, × 7.4. b. c. Pseudagnostus vastulus Whitehouse, 1936. 头部, 尾部, DB18.7, × 9, × 8. d. Peratagnostus obsoletus (Kobayashi, 1936). 背壳, DB18.7, × 25. e. Agnostus captiosus (Lazarenko, 1966). 背壳, DB19.72, × 12. f, g. Ivshin-agnostus hunanensis Peng, 1992. 头部, 头部, DB28, × 9. × 9.5; h. Tomagnostella orientalis (Lazarenko, 1966). 背壳, DB9.7, × 9. i. Pseudagnostus hunanensis Peng, 1992. 头部, DB17, × 8. j-m. Eolotagnostus duibianensis sp. nov. 除注明外, 均产于DB33.6. j. 头部, holotype, × 14; k, l. 尾部及它的橡胶模型, paratype, × 11, × 11; m. 尾部, paratype, × 8; n. 幼年尾部, paratype, DB28.2, × 24。

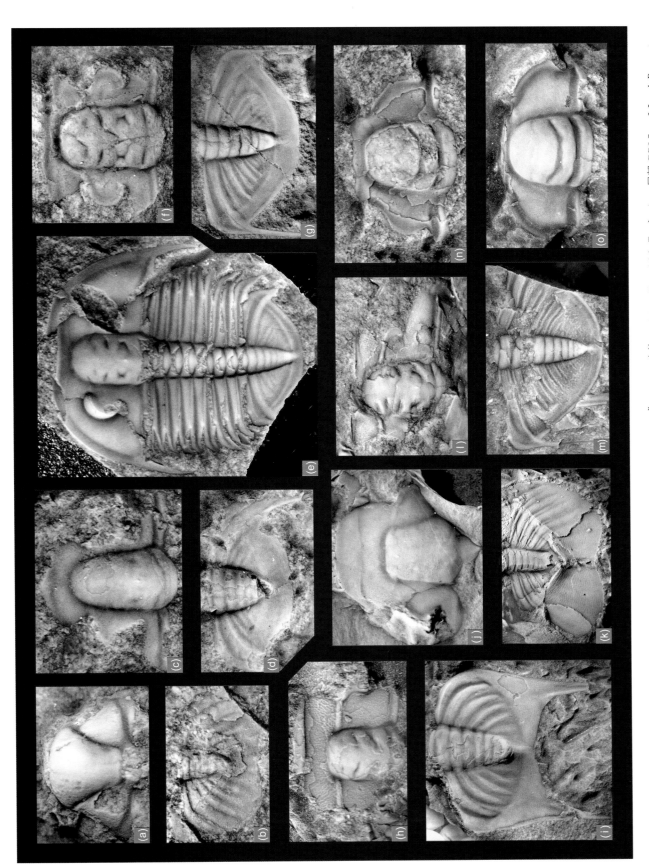

图4-89 碓边B剖面所产的代表性多节类三叶虫 采集号的意义同图4-88 a. *Corynexochus plumula* Öpik, 1963. 头盖, DB9.7, ×12, ×16. b. *Tamdaspis* sp. 尾部, DB9.7, ×3.5. c, d. *Proceratopyge (Proceratopyge) protracta* Peng, 1992. 头盖, 尾部, DB9.7, ×8, ×7; e~g. *Proceratopyge (Sinoproceratopyge) kiangshanensis* Lu, 1964. 背壳, 头盖, 尾部, DB22, DB9.8, DB9.8, ×6, ×4, ×4.7; h. *Eugonocare (Eugonocare) comptodromum* Peng, 1992. 尾部, DB24.7, ×2; j, k. *Maladioidella laevigata* (Zhang, 1981). 头盖, 尾部, DB24.7, ×3, ×1.4; l, m. *Proceratopyge (Sinoproceratopyge) distincta* Lu et Lin, 1989. 头盖, 尾部, D33.6, ×7, ×6; n. *Irvingella major* Ulrich et Resser, 1924. 头盖, D33.6, ×4.5. o. *Irvingella convexa* (Kobayashi, 1935). 头盖, D33.6, ×4.5。

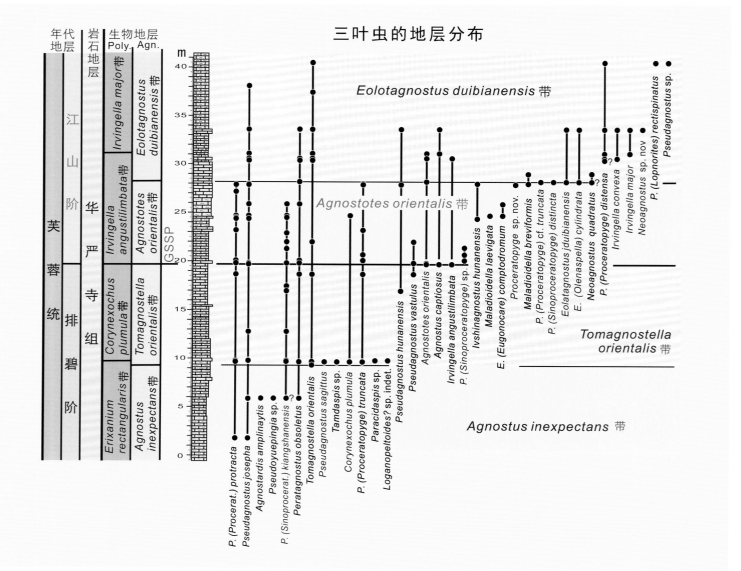

图4-90　江山阶"金钉子"剖面的球接子和多节类三叶虫的地层分布与地层的多重划分　Agn=球接子生物地层（Agnostoid biostratigraphy）；Poly=多节类生物地层（Polymerid biostratigraphy）。

而其中一个种又演化出 *Hedinaspis regalis*。在碓边B剖面的 *A. orientalis* 最低产出层位（108.12 m），该种的化石稀少，但是，在剖面的上部，这个种变得常见和大量产出（119 m 和 119.5 m）且已演化为进化类型。

　　根据三叶虫的地层分布，可将碓边B剖面江山阶"金钉子"界线地层（华严寺组上部），划分为4个球接子三叶虫带和4个相应的多节类生物带（图4-90），自下而上，4个球接子三叶虫带为 *Agnostus inexpectans* 带，*Tomagnostella orientalis* 带，*Agnostotes orientalis* 带，*Eolotagnsotus duibianensis* 带。从这个生物地层序列可以看出，从排碧阶上部（即 *A. inexpectans* 带和 *T. orientalis* 带），经过"金钉子"点位（与 *A. orientalis* 带的底界一致）直至江山阶的碓边始花球接子带（*Eolotagnostus*

*duibianensis* 带）是一套完整的、未受构造干扰的海相地层序列。在碓边A剖面和华南的其他一些地点，这4个球接子生物带中，除 *Eolotagnsotus duibianensis* 目前仅见于碓边B剖面外，其他3个带都可通过带化石在华南或世界其他地区识别（Lazarenko，1966；Ergaliev，1980；Peng，1992；Pratt，1992；Varlamov *et al.*，2005；Varlamov & Rozova，2009；Ergaliev & Ergaliev，2008）。

　　自下而上，4个多节类三叶虫带为 *Erixanium rectangularis* 带，*Corynexochus plumula* 带，*Irvingella angustilimbata* 带，*Irvingella major* 带。如上所述，*I. angustilimbata* 的首现与 *Agnostotes orientalis* 的首现吻合，因而是一可靠的定义江山阶底界的次要工具。除以上两个 *Irvingella* 属的带化石外，该属的第三个种，即凸

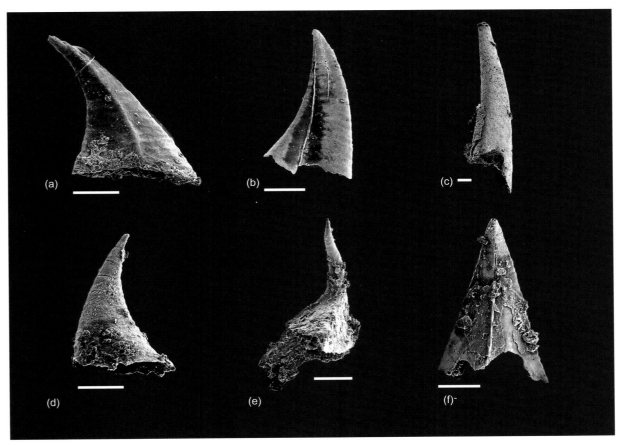

**图 4-91　江山阶几个重要的牙形刺**　所有标本产于碓边 B 剖面（代号 DBC），代号后的数字为距任意零点的米距（厚度）。a, b. *Coelocero-dontus bicostatus* van Wamel, 1974. DBC30.3, 华严寺组底界之上 118.7 m, 侧视, 侧视. c. *?Prooneotodus* sp., DBC29.12, 华严寺组底界之上 117.52 m, 后侧视. d. *Prooneotodus gallatini* (Müller, 1959). DBC30.3, 华严寺组底界之上 118.7 m, 侧视. e. *Furnishina tortilis* (Müller, 1959). DBC30.3, 华严寺组底界之上 118.7 m, 后侧视. f. *Prosagittodontus* sp. DBC31.5, 华严寺组底界之上 119.9 m, 后视。比例尺 = 100 μm。

形小伊尔文虫（*Irvingella convexa*）也是协助确定江山阶底界的标志化石，在碓边 B 剖面，它的产出层位位于 *I. angustilimbata* 和 *Irvingella major*（大型伊尔文虫）之间。

**2. 牙形刺生物地层**

碓边 B 剖面的牙形刺相对稀少（Peng *et al.*, 2012b），与碓边 A 剖面完全相似（Lu *et al.*, 1984）。然而，碓边 B 剖面有很薄的一段岩层，即任意零点之上的 29.12 m 至 31.5m（即华严寺组底界之上 117.52~119.9 m）的地层中，产有较为丰富的、有一定分异度的牙形刺（Bagnoli & Qi, 2011），图 4-91 显示的是几个重要的牙形刺物种。此段在"金钉子"层型点位之上，属三叶虫 *Eolotagnostus duibianensis* 带的下部。在这段厚 2.38 m 的地层中，现已发现有 10 个种的牙形刺群落（图 4-92），可识别出一个牙形刺生物带：*Westergaardodina* cf. *calix* — *Prooneotodus rotundatus* 带。这个牙形刺带似应与湘西的 *Westergaardodina* cf. *calix* — *Prooneotodus rotundatus* 牙形刺生物带（Dong *et al.*, 2004）作大体对比（图 4-93）。

**3. 碳同位素化学地层**

在碓边 B 剖面江山阶"金钉子"界线地层共采集 140 个碳、氧同位素样品。密集的碳同位素采样分析的结果表明，碳同位素 $\delta^{13}C$ 值从任意零点起到剖面顶部逐渐回落，由 +3.89‰ 降到了 +0.65‰，最大的正向漂移峰值在任意零点之上 4 m，为 +4.39‰（样品号 bdb–17）（图 4-94 最右边的变化曲线）（左景勋, 2006）。对照碓边 A 剖面的碳同位素变化曲线可以看出，"金钉子"的界线层段处于 SPICE 漂移的上部，*Agnostotes orientalis* 首现的层型点位非常靠近这一长时期的、$\delta^{13}C$ 值单调下降的漂移的终点（图 4-94）。在碓边 A 剖面，寒武纪后半期化学地层显示，伏于江山阶之下的排碧阶以 SPICE 正漂移为特征，最大值为 3.66‰（样品号 db–147），处于 *Erixaniaum rectangularis* 带的中部。高峰所在层段为 *E. rectangularis* 带的上部和 *Corynexochus plumula* 的下部，$\delta^{13}C$ 值在 3‰ ~4‰ 之间变化。而在更低的层位即台江阶顶部和王村阶的下部以 DICE 负漂移为特征。

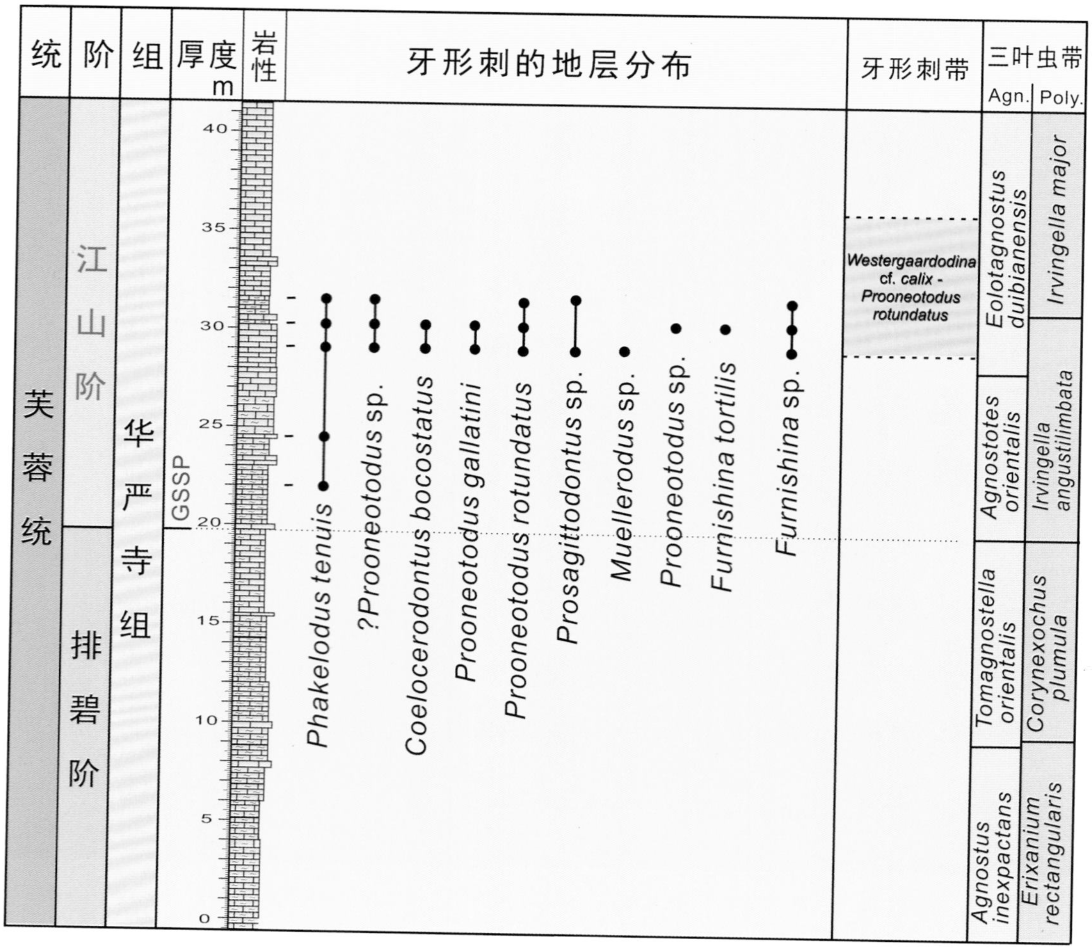

图4-92　江山阶"金钉子"碓边B剖面牙形刺的地层分布、分带和对比　Agn., Poly. 的含义同图4-90。

图4-93　碓边B剖面牙形刺生物带与其他地区牙形刺生物地层的对比

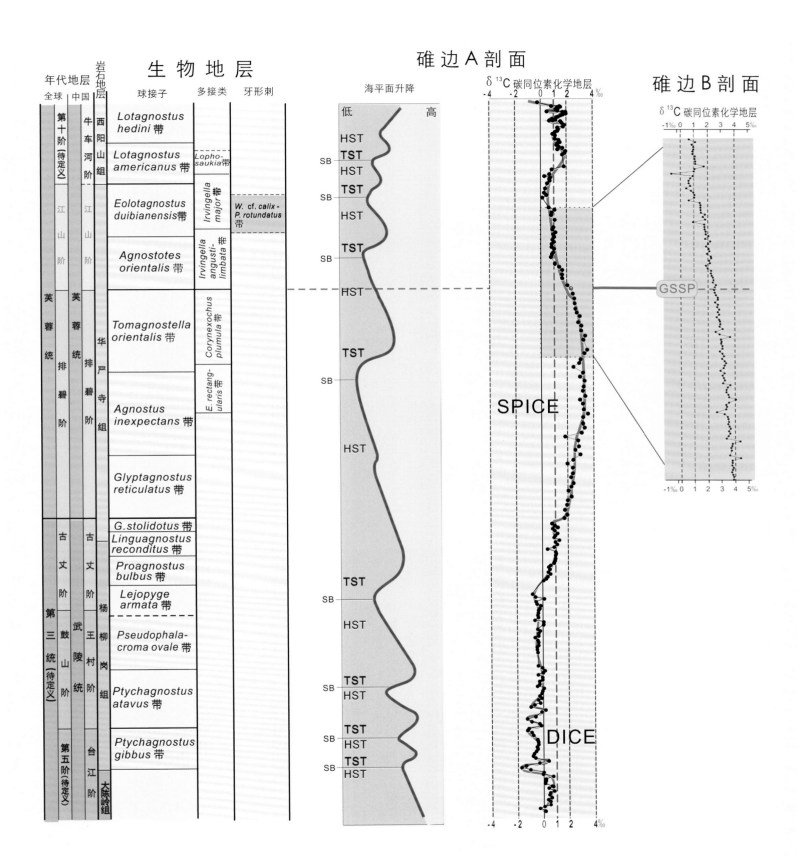

图4-94 浙江江山碓边A,B剖面碳同位素化学地层和用于控制江山阶底界的其他手段(球接子三叶虫、多节类三叶虫和牙形刺的生物地层、层序地层) HST=高水位体系域(highstand systems tract); TST=海侵体系域(transgressive systems tract); SB=层序界面(sequence boundary); DICE=鼓山期碳同位素漂移(Dramian carbon isotope excursion); SPICE=斯坦普妥期碳同位素漂移(Steptoean positive carbon isotope excursion)。

### 4.3.9 "金钉子"的保护

早在1983年,鉴于碓边A剖面的出色研究成果和重要的科学意义,浙江省人民政府就对碓边A剖面内的寒武系—奥陶系界线剖面实施了的保护,在大豆山上建立了保护碑(图4-95),在重要化石采集层位建立了标志。2011年在江山阶"金钉子"被批准建立后,浙江省国土资源厅、江山市人民政府、江山市国土资源局高度重视,多

次举行会议研究江山阶"金钉子"保护工作(图4-96)。目前已在碓边大豆山周边建立了省级地质遗迹保护区(划分为核心区、缓冲区和实验区),在层型点位上设置了标志(图4-97);在大豆山东坡山脚两个剖面之间的空地上,建立了"金钉子"广场和永久性标志碑(图4-98)以及保护区界桩等其他保护设施,对碓边B和碓边A剖面做了妥善保护。为了向公众宣传江山阶"金钉子"的科学

图4-95　1983年设置的江山碓边大豆山寒武系—奥陶系界线剖面保护碑　a. 卢衍豪院士与学生彭善池在保护碑前合影;b. 中国寒武—奥陶纪三叶虫研究泰斗,已故中国科学院院士卢衍豪在保护碑旁。　　〔1983年10月,王铁成摄〕

图4-96 2012年2月,为落实国际上对"金钉子"剖面实施保护的要求,浙江省国土厅资环处、江山市人民政府、江山市政协、江山市国土局与中国科学院南京地质古生物所共同研讨对江山阶"金钉子"的保护,出席会议的浙江省政府领导专程前往碓边B剖面现场调研,听取首席科学家彭善池(右2)对剖面的介绍。 (雷澍 摄)

图4-97 2015年10月建成的浙江江山阶"金钉子"省级自然保护区 (雷澍 摄)

**图4-98 全球江山阶永久性标志碑及在点位上安放的标志** a. 标志碑高9.9 m，以阿拉伯数字9造型，寓意江山阶是寒武系第9阶；
b. 标志碑侧面镶嵌有铜质全球寒武系10阶的英文阶名和划分的标记，标志碑上方正面的中心部位镶嵌着地质学通用的寒武系代号，
反面中心部位刻有定义江山阶底界的标志性化石东方拟球接子（*A. orientalis*）浮雕；c. 碑体正面装饰有东方拟球接子、小伊尔文虫等
三叶虫浮雕；d. 在点位上安放的标志。 （a–c. 朱学剑 摄；d. 雷澍 摄）

意义和普及地质古生物科学知识,在"金钉子"广场和保护区内修建了说明地球生命演化的碑刻、研究碓边寒武系和碓边江山阶"金钉子"科学家的介绍、还结合地质景观和地质遗迹,设立了一系列的解说碑、牌。正在兴建中的博物馆将采用实物标本、展板、模型、多媒体演示等多种手段和设备宣传地学科普知识。

2015年1月,浙江省和江山市政府在碓边村"金钉子"现场举行了隆重的江山阶"金钉子"永久性标志碑的揭碑仪式,浙江省政府的领导、国际地层委员会副主席以及江山市各界代表出席了揭碑庆典(图4-99)。

## 4.4 中国寒武系"金钉子"的全球对比

作为定义全球通用阶底界的国际标准,"金钉子"的重要属性在于具有广泛的国际对比性,因而能在全球应用,是世界各国在本国识别和划分年代地层界线的主要工具。目前在中国确立的寒武系"金钉子",定义的是3个连续的阶,它们的全球对比情况综合于图4-100。

### 4.4.1 古丈阶"金钉子"的全球对比

古丈阶"金钉子"容易在世界各地识别,这是因为定义古丈阶底界的标志物种 *Lejopyge laevigata* 在全球有极广的地理分布,产于亚洲(中国、印度、哈萨克斯坦、韩国、吉尔吉斯斯坦、乌兹别克斯坦等)、大洋洲(澳大利亚)、北美(美国、加拿大等)、南美洲(阿根廷)、欧洲(英国、丹麦、德国、挪威、瑞典等)。该种在波罗的海地区、冈瓦纳、哈萨克斯坦、西伯利亚、劳伦大陆、东阿瓦隆大陆被用作带化石。*L. laevigata* 带的底界与澳大利亚 Boomerangian 阶底界附近和西伯利亚阿尔丹盾壳虫带(*Aldanaspis* Zone)的底界附近的多节类动物群的转换层位一致(Öpik, 1967;Egorova *et al.*, 1982;Geyer & Shergold, 2000),也大致与在西阿瓦隆大陆 *Paradoxides forchhammeri* 带底界上发生的多节类动物群转换一致(Geyer & Shergold, 2000)。

图4-100显示全球古丈阶的底界对比到世界各主要地层区的区域性年代地层系统中的位置。Pa、Lc、La、Ll 是界线附近产出的最为重要的球接子三叶虫。根据他们的产出位置,全球古丈阶的底界与中国(含华南)的古丈阶和哈萨克斯坦的阿尤索堪阶(Aryusokianian)的底界一致(均以 *L. laevigata* 的首现定义),或在澳大利亚的布梅兰阶(Boomerangian)、美国西部(劳伦大陆)的马居姆阶(Majumam)、西伯利亚的马亚阶(Mayan)之内,在北欧的中寒武统上部、在阿瓦隆大陆(英国、纽芬兰)的圣大卫统

(St. David's)或阿卡德统(Acadian)顶部。根据其他化石依据,全球古丈阶底界在摩洛哥应位于该国中寒武统的图沙姆阶(Toushamian)之内。

### 4.4.2 排碧阶"金钉子"的全球对比

球接子三叶虫 *Glyptagnostus reticulatus* 是目前所知地理分布最广的寒武纪三叶虫(Westergård, 1947;Kobayashi, 1949;Öpik, 1966;Rozova, 1968;Jago, 1974;Robison *et al.*, 1977;Shergold, 1982;Rushton, 1983; Pratt, 1992; Shergold *et al.*, 1995;Ahlberg & Ahlgren, 1996; Geyer & Shergold, 2000),它在全球范围内的寒武系主要沉积区都有发现,产地包括欧洲(瑞典、丹麦、挪威、英格兰)、南极洲(埃尔沃特山、维多利亚)、南美洲(阿根廷)、北美洲的美国(阿拉巴马、阿拉斯加、内华达、田纳西、得克萨斯)和加拿大(不列颠哥伦比亚、西北地区)、大洋洲的澳大利亚(昆士兰、塔斯马尼亚)、亚洲(俄罗斯的西伯利亚、哈萨克斯坦、韩国和中国)。在中国,广泛见于湘西、湘西北、黔东、皖南、甘肃西北部、新疆及浙西等地。由于全球芙蓉统和排碧阶的底界采用 *G. reticulatus*(图4-100中的Gr,Gs是它的祖先种)的首现定义,这枚"金钉子"点位因而可在世界范围内识别和作准确的洲际对比。与 *G. reticulatus* 共生的其他三叶虫,有的分布也比较广泛,进一步延伸了它的对比范围。

以 *G. reticulatus* 的首现定义的芙蓉统(暨排碧阶)的

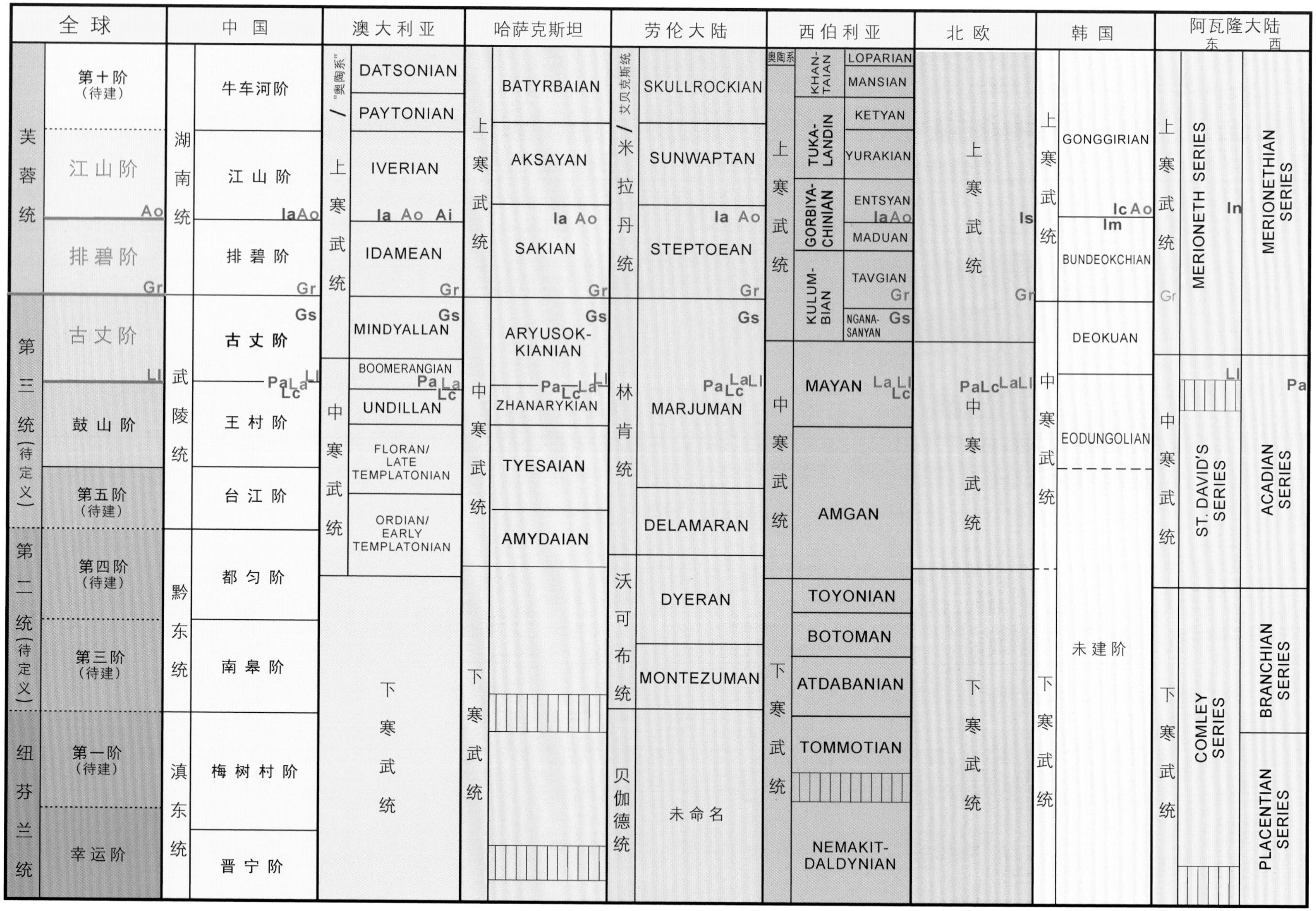

图4-100 寒武系古丈阶、排碧阶、江山阶与其他全球年代地层单位和全球主要地区的区域性年代地层单位的对比　表内彩色缩写代号，如Ll，Gr，Ao表示所代表的种在一个地区的产出层位。Ao = Agnostotes orientalis，Ai = A. inconstans，Ia = Irvingella angustilimbata，Gr = Glyptagnostus reticulatus，Gs = Glyptagnostus stolidotus，Im = I. megalops，Ic = I. coreanica，Is = I. sueccica，In = I. nuneatonensis，Ll = Lejopyge laevigata，La = Lejopyge armata，Lc = Lejopyge calva，Pa = Ptychagnostus aculeatus。

（据彭善池等，2013a, b, c修改）

底界,与传统的"中—上寒武统界线"或"上寒武统"底界并不相当。传统的"中—上寒武统界线",是以瑞典剖面的*Agnostus pisiformis*繁盛顶峰为标准确定的,与国际通用的球接子三叶虫序列中*Linguagnostus reconditus*带的底界(*L. reconditus*首现)大体一致,比*G. reticulatus*的首现(排碧阶的底界)低了两个球接子三叶虫带(Peng & Robison, 2000)。因此,芙蓉统比传统的"上寒武统"少了一段地层,两者的概念显然不是一回事。过去隶属于"上寒武统"的*Linguagnostus reconditus*带和*Glyptagnostus stolodotus*带,已从"上寒武统"划出,归入了武陵统(或有待定义的全球寒武系第三统)。

全球排碧阶的底界,与中国区域性排碧阶的底界、澳大利亚伊达姆阶(Idamian)的底界、哈萨克斯坦的萨克阶(Sackian)和劳伦大陆的斯忒普妥阶(Steptoean)的底界完全一致,这些阶的底界均采用*G. reticulatus*的首现定义。排碧阶的底界在西伯利亚的塔伏金阶(Tavgian)之内,也在北欧的上寒武统和东阿瓦隆大陆的梅里奥内思统(Merioneth)之内。

### 4.4.3 江山阶"金钉子"的全球对比

球接子三叶虫*Agnostotes orientalis*也有全球性的地理分布,它的首现是公认的定义一个寒武系全球阶底界的最佳层位之一(Geyer & Shergold, 2000; Shergold & Geyer, 2001; Peng & Babcock, 2005; Babcock et al., 2005)。图4-100中标出了江山阶底界附近的重要三叶虫Ao、Ia(确定江山阶底界的首要和次要标志)、Ai、Ic、In、Is在世界各主要地层区的区域性年代地层系统中的位置。根据全球的地层记录,*A. orientalis*在中国、澳大利亚、哈萨克斯坦、西伯利亚和劳伦大陆的地层中都有产出,在这些地层区识别出与*A. orientalis*首现相当的位置并不困难,并且可以借助多种手段以满意的精度鉴别出这条界线。(Kobayashi, 1935; Öpik, 1963; Laza renko, 1966;卢衍豪等, 1974; Ergaliev, 1980;卢衍豪、林焕令, 1983, 1989;彭善池, 1990; Peng, 1992; Pratt, 1992; Geyer & Shergold, 2000;张文堂, 2000; Pegel, 2000; Choi, 2004; Choi et al., 2004, 2005; Varlamov et al., 2005; Peng & Babcock, 2005; Peng et al., 2005, 2009b, 2012b; Ergaliev & Ergaliev, 2008; Lazarenko et al., 2008, 2011; Varlamov & Rozova, 2009; Ergaliev et al., 2014)。

江山阶的底界,是寒武系内最容易在全球范围内识别的层位之一,其中一个原因在于该层位除以球接子*A. orientalis*划定之外,还可以多节类*I. angustilimbata*

的首现划定。*Irvingella*也有很广的古地理分布(Geyer & Shergold, 2000),能作为澳大利亚、波罗的海地区、东阿瓦隆大陆、劳伦大陆、阿根廷或许还有南极大陆的同期地层做精确的或相当接近的对比的媒介。*A. orientalis*或者*Agnostotes*与*Irvingella*共生组合已在华南、西伯利亚东北部和西北部以及韩国的地层中被用作带化石。Palmer(1965)、Hong & Choi(2003)在*Irvingella*的各个种之间识别出一个明显的演化系列,可以用来帮助控制含"上寒武统"地层的位置。在华南和加拿大,原始类型的*A. orientalis*首次出现的层位与*Irvingella angustilimbata*的首现一致(Peng, 1992; Pratt, 1992)。根据*Irvingella*的演化规律,*I. major*总是在比*I. angustilimbata*高的层位上出现,因此,以*Irvingella major*定义的劳伦大陆Sunwaptan阶的下界(Chatterton, 1998),要高于全球江山阶的底界。

哈萨克斯坦的Kyrsabakty剖面已被国际寒武纪地层分会表决通过,接受为江山阶的全球辅助层型。修订后的原Aksayan阶的底界,也以*A. orientalis*定义,作为全球辅助层型,哈萨克斯坦已将Aksayan阶更名为江山阶(Jiangshanian)(Ergaliev et al., 2014)。根据*A. orientalis*在西伯利亚的产出层位,江山阶的底界十分接近于西伯利亚戈尔比亚琴阶(Gorbiyachinian)的"Entsyan"层位(horizon)的底界(Rozova, 1963; Varlamov et al., 2005)或区域性的Mokuteian阶的底界(Varlamov & Rozova, 2009)。

在韩国,目前发现的*A. orientalis*是形态较为进化的类型,与高丽小伊尔文虫(*Irvingella coreanicus*)共生,其层位在大壳小伊尔文虫(*Irvingella megalops*)之上,后者产于*Eochuangia hana*带,其形态与*I. angustilimbata*相近。据此,Hong & Choi(2003)将*E. hana*带的底界、也就是韩国区域性的Gonggairian阶的底界与碓边江山阶的GSSP层位对比。韩国学者还认为英格兰的纽尼顿小伊尔文虫(*Irvingella nuneatonensis*)(Rushton, 1967, 1983)出现的层位与韩国的*A. orientalis*带几乎一致或略高(Hong & Choi, 2003; Choi, 2004; Choi et al., 2004; 2005)。

*A. orientalis*目前尚未在瑞典发现,但是与其首现相当的层位可能位于或相当接近瑞典小伊尔文虫(*Irvingella suecica*)的首现点位,推测这个点位位于多节类三叶虫短刺副美女神虫(*Parabolina brevispina*)带之内,或者在球接子三叶虫圆尾假球接子(*Pseudagnostus cyclopyge*)带的最底部(Terfelt et al., 2008, 2011)。

## 4.5　中国寒武系"金钉子"的主要研究者

**彭善池**　湖北荆州人，地层古生物学家。中国科学院南京地质古生物研究所研究员、国际地层委员会副主席（2008—2016）、全国地层委员会下常委、古生界分委员会主席（2013年起）。曾任国际地层委员会寒武纪地层分会主席（2004—2012）。长期从事寒武纪三叶虫古生物学、地层学研究。近年专注研究中国和全球寒武系年代地层划分，提出的全球寒武系4统10阶划分方案已进入《国际年代地层表》，取代了沿用了170年的传统划分。主持排碧阶、古丈阶、江山阶"金钉子"研究。

**Loren E. Babcock**　美国纽约州布法罗人，地层古生物学家。美国俄亥俄大学地学院教授。长期从事寒武纪三叶虫古生物学、埋藏学、地层学研究。近年专注研究全球和中国寒武系年代地层划分，主持在美国确立的寒武系全球鼓山阶"金钉子"的研究。曾任国际寒武纪地层分会秘书长（2004—2012）、2012年起任国际地层委员会寒武纪地层分会主席至今。长期与彭善池等合作，是排碧阶、古丈阶、江山阶"金钉子"研究的核心成员。

**林焕令（1935—2012）**　浙江青田人，地层古生物学家。生前曾任中国科学院南京地质古生物研究所研究员。长期从事寒武系三叶虫分类学、生物地层学研究。排碧阶、古丈阶、江山阶"金钉子"的研究骨干。

左景勋　河南新郑人,地球化学学家、地质学家。河南省地质调查院高级地质工程师。主要研究三叠纪、寒武纪碳、氧同位素地层。曾任河南省豫矿资源开发集团有限公司总地质师。古丈阶、江山阶"金钉子"的研究骨干。

朱学剑　安徽桐城人,地层古生物学家。中国科学院南京地质古生物研究所副研究员。长期从事寒武系三叶虫分类学、生物地层学研究。排碧阶、古丈阶、江山阶"金钉子"的研究骨干。

杨显峰　辽宁辽中人,地层古生物学家。云南大学云南省古生物研究重点实验室副研究员。主要研究寒武纪三叶虫和及节肢动物。古丈阶、江山阶"金钉子"的研究骨干。

**祁玉平** 江苏常州人，微体古生物学地层学家。中国科学院南京地质古生物研究所研究员。长期从事牙形刺分类学和生物地层学研究，古丈阶、江山阶"金钉子"的研究骨干。

**Richard A. Robison** 美国堪萨斯大学地质系退休教授，退休前曾被授予该校"Gulf-Hedberg 杰出教授"称号，国际知名球接子三叶虫专家，无脊椎动物古生物学论丛（*Treatise on Invertebrate Paleontology*）编辑。主要研究寒武纪古生物学和生物地层学。国际地层委员会寒武纪地层分会荣誉委员，曾长期担任分会选举委员等职。排碧阶"金钉子"研究核心成员，参与了古丈阶"金钉子"的研究。

**Gabriella Bagnoli** 微体古生物地层学家、国际知名牙形刺专家。意大利比萨大学地学系教授。长期研究寒武纪和奥陶纪牙形刺。2012 年起任国际地层委员会寒武纪地层分会选举委员，寒武系第十阶工作组成员。参与古丈阶和江山阶"金钉子"的研究。

**Margaret N. Rees** 沉积学家、地质教育家。美国内华达大学拉斯维加斯分校教授。主要研究新元古界—寒武系碳酸盐岩沉积学和地层学。曾参与美国的极地考察,获美国国会颁发的极地勋章,南极的 Rees 山以她的名字命名(南纬 78°29′,东经 162°29′)。最早参与排碧阶"金钉子"研究的外国学者之一和研究骨干。

**Matthew R. Saltzman** 地球化学学家。美国俄亥俄大学地学院教授。主要研究寒武纪碳、锶同位素化学地层。首次描述排碧剖面的 SPICE 正漂移。2004 年起任国际地层委员会寒武纪地层分会选举委员,寒武系同位素地层工作组组长,参与排碧阶"金钉子"研究。

**陈永安** 湖南泸溪人,区域地质学家。湖南省 417 队高级地质师。长期在湘西土家族苗族自治州从事区域地质调查和矿产开发,发现并最早实测排碧剖面。排碧阶和古丈阶"金钉子"研究骨干。

**汪隆武** 安徽宣州人。浙江省地质调查院地质矿产高级工程师。主要在浙皖从事区域地质矿产调查研究工作。现为全国地层委员会下古生界分委员会奥陶系工作组成员。参与全球江山阶"金钉子"研究。

**古丈阶"金钉子"研究团队部分研究人员在古丈阶参考剖面永顺王村剖面合影** 杨显峰（左1），G. Bagnoli（左2），肖力军（左3），彭善池（左6），左景勋（左7），林焕令（左8），朱学剑（左9）。 （彭善池 提供）

**江山阶"金钉子"研究团队部分研究人员在江山阶全球层型剖面** 左起，左景勋、彭善池、林焕令、李泉、周传明、杨显峰。 （彭善池 提供）

参考文献

董熙平.1993.湖南花垣中寒武世晚期至晚寒武世早期牙形石动物群.微体古生物学报,10(4):345-362.

董熙平.1999.华南寒武纪牙形石序列.中国科学D辑:地球科学,29(4):339-346.

董熙平.1991.湖南花垣中寒武世晚期至晚寒武世早期球接子类.古生物学报,30(4):439-457.

傅启龙,周志澄,彭善池,李越.1999.湘西中上寒武统界线层型候选剖面沉积特征.地质科学,34(2):204-212.

湖南省地质矿产局.1988.湖南省区域地质志.中华人民共和国地质矿产部 地质专报,1.区域地质,第8号.北京:地质出版社.

江西省地质矿产局.1984.江西省区域地质志.中华人民共和国地质矿产部地质专报,1.区域地质,第2号.北京:地质出版社.

李蔚秾,俞从流.1965.节头虫(*Arthicocephalus*)在浙西的发现.地质论评,23(6):510-511.

林焕令,陈挺恩,袁金良,袁文伟,张允白,袁训来,章森桂.2001.寒武系//周志毅.塔里木盆地各纪地层.北京:科学出版社,12-38.

林焕令,王宗哲,张太荣,乔新东.1990.寒武系//周志毅,陈丕基.塔里木盆地生物地层和地质演化.北京:科学出版社,8-55.

刘宝珺,叶红专,蒲心纯.1990.黔东湘西寒武纪碳酸盐岩重力流沉积.石油与天然气,11(3):235-245.

卢衍豪.1956.黔东玉屏上寒武纪三叶虫.古生物学报,3:365-380.

卢衍豪,林焕令.1980.浙西寒武—奥陶系的分界及所含三叶虫.古生物学报,19(2):118-135.

卢衍豪,林焕令.1983.浙江西部寒武纪动物群的分带和对比.地质学报,1983(4):317-328.

卢衍豪,林焕令.1989.浙江西部寒武世三叶虫动物群.中国古生物志,新乙种,25:1-287.

卢衍豪,穆恩之,侯祐堂,张日东,刘第墉.1955.浙西古生代地层新见.地质知识,2:1-6.

卢衍豪,张日东,葛梅钰.1963.浙江西部下古生代地层//浙西地层现场会议.全国地层会议学术报告汇编.北京:科学出版社,27-56.

卢衍豪,张文堂,朱兆玲,钱义元,项礼文.1965.中国的三叶虫.北京:科学出版社.

卢衍豪,朱兆玲,钱义元.1963.三叶虫.北京:科学出版社.

卢衍豪,朱兆玲,钱义元,林焕令,周志毅,袁克兴.1974.生物—环境控制论及其在寒武纪生物地层学上和古动物地理上的应用.中国科学院南京地质古生物研究所集刊,5:27-116.

彭善池.1987.湖南慈利—桃源交境地区晚寒武世早期地层及三叶虫动物群//中国科学院南京地质古生物研究所.中国科学院南京地质古生物研究所研究生论文集(1).南京:江苏科学技术出版社,53-134.

彭善池.1990.湖南桃源慈利一带的晚寒武世地层及三叶虫序列.地层学杂志,14(4):261-276.

彭善池.1999.中国南部江南斜坡带寒武纪生物地层框架.现代地质,31(2):242-243.

彭善池.2000.第2章 斜坡相寒武系//中国科学院南京地质古生物研究所.中国地层研究二十年,1979-1999.合肥:中国科学技术大学出版社,23-38.

彭善池.2009a.华南斜坡相寒武纪三叶虫动物群研究回顾并论我国南、北方寒武系的对比.古生物学报,48(3):437-452.

彭善池.2009b.华南新的寒武纪生物地层序列和年代地层系统.科学通报,54(18):2691-2698.

彭善池,Babcock L E.2005.全球寒武系年代地层再划分的新建议.地层学杂志,29(1):92-93,96.

彭善池,Babcock L E,林焕令,陈永安,朱学剑.2001.湖南花垣排碧剖面*Glyptagnostus reticulatus*首现点位研究.古生物学报,40(增刊):157-172.

彭善池,Babcock L E,Robison R A,林焕令,Ress M,Saltzman M R.2013a.寒武系芙蓉统排碧阶全球标准层型剖面和点位//中国科学院南京地质古生物研究所,中国"金钉子"——全球标准层型剖面和点位研究.杭州:浙江大学出版社,73-93.

彭善池,Babcock L E,左景勋,林焕令,朱学剑,杨显峰,Robison R A,祁玉平,Babgnili G,陈永安.2013b.寒武系第三统古丈阶全球标准层型剖面和点位//中国科学院南京地质古生物研究所.中国"金钉子"——全球标准层型剖面和点位研究.杭州:浙江大学出版社,45-71.

彭善池,Babcock L E,左景勋,朱学剑,林焕令,杨显峰,祁玉平,Babgnili G,汪隆武.2013c.寒武系芙蓉统江山阶全球标准层型剖面和点位//中国科学院南京地质古生物研究所.中国"金钉子"——全球标准层型剖面和点位研究.杭州:浙江大学出版社,75-121.

彭善池,林焕令,陈永安.1995.湘西中寒武世多节类三叶虫新属种.古生物学报,34(3):277-300.

彭善池,林焕令,朱学剑.2000.中—上寒武统全球界线层型和寒武系年代地层研究的重大进展//中国科学院国际合作局.创新者的报告,第5集.北京:科学出版社,173-183.

蒲心纯,叶红专.1991.中国南方寒武纪岩相古地理格局,岩相古地理文集,6:1-16.

祁玉平.2002.湘西中、晚寒武世牙形刺研究现状及存在问题.地层学杂志,26(4):297-301.

祁玉平,王志浩,Bagnoli G.2004.芙蓉统和排碧阶底界全球层型剖面的牙形刺生物地层.地层学杂志,28(2):114-119.

仇洪安,卢衍豪,朱兆玲,毕德昌,林天瑞,周志毅,张全忠,钱义元,鞠天吟,韩乃仁,魏秀喆.1983.三叶虫纲//地质矿产部南京地质矿产研究所.华东地区古生物图册(一),早古生代分册.北京:地质出版社,28-254.

全国地层委员会.2014.中国地层指南及地层指南说明书(附表).北京:地质出版社.

盛莘夫.1951.浙江省之地质.浙江地质,(2):1-18.

薛耀松,周传明.2006.扬子区早寒武世早期磷质小壳化石的再沉积和地层对比问题.地层学杂志,30(1):64-74.

叶戈洛娃,项礼文,李善姬,南润善,郭振民.1963.贵州和湖南西部寒武纪三叶虫动物群.地质部地质科学院专刊,乙种,3(1):1-88.

杨家骧.1978.湘西、黔东中、上寒武统及三叶虫动物群.地层古生物论文集,4:1—86.

杨家骧,余素玉,刘桂涛,苏南茂,何明华,尚建国,张海清,朱洪源,李育敦,阎国顺.1991.东秦岭—大巴山寒武纪地层岩相古地理及三叶虫动物群.武汉:中国地质大学出版社.

浙江省地质矿产局.1984.浙江省区域地质志.中华人民共和国地质矿产部地质专报,1.区域地质,第11号.北京:地质出版社.

张太荣.1981.三叶虫纲//西北地区古生物图册,新疆维吾尔自治区分册(一),早古生代分册.北京:地质出版社,134—213.

张文堂.2000.朝鲜南部的 *Pseudoglyptagnostus*(三叶虫)并论朝鲜寒武纪斜坡相的意义.古生物学报,39(1):92—99.

朱兆玲.1959.华北及东北南部崮山统三叶虫动物群.中国科学院古生物所集刊,2:44—128.

周志强,李晋僧,曲新国.1982.三叶虫纲//西北地区古生物图册,陕甘宁分册(一),北京:地质出版社,215—294.

左景勋.2006.华南地区寒武系碳、氧同位素组成的演化特征.南京:中国科学院南京地质古生物研究所.

左景勋,彭善池,祁玉平,林焕令,朱学剑,杨显峰.2008.全球寒武系第三统第七阶GSSP候选剖面的碳同位素地层.地层学杂志,32(2):135—145.

Ahlberg P, Ahlgren J, 1996. Agnostids from the Upper Cambrian of Västergötland, Sweden. GFF, 118: 129—140.

Ahlberg P, Axheimer N, Babcock L E, Eriksson M E, Schmitz B, Terfelt F. 2009. Cambrian high-resolution biostratigraphy and carbon isotope chemostratigraphy in Scania, Sweden: the first record of the SPICE and DICE excursions in Scandinavia. Lethaia, 42: 2—16.

Ahlberg P, Axheimer N, Eriksson M E, Tergelt F. 2004. Middle and Upper Cambrian agnostoids of Scandinavia—intercontinental correlation//Choi D K. Ninth International Conference of the Cambrian Stage Subdivision Working Group. Abstracts with program. Taebaek, Souel: The Paleontological Society of Korea, 33.

An T X. 1982. Study of the Cambrian conodonts from North and Northeast China. Science Report of the Institute of Geosciences, University of Tsukuba, Section B, 3: 113—159.

Axheimer N, Ahlberg P. 2003. Core drilling through Cambrian strata at Almbackrn, Scania, S. Sweden: trilobites and stratigraphical assessment. GFF, 125: 139—156.

Axheimer N, Eriksson M E, Ahlberg P, Bengtsson A. 2006. The Middle Cambrian cosmopolitan key species Lejopyge laevigata and its biozone: new data from Sweden. Geolohical Magazine, 143(4): 447—455.

Babcock L E, Peng S C, Geyer G, Shergold J H. 2005. Changing perspective on Cambrian chronostratigraphy and progress toward subdivision of the Cambrian System. Geosciences Journal, 9: 101—106.

Babcock L E, Rees M N, Robison R A, Langenburg E S, Peng S C. 2004. Potential Global Stratotype-section and Point (GSSP) for a Cambrian stage boundary defined by the first appearance of the trilobite *Ptychagnostus atavus*, Drum Mountains, Utah, USA. Geobios, 37: 149—158.

Bagnoli G, Qi Y P. 2011. Conodonts from the proposed GSSP for the base of Cambrian Stage 9 at Duibian, Zhejiang, South China: A revision. Palaeoworld, 20 (1): 8—14.

Bagnoli G, Qi Y P, Wang Z H. 2008. Conodonts from the Global Stratotype section for the base of the Guzhangian Stage (Cambrian) at Luoyixi, Hunan, South China. Palaeoworld, 17(2): 108—114.

Brasier M D. 1993. Towards a carbon isotope stratigraphy of the Cambrian System: potential of the Great Basin succession. Geological Society of London, Special Publication, 70: 341—350.

Brasier M D, Sukhov S S. 1998. The falling amplitude of carbon isotopic oscillations through the Lower to Middle Cambrian: northern Siberian data. Canadian Journal of Earth Sciences, 35: 353—373.

Chatterton B D E, Ludvigsen L. 1998. Upper Steptoean (Upper Cambrian) trilobites from the McKay Group of southeastern British Columbia, Canada. Journal of Paleontology (Supplement), 72(2): 43.

Choi D K. 2004. Stop 12, Machari Formation at the Gonggiri section//Choi D K, Chough S K, Fithes W R, Kwon Y K, Lee S B, Kang I, Woo J, Shinn Y J, Sohn J W. Field Trip Guide for IX International Conference of the Cambrian Stage Subdivision Working Group, Cambrian in the Land of Morning Calm. Paleontological Society of Korea, Special Publication, 8: 51—56.

Choi D K, Lee J G, Sheen B C. 2004. Upper Cambrian agnostoid trilobites from the Machari Formation. Geobios, 27: 159—189.

Choi D K, Chough S K, Kwon Y K, Lee S B. 2005. Cambrian-Ordovician Joeseon Supergroup of the Taebaksan Basin, Korea//Peng S C, Babcock LE, Zhu M Y. Cambrian System of China and Korea. Hefei: China University of Science and Technology of China Press, 265—300.

Cowie J W, Rushton A W A, Stubblefield C J. 1972. A correlation of Cambrian rocks in the British Isles. Geological Society of London Special Report, 2: 1—42.

Denison R E, Koepnick R B, Burke W H, Hetherington E A. 1998. Construction of the Cambrian and Ordovician seawater 87Sr/86Sr curve. Chemical Geology, 152: 325—340.

Dong X P, Bergström S M. 2001. Middle and Upper Cambrian proconodonts and paraconodonts from Hunan, South China. Palaeontology, 44: 949—985.

Dong X P, Repetski J E, Bergström S M. 2004. Conodont biostratigraphy of the Middle Cambrian through Lowermost Ordovician in Hunan, South China. Acta Geologica Sinica, 78 (6), 1185—1206.

Egorova L I, Shabanov Y Y, Pegel T V, Savitsky V E, Suchov S S, Chernysheva N E. 1982. Maya Stage of type locality (Middle Cambrian of Siberian platform). Academy of Sciences of the USSR, Ministry of Geology of the USSR, Interdepartmental Stratigraphic Committee of the USSR, Transactions, 8: 1—146 (in Russian).

Engelbretsen M J, Peng S C. 2007. Middle Cambrian (Wulingian) linguliformean brachiopods from the Paibi section, Huaqiao Formation, Hunan Province, South China. Memoirs of the Association of Australasian Palaeontologists, 34: 311−329.

Ergaliev G K. 1980. Middle and Upper Cambrian trilobites of the Malyi Karatau Range. Alma-Ata: Academy of Sciences, Kazakhstan SSR, Publishing House of Kazakhstan SSR, 211 (in Russian).

Ergaliev G K, Ergaliev F G. 2008. Middle and upper Cambrian Agnostida of the Aksai National Geological Reserve South Kazakhstan (Kyrshabakty River, Malyi Karatau Range. Almaty: Gylym, 376 (in Russian).

Ergaliev G K, Zhemchuzhnikov V G, Popov L E, Bassett M G, Ergaliev F G. 2014. The Auxiliary boundary Stratotype Section and Point (ASSP) of the Jiangshanian Stage (Cambrian: Furongian Series) in the Kyrshabakty section, Kazakhstan. Episodes, 37(1): 41−47.

Geyer G, Shergold J. 2000. The quest for internationally recognized divisions of Cambrian time. Episodes, 23: 188−195.

Grandstein F M, Ogg J G, Schmitz M D, Ogg G M. 2012. The Geologic Time Scale 2012 (2 volumes). Amsterdam: Elsevier BV.

Henningsmoen N, G. 1958. Upper Cambrian fauna of Norway: with descriptions of non-olenid invertabrate fossils. Norsk geologisk tidsskrift, 38: 179−196.

Hong P, Choi D K. 2003. The Late Cambrian trilobite *Irvingella* from the Machari Formation, Korea: evolution and correlation. Special Papers in Palaeontology, 70: 175−196.

Jago J B. 1974. *Glyptagnostus reticulatus* from the Huskisson River, Tasmania. Papers and Proceedings of the Royal Society of Tasmania, 107: 117−127.

Jago J B, Brown A V. 2001. Late Middle Cambrian trilobites from Trial Range, southwestern Tasmania. Papers and Proceedings of the Royal Society of Tasmania, 135: 1−14.

Khairullina T I. 1973. Trilobite biostratigraphy of the Middle Cambrian Maya Stage in the Turkestan ranges. Tashkent: Central Asiatic Institute of Geology and Mineral Resources, 112 (in Russian).

Kobayahsi T. 1935. The Cambro-Ordovician formations and faunas of South Chosen, Palaeontology, Part 3, Cambrian faunas of South Chosen with a special study on the Cambrian trilobite genera and families. Journal of the Faculty of Science, Imperial University of Tokyo, Section II, 4: 49−344.

Kobayashi T. 1938. Upper Cambrian fossils from British Columbia with a discussion on the isolated occurrence of the so-called "*Olenus*" Beds of Mt Jubilee. Japanese Journal of Geology and Geography, 15: 149−192.

Kobayashi T. 1949. The Glyptagnostus hemera, the oldest world-instant. Japanese Journal of Geolog y and Geography, 21: 1−6.

Lapworth C. 1879. On the tripartite classification of the Lower Paleozoic rocks. Geological Magazine, 6: 1−15.

Laurie J R. 1989. Revision of *Goniagnostus* Howell and *Lejopyge* Corda from Australia (Agnostida, Cambrian). Alcheringa, 13: 175−191.

Lazarenko N P. 1966. Biostratigraphy and some new trilobites of the Upper Cambrian Olenek Rise and Kharaulakh Mountains. Research Academic Bulletin of Palaeontology and Biostratigraphy (NIIGA), 11: 33−78. (in Russian).

Lazarenko N P, Gogin I Y, Pegel T V, Abaimova G P. 2011. The Khos-Nelege River section of the Ogon'or Formation: a potential candidate for the GSSP of Stage 10, Cambrian System. Bulletin of Geosciences, 86(3): 555−568.

Lazarenko N P, Pegel T V, Sukhov S S, Abaimova G P, Gogin I Y. 2008. Type section of Upper Cambrian, Siberian Platform—candidate for stage stratotype of international stratigraphical scale (Khos-Nelege River, western Yakutia, Russia)//Budnikov I V. Cambrian Sections of Siberian Platform—Candidates of Stage Subdivision of International Stratigraphical Scale (Stratigraphy and Palaeontology), Material for 13th International Field Conference of the Working Group on Cambrian Stage Subdivision. Novosibirsk: Press of Siberian Branch RAN, 3−58.

Li L Z. 1984. Cephalopods from the Upper Cambrian Siyangshan Formation of western Zhejiang. //Nanjing Institute Palaeontiology and Geology. Stratigraphy and Palaeontology of systemic boundaries in China. Cambrian-Ordovician Boundary(1). Hefei: Anhui Science and Technology Publishing House，187−240.

Liu J Y, Fan C Y, Qiu X H, Shen Y L, Liu D P, Dai T M, Pu Z P, Zhang Q F, Chen Y W, Zhu B Q. 1984. Isotopic feature and geochronology of the carbonate strata in Jiangshan section, Zhejiang Provinve// Nanjing Institute Palaeontiology and Geology. Stratigraphy and Palaeontology of systemic boundaries in China. Cambrian-Ordovician Boundary(1). Hefei：Anhui Science and Technology Publishing House，271−283.

Lu Y H, Lin H L. 1984. Late Cambrian and earliest Ordovician trilobites of Jiangshan-Changshan area, Zhejiang//Nanjing Institute Palaeontiology and Geology. Stratigraphy and Palaeontology of systemic boundaries in China. Cambrian-Ordovician Boundary(1). Hefei：Anhui Science and Technology Publishing House，45−164.

Lu Y H, Lin H L, Han N R, Li L Z, Ju T Y. 1984. On the Cambrian-Ordovician Boundary of the Jianshan-Changshan area, W Zhejiang// Nanjing Institute Palaeontiology and Geology. Stratigraphy and Palaeontology of systemic boundaries in China. Cambrian-Ordovician Boundary(1). Hefei：Anhui Science and Technology Publishing House，9−44.

Montañez I P, Banner J L, Osleger D A, Borg L E, Bosserman P J. 1996. Integrated Sr isotope variations and sea-level history of middle to upper Cambrian platform carbonates: implications for the evolution of Cambrian seawater 87Sr/86Sr. Geology, 24: 917−920.

Montañez I P, Osleger D A, Banner J L, Mack L E, Musgrove M. 2000. Evolution of the Sr and C isotope composition of Cambrian oceans. GSA Today, 10(5): 1−7.

Murchison R I. 1839. The Silurian System, Founded on Geological Researches in the Counties of Salop, Hereford, Radnor, Montgomery, Caermarthen, Brecon, Pembroke, Monmouth, Gloucester, Worcester, and Stafford: With Descriptions of the Coal-fields and Overlying Formations. London: John Murray, vol.1: 1−576; vol.2: 577−768.

Öpik A A.1961. Early Upper Cambrian fossils from Queensland. Australia Bureau of Mineral Resources, Geology and Geophysics Bulletin, 53: 1−249.

Öpik A A.1963. Early Upper Cambrian fossils from Queensland. Bureau of Mineral Resources, Geology and Geophysics of Australia, Bulletin, 64: 1−133.

Öpik A A. 1966. The early Upper Cambrian crisis and its correlation. Journal and Proceedings of the Royal Society of New South Wales, 100: 9−14.

Öpik A A. 1967. The Mindyallan fauna of northwestern Queensland. Australia Bureau of Mineral Resources, Geology and Geophysics Bulletin, 74(1): 1−404; (2): 1−167.

Öpik A A. 1979. Middle Cambrian agnostids: systematics and biostratigraphy. Australia Bureau of Mineral Resources, Geology and Geophysics Bulletin, 172（1）: 1−188；（2）: 1−67.

Palmer A R. 1962. *Glyptagnostus* and associated trilobites in the United States. United States Geological Survey, Professional Paper, 374F: 1−63.

Palmer A R. 1965. Trilobites of the Late Cambrian Pterocephaliid Biomere in the Great Basin, United States. United States Geological Survey Professional Paper, 493: 105.

Palmer A R. 1968. Cambrian trilobites from east-central Alaska. United States Geological Survey, Professional Paper, 559B: 1−115.

Palmer A R. 1981. Subdivision of the Sauk Sequence. US Geological Survey Open-file Report, 81(743): 160−162.

Pegel T V. 2000. Evolution of trilobite biofacies in Cambrian basins of the Siberian Platform. Journal of Paleontology, 74: 1000−1019.

Peng S C. 1984. Cambrian-Ordovician boundary in the Cili-Taoyuan border area, northwestern Hunan with description of relative trilobites//Nanjing Institute of Geology and Palaeontology, Academia Sinica. Stratigraphy and Palaeontology of Systemic Boundaries in China, Cambrian and Ordovician Boundary(1). Hefei: Anhui Science and Technology Publishing House, 285−405.

Peng S C. 1992. Upper Cambrian Biostratigraphy and Trilobite Faunas of Cili-Taoyuan area, northwestern Hunan, China. Brisbane (Australia): Memoir 13 of Association. Australasian Palaeontologists (AAP).

Peng S C. 2004. Suggested global subdivision of Cambrian System and two potential GSSPs in Hunan, China for defining Cambrian stages// Choi D K. Ninth International Conference of the Cambrian Stage Subdivision Working Group. Abstracts with program. Taebaek, Souel: The Paleontological Society of Korea, 25.

Peng S C. 2009. The newly developed Cambrian biostratigraphic succession and chronostratigraphic scheme for South China. Chinese Science Bulletin (English Edition), 54: 4161−4179.

Peng S C, Babcock L E. 2001. Cambrian of the Hunan-Guizhou Region, South China. Palaeoworld, 13: 3−51.

Peng S C, Babcock L E. 2005. Two Cambrian agnostoid trilobites, *Agnostotes orientalis* (Kobayashi, 1935) and *Lotagnostus americanus* (Billings, 1860): Key species for defining global stages of the Cambrian System. Geoscience Journal, 9: 107−115.

Peng S C, Babcock L E, Cooper R A. 2012a. The Cambrian Period// Grandstein F M, Ogg J G, Schmitz M D, Ogg G M. 2012. The Geologic Time Scale 2012 (2 volumes). Amsterdam: Elsevier BV: 437−488.

Peng S C, Babcock L E, Lin H L. 2001a. Illustrations of polymeroid trilobites from the Huaqiao Formation (Middle-Upper Cambrian), Paibi and Wangcun sections, northwestern Hunan, China. Palaeoworld, 13: 99−122.

Peng S C, Babcock L E, Lin H L. 2004a. Polymerid Trilobites from the Cambrian of Northwestern Hunan, China. Beijing: Science Press, vol. 1: 1−333; vol. 2: 1−355.

Peng S C, Babcock L E, Lin H L, Chen Y G, Zhu X J. 2001b. Cambrian stratigraphy at Paibi, Hunan Province, China: candidate section for a global unnamed series and reference section for the Waergangian Stage. Palaeoworld, 13: 62−171.

Peng S C, Babcock L E, Lin H L, Chen Y G, Zhu X J. 2001c. Cambrian stratigraphy at Wangcun, Hunan Province, China: stratotypes for bases of the Wangcunian and Youshuian stages. Palaeoworld, 13: 151−161.

Peng S C, Babcock L E, Robison R A, Lin H L, Rees M N, Saltzman M R. 2004b. Global Standard Stratotype-section and Point (GSSP) of the Furongian Series and Paibian Stage (Cambrian). Lethaia, 37: 365−379.

Peng S C, Babcock L E, Zhu X J, Ahlberg P, Terfelt F, Dai T. 2015. Intraspecific variation and taphonomic alteration in the Cambrian (Furongian) agnostoid *Lotagnostus americanus*: new information from China. Bulletin of Geosciences, 90(2): 281−306.

Peng S C, Babcock L E, Zuo J G, Lin H L, Zhu X J, Yang X F, Qi Y P, Bagnoli G, Chen Y A. 2009a. The Global boundary Stratotype Section and Point of the Guzhangian Stage (Cambrian) in the Wuling Mountains, northwestern Hunan, China. Episodes, 32(1): 41−55.

Peng S C, Babcock L E, Zuo J X, Lin H L, Zhu X J, Yang X F, Qi Y P, Bagnoli G., Wang L W. 2009b. Potential GSSP for the base of Cambrian Stage 9, coinciding with the first appearance of *Agnostotes orientalis*, Zhejiang, China. Science in China D, Earth Sciences, 52(4): 434−451.

Peng S C, Babcock L E, Zuo J X, Lin H L, Zhu X J, Yang X F, Robison R A, Qi Y P, Bagnoli G. 2006. Proposed GSSP for the base of Cambrian Stage 7, coinciding with the first appearance of *Lejopyge laevigata*, Hunan, China. Palaeoworld, 15: 367−383.

Peng S C, Babcock L E, Zuo J X, Zhu X J, Lin H L, Yang X F, Qi Y P, Bagnoli G, Wang L W. 2012b. Global Standard Stratotype-section And Point (GSSP) for the base of the Jiangshanian Stage (Cambrian: Furongian) at Duibian, Jiangshan, Zhejiang, Southeast China. Episodes, 35: 462−477.

Peng S C, Robison R A. 1997. Candidate stratotype section in western Hunan, China, for the Middle-Upper Cambrian boundary. In Second International trilobite conference, Brock University, St. Cathatines, Ontario, abstracts with program. Brock: Brock University. 42−43.

Peng, S C, Robison R A. 2000. Agnostoid biostratigraphy across the middle-upper Cambrian boundary in Hunan, China. Paleontological Society Memoir 53, supplement to Journal of Paleontology, 74(4): 1−104.

Peng S C, Zuo J X, Babcock L E, Lin H L, Zhou C M, Yang X F, Li Q. 2005. Cambrian sections at Dadoushan near Duibian, Jiangshan, western Zhejiang Province and candidate stratotype for the base an unnamed global stage defined by the FAD of *Agnostotes orientalis*// Peng S C, Babcock LE, Zhu M Y. Cambrian System of China and Korea. Hefei: University of Science and Technology of China Press, 210−227.

Perfetta P J, Shelton K L, Stitt J H. 1999. Carbon isotope evidence for deep-water invasion at the Marjumiid-Pterocephaliid biomere boundary, Black Hills, USA: a common origin for biotic crises on Late Cambrian shelves. Geology, 27: 403−406.

Pokrovskaya N V. 1958. Agnostoids from the Middle Cambrian of Yakutia, part 1. Akademiya Nauka SSSR, Trudy Plaeotologicheskogo Instituta, 16: 1−96.

Pratt B R. 1992. Trilobites of the Marjuman and Steptoean stages (Upper Cambrian), Rabbitkettle Formation, southern Mackenzie Mountains, northwest Canada. Palaeontographica Canadiana, 9: 1−179.

Qi Y P, Bagnoli G, Wang Z H. 2006. Cambrian conodonts across the pre-Furongian to Furongian interval in the GSSP section at Paibi, Hunan, South China. *Rivista Italiana di* Paleontologia e Stratigrafia, 112 (2): 177−190.

Rees M N, Robison R A, Babcock L E, Chang W T, Peng S C. 1992. Middle Cambrian eustasy: Evidence from slope deposits in Hunan Province, China. Geological Society of America Abstracts with Programs, 24(7): A108.

Resser C E. 1938. Cambrian System (restricted) of the Southern Appalachians. Geological Society of America Special Papers, 15: 1−140.

Robison R A. 1976. Middle Cambrian trilobite biostratigraphy of the Great Basin. Brigham Young University Studies in Geology, 23: 93−109.

Robison R A. 1984. Cambrian Agnostida of North America and Greenland, Part I, Ptychagnostidae. University of Kansas Paleontological Contributions, 109: 1−59.

Robison R A. 1988. Trilobites of Holm Dal Formation (late Middle Cambrian), central North Greenland. Meddelelser on Grønland, Geoscience, 20: 23−103.

Robison R A. 1994. Agnostoid trilobites from the Henson Gletscher and Kap Stanton formations (Middle Cambrian), North Greenland. Grønlands Geologiske Undersøgelse Bulletin, 169: 25−77.

Robison R A. 1999. Lithology and fauna of the *Lejopyge calva* Zone//Palmer A R. Laurentia 99. V Field Conference of the Cambrian Stage Subdivision Working Group, International Subcommission on Cambrian Stratigraphy. Boulder: Institute for Cambrian Studies, 21.

Robison R A. 2001. Subdividing the upper part of the Cambrian System: a suggestion. Palaeoworld, 13: 298.

Robison R A, Rosova A V, Rowell A J, Fletcher T P. 1977. Cambrian boundaries and divisions. Lethaia, 10: 257−262.

Rowell A J, Brady M J. 1976. Brachiopods and biomeres. Brigham Young University Geology Studies, 23: 165−180.

Rowell A J, Robison R A, Strickland D K. 1982. Aspects of Cambrian phylogeny and chronocorrelation. Journal of Paleontology, 56: 161−182.

Rosova A V. 1968. Biostratigraphy and trilobites of the Upper Cambrian and Lower Ordovician of the northwestern Siberian Platform. Akademiya Nauk SSSR, Sibirsk otdelenie, Trudy Institut Geologii Geofiziki, 36: 1−196 (in Russian).

Rozova A B. 1963. Biostratigraphic scheme for the Upper and upper Middle Cambrian and new Upper Cambrian trilobites from Kuliumbe River. Geology and Geophysics, 9: 3−19.

Runnegar B, Saltzman M R. 1998. Global significance of the Late Cambrian Steptoean positive carbon isotope excursion (SPICE). New York State Museum Bulletin, 492: 89.

Rushton A W A. 1967. The Upper Cambrian trilobite *Irvingella nuneatonensis* (Sharman). Palaeontology, 10: 339−384.

Rushton A W A. 1983. Trilobites from the Upper Cambrian Olenus Zone in central England. Special Papers in Palaeontology, 30: 107−139.

Saltzman M R. 2001. Carbon isotope stratigraphy of the Upper Cambrian Steptoean Stage and equivalents worldwide. Palaeoworld, 13: 299.

Saltzman M R, Ripperdan R L, Brasier M D, Lohmann K C, Robison R A, Chang W T, Peng S C, Ergaliev E K, Runnegar B. 2000. A global carbon isotope excursion (SPICE) during the Late Cambrian: relation to trilobite extinctions, organic-matter burial and sea level. Palaeogeography, Palaeoclimatology, Palaeoecology, 162 (3−4): 211−223.

Saltzman M R, Runnegar B, Lohmann K C. 1998. Carbon isotope stratigraphy of Upper Cambrian (Steptoean Stage) sequences of the eastern Great Basin: record of a global oceanographic event. Geological Society of America, Bulletin, 110: 285−297.

Shergold J H. 1982. Idamean (Late Cambrian) trilobites, Burke River structural belt, western Queensland. Bureau of Mineral Resources Geology and Geophysics of Australia, Bulletin, 187: 1−69.

Shergold J H, Bordonaro O, Liñan E. 1995. Late Cambrian agnostoid trilobites from Argentina. Palaeontology, 38: 241−257.

Shergold J H, Geyer G. 2001. The International Subcommission on Cambrian Stratigraphy: progress report 2001. Acta Palaeontologica Sinica, 40 (Supplement): 1−3.

Shergold J H, Jago J, Cooper R, Laurie J. 1985. The Cambrian System in Australia, Antarctica, and New Zealand. Correlation charts and explanatory notes. IUGS Publication, 19: 1−85.

Shergold J H, Laurie J R, Sun X W. 1990. Classification and review of the trilobite order Agnostida Salter, 1864: an Australian perspective. Bureau of Mineral Resources Geology and Geophysics Australia Report, 296: 1−93.

Taylor K, Rushton A W A. 1972. The pre-Westphalian geology of the Warwickshire Coalfield with a description of three boreholes in the Mecevale area. London: Her Majesty's Stationery Office.

Terfelt F, Ahlberg P, Eriksson M E. 2011. Complete record of Furongian polymerid trilobites and agnostoids of Scandinavia—a biostratigraphical scheme. Lethaia, 44: 8−14.

Terfelt F, Eriksson M E, Ahlberg P, Babcock L E. 2008. Furongian Series (Cambrian) biostratigaphy of Scandinavia—a revision. Norwegian Journal of Geology, 88: 73−87.

Tortello M F, Bordonaro O L. 1997. Cambrian agnostoid trilobites from Mendoza, Argentina: a systematic revision and biostratigraphic implications. Journal of Paleontology, 71: 74−86.

Varlamov A N, Pak K L, Rozova A V. 2005. Stratigraphy and trilobites of Upper Cambrian Chopko River section of Norilick Region, NW Siberian Platform. Novosibirsk: Nauka Press.

Varlamov A N, Rozova A V. 2009. New regional stages of Upper Cambrian (Evenickyi) of Siberia//New Data on Palaeozoic Stratigraphy and Palaeontology of Sibera. Novosibirsk: Nauka Press, 3−61.

Walcott C D. 1913. The Cambrian fauna of China//Research in China, Volume 3. Washington: Carnegie Institution of Washington, publication, 54, 3−276.

Walcott C D. 1924. Cambrian and lower Ozarkian trilobites. Smithsonian Miscellaneous Collections, 75: 53−60.

Westergård A H. 1946. Agnostidea of the Middle Cambrian of Sweden. Sveriges Geologiska Undersökning, series C, 477: 1−141.

Westergård A H. 1947. Supplementary notes on the Upper Cambrian trilobites of Sweden. Sveriges Geologiska Undersökning, series C, 489: 1−35.

Yang W R. 1984. Sedimentary characteristics of the Cambrian-Ordovician Boundary strata at Duibian, Jiangshan of Zhejiang Province Zhejiang//Nanjing Institute Palaeontology and Geology. Stratigraphy and Palaeontology of Systemic Boundaries in China. Cambrian-Ordovician Boundary(1). Hefei: Anhui Science and Technology Publishing House, 249−270.

Zhu M Y, Zhang J M, Li G X, Yang A H. 2004. Evolution of C isotopes in the Cambrian of China: implications for Cambrian subdivision and trilobite mass extinctions. Geobios, 37: 287−301.

Zuo J X, Peng S C, Zhu X J, Qi Y P, Lin H L, Yang X F. 2008. Evolution of carbon isotope composition in potential Global Stratotype Section and Point at Luoyixi, South China, for the base of the global seventh stage of Cambrian System. Journal of China University of Geosciences, 19(1): 9−22.

# 5 奥陶系的"金钉子"

## 奥陶纪 距今 4.85~4.44 亿年

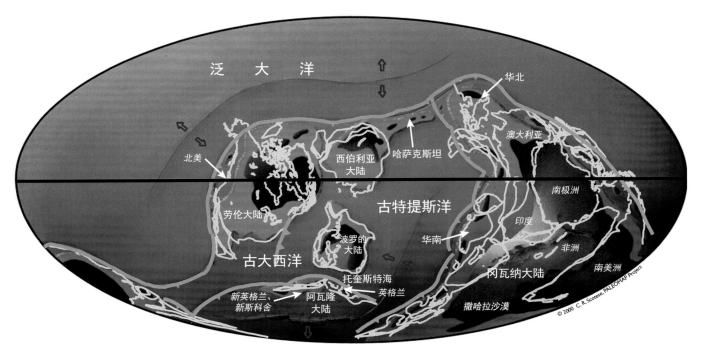

奥陶纪桑比初期（距今 4.58 亿年）全球古地理图

奥陶纪(Ordovician Period)是古生代的第2个纪，名称来源于Ordovices，这是英国威尔士的一个部落的名称。它是C. Lapworth 1879年提议建立的一个新系，是对A. Sedgwick建立的寒武系和由R. I. Murchison建立的上覆志留系之间的界线长期争论不休的调和解决办法。

A. Sedgwick 1835年在北威尔士等地的地层中建立了寒武系（Sedgwick & Murchison, 1835），1839年R. I. Murchison也在威尔士建立了志留系，而他的志留系下部就是被A. Sedgwick认为属于寒武系的地层。A. Sedgwick和R. I. Murchison都是英国当时的地质学大家，对各自建立的系的上界（寒武系）和下界（志留系）的位置互不相让，以致对两个系的界线争论持续终生。在两位大师分别于1873和1871年辞世之后，英国地质学家C. Lapworth才提出将这两个系所重叠的地层另建新系。但是，C. Lapworth的这个提议并未平息这场旷日持久的争论。在英国，争论还是依旧。以致很长一段时期，奥陶系和与其相当的下志留统在英国被并列使用。这个问题直到1960年才解决，当年在丹麦哥本哈根举行的第24届国际地质大会上，国际地学界将奥陶纪（系）、寒武纪（系）、志留纪（系）正式接受为全球通用的年代地层（地质年代）单位。

奥陶纪始于距今4.85亿年，持续了4160万年。其地质时期的特征包括：迅速而持久发生的生物多样性化达到古生代最高水平；早奥陶世长期维持的"温室"气候在中奥陶世逐渐变凉，到晚奥陶世变为"冰室"状态，地球为全球性的冰川所覆盖，导致在奥陶纪末海洋生物发生全面更替和集群灭绝。在奥陶纪，海平面剧烈升降，出现对比意义重要的世界性漂浮笔石和牙形刺，并高度分异，而底栖动物群则出现中度至强烈的分区性；环绕阿珀托斯洋（古大西洋）的构造板块快速移动并重新组合，南极由非洲北部运移到非洲中部。

1995年国际地层委员会奥陶纪地层分会经正式表决，将奥陶系分为下、中、上三统，每统2阶，计6阶。2003年分会又通过表决将上统3分，形成现今全球通用的奥陶系3统7阶的划分方案，并于2004年被国际地层委员会采纳，进入当年的《国际地层表》。奥陶系7个阶的"金钉子"都已建立，其中3枚在中国确立，分别定义大坪阶、达瑞威尔阶和赫南特阶的底界。（据Cooper *et al.*, 2012; Gradstein *et al.*,2012改写；古地理原图经C. R. Scotese允许，由G. Ogg提供）

大坪阶"金钉子"

湖北宜昌黄花场全球奥陶系大坪阶"金钉子"广场 （雷澍 摄）

## 5.1 大坪阶"金钉子"

全球大坪阶是奥陶系的第3阶，隶属于中奥陶统 (图5-1)。定义大坪阶底界即大坪阶与下伏弗洛阶 (中国称益阳阶) 界线的"金钉子"，是由宜昌地质矿产研究所汪啸风领导的、由中国、丹麦、美国、德国科学家组成的研究团队确立的。该"金钉子"同时定义中奥陶统的底界 (即下—中奥陶统界线)。大坪阶"金钉子"的全球候选层型是国际奥陶纪地层分会直接选举产生的，2004年，分会收到中国和阿根廷呈交的两份建立中奥陶统底界"金钉子"的提案报告。中国的提案提议，以三角形存疑波罗的海牙形刺 (*Baltoniodus? triangularis*) 在湖北宜昌黄花场剖面的首现，作为定义全球下—中奥陶统界线的"金钉子" (Wang *et al.*, 2005) (三角形存疑波罗的海牙形刺后更名为三角形波罗的海牙形刺)；阿根廷的提案提议，以阿兰达原锯齿牙形刺 (*Protoprioniodus aranda*) 在Niquivil剖面的首现建立该界线的"金钉子" (Albanesi *et al.*, 2003, 2006)。经国际奥陶系分会组织有关专家对这两个剖面实地考察后 (图5-2)，于2006年10月，分会对两个候选剖面进行了通讯表决，黄花场剖面以75%得票率 (12票

支持) 淘汰了Niquivil剖面 (4票支持)。表决后，中国提交了以黄花场剖面建立奥陶系"第三阶"暨中奥陶统共同底界"金钉子"的提案，又分别在2006年12月国际奥陶纪地层分会的表决中以94%的支持率 (16票支持、1票弃权、1张空白废票) 和2007年4月国际地层委员会的表决中以89%的支持率 (16票支持，2票弃权) 获得通过。2007年5月，国际地层委员会在呈送国际地科联最后批复的提案报告中，接受了汪啸风等的新建"大坪阶"提议，用它取代奥陶系非正式名称"第三阶"。2008年3月，国际地科联在批复中批准建立大坪阶"金钉子"，同时批准建立新的全球年代地层单位大坪阶，批准书由时任国际地科联秘书长 P. Bobrowsky 签署 (图5-3)。按照奥陶系3统7阶的划分方案，随着奥陶系最后一枚"金钉子"，即大坪阶"金钉子"的建立，标志现阶段正式定义全球通用奥陶系年代地层单位的工作已圆满完成。

大坪阶是奥陶系年代地层划分中唯一由中国学者命名的全球年代地层标准单位，也被采纳为中国区域年代地层单位 (全国地层委员会, 2014)，名称取自黄花场"金钉子"剖面东北 5 km 的大坪村。

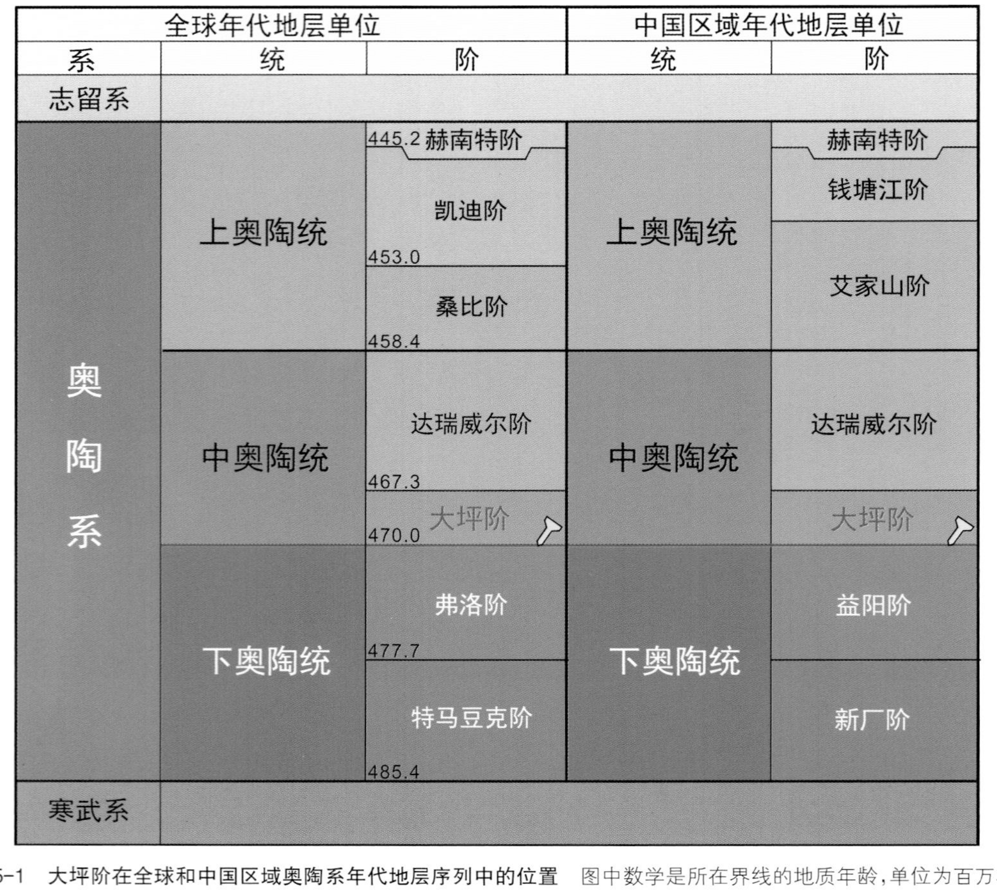

| 全球年代地层单位 | | | 中国区域年代地层单位 | |
|---|---|---|---|---|
| 系 | 统 | 阶 | 统 | 阶 |
| 志留系 | | | | |
| 奥陶系 | 上奥陶统 | 445.2 赫南特阶 | 上奥陶统 | 赫南特阶 |
| | | 凯迪阶 | | 钱塘江阶 |
| | | 453.0 | | 艾家山阶 |
| | | 桑比阶 | | |
| | | 458.4 | | |
| | 中奥陶统 | 达瑞威尔阶 | 中奥陶统 | 达瑞威尔阶 |
| | | 467.3 | | |
| | | 大坪阶 | | 大坪阶 |
| | | 470.0 | | |
| | 下奥陶统 | 弗洛阶 | 下奥陶统 | 益阳阶 |
| | | 477.7 | | |
| | | 特马豆克阶 | | 新厂阶 |
| | | 485.4 | | |
| 寒武系 | | | | |

图5-1　大坪阶在全球和中国区域奥陶系年代地层序列中的位置　图中数字是所在界线的地质年龄，单位为百万年。

**图5-2** 2004年国际奥陶纪地层分会代表团访问原宜昌地矿所 时任代表团主席 S. C. Finney 教授（左2）和分会选举委员、国际奥陶纪牙形刺专家 S. M. Bergström 教授（左3），在原宜昌地矿所奥陶系研究组汪啸风（左4）、陈孝红（左5）、周志强（左1）、王传尚（左6）及科技处负责人祁先茂（右1）、汤质华（后）等陪同下考察黄花场剖面。 （汪啸风 提供）

**图5-3** 全球大坪阶"金钉子"批准书

### 5.1.1 地理位置

大坪阶"金钉子"所在的宜昌黄花场镇（黄花乡）位于中国长江三峡地区黄陵穹窿的东翼（现在三峡大坝以东地区），坐落在长江三峡国家地质公园奥陶系园的中心地带。三峡地区是中国埃迪卡拉纪（即华南震旦系）和古生代地层古生物研究的经典地区之一，在中国地层古生物研究中占有重要的地位。长江三峡也是著名的旅游景区。黄花场位于宜昌市北偏东约22 km，"金钉子"就在穿越黄花场的宜昌—兴山的主干公路旁，交通极为便利、一年四季皆易到达（图5-4, 5-5）。

大坪阶"金钉子"层型点位的地理坐标为东经110°22′26.5″，北纬30°51′37.8″。

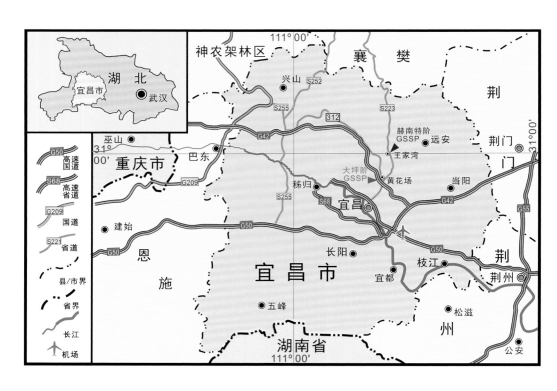

**图5-4　大坪阶"金钉子"（红色GSSP所指）地理与交通位置图**　蓝色GSSP所指为该地区建立的另一枚"金钉子"——全球上奥陶统赫南特阶"金钉子"。

**图5-5　湖北宜昌黄花场全球中奥陶统暨大坪阶"金钉子"剖面全貌**　中间小丘之顶的雕塑是大坪阶"金钉子"永久性标志碑，沿山顶护栏向右下行，三角形框架之内悬挂的是定义大坪阶底界的标志性化石三角形波罗的海牙形刺模型。中间下方的小碑是大坪阶"金钉子"点位标志，大碑是大坪阶"金钉子"层型剖面标志。
（彭善池　摄）

### 5.1.2 三峡地区地质概况

黄陵穹窿(黄陵背斜)位于宜昌市的中心位置,其核心部位呈南北轴长东西轴短的椭圆形状,出露了距今30亿年左右的古老变质岩基底,以及后来(距今8.2亿年)侵入的花岗岩体——黄陵花岗岩。围绕黄陵穹窿周缘呈带状分布的是距今7.6亿年以来相继沉积的成冰系、埃迪卡拉系至三叠系的地层(图5-6)。长江三峡自西向东从黄陵穹窿的南部穿过,沿江两岸可以观赏到出露极佳的各时代地

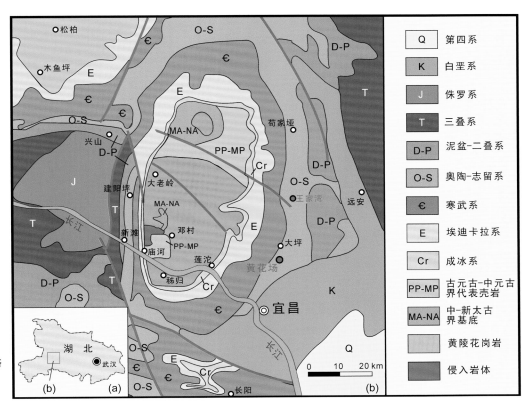

图5-6 长江三峡东部地区地质略图(据湖北省地质矿产局,1990;汪啸风等,1992)。

|  |  |
|---|---|
| Q | 第四系 |
| K | 白垩系 |
| J | 侏罗系 |
| T | 三叠系 |
| D-P | 泥盆-二叠系 |
| O-S | 奥陶-志留系 |
| € | 寒武系 |
| E | 埃迪卡拉系 |
| Cr | 成冰系 |
| PP-MP | 古元古-中元古界代表壳岩 |
| MA-NA | 中-新太古界基底 |
| | 黄陵花岗岩 |
| | 侵入岩体 |

层，为研究这段地层提供了极好的地质条件。20世纪初，美国著名地质学家Eliot Blackwelder (1907) 和Bailey Wills (1907) 就曾对三峡 (含黄陵穹窿) 的地层和构造地质分别做过调查。自1924年李四光、赵亚曾 (Lee & Chao, 1924) 对宜昌至秭归 (已被三峡库区淹没的旧城) 的地质和地层古生物做过详细研究后，三峡地区一直为国内外地质学家所瞩目，逐渐成为地层古生物学研究的经典地区，使得长江三峡 (西陵峡) 不仅因为迤逦的自然风光，也因为独特的地层序列和丰富的古生物化石而闻名于世。中国许多岩石地层单位和古生物属种均源于该地区。

黄陵穹窿东、西两翼均发育奥陶系 (图5-6)，整合于寒武系的娄山关组之上。东翼的奥陶系自张文堂等 (1957) 和穆恩之等 (1979) 分别在宜昌分乡、黄花场、王家湾等地研究后，迄今已有近60年的研究历史。近20多年来的研究进一步证明，该区中、上奥陶统界线地层和在奥陶纪末全球生物大灭绝期间所形成的地层序列完整，分别保存有全球最完整的牙形刺谱系演化系列和最完整的笔石序列，从而为在宜昌地区确立奥陶系大坪阶和赫南特阶两枚"金钉子"创造了极好的客观条件 (Wang et al., 2005, 2009a,b；李志宏等，2004, 2010；Chen et al., 2006a, 2009；王传尚等，2009；汪啸风等，2012, 2013；陈旭等，2013b)。

### 5.1.3 确定大坪阶底界的首要标志

大坪阶底界采用真牙形刺的一个物种，即三角形波罗的海牙形刺 (*Baltoniodus triangularis*) 的首现为标志定

义。这个首要标志最初是在2003年于阿根廷举行的第9届国际奥陶系讨论会上，由中国代表汪啸风在提议宜昌黄花场剖面为中奥陶统底界的全球候选层型时提出的。同时提出的还有另外两个候选层型，即加拿大纽芬兰西部的剖面和阿根廷的Niquivil剖面，前者建议采用笔石维多利亚等称笔石维多利亚亚种 (*Isograptus victoriae victoriae*) 首现为该界线的划分标志，后者主张采用阿兰达原锯齿牙形刺 (*Protoprioniodus aranda*) 首现来定义这条界线。2004年中国和阿根廷分别将提议在各自国家建立中奥陶统底界"金钉子"的提案报告呈交国际奥陶纪地层分会，在2006年10月的表决中，黄花场剖面以75%得票优势淘汰Niquivil剖面，从而确定以三角形存疑波罗的海牙形刺 (*Baltoniodus? triangularis*) (图5-7) 的首现为标志来定义中奥陶统底界。为什么要在波罗的海牙形刺这个属名之后加个问号呢？原因是*B. triangularis*这个物种在波罗的海地区建立后，一直未发现它的祖先类型。因此，在将黄花场所产的标本鉴定为*triangularis*时，研究者对该种是否应归入波罗的海牙形刺属 (*Baltoniodus*) 存有疑问，故根据Bagnoli & Stouge (1997) 的分类意见，在该属名后加了个问号。随着研究的深入，尤其是在黄花场剖面发现*B. triangularis*的祖先类型后 (图5-7，5-8)，澄清了*B. triangularis*的谱系演化问题，肯定该生物种可以毫无疑问地归入波罗的海牙形刺属，从而进一步肯定以三角形波罗的海牙形刺的首现作为大坪阶划分的生物标志，也得到国际学术界的认同，并被广泛应用。

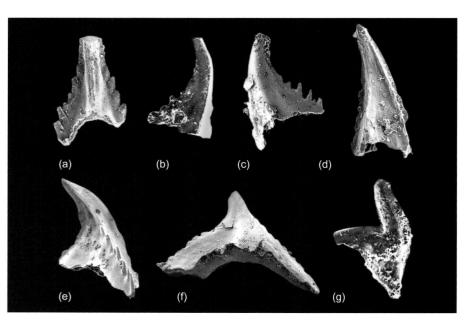

图5-7　确定大坪阶底界的首要标志物种——三角形波罗的海牙形刺*Baltoniodus triangularis*（Lindström, 1971）　a. Sa分子，后视，SHod–16，×198；b. Sb分子，侧视，SHod–16，×132；c. Sc分子，侧视，SHod–17，×198；d. Sd分子，后侧视，SHod–18，×165；e. Pa分子，侧视，SHod–16，×165；f. Pb分子，侧视，SHod–17，×132；g. M分子，侧视，SHod–16，×132。

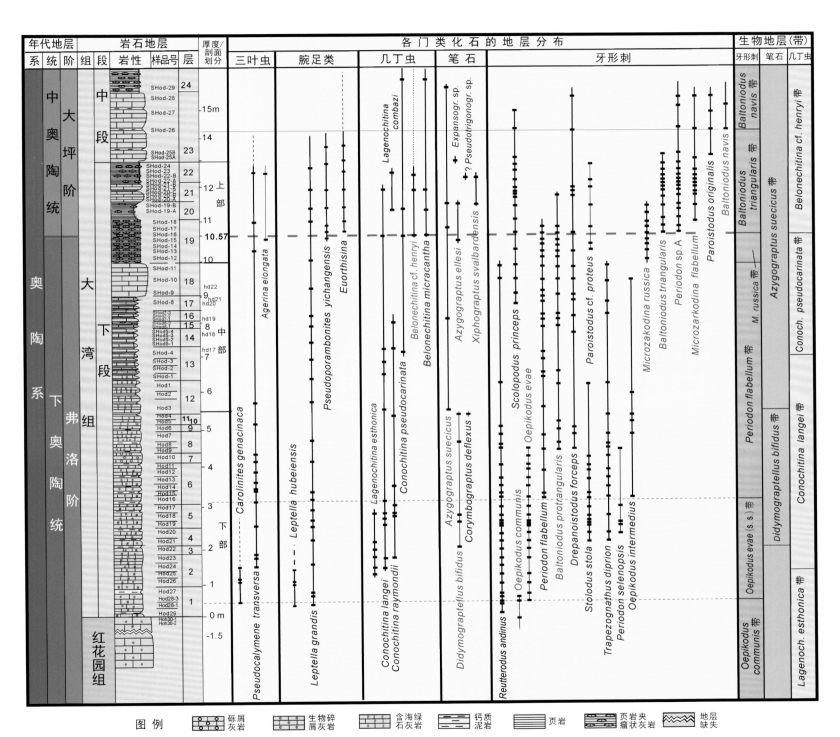

图5-8 大坪阶"金钉子"剖面的三叶虫、腕足类、几丁虫、笔石和牙形刺的地层分布

### 5.1.4 层型剖面和层型点位

作为大坪阶"金钉子"的层型剖面——黄花场剖面（图5-5，5-10），位于黄陵穹窿东翼，是自然出露的下—中奥陶统界线剖面。剖面最早由穆恩之等（1979）研究，在嗣后的30多年时间里，先后有许多地质学家，尤其是国土资源部宜昌地质调查中心地层古生物工作者对它做过多次详细研究，有深厚的研究积累（汪啸风，马国干，1978；汪啸风，1980；曾庆銮等，1983，1987，1991；汪啸风等，1983a，b，1987，2008，2013；Wang *et al.*，1984，1992，2005，2009a，b，2012；安泰庠，1987；倪世钊，李志宏，1987；穆恩之等，1993；Chen *et al.*，1995a；Wang & Bergström，1996，1998；王传尚等，1999；Zhang & Chen，2003；Zhan & Jin，2008；Wu *et al.*，2010；Wang C. *et al.*，2013），也多次接待过国际同行的考察和研究（图5-2）。剖面包括的地层厚度约为18米，其中上部17 m属大湾组，主要由碳酸盐岩夹碎屑岩组成，在碎屑岩中含有大量呈层状排列的灰岩透镜体，产牙形刺、腕足类等介壳化石，而在碎屑岩中则含有笔石、几丁虫、疑源类以及三叶虫和腕足类等多门类化石，与下伏红花园组顶部灰色中厚层灰岩整合接触。

黄花场一带的大湾组可进一步分为下、中、上三个岩性段，"金钉子"层型剖面仅包括大湾组下段和中段近底部一段地层（图5-8）。高分辨率的生物地层学研究表明，大湾组下段是黄花场剖面最重要的部分，厚12.07 m，主要由灰色薄层和少许中层灰岩夹黄绿色页岩组成，可进一步分为下、中、上三部分。下部5.45 m厚，其底部为灰色厚层海绿石灰岩（0.93 m厚），其上为灰色薄层海绿石灰岩、瘤状灰岩夹黄绿色页岩；中部4.52 m厚，由灰色薄层生物碎屑灰岩夹黄绿色页岩组成，其顶部0.9 m为灰紫色—灰色中层白云质泥晶灰岩；上部厚3 m，其下部1.1 m为灰色薄层灰岩、瘤状灰岩夹黄绿色页岩，其上为0.5 m厚的黄绿色页岩夹瘤状灰岩（SHod-19），往上为0.6 m厚的浅灰紫色薄—中层灰岩夹黄绿色页岩，其顶部为0.8 m厚的黄绿色页岩，其间夹薄层或瘤状灰岩（汪啸风等，2011；Wang *et al.*，2005，2009a）。

下伏红花园组由一套富含*Archaeocyphia*生物礁和*Calathium*生物礁的灰色厚层灰岩组成；最上部是共同欧佩克牙形刺（*Oepikodus communis*）带，带化石*Oepikodus communis*可上延至上覆大湾组下部。

大坪阶"金钉子"层型剖面的点位在大湾组之内是

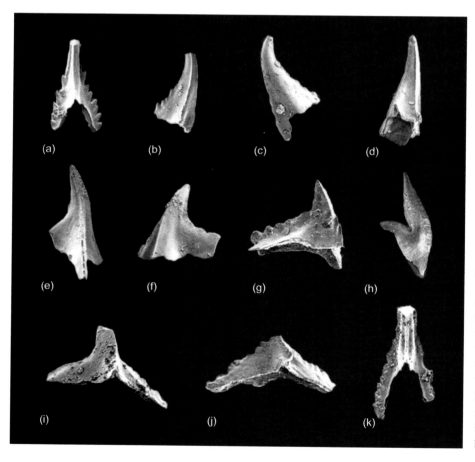

(a) (b) (c) (d)

(e) (f) (g) (h)

(i) (j) (k)

图5-9　确定大坪阶底界的首要标志物种三角形波罗的海牙形刺的祖先类型和后裔类型　a—h. 原三角形波罗的海牙形刺（*Boltoniodus protriangularis* sp. nov.）〔=近似三角波罗的海牙形刺，*B*. cf. *B. triangularis* (Lindström) in Wang *et al.*, 2012〕，是 *B. triangularis* 的直接祖先〔汪啸风等，2013〕. a. Sa 分子，后视，×150；b. Sb 分子，侧视，×100；c. Sc 分子，侧视，×180；d. Sd 分子，后侧视，×180. e. Pa 分子，**holotype**，侧视，×150；f. Pb 分子，内侧视，×100；g. Pb 分子，侧视，×180；h. M 分子，侧视，×120；i—k. 船形波罗的海牙形刺 *Baltoniodus navis*（Lindström），是 *B. triangularis* 的后裔种〔汪啸风等，2013〕. i. P 分子，侧视，×135；j. P 分子，侧视，×75；k. Sa 分子，后视，×128。

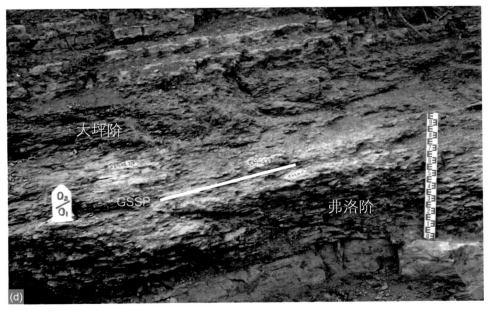

图5-10 湖北宜昌黄花场中奥陶统暨大坪阶"金钉子"剖面 a. 黄花场层型剖面；b. *Oepikodus evae*带，左上角小碑指示狭义的*O. evae*(s. s.)亚带和*P. flabellum*亚带的界线位置；c.黄花场剖面大湾组下段下部采样标记（白漆红字处），右上角白色小碑是牙形刺中间型欧皮克刺（*Oepikodus intermedius*）的首现层位；d. 关键化石三角形波罗的海牙形刺（*Baltoniodus triangularis*）首现位置（白线，GSSP），与大坪阶底界一致。

（汪啸风 提供）

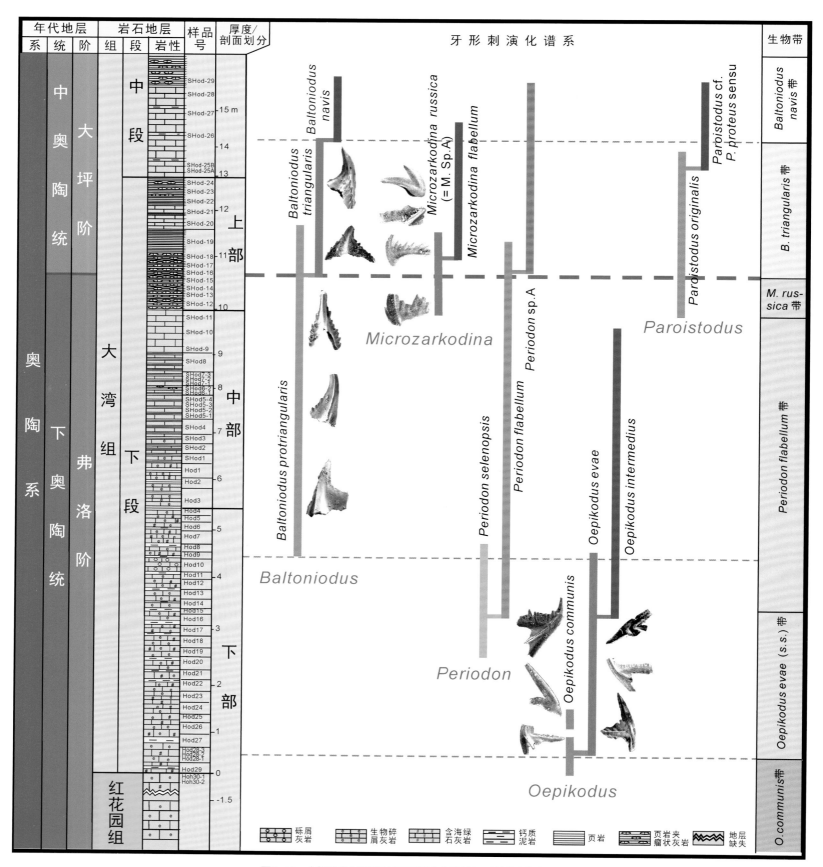

图5-11 大坪阶"金钉子"剖面层型点位附近牙形刺的演化序列

第SHod-16采样层之底 (亦即在大湾组下段中部之顶所分布的0.9 m厚具特色的灰紫色中层泥晶白云质灰岩之上0.6 m)，与三角形波罗的海牙形刺 (*Baltoniodus triangularis*) 在黄花场剖面的首现点位一致，下距大湾组底界10.57米。首现点位处于波罗的海牙形刺 (*Baltoniodus*) 的连续演化谱系之中，即由原三角形波罗的海牙形刺 (*B. protriangularis*) (图5-9a–h; 图5-11) 经三角形波罗的海牙形刺 (*B. triangularis*) 向船形波罗的海牙形刺 (*B. navis*) (图5-9i–k) 演化的系列。由下而上，它们分别首现于第Hod9，第SHod-16和第SHod-26采样层 (图5-11)。在黄花场剖面，*B. triangularis*的首现点与围牙形刺未定种A (*Periodon* sp. A) 首现层位基本一致，较扇形微奥泽克牙形刺 (*Microzarkodina flabellum*) 的首现层位略低，有鉴于此两种牙形刺的首现位置与三角形波罗的海牙形刺接近，从而更有助于在世界其他地区识别和对比大坪阶的底界。

### 5.1.5 黄花场剖面的生物地层

#### 1. 牙形刺生物地层

黄花场剖面的下—中奥陶统界线地层富含牙形刺化石。根据对黄花场剖面大湾组下段和中段下部厚16 m地层所采70个牙形刺样品中17520个保存完好标本的系统研究与鉴定，以及对在相邻的陈家河 (大坪) 和建阳坪剖面相当层位所采牙形刺的系统研究，并与波罗的海斯堪的纳维亚 (Baltoscandian) 地区下—中奥陶统界线上、下所产的典型牙形刺标本进行比较，均证明在黄花场剖面大湾组下段，即下—中奥陶统界线地层层段中，保存了目前所知世界上最完整的牙形刺组合序列，自下而上可划分为4个牙形刺生物带：*Oepikodus communis*带，*Oepikodus evae*带，*Baltoniodus triangularis*带和*Baltoniodus navis*带 (图5-11)。如上所述，大坪阶的底界与*Baltoniodus triangularis*的首现一致，亦即与*Baltoniodus triangularis*带的底界一致。其中*Oepikodus evae*带以后又被进一步划分三个生物带，即狭义*O. evae* (s. s.) 带，*Periodon flabellum*带和*Microzarkodina russica*带 (Wu *et al.*, 2010; 汪啸风等, 2013) (图5-11)。

*B. triangularis*的直接祖先是原三角形波罗的海牙形刺 (*B. protriangularis*) (汪啸风等, 2012, 2013)。后者是汪啸风等 (2013) 命名的新种，即*B. protriangularis* Wang, Stouge, Chen, Li et Wang, 2013 sp. nov.。需要说明的是，在未系统研究和查明三角形波罗的海牙形刺演化序列之前，原三角形波罗的海牙形刺曾被鉴定为三角形波罗的海牙形刺的比较种 (*B.* cf. *B. triangularis*) (安泰庠, 1987; 倪世钊、李志

宏, 1987; 李志洪等, 2004)，因为它与典型的*B. triangularis*有很多相似处，但明显不同在于其Pa和Pb分子的前突起 (anterior process) 尚未生出任何细刺，说明其分子结构均较*B. triangularis*更原始。经过系统采样和分析后发现，原三角形波罗的海牙形刺，即过去所描述的三角形波罗的海牙形刺的比较种，在产出层位上直接位于*B. triangularis*的首现层位之下，这也进一步支持和确认它是*B. triangularis*的祖先类型。过去识别出该新种时，尚未为其指定模式标本，本文指定Wang *et al.*(2012) 所描述的该种Pa分子 (图5-9e) 为该种正模 (holotype)，其余标本为副模 (Wang *et al.*, 2012, 图5-9)。

*B. triangularis*最早在瑞典南部发现 (Lindström, 1955)，但在瑞典和波罗的海区的其他地点，因下—中奥陶统界线层段的地层发育不全，其间为一硬底构造而隔开 (Rasmussen, 2001; Tolmacheva & Fedorov, 2001; Dronov *et al.*, 2003)，因而不可能发现该种的连续演化系列。

此外，在黄花场剖面以三角波罗的海牙形刺首现为标志的界线层位还与其他几种类型牙形刺属，如*Microzarkodina*, *Periodon*和*Paroistodus*等的谱系演化系列中所发生成种事件的层位接近或一致 (图5-11)，从而进一步说明，黄花场剖面下—中奥陶统界线地层中保存了世界上同期地层中最完整的牙形刺谱系演化序列。

#### 2. 笔石、几丁虫生物地层

在黄花场剖面与牙形刺共生的还有笔石、几丁虫、腕足类、三叶虫等多门类化石。其中笔石、几丁虫具有广泛对比潜力，也是帮助识别和确定大坪阶底界的重要辅助生物标志。

黄花场剖面的下—中奥陶统界线地层可划分为两个笔石生物带。自下而上，即下垂对笔石 (*Didymograptellus bifidus*) 带和瑞典断笔石 (*Azygograptus suecicus*) 带 (图5-12)。*Didymograptellus bifidus*产于剖面大湾组下段下部至中部的黄绿色页岩夹层中 (Hod22, Hod18, Hod11, Hod8, Hod4)。在最上部0.17 m厚的黄绿色页岩夹层 (Hod4) 中，还与*Corymbograptus deflexus*、*Tetragraptus bigsbyi*、*Acrograptus kurki*等笔石共生，且直接伏于含首次出现*Azygograptus suecicus*的薄层瘤状灰岩夹页岩 (Hod3) 之下。*Azygograptus suecicus*产于剖面大湾组下段中部至中段，又可进一步划分为上、下两部分或两个间隔带。下间隔带位于Hod3层和SHod-14层之间，主要产*Azygograptus suecicus, A. eivionicus, Phyllograptus anna*等笔石; 上间隔带 (SHod-15~SHod-29) 以产*Azygograptus*

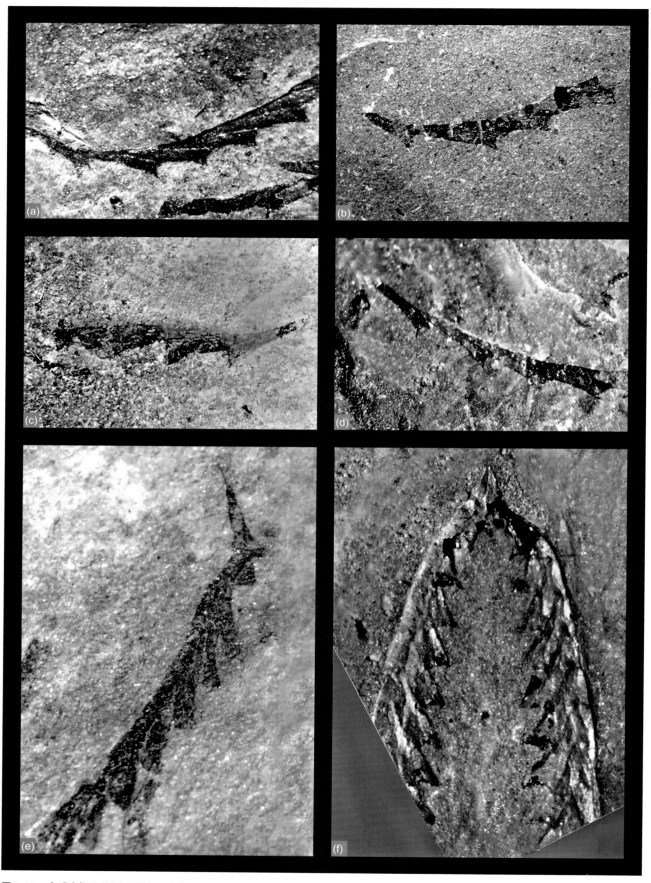

图5-12  全球大坪阶"金钉子"剖面和邻近剖面的笔石带化石(Wang *et al*., 2013)  a–d. 采自宜昌建阳坪剖面大湾组；e, f. 采自黄花场剖面。a, d. *Azygograptus eivionicus*，×10，JD13.5；b. *Azygograptus ellesi*，×10，JD13.5；c. *Azygograptus* sp.，×10，JD13.8；e. *Corymbograptus* sp.，×13，Hod4；f. *Didymograptus bifidus*，×10，Hod8。

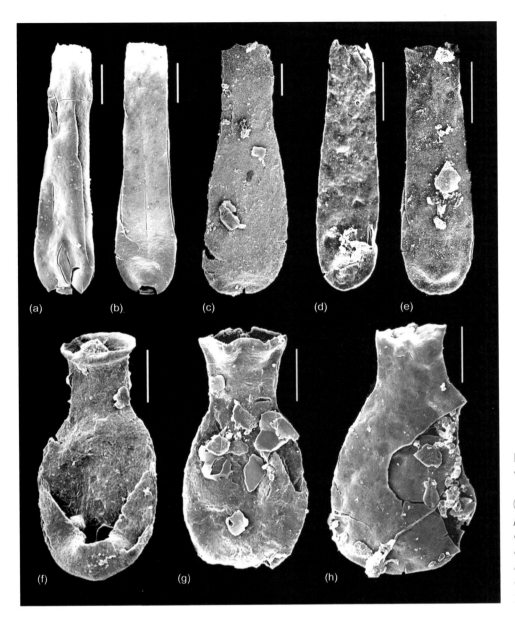

图5-13 全球大坪阶"金钉子"剖面和邻近剖面的几丁虫带化石和重要分子
比例尺=100 μm。a, b. *Conochitina langei* (Combaz et Peniguel, 1972); c. *Conochitina pseudocarinata* Paris, 1981; d, e. *Belonechitina* cf. *B. henryi* Paris, 1981; f. *Lagenochitina esthonica* Eisenack, 1955; g, h. *Lagenochitina combazi* Finger, 1982 (Wang *et al.*, 2009a; Chen *et al.*, 2009)。a–c, f. 产于黄花场; d, e, g, h. 产于陈家河。

*ellesi, A. suecicus, Tetragraptus* sp., *Expansograptus* sp., *Pseudotrigonograptus*? sp., 以及平伸和下斜的 *Xiphograptus svalbardensis* 为特点。

根据上覆和下伏灰岩中所产牙形刺,黄花场剖面 *D. bifidus* 和 *A. suecicus* 生物带之间的界线位于牙形刺 *Periodon flabellum* 生物带内部 (图5-8); *A. suecicus* 生物带下部 (Hod3—SHod–14) 与 *P. flabellum* 牙形刺生物带的大部分相当,而 *A. suecicus* 生物带上部位于大湾组下段上部至中段下部,可以与 *B. triangularis* 生物带至 *B. navis* 生物带下部大致对比 (王传尚等, 2009; Wang X. *et al.*, 2005, 2009a; Wang C. *et al.*, 2013)。

黄花场剖面下—中奥陶统界线地层中还产有丰富的几丁虫 (陈孝红等, 2002),可以划分为4个几丁虫生物带,自下而上,即 ① *Lagenochitina esthonica* 带, ② *Conochitina langei* 带, ③ *Conochitina pseudocarinata* 带, ④ *Belonechitina* cf. *B. henryi* 带 (Wang *et al.*, 2009a) (图5-13)。其中 *Belonechitina* cf. *B. henryi* 几丁虫生物带的重要几丁虫有 *Lagenochitina combazi*、*Belonechitina* cf. *B. henryi*、*B. micracantha* 等,显示在该带底部曾发生过几丁虫演化史上一次重要事件,以致大量早奥陶世几丁虫在此带中消失。陈孝红等 (Chen *et al.*, 2009) 考虑 *B.* cf. *B. henryi* 在黄花场剖面出现较少,故改 *B.* cf. *B. henryi* 生物带为 *Lagenochitina combazi* 生物带,前者与 *B. triangularis* 生物带的底界几乎一致;后者首现层位较 *B.* cf. *B. henryi* 生物带高 0.5 m。

### 5.1.6 "金钉子"的保护

全球通用和统一的地质年代系统中每一枚金钉子的确立,依据的都是地史时期的一次重要事件。根据国际地层委员会和国际地层指南对金钉子剖面选择和保护的要求,为妥善保护黄花场大坪阶"金钉子"剖面的科学和文化内涵,湖北省人民政府、宜昌市人民政府和国土资源部在黄花场剖面"金钉子"所在地及其附近建立了地质遗迹保护区和奥陶系地质公园(奥陶系地质公园是宜昌长江三峡国家地质公园的一部分)。在黄花场剖面上设立了大坪阶"金钉子"层型剖面和层型点位的

指示碑(图5-14,5-15),建立了"金钉子"永久性标志碑(图5-16),塑造了大坪阶底界首要生物标志三角形波罗的海牙形刺(*Baltoniodus triangularis*)的雕塑(图5-17),建立了博物馆。

2007年7月,在宜昌黄花场"金钉子"剖面所在地举行了隆重的永久性标志碑揭碑、树标仪式。国土资源部、全国地层委员会、湖北省和宜昌市政府的时任领导、国际地层委员会时任副主席、秘书长、国际奥陶纪和志留纪地层分会时任主席,来自50多个国家的80多名专家和代表出席了揭碑仪式(图5-18~图5-21)。

图5-14 大坪阶"金钉子"层型剖面标志 (雷澍 摄)

图5-15 大坪阶"金钉子"层型点位指示碑 (雷澍 摄)

**图5-16 大坪阶"金钉子"永久性标志碑** 〔雷澍 摄〕

图5-17 确定大坪阶底界的首要
标志物种 *Baltoniodus triangularis*
的雕塑 （彭善池 摄）

**图5-18 2007年7月6日,在黄花场剖面举行的全球大坪阶"金钉子"揭碑仪式** 出席嘉宾(后排右起)有:时任全国地层委员会秘书长王泽九(右2),时任国际地层委员会奥陶纪地层分会主席陈旭(右5),时任国际地层委员会副主席S. C. Finney(右6),时任国土资源部副部长汪民(右7),时任湖北省常务副省长刘友凡(右8),时任国际地层委员会秘书长G. Ogg(右9),时任国际地层委员会志留纪地层分会主席戎嘉余(右10)。 （汪啸风 提供）

图5-19 出席揭碑仪式的中外代表
（汪啸风 提供）

图5-20 2007年7月出席南京奥陶系
与志留系国际讨论会暨国际地科联全
球地质对比计划IGCP508研究项目的
70余名代表参加了揭碑仪式
（汪啸风 提供）

图5-21 汪啸风（前）与国际古生物协会
几丁虫分会主席Florentin Paris（左4）、
国际地层委员会主席S.C.Finney（左3）、
时任国际地层委员会秘书长J.G.Ogg和
几丁虫专家Acha Achab博士（左2）讨论
"金钉子"剖面沉积特征（汪啸风 提供）

达瑞威尔阶"金钉子"

浙江常山黄泥塘全球奥陶系达瑞威尔阶"金钉子"保护长廊，层型剖面和层型点位位于长廊之后　（彭善池　摄）

## 5.2 达瑞威尔阶"金钉子"

达瑞威尔阶是奥陶系的第4阶,隶属于中奥陶统 (图5-22)。定义达瑞威尔阶底界即达瑞威尔阶与下伏大坪阶界线的"金钉子",是由中国科学院南京地质古生物所研究员陈旭领导的、由中、美、法、德、澳大利亚多国科学家组成的研究团队确立的。研究工作在1990年正式启动,1991年在澳大利亚召开的第六届国际奥陶系大会上,成立了以陈旭为首、包括美国和澳大利亚等国专家的国际界线工作组。其后,工作组在中国浙江常山黄泥塘开展了对黄泥塘剖面的多学科研究,以专刊形式发表了多篇研究成果 (Chen et al., 1995b),在专刊的末篇论文中,提议将黄泥塘剖面作为奥陶系的一个全球阶的界线候选层型 (Chen & Mitchell)。次年,工作组向国际地层委员会奥陶纪地层分会提交了在黄泥塘建立全球达瑞威尔阶"金钉子"提案的报告。报告于1996年7月在奥陶纪地层分会选举委员通讯表决中,以85%得票率通过 (17票赞成,1票反对,2票弃权,2人未投票)。同年11月,国际地层委员会表决了该提案,以65%得票率获得通过。1997年1月经国际地质科学联合会批准,达瑞威尔阶"金钉子"在中国正式确立 (图5-23)。

达瑞威尔阶"金钉子"是在中国确立的第一枚"金钉子",也是奥陶系的首枚"金钉子"。达瑞威尔阶"金钉子"的确立有力地推动了中国全球年代地层单位的"金钉子"研究进程。在其后15年间,一枚枚的"金钉子"相继在中国建立,到2011年,已达10枚之多。

达瑞威尔阶曾是澳大利亚维多利亚州的一个地方性年代地层单位 (Hall, 1899),"金钉子"的确立使得它从此成为正式的全球年代地层单位,以后也被接受为中国的区域性年代地层单位 (全国地层委员会,2014)。

### 5.2.1 地理位置

达瑞威尔阶"金钉子"所在的黄泥塘剖面位于浙西常山县钳口镇二都桥乡黄泥塘村境内,距常山县城西南约3.5 km (图5-24)。剖面是天然露头,出露于南门溪小河的南岸。层型点位的地理坐标为东经118°29.558′、北纬28°52.265′N。

经国土资源部批准,现已在黄泥塘村建立国家级地质公园——达瑞威尔阶"金钉子"国家地质公园 (图5-25,5-26),"金钉子"坐落在园内。黄泥塘剖面交通便利,四季皆可参观,小型车辆从县城通过多条公路通达地质公园 (二都桥乡),步行数百米即可抵达剖面。

### 5.2.2 "金钉子"所在"三山地区"地质概况

达瑞威尔阶"金钉子"与寒武系江山阶"金钉子"都建立在浙、赣边境的"三山地区",分别位于常山县和江山市。"金钉子"所在的江山—常山地区的地质概况在江山阶"金钉子"一节已有介绍。

达瑞威尔阶"金钉子"所在的宁国组是以黑色页岩

| 全球年代地层单位 | | | 中国区域年代地层单位 | |
|---|---|---|---|---|
| 系 | 统 | 阶 | 统 | 阶 |
| 志留系 | | | | |
| 奥陶系 | 上奥陶统 | 445.2 赫南特阶 | 上奥陶统 | 赫南特阶 |
| | | 凯迪阶 | | 钱塘江阶 |
| | | 453.0 | | |
| | | 桑比阶 | | 艾家山阶 |
| | | 458.4 | | |
| | 中奥陶统 | 达瑞威尔阶 | 中奥陶统 | 达瑞威尔阶 |
| | | 467.3 | | |
| | | 大坪阶 | | 大坪阶 |
| | | 470.0 | | |
| | 下奥陶统 | 弗洛阶 | 下奥陶统 | 益阳阶 |
| | | 477.7 | | |
| | | 特马豆克阶 | | 新厂阶 |
| | | 485.4 | | |
| 寒武系 | | | | |

图5-22 达瑞威尔阶在全球和中国区域奥陶系年代地层序列中的位置 图中数字为所在界线的地质年龄,单位为百万年。

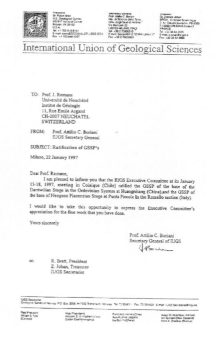

图5-23 全球达瑞威尔阶"金钉子"批准书

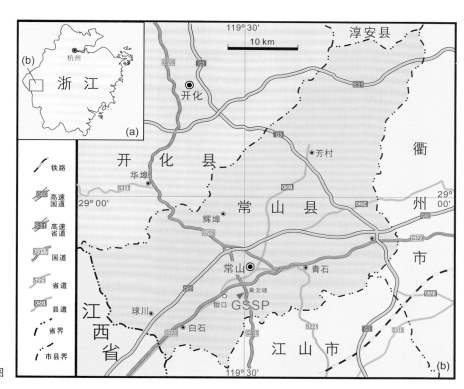

图 5-24　达瑞威尔阶"金钉子"地理位置图

图 5-25　浙江常山达瑞威尔阶"金钉子"国家地质公园　（彭善池　摄）

为主的细碎屑岩夹灰岩的地层,灰岩是浊流成因的浊积岩。在页岩中保存的笔石和灰岩中保存的牙形刺均为棚外较深水的分子,因此岩性也或多或少与寒武系江山阶所在的华严寺组相似,是一套形成于江南斜坡带最外侧,接近于江南盆地的地层。

### 5.2.3 确定达瑞威尔阶底界的首要标志

1991年7月,在澳大利亚悉尼大学召开的第6届国际奥陶系大会上,确定了奥陶系内部9条有国际对比潜力、可作为划分奥陶系全球统、阶界线的候选层位,其中包括澳洲齿状波曲笔石带 (*Undulograptus austrodentatus* Zone) 的底界 (陈旭,1991)。1995年6月,在美国拉斯维加斯召开的第7届国际奥陶系大会上,经过与会代表的充分讨论,国际奥陶纪地层分会选举委员以压倒性多数的表决结果 (12票赞成,2票反对,1票弃权),通过了奥陶系3统6阶的划分方案 (Williams,1996),决定将奥陶系分为下、中、上三统,每统各分2阶。其中第4阶底界 (中奥陶统上、下两个阶的界线) 建议采用 *U. austrodentatus* 带的底界定义。其后,在1995年冬国际奥陶纪地层分会的通讯表决中,以18票赞成、2票反对、1票弃权的结果肯定了三分方案,也肯定了用 *U. austrodentatus* 的首现为定义奥陶系第4阶底界的首要生物标志 (Webby,1996)。

*Undulograptus austrodentatus* 是全球性分布的笔石 (图5-27),在世界主要生物地理区都有发现。在中国华南、加拿大 (育空地区、纽芬兰)、美国 (爱达荷州、内华达州)、澳大利亚、新西兰、瑞典、阿根廷等地,见于斜坡、深水陆内凹陷、远洋以及浅水碳酸盐岩台地环境的沉积物中,是一种同时出现于全球不同洋盆和陆棚外海的笔石,有助于不同相区间的对比,非常适合作为定义年代地层单位底界的首要对比工具。

### 5.2.4 层型剖面和层型点位

达瑞威尔阶"金钉子"层型剖面是常山黄泥塘剖面,该剖面最初由浙江省地质调查院俞国华发现 (图5-28),罗璋、郑云川 (1981) 做过内部报道,杨达铨 (Yang,1990) 和姚伦淇、杨达铨 (1991) 先后公开报道。完整的黄泥塘剖面包含寒武系西阳山组 (顶部) 和奥陶系印渚埠组、宁国组、胡乐组、砚瓦山组等地层 (张元动等,2013),"金钉子"层型剖面仅仅是宁国组的上部 (第4段) 和胡乐组最底部一段厚30余米的海相地层,即化石采集层 AEP177—AEP250 之间的层段 (Chen & Bergström,1995;Mitchell *et al.*,1997) (AEP177在印渚埠组的第3段,即横塘段的顶部;AEP250在胡乐组的底部),剖面沿南门溪南岸实测 (图5-29),岩性以黑色页岩

图5-26 达瑞威尔阶"金钉子"国家地质公园全景 〔雷澍 摄〕

**图5-27** 定义全球达瑞威尔阶底界首要标志物种澳洲齿状波曲笔石(*Undulograptus austrodentatus*) a, b. *Undulograptus austrodentatus*(Harris et Keble),比例尺长度=1 mm。 a. 产于浙江江山黄泥塘宁国组;b 产于浙江江山拳头棚宁国组(Chen *et al.*, 1995b;Mitchell *et al.*, 1997;陈旭等,2013a);c. 置于全球达瑞威尔阶永久性标志顶端的澳洲齿状波曲笔石的模型。

**图5-28** 常山黄泥塘剖面的发现者、浙江地质调查院高级工程师俞国华(右)与达瑞威尔阶"金钉子"骨干研究成员张元动在黄泥塘剖面

图5-29 达瑞威尔阶层型剖面旧貌 a. 20世纪90年代的黄泥塘剖面外观；b. 中国科学院南京地质古生物研究所的研究人员1994年在剖面进行野外研究，最右边人群所在位置就是以后确定"金钉子"点位的地方（据Zhang & Winston，1995）。 （a. 张元动 提供）

为主，中下部夹10余层薄层灰岩，顶部为黑色硅质页岩夹硅质岩。产有高分异度和高丰度的笔石动物群和多种牙形刺，也产有疑源类、几丁虫和腕足动物。这些化石能确保剖面进行精确的区域及全球对比。

达瑞威尔阶"金钉子"的层型点位在宁国组中部的化石采集层AEP184之底（图5-30，5-31），与澳洲齿状波曲笔石（*Undulograptus austrodentatus*）在剖面的首现一致。原先报道位于宁国组顶界之下22 m（Zhang & Winston，1995；陈旭等，1997；Mitchell *et al.*，1997；Cooper & Sadler，2012），但据张元动等（2008，2013）、陈旭等（2013a）最新对黄泥塘剖面的描述，层型点位应在宁国组顶界之下25.89 m或在宁国组底界之上30.43 m。*U. austrodentatus*的首现可能处于由*Exigraptus clavus*经由*Undulograptus sinodentatus*向*U. austrodentatus*演化的系列中。

### 5.2.5 黄泥塘剖面的笔石和牙形刺生物地层

#### 1. 笔石生物地层

根据Chen *et al.*（1995b）和Mitchell *et al.*（1997）的研究，达瑞威尔阶"金钉子"层型剖面包括3个笔石生物带，自下而上，即*Exigraptus clavus*带、*Undulograptus austrodentatus*带、*Acrograptus ellesae*带。其中，*U. austrodentatus*带又进一步分为两个亚带，其下为*Arienigraptus zhejiangensis*亚带，其上为*Undulograptus sinicus*亚带。其中*Exigraptus clavus*带和*Undulograptus austrodentatus*带（含2个亚带），属于宁国组（图5-32），*Acrograptus ellesae*带下部亦属宁国组，此带穿越宁国组和胡乐组的界线，延伸到胡乐组内。第2个带的带化石*U. austrodentatus*和所属亚带的带化石*A. zhejiangensis*在黄泥塘剖面同时首现，由于全球达瑞威尔阶底界与*U. austrodentatus*的首现一致，这两个带（亚带）的共同底界也是达瑞威尔阶的底界，亦即"金钉子"的层型点位。

图5-30 达瑞威尔阶"金钉子"层型点位（地质锤锤头所在位置）。其上为达瑞威尔阶，其下为大坪阶 （张元动 提供）

黄泥塘剖面全部宁国组（包括黄泥塘"金钉子"层型剖面层段）富产笔石，对该组的笔石生物地层序列也多有研究。Zhang & Winston（1995）最初将其划分为4个带，自下而上，即*Didymograptus (Corymbograptus) deflexus*带、*Azygograptus suecicus*带、*Exigraptus clavus*带、*Undulograptus austrodentatus*带（含*Arienigraptus zhejiangensis*亚带，其上为*Undulograptus sinicus*亚带）。上部的两个带形成了Mitchell *et al.*（1997）在*Episodes*上发表黄泥塘"金钉子"剖面文献性论文的基础。张元动等（2008，2013）和陈旭等（2013a）最近对黄泥塘剖面宁国组的笔石生物地层做了修订，宁国组完整的笔石序

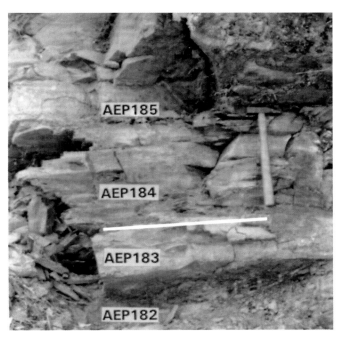

图5-31　20世纪90年代初黄泥塘"金钉子"层型点位（白线）附近的露头外貌　AEP是南京地质古生物所当时为野外研究统一编的采样层位和样品代号。
（据Zhang & Winston，1995）

列包括6个笔石带和两个笔石亚带。这些带和亚带均为间隔带，各带以带化石的首现确定底界，顶界由上覆带的底界定义，自下而上，即① *Corymbograptus deflexus* 带，② *Azygograptus suecicus* 带，③ 存疑的 *Isograptus caduceus imitatus* 带（？），④ *Exigraptus clavus* 带，⑤ *Undulograptus austrodentatus* 带（含 *Arienigraptus zhejiangensis* 亚带 和 *Undulograptus sinicus* 亚带），⑥ *Acrograptus ellesae* 带。如上所述，其中后一笔石带上延至上覆的胡乐组。图5-33综合了宁国组内笔石生物地层序列和笔石化石的详细地层分布。

2. 牙形刺生物地层

黄泥塘剖面宁国组内的厚度不等的灰岩夹层中产有牙形刺，Wang & Bergström (1995)、陈旭等 (1997) 在宁国组内识别出两个牙形刺带，自下而上，即：1，*Oepikodus evae* 带和 2，*Paroistodus originalis* 带（图5-34，5-35）。其中1带和2带分别处于宁国组的下部（AEP156h–AEP156a化石采集层）和中上部（AEP156–AEP210化石采集层），

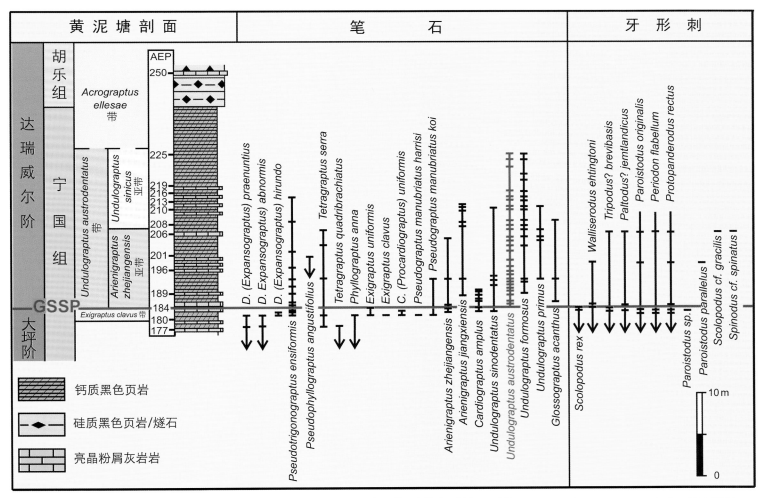

图5-32　黄泥塘剖面达瑞威尔阶"金钉子"层段的笔石和牙形刺的地层分布及笔石生物地层划分　（据Mitchell, *et al.*, 1997; Cooper & Sadler, 2012修改）

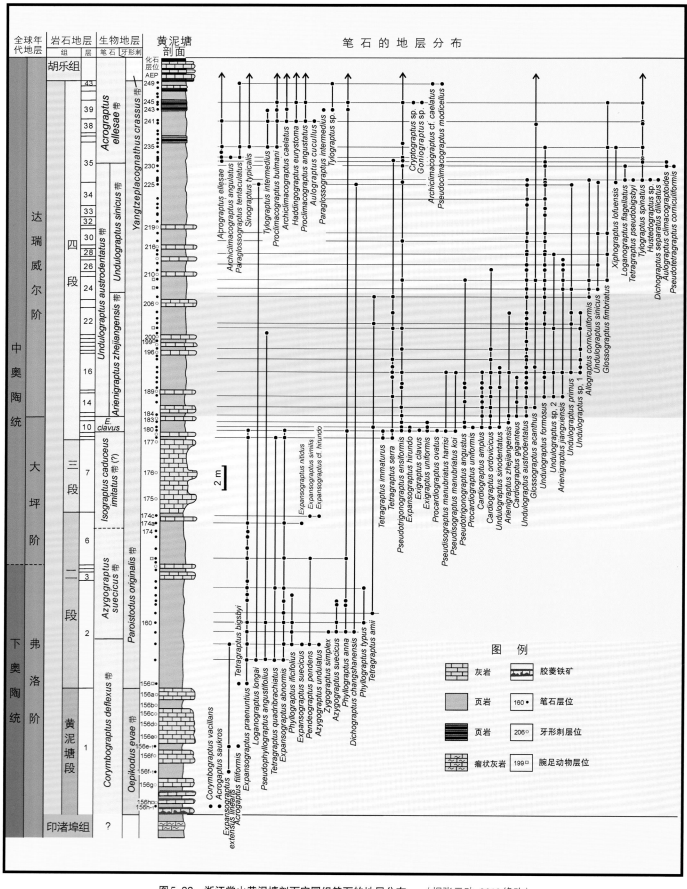

**图5-33 浙江常山黄泥塘剖面宁国组笔石的地层分布** （据张元动，2013修改）

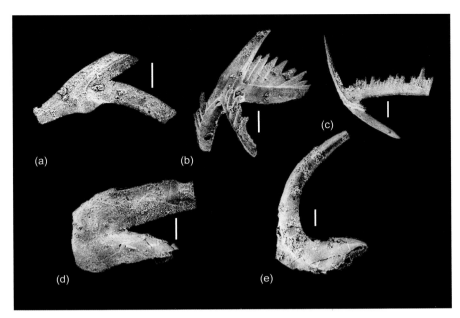

图5-34 浙西常山黄泥塘宁国组牙形刺带的带化石，均产于浙江常山黄泥塘宁国组 a–c. *Opiekodus evae*（Lindström）（1带）；d, e. *Paroistodus originalis*（Sergeeva）（2带）。比例尺=100 μm。

（据 Wang & Bergström, 1995）

达瑞威尔阶的层型点位因而在*Paroistodus originalis*带之内。从AEP210直至宁国组的顶部，没有牙形刺发现。宁国组顶部的一段地层（AEP210–AEP249化石采集层）因缺少灰岩夹层，尚未发现牙形刺。在上覆胡乐组的底部的灰岩层内（AEP250化石采集层），发现牙形刺*Yangtzeplacognathus crassus*, *Paroistodus horridus*, *Juanognathus variabilis*, *Peridon macrodentata*等，可识别出*Y. crassus*带。黄泥塘剖面的这三带，在北欧都有同名的笔石带（Löfgren & Zhang, 2003）。

宁国组的两个带，1带是根据延限建立的延限带，顶、底界线是带化石*O. evae*的首现和末现；2带是根据牙形刺化石组合建立的带。两带分别采用北欧的*Oepikodus evae*带和*Paroistodus originalis*带名，但并不与后两者完全相当。

*Oepikodus evae*带除产有丰富的带化石外，还产有*Bergstroemgnathus extensus*, *Paroistodus originalis*, *Scolopodus rex*, *Drepanodus acuatus*, *Protopanderodus robustus*, *Baltoniodus deltatus*, *Stolodus stola*, *Periodon flabellum*, *Partodus? jemtlandicus*等，是较为特征的化石组合。由于第2个带的带化石*Paroistodus originalis*在本带底部就已出现，其延限穿越本带进入到以它命名的*P. originalis*带中。在北欧，*P. originalis*只在*O. evae*带的上部才出现，因此黄泥塘的*O. evae*带，仅相当于北欧*O. evae*带的上部。

在*P. originalis*带的下部（AEP156–AEP166）是一段不产牙形刺的页岩地层。在167采集层以上才产有

*Paroistodus originalis*, *Scolopodus rex*, *Periodon flabellum*, *Protopanderodus rectus*, *Partodus? jemtlandicus*, *Tripodus? brevibasis*, *Walliserodus ethingtoni*, *Spinodus* cf. *spinatus*等，有许多是从1带上延而来的分子。Wang & Bergström（1995）曾认为黄泥塘的*P. originalis*带与北欧的*P. originalis*带或*Microzarkodina parva*带相当；张元动等（2008）则认为该带与北欧的*P. originalis*带大体相当；最近张元动等（2013）又认为其上部有可能相当于北欧的*Microrzarkodina parva*带。

*Yangtzeplacognathus crassus*带被认为与北欧的同名带相当（Chen *et al.*, 2006b）。黄泥塘的*Y. crassus*带所在的黄泥塘剖面AEP250采集层，过去一直被认为属宁国组（Zhang & Winston, 1995；Wang & Bergström, 1995；陈旭等，1997, 2013a；Chen *et al.*, 2006b），据此，宁国组包括3个牙形刺带，*Y. crassus*带始于宁国组的最顶部。张元动等（2008；2013）、陈旭等（2013a）最近对黄泥塘剖面的岩石地层划分作了修正，将该采集层划归上覆的胡乐组，也就是将这个牙形刺带划入胡乐组。修订后的宁国只包括两个牙形刺带（1, 2带）（图5-35）。

### 5.2.6 确定达瑞威尔阶底界的次要标志

*Arienigraptus zhejiangensis*是*Undulograptus austrodentatus*带的下亚带的带化石（图5-36），在黄泥塘剖面，它与*U. austrodentatus*几乎同时出现。因此*A. zhejiangensis*的首现也是确定达瑞威尔阶底界的重要次要标志。

黄泥塘剖面达瑞威尔阶底界之下靠近该界线首次出现的笔石有*Cardiograptus amplus*, *C. ordovicicus*, *Exigraptus*

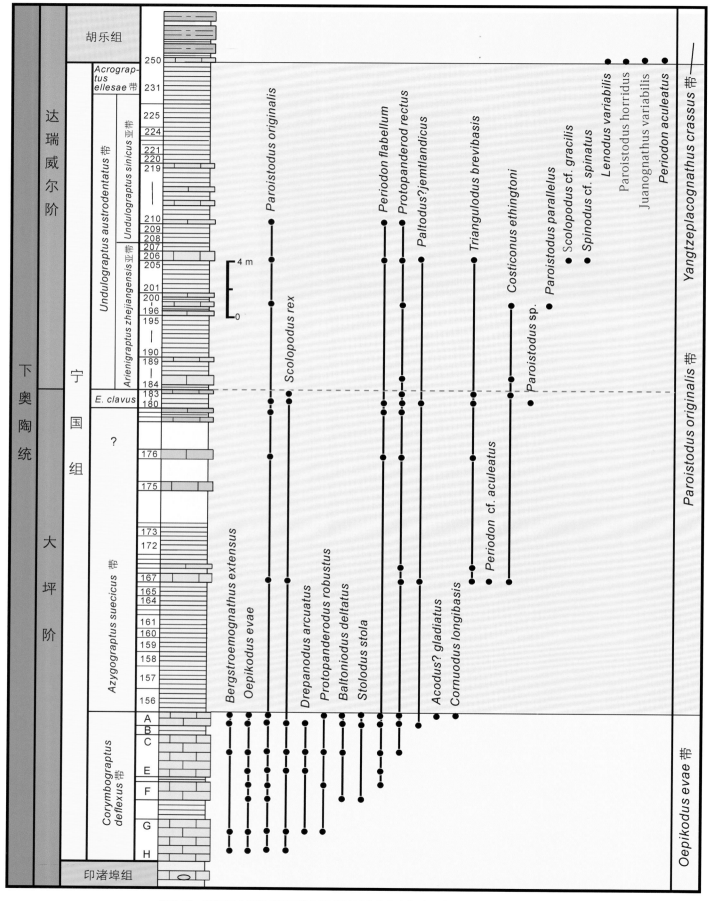

图5-35　浙江常山黄泥塘剖面的牙形刺地层分布和生物地层序列　〔据陈旭等,2013修改〕

**图5-36** 定义全球达瑞威尔阶底界的重要笔石 *Arienigraptus zhejiangensis* Yu et Fan　它在黄泥塘剖面与首要定界标志物种 *Undulograptus austrodentatus* 同时首现，在其他剖面缺乏后者的情况下，也可以它的首现确定达瑞威尔阶的底界。比例尺 =0.5 mm。a. 产于浙江江山黄泥岗宁国组（Mitchell *et al.*, 1997）；b. 产于浙江江山横塘宁国组。

（据Chen *et al.*, 1995b; 陈旭等，2013a）

*clavus, Procardiograptus uniformis* 和 *Undulograptus sinodentatus* 等（图5-37）。这些笔石物种都可辅助识别达瑞威尔阶的底界。如其中 *C. amplus* 的地层延限很短，从 *Exigraptus clavus* 带（大坪阶顶部的带化石）的顶部穿越达瑞威尔阶的底界，上延到 *U. austrodentatus* 带的底部，能指示产出层位位于瑞威尔阶的底界附近；*U. sinodentatus* 在 *E. clavus* 带首现，上延至 *U. austrodentatus* 带的下部，也能指示产出层位位于瑞威尔阶的底界附近。

在达瑞威尔阶底界之上、靠近该界线首次出现的笔石有 *Arienigraptus jiangxiensis, Undulograptus sinicus*，和 *U. formosus* 等（图5-38），它们也有助于在其他地点或剖面中识别达瑞威尔阶底界。如其中的 *A. jiangxiensis* 首现于达瑞威尔阶的底部，并只限于 *U. austrodentatus* 带内，是识别达瑞威尔阶的重要物种；*U. formosus* 也是在 *U. austrodentatus* 带底部首现、并限于该带的笔石，同样是识别达瑞威尔阶的物种。

**图5-37** 在达瑞威尔阶底界附近下伏地层首次出现的笔石　a. *Cardiograptus amplus*（Hsü），产于浙江江山横塘宁国组；b. *Undulograptus sinodentatus*（Mu et Lee），产于浙江江山横塘宁国组；c. *Exigraptus clavus* Mu，产于浙江常山五联宁国组。比例尺 = 1 mm。（据Chen *et al.*, 1995b）

图5-38  在达瑞威尔阶底界附近上覆地层中首次出现的笔石  a. *Arienigraptus jiangxiensis* Yu et Fang，产于浙江江山黄泥岗宁国组；b. *Undulograptus fomosus*（Mu et Lee），产于浙江江山黄泥岗宁国组；c. *Undulograptus sinicus*（Mu et Lee），产于浙江江山拳头棚宁国组。比例尺＝1 mm。

（据Chen *et al.*，1995b；陈旭等，2013a）

### 5.2.7　黄泥塘剖面其他化石门类的生物地层

黄泥塘剖面产有较丰富的几丁虫化石。Paris和Chen（1995，1996）首次报道了黄花场剖面澳洲齿状波曲笔石 *Undulograptus austrodentatus* 首现层位AEP184采集层之下的几丁虫，其中以 *Conochitina* sp. 和 *Cyathochitina* sp. 两种占优势。陈孝红等（1996）较为深入地研究了黄泥塘"金钉子"层型剖面宁国组中上部（*Azygograptus suecicus* 带至 *U.austrodentatus* 带）的几丁虫，识别出3个几丁虫带，自下而上，即 *Conochitina langei* 带，*Conochitina pirum* 带和 *Rhadochitina turgida* 带（图5-39，5-40）。这三个带的带化

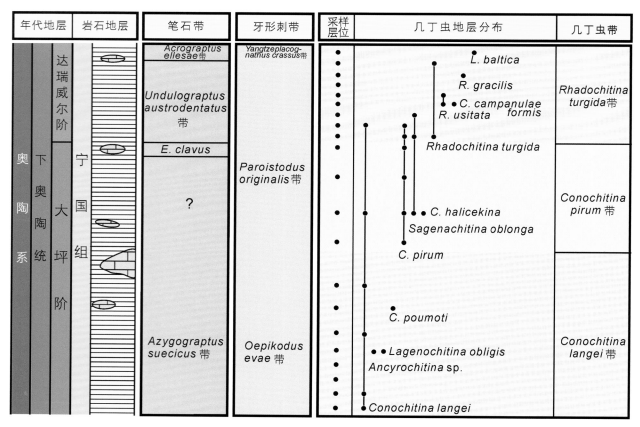

图5-39  黄泥塘剖面宁国组的几丁虫地层分布、生物地层序列和与笔石、牙形刺生物地层的对比　　（陈晓红等，1996）

石都是北美的几丁虫带或组合带的带化石 (Achab, 1989)，因此有较重要的地层对比意义。

黄泥塘剖面还产有疑源类和腕足类等化石，但研究程度相对较差。尹磊明、Playford (2003) 研究了黄泥塘剖面的宁国组中上部 (*Azygograptus suecicus* 带至 *U. austrodentatus* 带) 的疑源类，所获化石虽丰富但保存不佳，尽管获得了多达26个形态属、41个旧种和12个未定种。根据疑源类的地层分布，尹磊明、Playford (2003) 在这段地层中识别出上、下两个疑源类单元 (unit)。但是这些疑源类生物群极少有环冈瓦那大陆的"冷水型"分子，限制了黄泥塘剖面疑源类的地层学意义。尽管环冈瓦那大陆的"冷水型"分子业已扩散到中国的上扬子地区。黄泥塘剖面的腕足类极为稀少，不足以建立生物地层序列。

### 5.2.8 "金钉子"的保护

根据国际地层委员会对"金钉子"剖面的要求。1999年，由浙江省人民政府、中国科学院、常山县人民政府和中国科学院南京地质古生物研究所，共同为黄泥塘"金钉子"建立永久性标志碑 (图5-41)，并举行隆重的

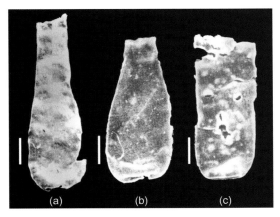

图5-40 黄泥塘剖面宁国组几丁虫带的带化石（陈孝红等，1996） a. *Conochitina langei* (Combaz et Peniguel)；b. *Conochitina pirum* Achab；c. *Rhabdochitina turgida* Jenkins。比例尺 = 150 μm。 （据陈孝红等，1996）

"金钉子"揭碑仪式。时任国际地层委员会奥陶纪地层分会主席 B. D. Webby 教授、中国科学院南京地质古生物研究所所长穆西南、达瑞威尔阶"金钉子"研究首席科学家陈旭和主要研究人员，以及常山县的领导等出席揭碑仪式 (图5-42)。

图5-41 为全球奥陶系达瑞威尔阶"金钉子"建立的永久性标志碑 标志碑高 1.997 m，寓意该"金钉子"在 1997 年正式批准确立。 （张元动 提供）

图5-42 黄泥塘达瑞威尔阶"金钉子"永久性标志揭碑仪式现场 时任中国科学院南京地质古生物研究所所长穆西南研究员（左2）致辞，全球达瑞威尔阶"金钉子"研究首席科学家陈旭（右1）、时任国际奥陶纪地层分会主席 B. D. Webby 教授（右2）及常山县官员出席。 （穆西南 提供）

为妥善保护达瑞威尔阶"金钉子",2001年12月,经国土资源部批准,浙江省和常山县人民政府在黄泥塘剖面附近兴建了"金钉子"地质遗迹保护区(国家地质公园)。2004年保护区正式对公众开放,成为全国科普教育基地。2007年在地质公园内的"金钉子"广场——"地柱广场",建立了高达19.97 m的"金钉子"纪念柱,寓意达瑞威尔阶"金钉子"在1997年被正式批准确立(图5-43)。

作为"金钉子"地质公园的配套建设,常山县人民政府在"金钉子"剖面为黄泥塘"金钉子"剖面建立了保护长廊,国土资源部、常山县人民政府在黄泥塘"金钉子"剖面周围建立了各种保护界牌、界碑、剖面指示碑等标志(图5-44);在层型点位旁,立有介绍层型剖面的碑刻(图5-45)。2007年,为庆祝达瑞威尔阶"金钉子"确立十周年和国家地质公园的全面建成,常山县政府还在县城的中心广场举行了隆重的纪念大会。

作为全国的科普教育基地,全球达瑞威尔阶"金钉子"地质公园常年免费对外开放,园内科普宣传牌、宣传画栏随处可见,科学氛围强烈。地质公园还每年接待国内外专家对常山黄泥塘"金钉子"的考察,提供附近的地层露头供大专院校师生进行教学实习(图5-46)。

图5-43 矗立在全球奥陶系达瑞威尔阶"金钉子"国家地质公园"地柱广场"上的纪念柱和配套的古生物浮雕墙 〔雷澍 摄〕

图5-44　在黄花场达瑞威尔阶"金钉子"保护区设置的"金钉子"剖面指示碑、采样层位等标志
（雷澍　摄）

图5-45　位于达瑞威尔阶层型点位前的介绍黄泥塘"金钉子"剖面的岩石柱状图和年代地层划分碑刻
（雷澍　摄）

图5-46　常山达瑞威尔阶"金钉子"国家地质公园也是地质学科的师生进行教学实习的基地
（张元动　提供）

赫南特阶"金钉子"

湖北宜昌王家湾全球奥陶系志留系赫南特阶"金钉子"阶层型剖面 （彭善池 摄）

### 5.3 赫南特阶"金钉子"

全球赫南特阶是奥陶系的第7阶,隶属上奥陶统,是上奥陶统亦即奥陶系最上部的阶(图5-47)。定义赫南特阶底界即赫南特阶与下伏凯迪阶(相应的中国年代单位为钱塘江阶)界线的"金钉子"是由中国科学院南京地质古生物所研究员陈旭、戎嘉余率领的、由中国、美国、丹麦、加拿大四国科学家组成的研究团队确立的。

赫南特阶原来是英国"阿什极尔统(Ashgill Series)"最上部的一个地区性阶,标准地点在威尔士Bala地区的赫南特(Hirnant),以产世界性分布的、以腕足动物化石赫南特贝(*Hirnantia*)和三叶虫化石小达尔曼虫(*Dalmanitina*)为特征的赫南特动物群而得名。这段地层代表的时限很短,不到2百万年,但意义非常重要,因为它记录了地球历史上第二大规模的生物灭绝事件。奥陶纪末因气候变冷、南极冰盖扩张、海平面下降导致当时地球上约85%的物种灭绝(Sheehan, 2001),这一灭绝事件也在生物地层、岩石地层、化学地层等各方面留下独特的记录。

国际奥陶纪地层分会最初于1995年6月在美国拉斯维加斯第7届国际奥陶系大会上表决通过的奥陶系3统6阶的奥陶系划分方案中,没有"赫南特阶"的地位。那个方案只将上奥陶统分为上、下两个阶,分界层位建议采用笔石*Dicellograptus complanatus*带或牙形刺*Amorphognathus ordovicicus*带的底界,这与英国传统的"卡拉道克统(Caradoc Series)"与"阿什极尔统"的界线相当。然而,在以后十多年的研究和调查中发现,在世界范围内难以找到合适的、包含这两个关键种中任何一个首现的候选层型剖面。2003年8月,在阿根廷圣胡安市(San Juan)召开的第9届国际奥陶系大会期间,国际奥陶纪地层分会通过公开讨论和正式表决,一致同意将上奥陶统三分,以赫南特阶作为上奥陶统最上部的阶,同时认为超常正常笔石(*Normalograptus extraordinarius*)带的底界有全球对比潜力,是最合适的划分赫南特阶底界的标志(Finney, 2005)。这个决定充分体现了赫南特阶在全球年代地层的划分和对比上的特殊地位和重要价值,将为这一生物大灭绝事件特殊历史时期所形成的地层,确立统一的划分标准和精确对比的框架。

在这次会议上,宜昌王家湾北剖面被奥陶纪地层分会接受为赫南特阶底界"金钉子"的候选层型(Rong *et al.*, 1999;Chen *et al.*, 1999;Finney, 2004)。尽管奥陶纪地层分会在这次会议上号召各国提交更多的"金钉子"提案,但最后只有中国提交了建立赫南特阶"金钉子"的提案报告。这份报告于2004年10月在国际地层委员会奥陶纪地层分会选举委员的表决中以全票通过,在2006年2月被国际地层委员会以89%得票率通过(16票赞成,1票反对,1票弃权),2006年5月被国际地科联批准,批准书由时任地科联秘书长P. Bobrowsky签署。随着赫南特阶"金钉子"在中国的确立,赫南特阶本身也被正式定义为全球年代地层单位(图5-48)。

#### 5.3.1 地理位置

赫南特阶"金钉子"在湖北宜昌王家湾村,与宜昌黄花场中奥陶统大坪阶"金钉子"一样,也位于我国长江三峡地区黄陵穹窿(黄陵背斜)的东翼,从宜昌沿宜(昌)—保(康)公路(S223省道)经黄花场可抵达该村,赫南特阶"金钉子"在大坪阶"金钉子"(黄花场)以北约20 km,距宜昌市区42 km。

赫南特阶"金钉子"位于长江三峡国家地质公园奥陶系园的中心地带,剖面出露良好、化石丰富,交通极为便利、一年四季皆可到达(图5-49)。

赫南特阶"金钉子"层型点位的地理坐标为东经111°25′10″,北纬30°58′56″。

#### 5.3.2 "金钉子"所在的三峡地区地质概况

赫南特阶"金钉子"所在的黄陵穹窿(黄陵背斜)一带的地质概况参见本章第1节。王家湾一带的地层与黄花场、陈家河、分乡一带的地层处在同一向斜翼(图5-50),但在王家湾一带出露的是奥陶系—志留系线地层,形成的年代较黄花场、陈家河、分乡一带的地层相对为新。自下而上,岩石地层包括跨越奥陶—志留系界线的五峰组、志留系的观音桥层和龙马溪组。同样,定义年代地层单位赫南特阶底界的"金钉子"(层型点位在五峰组的近顶部)的层位也较定义大坪阶底界的"金钉子"(层型点位在大湾组之内)的层位为高、年代较新。

#### 5.3.3 确定赫南特阶底界的首要标志

赫南特阶的底界采用双笔石类的一个种,即超常正常笔石(*Normalograptus extraordinarius*)的首现来定义。如前所述,这个首要标志最初是2003年在阿根廷举行的第9届国际奥陶系讨论会上正式表决通过的。选择笔石的一个种的首现,而非奥陶纪末赫南特期特有的赫南特贝的首现或赫南特贝动物群的出现,来定义赫南特阶的底界的理由很简单,因为笔石动物大多具漂浮的生活习性,能迅速扩散到世界各地。而赫南特贝或赫南特贝动物群的任何分子,都是底栖生活的类型,除有些物种的幼虫阶段能随洋流漂

| 全球年代地层单位 | | | 中国区域年代地层单位 | |
|---|---|---|---|---|
| 系 | 统 | 阶 | 统 | 阶 |
| 志留系 | | | | |
| 奥陶系 | 上奥陶统 | 445.2 赫南特阶 | 上奥陶统 | 赫南特阶 |
| | | 凯迪阶 | | 钱塘江阶 |
| | | 453.0 桑比阶 458.4 | | 艾家山阶 |
| | 中奥陶统 | 达瑞威尔阶 467.3 | 中奥陶统 | 达瑞威尔阶 |
| | | 大坪阶 470.0 | | 大坪阶 |
| | 下奥陶统 | 弗洛阶 477.7 | 下奥陶统 | 益阳阶 |
| | | 特马豆克阶 485.4 | | 新厂阶 |
| 寒武系 | | | | |

**图5-47 赫南特阶在全球和中国区域奥陶系年代地层序列中的位置** 图中数字为所在界线的地质年龄，单位为百万年。

IUGS
www.iugs.org

President:
Prof. Zhong Hongren

Secretary General:
Prof. Peter T. Bobrowsky

Treasurer:
Prof. Antonio Brambati

Past President

Past Secretary General

Vice Presidents

Councillors

IUGS Secretariat

Wednesday, May 3, 2006

Prof. James Ogg
Secretary General, International Commission on Stratigraphy
Dept. of Earth and Atmospheric Sciences
Purdue University
West Lafayette, Indiana 47907-1397
USA

Re: GSSP for the uppermost global stage (Himantian) in Western Hubei, China

Dear Professor Ogg,

This is to confirm that IUGS Executive Committee reviewed the Himantian proposal for the Global Boundary Stratotype Section and Point (GSSP) prepared by the Ordovician Subcommission.

Prof. Ryo Matsumoto provided the following comment in addition to his positive vote:

"The proposal says that the onset of a positive carbon isotopic excursion coincides with the base of the Himantian Stage (FAD of Normalograptus extraordinarius), but as a matter of fact, the onset occurs slightly earlier at the base of Diceratograptus mirus subzone. This relation has been confirmed by our recent study at the Wangjiawan sections."

I am pleased to report that the majority of the Executive gave their approval of this stage.

Sincerely,

Dr. Peter Bobrowsky
Secretary General, International Union of Geological Sciences

cc: Prof. Gradstein, Chair, ICS
Prof. Chen Xu, Chair Ordovician Subcommission

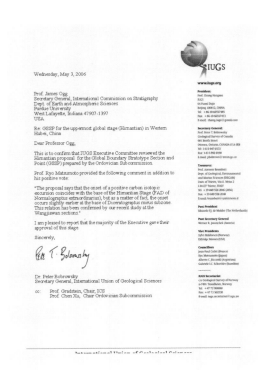

**图5-48 全球赫南特阶“金钉子”批准书**

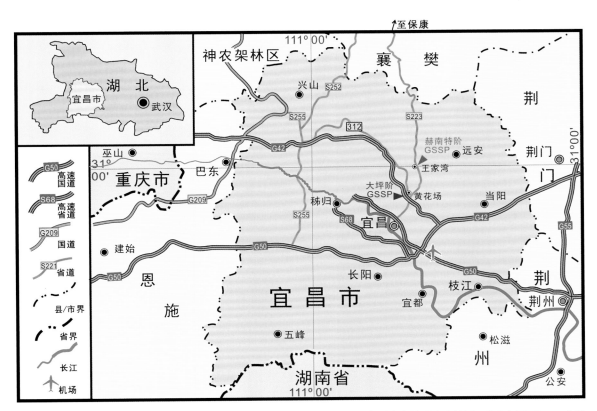

**图5-49 赫南特阶“金钉子”(红色GSSP所指)地理位置图** 蓝色GSSP所指是在本地区建立的另一枚“金钉子”——全球奥陶系大坪阶“金钉子”。

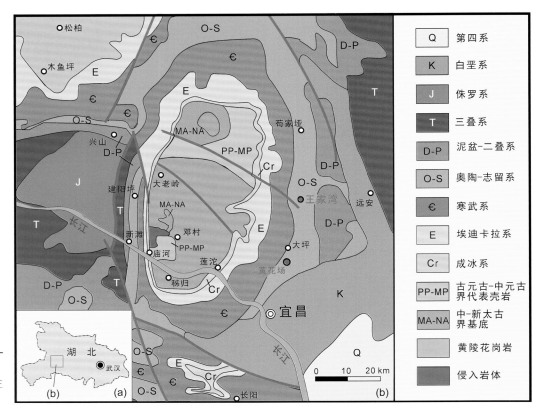

图5-50 长江三峡地区宜昌—秭归一带的地质略图
（据湖北省地质矿产局，1990；汪啸风等，1992）

浮较为迅速向外扩散外，成虫期向外扩散的速度相当缓慢。以现今年代地层学的精度，漂浮生活笔石的首现面，基本是一个等时面，而不像后者的首现在不同地域出现的层位有别，首现面不等时或穿时，因此，笔石是更好的选择。以往不少学者都以赫南特贝动物群的出现来定义非正式的赫南特阶的底界 (Rong & Harper, 1988; Underwood et al., 1998; Fortey et al., 2000; Brenchley et al., 2003) 或以赫南特贝层的出现等为建立区域性赫南特阶的界线层型的标志 (Brenchley, 1998)，但深入的研究表明，赫南特贝或赫南特贝动物群的首

现和末现都是穿时的 (戎嘉余，1979；Rong & Harper, 1988；戎嘉余等，2000；Rong et al., 2002)，因此不适宜做精确定义全球年代地层单位的标志。

超常正常笔石 (N. extraordinarius) 是全球性分布的笔石 (图5-51)，除华南 (安徽、湖北、陕西南缘) 外，还见于中国的西藏、滇西以及澳大利亚、哈萨克斯坦、西伯利亚 (科累马)、意大利、苏格兰、美国西部大盆地、加拿大 (育空、极区)、阿根廷等地 (穆恩之等，2002；陈旭等，2013b)，它的首现能在世界各地识别，是理想的确定全球

年代地层单位底界的标志化石。

### 5.3.4 层型剖面和层型点位

赫南特阶"金钉子"的层型剖面为王家湾北剖面，位于王家湾村旁的宜昌——陕西保康公路的东侧，仅厚3.2 m，是在王家湾附近所实测的三个剖面之一（图5-52，5-53）。剖面是建设公路时开挖出的露头，出露良好。包

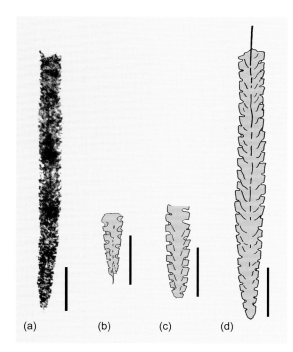

图5-51 **定义全球赫南特阶底界的首要标志物种——**_Normalograptus extraordinarius_（Sobolevskaya，1974） a. 产于浙江临安上奥陶统于潜组的化石（穆恩之等，2002）；b–d. 素描图（Chen _et al._, 2006a）；b. 产于王家湾北剖面五峰组顶部 _N. extraordinarius_ 带（或赫南特阶底部，采集层AFA97）；c. 产于王家湾南剖面龙马溪组；d. 产于王家湾小河边剖面五峰组顶部 _N. extraordinarius_ 带（或赫南特阶底部，采集层2.20–2.28 m）。比例尺=5 mm。

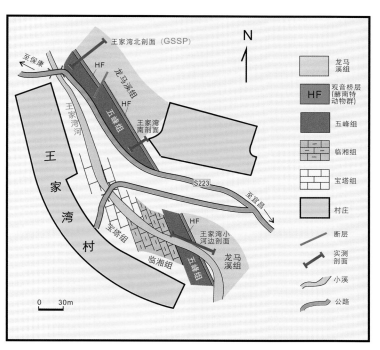

图5-52 **王家湾周边的三个研究剖面** 其中王家湾北剖面是赫南特阶底界的"金钉子"剖面。
（据陈旭等，2013b修改）

图5-53 **王家湾剖面全貌** 公路为宜昌至陕西保康的宜保公路（S223），左北右南，左边标牌处为王家湾北剖面，右端公路边坡外侧（民居对面）为王家湾南剖面。（彭善池 摄）

图5-54　地层古生物学家、笔石化石专家穆恩之（1917—1987）在王家湾剖面　他在20世纪50年代参与研究王家湾剖面，并在20世纪七八十年代多次对该剖面进行考察和研究。在1983年寒武系–奥陶系、奥陶系—志留系界线国际讨论会后，又带领出席会议的国际奥陶系—志留纪界线工作组部分成员和其他中外专家考察王家湾剖面。图中白色纸卡片是采样层号的标记。

（据Cowie，1986）

图5-55　地层古生物学家、腕足动物化石专家王钰（1909—1984）　生前曾任中国科学院南京地质古生物研究所无脊椎动物研究室和第四研究室主任、《古生物学报》主编。对三峡和川黔交界地区早古生代地层、特别是志留纪、泥盆纪地层有深入研究。1957年秋带队在宜昌分乡、王家湾等地实测奥陶系、志留系剖面（穆恩之，1986）。领衔主编《中国腕足动物化石》和《腕足动物化石》，奠定了中国腕足类研究的基础。

（陈孝政　提供）

括上奥陶统的五峰组和穿越奥陶—志留系界线的龙马溪组（底部的观音桥层或赫南特动物群层属上奥陶统赫南特阶），是一套几乎全由细碎屑岩（页岩、泥岩）组成的地层，仅在五峰组顶部的泥岩中含一些泥质灰岩透镜体，代表了在上扬子区开阔陆表海域中的远岸、较深水沉积环境中的连续序列。王家湾附近的剖面最早于20世纪20年代由谢家荣、赵亚曾研究。1957年，原中国科学院古生物研究所穆恩之、王钰（图5-54，5-55）研究了该剖面。20世纪70年代以来，先后有许多地质学家对其做过详细的研究（Hsieh & Chao，1925；汪啸风，1980；汪啸风等，1983a，b，1987；Mu，1983；穆恩之，戎嘉余，1983；Mu & Lin，1984；Mu et al.，1984；穆恩之等，1993；陈旭等，2000；戎嘉余等，2000），有深厚的研究积累。1999年在捷克布拉格举行的第8届国际奥陶系大会上，在会议出版的论文集摘要中，戎嘉余和陈旭就曾推荐王家湾北剖面（图5-56，5-57）和贵州的红花园剖面分别作为亚阶的候选全球层型和辅助剖面。最近的研究表明，红花园剖面的奥陶系—志留系界线地层有明显的地层缺失（戎嘉余等，2010），不如王家湾的剖面优越。

王家湾北剖面发育有奥陶纪最末期—志留纪最早期完整的笔石生物序列和典型的、有较高分异度的赫南特动物群，还有其他门类化石，能够很好地将介壳相动物群与笔石带对比。

赫南特阶的层型点位在王家湾北剖面五峰组的近顶部，在观音桥层底界之下0.39 m，与超常正常笔石（N. extraordinarius）的首现一致（图5-58，5-59）。

图5-56　赫南特阶"金钉子"王家湾北剖面　a.剖面露头，白线是层型点位，在剖面上，它与超常正常笔石（N. extraordinarius）的首现一致；b.层型点位指示牌。

（彭善池　摄）

图5-57 中国科学院南京地质古生物研究所奥陶系赫南特阶研究团队主要成员在做野外研究 a.陈旭；b.戎嘉余；c.樊隽轩（右）。

（张元动、樊隽轩 提供）

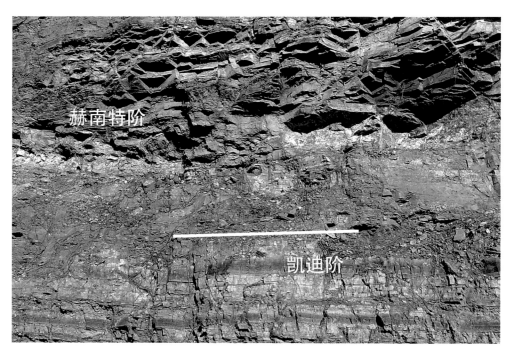

图5-58 赫南特阶"金钉子"王家湾北剖面赫南特阶层型点位上下层段近景 （彭善池 摄）

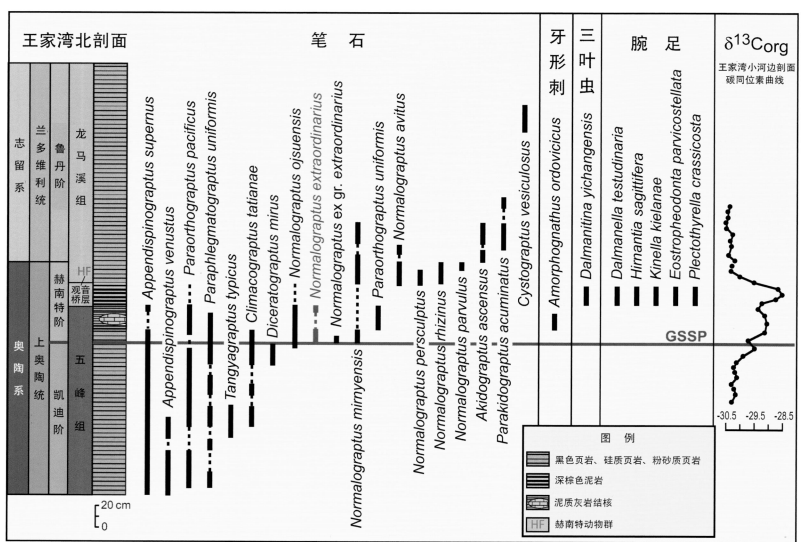

图5-59 赫南特阶"金钉子"王家湾北层型剖面的各门类化石物种的地层分布和王家湾小河剖面的有机碳同位素的变化曲线

（据Chen *et al*., 2006a; Cooper & Sadler, 2012修改）

### 5.3.5 确定赫南特阶底界的次要标志

以腕足类赫南特贝 (*Hirnantia*) 和三叶虫小达尔曼虫 (*Dalmanitina*) 为特征的典型赫南特贝动物群具有重要的年代地层学意义，也是定义赫南特阶底界和识别赫南特阶的重要标志之一。根据 Ingham & Wright (1970) 的意见，赫南特贝动物群的分子包括 *Dalmanella, Eostropheodonta, Hirnantia, Kinnella* 和 *Plectothyrella* 等腕足类以及三叶虫 *Dalmanitina* (图 5–60)。这个动物群在世界各地都有报道，仅中国的产地就有近 130 个之多 (Temple, 1965; Marek & Havlíček, 1967; Wright, 1968; Bergström, 1968; Williams *et al.*, 1972; Lespérance & Sheehan, 1976; 戎嘉余, 1979; Rong,

1984a, b; Harper, 1981; Benedetto, 1986; Rong & Harper, 1988; Leone *et al.*, 1991; Cocks, 1997; Villas *et al.*, 1999; Sutcliffe *et al.*, 2001; 戎嘉余, 个人通讯)。尽管赫南特贝的种或赫南特贝动物群不太适宜做精确定义奥陶系第7阶 (赫南特阶) 底界的首要标志，但毫无疑问，由于赫南特贝动物群具有生存的时限短 (约 1.8 百万年)，且又能在短时期内迅速向全球扩散的特性，因此，典型的赫南特贝动物群本身应是识别赫南特阶或者协助确定全球赫南特阶底界的次要标志。在扬子区，赫南特贝动物群的大多数核心分子均首现于 *N. extraordinarius* 带底部，只有少数分子源自下伏的 *P. pacificus* 带顶部 (Rong *et al.*, 2002)，因此这一壳相动物群

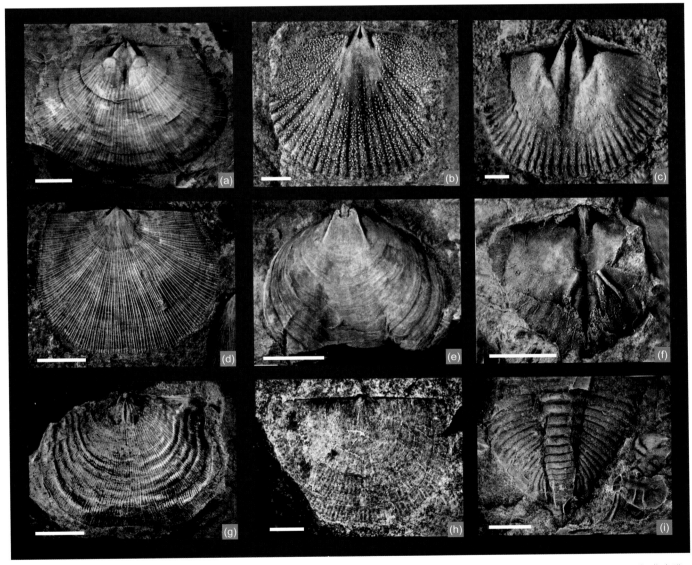

图 5–60 协助定义全球赫南特阶底界的次要标志——赫南特贝动物群的主要分子 a–h. 腕足；i. 三叶虫。a. *Hirnantia sagittifera* (McCoy)，背内膜；b. *Dalmanella testudinaria* (Dalman)，背内膜；c. *Kinnella kielanae* (Temple)，背内膜；d. *Eostropheodonta parvicostellata* (Rong)，腹内膜；e. *Triplesia yichangensis* Zeng，腹内膜；f. *Plectothyrella crassicosta* (Dalman)，背内膜；g. *Leptaena trifidum* (Marek et Havlicek)，腹内膜；h. *Paromalomena polonica* (Temple)，背内膜；i. *Dalmanitina* sp.，尾部及一个破碎小头盖和一个头盖外膜，背视。比例尺：a, d, g=5 mm；b, c, e, f, h, i=10 mm。

(Chen *et al.*, 2006a; 陈旭等, 2013b)

作为一个整体应该属于赫南特阶,在缺乏笔石动物群的地方,可以根据赫南特贝动物群确定赫南特阶。

确定赫南特阶底界的次要标志还包括笔石 *Normalograptus ojsuensis* (Koren et Mikhaylova) 的首现和一个称为HICE的碳同位素的正漂移 (Finney *et al.*, 1999; Bergström *et al.*, 2006) (图5–61)。戎嘉余等 (Rong *et al.*, 1999; 戎嘉余等, 2000a) 提出在中国建立赫南特亚阶的全球层型的建议时,以及陈旭等 (2000) 讨论华南赫南特亚阶生物地层时都认为 *Normalograptus ojsuensis* 与 *Normalograptus extraordinarius* 可作为亚阶下部的笔石组合带,该带的底界与 *N. extraordinarius* 和 *N. ojsuensis* 的首现一致,也就是说,这两个种同步在王家湾剖面首现。但后来的研究证明,在王家湾北剖面, *N. ojsuensis* 要早于 *N. extraordinarius* 首现,产出层位比后者低4 cm。尽管如此,

*N. ojsuensis* 首现仍然是帮助识别和控制全球赫南特阶底界的参考标志。

HICE是奥陶系内最大的无机碳同位素正漂移,其起始位置在赫南特阶底界附近 (Cooper & Sadler, 2012),在 *Normalograptus extraordinarius* 带内迅速由0‰上升到+7‰,并在该带的顶界附近返回到0‰,因此是极好的识别赫南特阶底界的化学地层标志。对王家湾北剖面东南270 m处的王家湾小河边的奥陶系—志留系界线地层剖面所得到的有机碳同位素化学地层研究表明 (Chen *et al.*, 2006a; Fan *et al.*, 2009),与HICE相当的有机碳 δ¹³C 曲线有两个主要的峰值,第一个峰值从 *D. mirus* 亚带底部开始出现正漂移,在 *N. extraordinarius* 带达到高峰后在 *N. extraordinarius* 带上部略有降低,此后其中的第一峰值与奥陶纪末生物大灭绝的第一幕或主幕 (Chen *et al.*, 2005b)

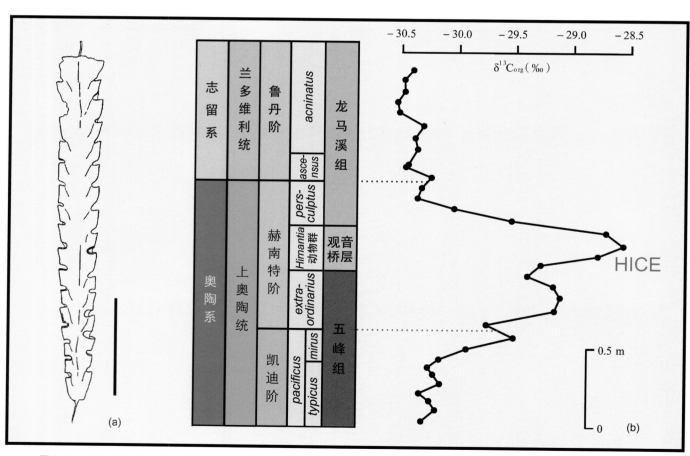

图5–61 定义全球赫南特底界的次要标志化石 *Normalograptus ojsuensis* 和有机碳同位素正漂移 (HICE) a. *N. ojsuensis* (Koren et Mikhaylova) (据Chen *et al.*, 2006a); b. 王家湾小河边剖面的有机碳同位素正漂移曲线 (据陈旭等, 2013b修改)。*pacificus* = *Paraorthograptus pacificus* 带; *typicus* = *Tangyagraptus typicus* 亚带; *mirus* = *Diceratograptus mirus* 亚带; *extraordinarius* = *Normalograptus extraordinarius* 带; *ascensus* = *Akidograptus ascensus* 带; *acuminatus* = *Parakidograptus acuminatus* 带; HICE = Hirnantian carbon isotope excursion。

相对应,接近赫南特阶底界。

### 5.3.6 华南和赫南特阶"金钉子"界线层段的生物地层

根据在华南43个地点所测的奥陶系上部、志留系下部的地层剖面、特别是穿越奥陶系—志留系界线的剖面,陈旭等对华南这两个相邻地质时期传统的生物地层序列 (Mu *et al.*, 1984; 穆恩之等, 1993) 做了重新厘定 (陈旭等2000a; Chen *et al.*, 2000, 2006b),识别出包含7个笔石带和2个壳相动物群的生物地层序列 (图5-62右列)。笔石带自下而上为:① *Dicellograptus complanatus* 带,② *Dicellograptus complexus* 带,③ *Paraorthograptus pacificus* 带 (此带包含3个亚带:"下部亚带"、*Tangyagraptus typicus* 亚带 和*Diceratograptus mirus* 亚带),④ *Normalograptus extraordinarius* 带,⑤ *Normalograptus persculptus* 带,⑥ *Akidograptus ascensus* 带,⑦ *Parakidograptus acuminatus* 带。其中*Normalograptus extraordinarius* 带曾被命名为 *N. extraordinarius-N. ojsuensis* 组合带 (陈旭等2000; Chen *et al.*, 2000)。如上所述,研究王家湾剖面发现,*N. extraordinarius* 和 *N. ojsuensis* 并非同时出现,后者出现稍早,因此将其修订为 *N. extraordinarius* 带 (Chen *et al.*, 2006b)。

上覆于*P. acuminatus* 带之上的是*Cystograptus vesiculosus* 带,虽然陈旭等的序列没有包括这个带,但他们明确指明,在宜昌王家湾北剖面的*P. acuminatus* 带 (采集层号AFA116) 之上的地层为*Cystograptus vesiculosus* 带 (采集层号AFA117),而且这个带也较稳定,可在贵州桐梓红花园 (山王庙) 剖面识别 (采集层号AFA313 至 AFA315) (陈旭等, 2000)。最新研究表明,红花园剖面的*Cystograptus vesiculosus* 带和其下的观音桥层 (即典型的赫南特贝层AFA295 至壳相层的顶AFA311c) 之间,是不整合接触,并非以往通常认为的是连续沉积,其间缺失了两个多笔石带的地层 (戎嘉余等, 2010)。

两个壳相动物群分别为洞草沟组南京三瘤虫 (*Nankinolithus*) 动物群 (*Foliomena-Nankinolithus* 带) 和观音桥层赫南特贝 (*Hirnantia*) 动物群,它们分别与*D. complanatus* 笔石带和笔石带 *N. extraordinarius* 至 *N. persculptus* 带下部的层段相当 (图5-62)。

赫南特阶"金钉子"王家湾北剖面是相对凝缩的地层,含赫南特阶底界的界线层段厚度不到 4 m,既含有丰富的分异度高的笔石动物群,也有壳相的腕足动物和三叶虫动物群 (赫南特贝动物群) 以及牙形刺等化石,代表了盆地中心较深水相的奥陶系—志留系过渡地层。对剖面所产的笔石,汪啸风、穆恩之、林尧坤、陈旭等曾做过大量的分类学研究 (汪啸风, 1983a,b; Mu & Lin, 1984; Chen & Lin, 1984; Lin & Chen, 1984; Chen *et al.*, 2005a)。穆恩之等 (Mu *et al.*, 1984) 还率先建有一套生物地层序列。对于剖面所产的腕足类和三叶虫等壳相

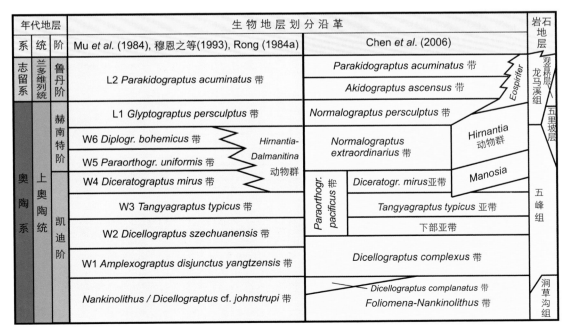

**图5-62　华南奥陶系—志留系过渡地层的生物地层序列沿革**　其中 *Hirnantia-Dalmanitina* 动物群、*Hirnantia* 动物群、*Madosia*、*Eospirifer* 为壳相动物群,其余为笔石相动物群。

（据Chen *et al.*, 2000; 陈旭等, 2013b修改）

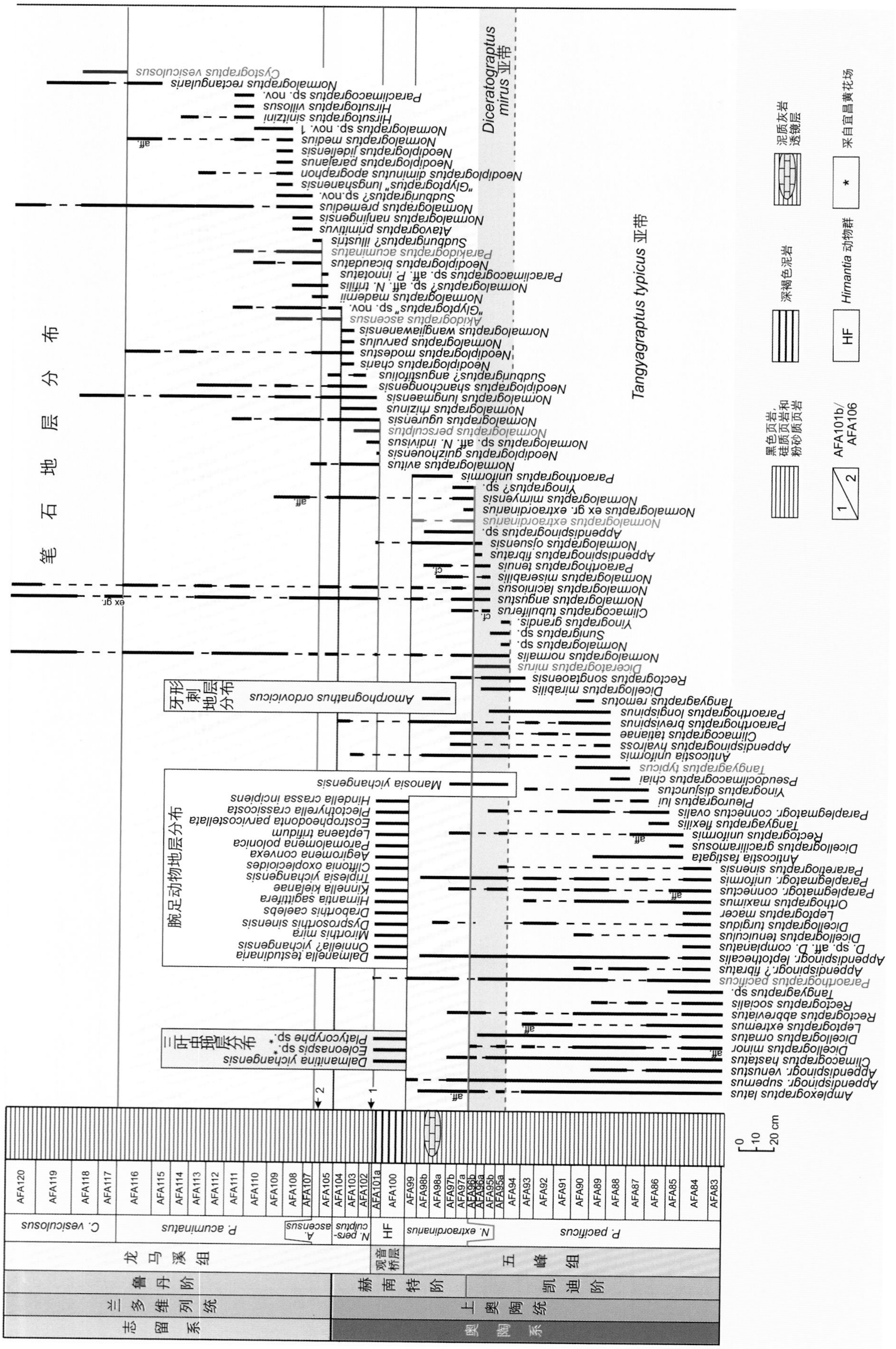

图5-63 全球奥陶系赫南特阶"金钉子"王家湾北剖面的赫南特阶底界界线地层的笔石和其他生物的地层分布 （据陈旭等,2013b(修改)

化石,戎嘉余、朱兆玲和伍鸿基曾分别做过研究(汪啸风等,1983a,b;Rong,1984b;Zhu & Wu,1984)。王家湾北"金钉子"剖面仅包括华南生物地层序列中的6个笔石带和一个含壳相动物群(观音桥层赫南特贝动物群),自下而上,即① *P. pacificus*带(含*T. typicus*亚带和*D. mirus*亚带),② *N. extraordinarius*带,③ *Hirnantia*动物群,④ *N. persculptus*带,⑤ *A. ascensus*带,⑥ *P. acuminatus*带,⑦ *C. vesiculosus*带。其中的带1,2,4和动物群3隶属上奥陶统,5—7带隶属志留纪兰多维利统(Landovery Series)(图5-63,5-64)。如上所述,*C. vesiculosus*带并未包含在华南奥陶系—志留系过渡地层的生物地层序列中。

与华南的笔石序列相比,王家湾北剖面*P. pacificus*带及其以上笔石序列完整,没有笔石带缺失。赫南特贝动物群在*N. extraordinarius*带和*N. persculptus*带之间出现,表明这个动物群在王家湾北剖面出现得比华南的有些剖面稍晚。

### 5.3.7 "金钉子"的保护

位于宜昌市的王家湾赫南特阶"金钉子"和黄花场大坪阶"金钉子"处于长江三峡国家地质公园内,受国家法律保护。根据国际地层委员会对"金钉子"剖面的要求,湖北省人民政府、宜昌市人民政府、中国科学院、国土资源部和全国地层委员会在地质公园的奥陶系园区内,共同设置了"金钉子"剖面指示牌(图5-57)、"金钉子"永久性标志碑(图5-65)、保护区标志(图5-66)等设施,对赫南特阶"金钉子"做了妥善保护。赫南特阶"金钉

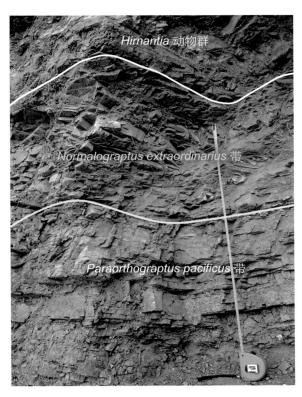

图5-64 王家湾北剖面*Normalograptus extraordinarius*带及其上下的生物带(动物群) *N. extraordinarius*带的底界是与"金钉子"点位相同的层位。 (据陈旭等,2013修改;樊隽轩 提供底图)

子"位于宜保公路(223省道)旁,公路上设置了通向保护区的路标。"金钉子"剖面长年对外开放,考察和参观不受限制,但对"金钉子"剖面的再研究和任何采集活动均需得到国土部门的批准。

图5-65 赫南特阶"金钉子"永久性标志 右图为底座背面雕刻的是确定或协助确定赫南特阶底界的重要化石,左为超常正常笔石(*Normalograptus extraordinarius*),右上为小达尔曼虫(*Dalmanitina*),右下为赫南特贝(*Hirnantia*)。 (雷澍 摄)

图5-66 在赫南特阶"金钉子"附近建立的保护区标志碑 标志碑下是赫南特阶标志性的腕足动物赫南特贝的雕塑,碑底座两边是"金钉子"的简介和国家地质公园的标志。

（雷澍 摄）

## 5.4 中国奥陶系"金钉子"的全球对比

### 5.4.1 大坪阶"金钉子"的全球对比

在奥陶纪古生物地理演化过程中,中奥陶统大坪阶的底界恰好处于全球古生物地理分区和古生态分异最明显的地层间隔中 (Ross & Ross, 1992; Webby, 1998; Webby et al., 2004; Finney, 2005)。一般来讲,牙形刺和笔石由于其广泛的地理分布,因而在大多数情况下,被视为奥陶纪地层对比中两类最有用的化石。Bergström 早在 1995 年就根据大量可靠的证据指出,隶属于北大西洋生物地理区系的波罗的海斯堪的纳维亚地区的 B. triangularis 生物带底界与北美中大陆区的 Tripodus laevis 带的底界基本吻合,据此,国际地层委员会奥陶纪地层分会曾将这两种牙形刺都建议为确定全球中奥陶统底界的生物标志 (Webby, 1994)。黄花场剖面大湾组下段牙形刺的详细研究和所揭示出的牙形刺组合和演化序列均显示,在所确定的界线生物层面上,曾发生过重要的成种事件,即由 B. protriangularis 直接演化出确定大坪阶底界的标志性物种 Baltoniodus triangularis (图5-11),而且这个界线层还与大湾组下段所识别的其他几个类型牙形刺谱系演化序列内所发生的成种事件几乎吻合或相当接近,如 Periodon 系列演化出 Periodon sp. A。这些成种事件为 B. triangularis 生物带在北大西洋区和北美中大陆区识别和对比提供了辅助证据。尤其是 Microzarkodina flabellum 在黄花场剖面 B. triangularis 生物带底界之上 0.2 m 出现,以及下伏 O. evae 生物带中所共存的北美中大陆型的典型牙形刺,如

Reutterodus andinus、O. intermedius、Microzarkodina russica (=M. sp. A) 等,也都进一步说明,北美白石统 (Whiterock Series) 和依卑统 (Ibexian Series) 典型剖面上所划分的 T. laevis 生物带 (Ethington & Clark, 1982; Ross et al., 1997; Ross & Ethington, 1992) 底界可与黄花场"金钉子"剖面所确定的中奥陶统底界即 B. triangularis 生物带底界对比,也可与阿根廷圣胡安 Precordillera 地区的上圣胡安灰岩 (upper San Juan Limestone) 中的 T. laevis 生物带 (Albanesi et al., 2003) 界界对比 (图5-67)。

黄花场剖面大坪阶底界界线地层中的牙形刺组合序列也清楚地显示,该剖面 B. triangularis 生物带也完全可以与斯堪的纳维亚地区 (Bagnoli & Stouge, 1997)、俄罗斯西北沃尔霍夫阶 (Volkhov Stage) 最下部含 Azygograptus sp. 的 B. triangularis 带底部对比 (Tolmacheve & Fedorov, 2001; Tolmacheva et al., 2003; Dronov et al., 2003),不过后者 B. triangularis 带底部因存在硬底构造而发育不完整。

黄花场剖面瑞典断笔石 (Azygograptus suecicus) 生物带上部 (即中—下奥陶统界线附近) 出现的笔石 Azygograptus ellesi 与 Xiphograptus svalbardensis、Expansograptus sp.、Pseudotrigonograptus? sp.,又为黄花场剖面 B. triangularis 生物带底界与澳大利亚标准笔石带序列的对比 (Webby & Nicoll, 1989),以及与世界其他地区含笔石剖面的笔石 Isograptus victoriae lunatus 带和 I. v. victoriae 带之间的界线对比提供了依据,因为这些平伸和下斜的 Xiphograptus svalbardensis 以及 Expansograptus sp. 笔石亦是加拿大纽芬兰西部 Cow

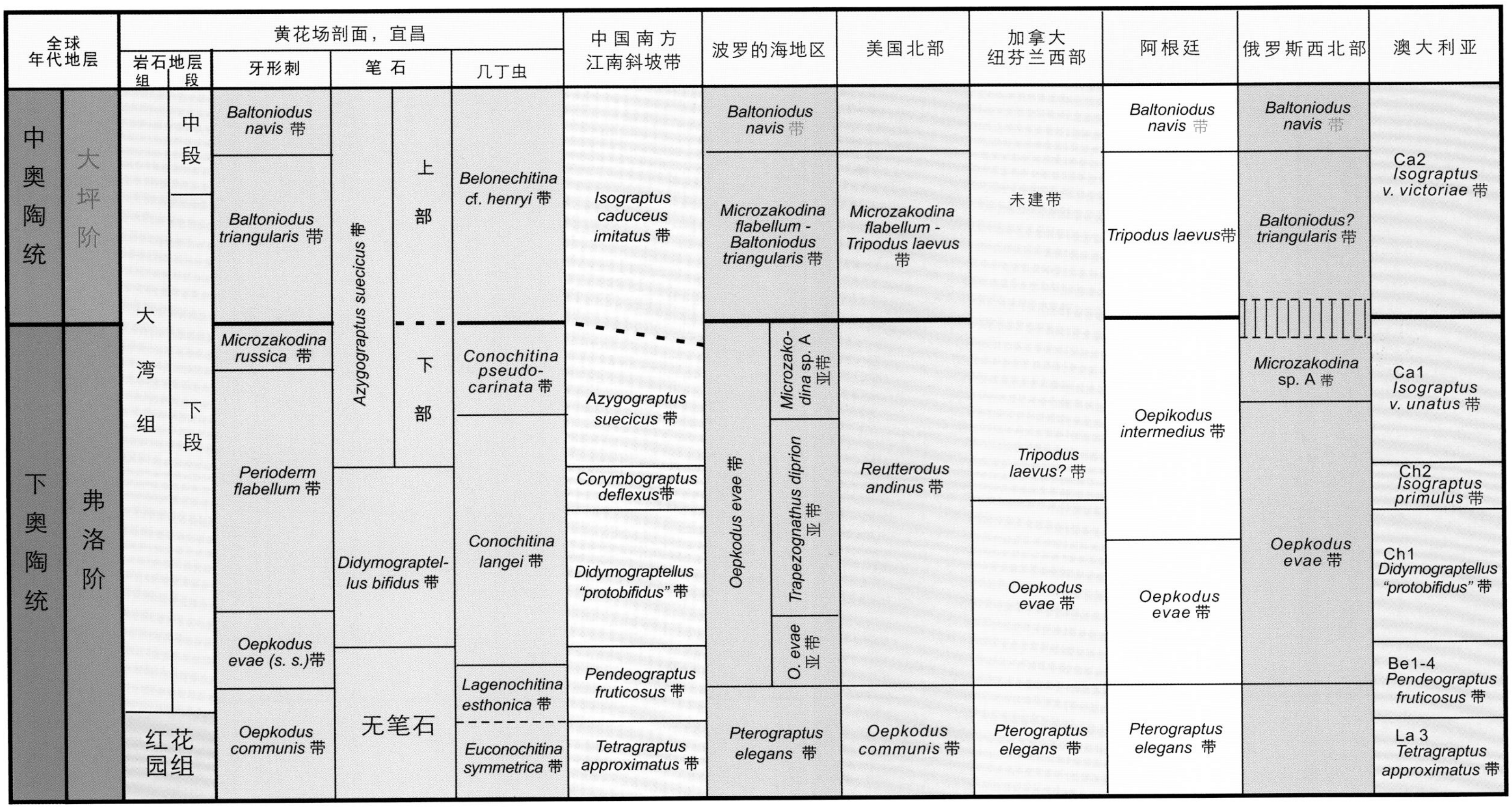

| 全球年代地层 | | 黄花场剖面，宜昌 | | | | | 中国南方江南斜坡带 | 波罗的海地区 | 美国北部 | 加拿大纽芬兰西部 | 阿根廷 | 俄罗斯西北部 | 澳大利亚 |
|---|---|---|---|---|---|---|---|---|---|---|---|---|---|
| | | 岩石地组 | 段 | 牙形刺 | 笔石 | 几丁虫 | | | | | | | |
| 中奥陶统 大坪阶 | | 大湾组 | 中段 | *Baltoniodus navis* 带 | *Azygograptus suecicus* 带 (上部) | *Belonechitina* cf. *henryi* 带 | *Isograptus caduceus imitatus* 带 | *Baltoniodus navis* 带 | *Microzakodina flabellum - Baltoniodus triangularis* 带 | 未建带 | *Baltoniodus navis* 带 | *Baltoniodus navis* 带 | Ca2 *Isograptus v. victoriae* 带 |
| | | | 下段 | *Baltoniodus triangularis* 带 | | | | | | *Microzakodina flabellum - Tripodus laevus* 带 | *Tripodus laevus* 带 | *Baltoniodus? triangularis* 带 | |
| 下奥陶统 弗洛阶 | | | | *Microzakodina russica* 带 | *Azygograptus suecicus* 带 (下部) | *Conochitina pseudo-carinata* 带 | *Azygograptus suecicus* 带 | *Microzakodina* sp. A 亚带 | | | | *Microzakodina* sp. A 带 | Ca1 *Isograptus v. unatus* 带 |
| | | | | *Perioderm flabellum* 带 | | *Conochitina langei* 带 | *Corymbograptus deflexus* 带 | *Oepkodus evae* 带 / *Trapezognathus diprion* 亚带 | *Reutterodus andinus* 带 | *Tripodus laevus?* 带 | *Oepikodus intermedius* 带 | | Ch2 *Isograptus primulus* 带 |
| | | | | *Didymograptellus bifidus* 带 | | *Didymograptellus "protobifidus"* 带 | | | | *Oepkodus evae* 带 | *Oepkodus evae* 带 | Ch1 *Didymograptellus "protobifidus"* 带 |
| | | | | *Oepkodus evae* (s. s.) 带 | 无笔石 | *Pendeograptus fruticosus* 带 | | *O. evae* 亚带 | | | | *Oepkodus evae* 带 | Be1-4 *Pendeograptus fruticosus* 带 |
| | | 红花园组 | | *Oepkodus communis* 带 | | *Lagenochitina esthonica* 带 *Euconochitina symmetrica* 带 | *Tetragraptus approximatus* 带 | *Pterograptus elegans* 带 | *Oepkodus communis* 带 | *Pterograptus elegans* 带 | *Pterograptus elegans* 带 | | La3 *Tetragraptus approximatus* 带 |

图5-67 奥陶系大坪阶"金钉子"的全球对比 〔据 Wang *et al.*, 2005〕

Head 群 *I. v. lunatus* 和 *I. v. victoriae* 带的常见分子 (Williams & Stevens, 1998)。它们在斯堪的纳维亚地区 *Expansograptus hirundo* 带下部也相当普遍。斯堪的纳维亚 *E. hirundo* 带中还产有在亲缘关系上与 *I. v. victoriae* 十分相近的类型 (Maletz, 1992, 2005)，与其共生的还有 *A. suecicus* 等笔石，这些均表明 *E. hirundo* 的底部即使与 *I. v. victoriae* 生物带底部不完全相当，也应当十分接近。这也从另一个侧面说明，澳大利亚 (Webby & Nicoll, 1989)、北美 (Berry, 1960) 和加拿大 (Williams & Stevens, 1988) 的 *I. v. lunatus* 和 *I. v. victoriae* 生物带，即 Ca2 与 Ca1 之间的界线与黄花场剖面上、下 *A. suecicus* 间隔带的界线大致相当，与 *B. triangularis* 牙形刺生物带底界接近 (Webby & Nicoll, 1989, Wang *et al.*, 2005)。

根据世界不同生物地理区 (北大西洋区和北美中大陆区及大西洋区和太平洋区) 所选择 20 多个有代表性且含牙形刺和笔石的中—下奥陶统界线剖面图形对比的结果也证实 (Stouge *et al.*, 2012a, b)，黄花场剖面 *B. triangularis* 首现层位与这些地区的 *I. v. victoriae* 带的底界接近。

### 5.4.2 达瑞威尔阶"金钉子"的全球对比

以澳洲齿状波曲笔石 (*Undulograptus austrodentatus*)

为代表的笔石动物群的地理分布广，除澳大利亚的达瑞威尔阶底界以 *U. austrodentatus* 的首次出现定义之外，*U. austrodentatus* 笔石动物群还见于新西兰、北美洲、欧洲、南美洲、蒙古、哈萨克斯坦以及中国的其他地区。由于全球达瑞威尔阶是在黄泥塘"金钉子"剖面以 *U. austrodentatus* 的首现定义。因此，中国"三山地区"的 *U. austrodentatus* 笔石动物群，与这些地区的 *U. austrodentatus* 动物群都可以直接对比 (图5-68)。

*Arienigraptus zhejiangensis* 亚带的笔石动物群与美国得克萨斯州 Marathon 地区的笔石动物群相似，类似的动物群也见于北美西部的许多地点 (Mitchell & Chen, 1997)。*U. sinicus* 亚带笔石动物群在加拿大魁北克和纽芬兰均已发现 (Mitchell & Maletz, 1995)。根据笔石动物群的对比，黄泥塘剖面的 *U. sinicus* 亚带界界与北美洲 *Paraglossograptus tentaculatus* 带的底界几乎一致，类似关系也见于阿根廷的 Precordillera 地区 (Ortega *et al.*, 1993；Albanesi *et al.*, 1995)。

在英国威尔士，最早出现的双列攀合笔石是 *Undulograptus cumbrensis*，产自三叶虫 *Bergamia rushtoni* 带，它的首现可以肯定位于 *U. sinicus* 亚带之内 (Mitchell & Maletz, 1995)。因此 *U. austrodentatus* 带的底界应当

| 全球/中国年代地层 | 华南 笔石带 | 华南 牙形刺带 | 澳洲 年代地层 | 澳洲 笔石带 | 北美 年代地层 | 北美东部 笔石带 | 北美得州 笔石带 | 北美中部 牙形刺带 | 北美壳相化石带 | 英国 年代地层 | 英国 笔石带 | 英国 三叶虫 | 北欧 年代地层 | 北欧 笔石带 | 北欧 牙形刺带 | 北欧 三叶虫 | 阿根廷 年代地层 | 阿根廷 笔石带 |
|---|---|---|---|---|---|---|---|---|---|---|---|---|---|---|---|---|---|---|
| 中奥陶统 / 达瑞威尔阶 | A. ellsae | Yangtze. crassus | Darriwilian | Diplo.? decoratus | Whiterockian | Holm. callotheca | | P. polystrophos | O | Llanvirn | D. artus | D. levigena | Kundan | D. artus | Yangtze. crassus | A. 'faniceps' | Darriwilian | U. austro-dentatus |
| | | | | U. intersitus | | U. dentatus | P. entaculatus | H. holodentata | N | | | | | M. parus | M. limtata | A. expansus | | |
| | U. sinicus | U. austrodentatus | | U. austro-dentatus | | U. sinicus | U. austro-dentatus | H. sinuosa | | Arenig | E. hirundo | B. rushtoni | | E. hirundo | | | | |
| | A. zhejiang. | | | | | A. zhejiang. | Isograptus | H. altifrons | M | | | | Volkhovian | | | | | |
| 大坪阶 | Exigraptus clavus | P. originalis | Yap | Cardiogr. / Oncogr. | | Oncograptus | | T. laevis | L | | Isograptus gibberulus | S. abyfrons | | P. originalis | M. simon | | Yap | Oncograptus |
| | Isograptus caduceus imitatus | | Cast. | Isograptus victoriae divergens | | Isograptus victoriae divergens | | | | | | | | | | | Cast. | Isograptus victoriae maximus |

图 5-68　奥陶系达瑞威尔阶底界的界线地层全球对比　　〔据陈旭等, 1997; 2013b〕

位于威尔士产双列笔石的最低产出层位之下。根据 *A. zhejiangensis* (即所报道的 *Pseudisograptus angel*) 产于 *Isograptus caduceus gibberulus* 带的上部, *U. austrodentatus* 带的下部地层应位于威尔士北部, 例如 Nanty Gadwen, 和英格兰湖区 (Lake District) 的 Skiddaw 群。*U. sinicus* 亚带在湖区见于更新的地层中, 相当于 Jackson (1962) 的 *Didymograptus hirundo* 带, 也相当于威尔士北部的 Caernarfon 和 Bangor 等地同名带 (Fortey *et al.*, 1990)。

在瑞典南部的 Scania 地区, *A. zhejiangensis, Pseudiso-graptus manubriatus janus* 和 *Pseudophyllograptus cor* 共生于 *Didymograptus hirundo* 带中部, 而 *U. sinicus* 和 *U. cumbrensis* 则见于 *D. hirundo* 带上部, 因此该地区兰维恩阶 (Llanvirn Stage) 的底界比中国东南 *Acrograptus ellesae* 带之底略高一些, 接近澳大利亚和新西兰 *U. intersitus* 带 (Da2) 的底。中国 "三山地区" 牙形刺研究表明, 牙形刺 *Lenodus variabillis* 带的底与笔石 *Acrograptus ellesae* 带的底接近。这一牙形刺带的底在波罗的海地区, 与阿伦尼格阶 (Arenig Stage) — 兰维恩阶的界线大致相当。

| 国际标准 | | 中国扬子区 (Chen et al. 2000,2006; Rong et al. 2002) | 苏格兰 Dob's Linn (Williams 1982b, 1983, 1988) | 丹麦 Bornholm (Koren' & Bjerreskov 1997) | 西班牙和葡萄牙 (Gutierrez-Marco et al. 1998) | 意大利Sardinia (Štorch & Serpagli 1993; Štorch & Leone 2003) | 德国 (Jaeger 1977,1988; Schauer 1971) | 捷克波希米亚 (Štorch 1988; Štorch & Loydell 1996) | 波兰 (Teller 1969) | 澳大利亚 Central V... (VandenBe... 198...) |
|---|---|---|---|---|---|---|---|---|---|---|
| 志留系 兰多维列统 | 鲁丹阶 | P. acuminatus | P. acuminatus | P. acuminatus | P. acuminatus - A. ascensus | P. acuminatus | P. acuminatus | P. acuminatus | P. acuminatus | P. acumi... |
| | | A. ascensus | A. ascensus | A. ascensus | | A. ascensus | A. ascensus | A. ascensus | A. ascensus | |
| 奥陶系 上奥陶统 | 赫南特阶 | *Hirnantia* 动物群 / N. persculptus | N. persculptus | N. persculptus | *Himantia* 动物群 | Hirnantia fauna | N. persculptus | HF / N. persculptus | N. persculptus | N. persc... |
| | | N. extraord. | N. extraord. | | | | N. extraord. - N. ojsuensis | | M. mucronata - Himantia | N. extraordi... |
| | | *Manosia* / D. mirus | D. mirus | P. pacificus | | | | | | D. orn... - A. la... |
| | 凯迪阶 | P. pacificus / T. typicus / 下部亚带 | T. typicus / D. anceps | | | | | | | |

图 5-69　奥陶系赫南特阶底界的界线地层全球对比　　*A. ascensus = Akidograptus ascensus; A. supernus = Appendispinogr. supernus; D. mirus = Diceratograptus mirus; N. extraord. = Normalograptus extraordinarius; N. persculptus = Normalograptus persculptus; P. acuminatus = Parakidograptus acuminatus; P. pacificus = Paraorthograptus pacificus; T. typicus = Tangyagraptus typicus; HF = Hirnantia 动物群。*　　〔Chen et al., 2006; 陈旭等, 2013b〕

"三山地区"牙形刺的研究结果还表明,笔石 *U. austrodentatus* 带的下部和北欧的牙形刺 *Macrozarkohina parva* 带下部相当。瑞典 Scania 和美国内华达州的牙形刺分带也都说明 *U. austrodentatus* 带的下部应对比到 *Macrozarkohina parva* 带内。而中国"三山地区"、加拿大魁北克和瑞典 Scania 等地, *U. austrodentatus* 带之上都是牙形刺 *Lenodus variabilis* 带所在的地层。所以完全有理由相信,在太平洋区和大西洋区, *U. austrodentatus* 带的底界既能从笔石相也可以从混合相地层中识别出来。

奥陶纪的低纬度太平洋动物群与高纬度冈瓦纳冷水型动物群的对比确实困难。威尔士的三叶虫动物群可能有助于解决该问题。Paris & Chen (1996) 曾尝试用黄泥塘剖面 *U. austrodentatus* 带中的几丁虫来解决该问题。目前他们在此层位中获得的几丁虫包括 *Conochitina*、*Cyathochitina*、*Rhabdochitina*、*Tanuchitina*、*Laufeldochitina*、*Belonechitina*、*Desmochitina* 和 *Sagenochitina* 等 属 中, *Sagenochitina* 是冈瓦纳北部 (葡萄牙、阿尔及利亚和利比亚) 与阿伦尼格阶上部至兰维恩阶下部相当地层中的特征分子。陈孝红等 (1996) 在黄泥塘"金钉子"剖面 *Azygograptus suecicus* 带至 *U. austrodentatus* 带所在的地层中,识别出的 3 个几丁虫带 (自下而上, 、*Conochitina pirum* 带和 *Rhadochitina turgida* 带),与北美 (劳伦大陆) 的同名带可对比。黄泥塘"金钉子"剖面含有丰富的笔石和牙形刺,对这个剖面的几丁虫研究,有助于解决与缺少 *U. austrodentatus* 笔石动物群的冈瓦纳高纬度地区达瑞威尔阶的对比问题。

### 5.4.3 赫南特阶"金钉子"的全球对比

图 5-69 是陈旭等 (Chen et al., 2000, 2006a) 所发表

的赫南特阶底界的全球对比,这一对比依据的主要是笔石动物的生物地层和赫南特贝动物群的地层延限。对于确定赫南特阶"金钉子"层型点位所代表的时间,以 *Normalograptus extraordinarius* 王家湾北剖面的首现为准。这一成种事件要比笔石 *Normalograptus ojsuensis* 的首现略晚,而又比分异度高的笔石动物群在深水相带发生的大灭绝主幕时间早,这个笔石动物群包含双头笔石类 (dicranograptid)、双笔石类 (diplograptid)、直笔石类 (orthograptid) 的许多种,即"DDO 动物群"。从 *N. extraordinarius* 和 *N. ojsuensis* 首现的顺序来看,含赫南特阶底界的王家湾北剖面可与美国内华达州 (Finney et al., 1999)、俄罗斯西伯利亚科累马 (Kolyma) (Koren et al., 1983, 1988)、哈萨克斯坦南部 (Koren et al., 1979; Apollonov et al., 1980) 以及世界其他地区的相关剖面对比。

苏格兰 Dob's Linn 剖面有两套赫南特期笔石组合,其间为不含化石的地层所隔 (Williams, 1988),因此赫南特阶的底界在该地难以准确界定。*N. extraordinarius* 出现于两个层位,在下部层位 (Band E) 中,*N. extraordinarius* 与普通分异度的 DDO 动物群共生,被 Williams (1988) 划为 *Dicellograptus anceps* 带上部。现在所知,这是赫南特早期常见的笔石组合,因此 Dob's Linn 的 Band E 可与赫南特阶下部 (*N. extraordinarius* 带下部) 对比 (Chen et al., 2006a)。在 Dob's Linn 仅有三叶虫 *Songxites* 一属出现,没有发现赫南特贝壳相动物群的其他分子。

俄罗斯西伯利亚科累马的 Mirny Creek 剖面 *N. extraordinarius* 带底界,以 *N. extraordinarius* 的首现为标志 (Koren et al., 1983),稍微高于 *N. ojsuensis* 的首现,而 *N. ex gr. extraordinarius* 的首现则与 *N. extraordinarius* 的

| 西藏申扎 (Mu and Ni 1983) | 乌兹别克斯坦 (Koren' & Melchin 2000) | 哈萨克斯坦南部 (Koren' et al. 1979; Apollonov et al. 1980) | 科累马 Mirny Creek, (Koren' et al. 1979, 1983, 1988) | 马来西亚 Lankawi Island (Jones 1973) | 加拿大育空 (Lenz & McCracken 1982, 1988; Chen & Lenz 1984; Melchin 1987) | 加拿大极区 (Melchin et al. 1991) | 美国内华达 (Finney et al. 1999) | 阿根廷 (Cuerda et al. 1988; Brussa et al. 1999) |
|---|---|---|---|---|---|---|---|---|
| *P. acuminatus* | *P. acuminatus* -*A. ascensus* | *P. acuminatus* | *P. acuminatus* | | *P. acuminatus* | *P. acuminatus* / *H. sinitzini* | | *P. acuminatus* |
| *A. ascensus* | | *A. ascensus* | *A. ascensus* | *Dalmanitina malayensis* | | *N. mademii-N. lubricus* | | |
| *N. persculptus* | *N. persculptus* | *N. persculptus* | *N. persculptus* | *N. persculptus* | | *N. persculptus* | *N. persculptus* | *N. persculptus* |
| *N. extraord.-/N. ojsuensis*/HF | | HF / *N. extraordinarius* | *N. extraordinarius* | | | *N. ojsuensis** | *N. extraordinarius* | *N. extraordinarius* |
| | | *A. supremus* / *P. pacificus* | *A. supremus* / *P. pacificus* | | *D. mirus* / *P. pacificus* | *P. pacificus* | *P. pacificus* | |

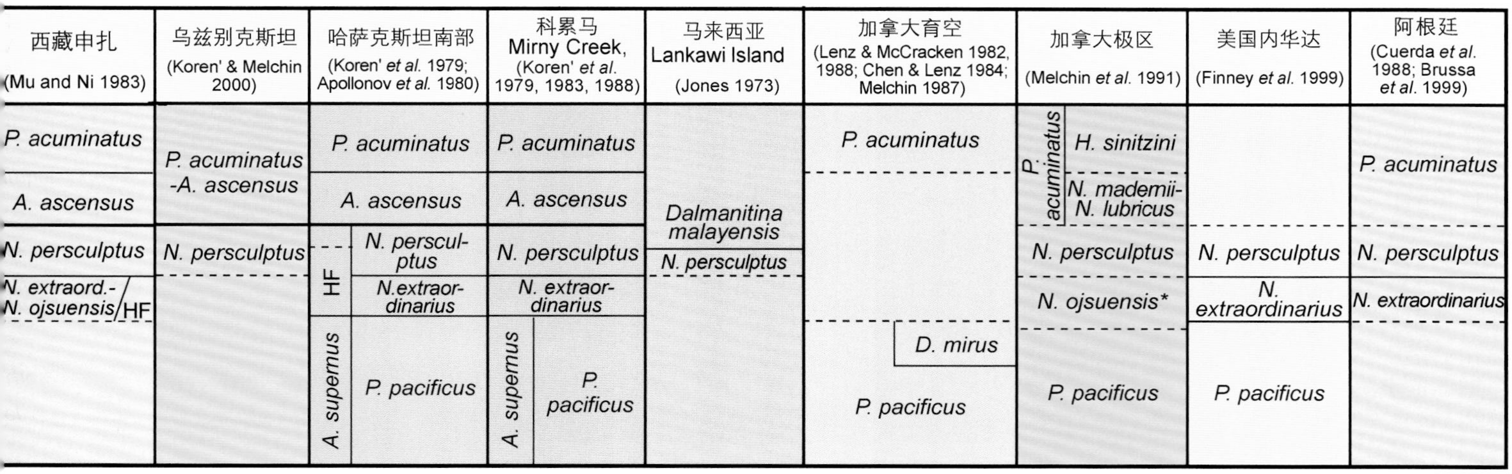

一致，这与王家湾北剖面 (AFA 97a) 的情况相同。也就是说，这两种重要的笔石在王家湾和 Mirny Creek 剖面上的出现是一致的。这也表明 N. ojsuensis 在 Mirny Creek 剖面的首现与扬子区 D. mirus 亚带上部层位相当。Mirny Creek 的 N. persculptus 带所产的腕足动物群，不属于典型的赫南特贝动物群 (Rong & Harper, 1988)。在 Mirny Creek 剖面，N. extraordinarius 的首现是以 DDO 笔石动物群的所有物种完全消失为标志 (Koren et al., 1983)，接着出现的是一个分异度很低的笔石动物群。

赫南特阶地层的 N. extraordinarius 带和 Normalograptus persculptus 带均可在哈萨克斯坦南部识别 (Apollonov et al., 1980)，并且 N. extraordinarius 带笔石动物群与 Hirnantia-Dalmanitina 壳相动物群共生产出。在 N. persculptus 带之上，是 Akidograptus ascensus 带和 Parakidograptus acuminatus 带。而 N. ojsuensis 产于 N. extraordinarius 带之下的 P. pacificus 带上部，因此哈萨克斯坦南部的笔石和壳相动物群序列与王家湾北剖面及扬子区其他剖面完全相同。哈萨克斯坦南部与科累马 Mirny Creek 剖面相似，赫南特阶笔石动物群的分异度均低于其壳相动物群的分异度。N. extraordinarius 是一个分异度很低的笔石动物群中的分子。

在加拿大极区，Normalograptus ojsuensis 出现于一段被划为 N. bohemicus (=N. ojsuensis) 带的地层中 (Melchin et al., 1991)。由于这段地层缺乏 N. extraordinarius，并且位置在 DDO 动物群的种完全消失之后，因此，在加拿大北极区不能准确界定赫南特阶的底界。尽管这条界线似有可能在 N. ojsuensis 首现层位附近。由于加拿大极区存在 N. persculptus 带，赫南特阶的上部可以在该地确定 (Melchin et al., 1991)。

Finney 等 (1999) 曾报道，在美国内华达 Vinini Creek 剖面，N. ojsuensis 在 P. pacificus 带顶部首现，直接位于 N. extraordinarius 首现之下，根据王家湾剖面 N. ojsuensis 和 N. extraordinarius 下、上的层位关系，Vinini Creek 剖面 P. pacificus 带的顶部可能相当于王家湾北剖面的 D. mirus 亚带。Štorch 等 (2011) 的研究证实内华达 Vinini Creek 剖面的确存在 D. mirus 亚带，并可与王家湾北剖面对比。这也再次证实了赫南特阶"金钉子"王家湾北剖面的全球可对比性。Vinini Creek 的 N. extraordinarius 带笔石动物群的分异度低于王家湾北剖面，典型的赫南特贝动物群在 Vinini Creek 剖面缺失。

与王家湾北剖面的凝缩沉积地层序列不同，Vinini Creek 剖面赫南特阶的地层厚度更大，它代表了一个相对更深水的沉积环境，并记录了始于 P. pacificus 带顶部，并维持至 N. persculptus 带的海平面下降、低水位域以及相应的海洋环境变化 (如缺氧环境的丧失) 等。Vinini Creek 剖面产有牙形刺 Amorphognathus ordovicicus 动物群和一个分异度较高的几丁类序列。根据笔石、牙形类和几丁类的生物地层序列，以及碳同位素的正漂移，Vinini Creek 剖面可与邻近的 Copenhagen Canyon 剖面对比。后者发育一套较厚的外陆棚碳酸盐岩序列 (Finney et al., 1999)，尽管该剖面从 N. extraordinarius 带顶部开始就无化石记录，但碳同位素正漂移的记录完好，准确地指示了海平面下降和浅水环境的低水域以及随后海平面上升的序列。

根据阿根廷一些地点的记录，该国也产有赫南特阶的笔石组合。在靠近 Precordillera 地块 (Terrain) 西部边界的圣胡安 (San Juan) 省 Calingasta 附近的地层中，产有中度分异度的 N. extraordinarius 和 DDO 动物群 (Brussa et al., 1999)，这显然属于赫南特早期的笔石组合。而在 Precordillera 地区东部的 Don Braulio 组和 Trapiche 组碎屑沉积中，产有壳相赫南特贝动物群，且与冰成碎屑岩相伴 (Benedetto, 1986, 2003; Benedetto et al., 1999; Buggish, 1993; Astini, 2003)。在属于 Precordillera 地块中部，即圣胡安附近的 Talacasto 和 Jáchal 附近的 Cerro del Fuerte, Cuerda et al. (1988) 和 Rickards et al. (1996) 分别报道了 P. acuminatus 带笔石动物群和下伏的了 N. persculptus 带动物群。这些含笔石的赫南特期晚期的地层在某些地点接续海相冰成沉积地层，而在另外一些地点则假整合于老地层之上 (Astini, 2003)。这些资料都说明阿根廷圣胡安省可能像扬子区一样，发育有完整的赫南特阶。

冈瓦纳周缘的不少地点，如西班牙和葡萄牙 (Gutiérrez-Marco et al., 1998)、意大利的撒丁岛 (Štorch & Serpagli, 1993)、德国的图林根 (Schauer, 1971; Jaeger, 1977, 1988)、捷克的波希米亚 (Štorch, 1988; Štorch & Loydell, 1996)、波兰 (Teller, 1969) 以及丹麦的博恩霍尔姆岛 (Koren & Bejerreskov, 1997)，属于 N. extraordinarius 带的地层均不发育，表明 N. extraordinarius 笔石动物群可能主要发育于低—中纬度地区 (Chen et al., 2000)。然而，赫南特期笔石和赫南特贝动物群在西藏却很发育 (Mu & Ni, 1983; 戎嘉余、许汉奎, 1987)，而西藏在赫南特期通常被认为属冈瓦纳周缘地区 (Rong & Harper, 1988)。此外，N. extraordinarius 带在乌兹别克斯坦东部 (Koren & Melchin, 2000)、加拿大育空省 (Lenz & McGachen, 1982, 1988; Chen & Lenz, 1984)

# 奥 陶 纪 年 代 地 层 表
## 国际地层委员会奥陶纪地层分会

| 全球 | | | 英国 | | 北美 | | 波罗底斯堪的纳 | | 澳大利亚 | | 中国 | | 西伯利亚 | | 地中海和北冈瓦那 | 阶片 (stage slices) |
|---|---|---|---|---|---|---|---|---|---|---|---|---|---|---|---|---|
| 系 | 统 | 阶 | 统 | 阶 | 统 | 阶 | 统 | 阶 | 统 | 阶 | 统 | 阶 | 统 | 阶 | 阶 | |
| 奥陶系 O | 上奥陶统 | 赫南特阶 | ASHGILL | HIRNANTIAN | CINCINNATIAN | GAMACHIAN | HARJU | PORKUNI | UPPER | BOLINDIAN | 上奥陶统 | 赫南特阶 | UPPER | 未建阶 | HIRNANTIAN (=KOSOVIAN) | Hi2 / Hi1 |
| | | 凯迪阶 | | RAWTHEYAN CAUTLEYAN PUSGILLIAN | | RICHMONDIAN / MAYSVILLIAN EDENIAN | | PIRGU / VORMSI NABALA / RAKVERE OANDU KEILA | | EASTONIAN | | 钱塘江阶 | | BURIAN NIRUNDIAN DOLBORIAN | KRALODVORIAN | Ka4 / Ka3 / Ka2 / Ka1 |
| | | | CARADOC | STREFFORDIAN CHENEYAN | MOHAWKIAN | CHATFIELDIAN / TURINIAN | VIRU | HALJALA | | GISBORNIAN | | 艾家山阶 | | BAKSIAN | BEROUNIAN (U. / M. / L.) | |
| | | 桑比阶 | | BURRELLIAN | | | | KUKRUSE | | | | | | CHERTOVSKIAN | | Sa2 / Sa1 |
| | | | | AURELUCIAN | WHITEROCKIAN | CHAZYAN | | UHAKU / LASNAMÄGI ASERI / KUNDA | MIDDLE | DARRIWILIAN | 中奥陶统 | 达瑞威尔阶 | MIDDLE | KIRENSKO-KUDRINIAN VOLGINIAN / MUKTEIAN VIKHOREVIAN | DOBROTIVIAN (U. / L.) / ORETANIAN (U. / L.) | Dw3 / Dw2 / Dw1 |
| | 中奥陶统 | 达瑞威尔阶 | LLANVIRN | LLANDEILIAN / ABEREIDDIAN | | | | | | | | | | | | |
| | | 大坪阶 | | FENNIAN | | Not distinguished | | VOLKHOV | | YAPEENIAN / CASTLEMAINIAN | | 大坪阶 | | KIMAIAN | ARENIGIAN (U. / M. / L.) | Dp3 / Dp2 / Dp1 |
| | 下奥陶统 | 弗洛阶 | ARENIG | WHITLANDIAN | IBEXIAN | RANGERIAN / BLACK HILLSIAN | OELAND | BILLINGEN | LOWER | CHEWTONIAN BENDIGONIAN | 下奥陶统 | 益阳阶 | LOWER | UGORIAN | | Fl3 / Fl2 / Fl1 |
| | | | | MORIDUNIAN | | TULEAN | | HUNNEBERG | | LANCEFIELDIAN | | | | | | |
| | | 特马豆克阶 | TREMADOC | MIGNEINTIAN | | STAIRSIAN SKULLROCKIAN | | VARANGU | | | | 新厂阶 | | NYAIAN | TREMADOCIAN (U. / L.) | Tr3 / Tr2 / Tr1 |
| | | | | CRESSAGIAN | | PAKERORT | | PAKERORT | | | | | | | | |

图5-70 国际地层委员会官方公布的、奥陶纪地层分会修编的全球主要地层区系奥陶系对比表 （据 Bergström *et al.*, 2009）

以及马来西亚(Jones, 1973)的缺失,则可能是岩相的制约或沉积间断所致,或两种因素兼有。而 *N. ojsuensis* 在波希米亚(Štorch & Leone, 2003)以及尼日尔(Legrand, 1988)的出现,至少表明了含 *N. ojsuensis* 的地层,层位略低于赫南特阶底界或与赫南特阶底部大致相当。

国际地层委员会奥陶纪地层分会,近年发布了奥陶系全球对比的年代地层表和分会认可的将全球标准阶进一步划分的"阶片(Stage-Slice)"(Bergström *et al.*, 2009)(图5-70, 5-71),该《奥陶纪年代地层表》和阶片划分表已在国际地层委员会网站公布,可供下载。

图5-71 国际地层委员会奥陶纪地层分会的奥陶系全球标准阶的阶片划分和定义 Tr、Fl、Dp、Dw、Sa、Ka、Hi 分别为特马豆克阶、弗洛阶、大坪阶、达瑞威尔阶、桑比阶、凯迪阶、赫南特阶的代号。

（据 Bergström *et al.*, 2009）

| 年代地层全球标准 | | | 阶片 | 阶片之底 |
|---|---|---|---|---|
| 系 | 统 | 阶 | | |
| 奥陶系 | 上奥陶统 | 赫南特阶 | Hi2 | 赫南特期δ$^{13}$C漂移(HICE)终结 |
| | | | Hi1 | *Normalograptus extraordinarius* 带 (g) |
| | | 凯迪阶 | Ka4 | *Dicellograptus complanatus* 带 (g) |
| | | | Ka3 | *Amorphognathus ordovicicus* 带 (c) |
| | | | Ka2 | *Pleurograptus linearis* 带 (g) |
| | | | Ka1 | *Diplacanthograptus caudatus* 带 (g) |
| | | 桑比阶 | Sa2 | *Climacograptus bicornis* 带 (g) |
| | | | Sa1 | *Nemagraptus gracilis* 带 (g) |
| | 中奥陶统 | 达瑞威尔阶 | Dw3 | *Pygodus serra* 带 (c) |
| | | | Dw2 | *Didymograptus artus* 带 (g) |
| | | | Dw1 | *Undulograptus austrodentatus* 带 (g) |
| | | 大坪阶 | Dp3 | *Oncograptus* 带 (g) |
| | | | Dp2 | *Isograptus v. maximus* 带 (g) |
| | | | Dp1 | *Baltoniodus triangularis* 带 (c) |
| | 下奥陶统 | 弗洛阶 | Fl3 | *Didymograptus protobifidus* 带 (g) |
| | | | Fl2 | *Oepikodus evae* 带 (c) |
| | | | Fl1 | *Tetragraptus approximatus* 带 (g) |
| | | 特马豆克阶 | Tr3 | *Paroistodus proteus* 带 (c) |
| | | | Tr2 | *Paltodus deltifer* 带 (c) |
| | | | Tr1 | *Iapetognathus fluctivagus* 带 (c) |

## 5.5 中国奥陶系"金钉子"的主要研究者
### 5.5.1 大坪阶"金钉子"的主要研究者

**汪啸风** 安徽安庆人,地层古生物学家。武汉地质矿产研究所研究员。曾任中国古生物学会副主席、国际地层委员会奥陶纪地层分会选举委员、志留纪地层分会通讯委员、国际冈瓦纳研究协会指导委员会委员等职。长期从事地层古生物,尤其是奥陶纪、志留纪地层和笔石化石研究。主持全球大坪阶"金钉子"研究。

**Svend Stouge** 丹麦哥本哈根人,地层古生物学家。丹麦哥本哈根大学地质博物馆、国家自然科学自然历史博物馆、丹麦地质调查局研究员。长期从事地层古生物和牙形刺研究,国际著名牙形刺专家。

**陈孝红** 湖南新宁人,地层古生物学家。武汉地质矿产研究所研究员、全国地层委员会志留系工作组组长。主要从事地层古生物和几丁虫研究,近年来又扩展至古环境和页岩油气研究。

**李志宏** 河北省吴桥县人，地层古生物学家。武汉地质矿产研究所副研究员。长期从事牙形刺生物地层、区域地质调查及综合研究工作。第三届全国地层委员会泥盆纪工作组成员。

**王传尚** 江苏省赣榆县人，地层古生物学家。武汉地质矿产研究所研究员。主要从事笔石、早古生代地层学及岩相古地理和页岩气等研究。全国地层委员会奥陶系工作组副组长。

**Stanley C. Finney** 国际地层委员会主席，国际著名奥陶纪地层和笔石专家。美国加州州立大学教授。长期从事奥陶纪地层、古生物、生物古地理研究。曾任国际地层委员会副主席、国际地层委员会奥陶纪地层分会主席。

Bernd-Dietrich Erdtmann 德国汉堡人，著名奥陶纪地层和笔石专家。柏林工业大学应用地质研究所教授。长期从事奥陶纪地层和笔石研究。曾任国际寒武系与奥陶系界线工作组选举委员，国际笔石工作组委员。

全球大坪阶"金钉子"研究团队的主要研究人员在黄花场"金钉子"标志下合影。左起：李志宏，张淼，陈辉明，王传尚，陈孝红，S. Stouge，汪啸风，驾驶员

### 5.5.2 达瑞威尔阶和赫南特阶"金钉子"的主要研究者

**陈旭** 浙江湖州人，地层古生物学家。中国科学院南京地质古生物研究所研究员，中国科学院院士，《地层学杂志》主编。长期从事早古生代笔石化石的系统分类学、生物地层学以及华南奥陶—志留纪地层学研究。曾任国际古生物协会笔石工作组主席、副主席，国际地层委员会奥陶纪地层分会选举委员、副主席（1992—2004）、主席等职（2004—2008）。主持全球达瑞威尔阶和赫南特阶"金钉子"研究。

**戎嘉余** 浙江鄞县人，地层古生物学家。中国科学院南京地质古生物研究所研究员，中国科学院院士，《古生物学报》主编。长期从事早中古生代腕足动物的系统分类、群落生态、生物地理以及华南奥陶—志留纪生物地层学与古地理学研究。曾任国际地层委员会志留纪地层分会主席（2004—2008），科技部973基础前沿项目首席科学家。共同主持全球赫南特阶"金钉子"研究。

**Charles E. Mitchell** 地层古生物学家，地质教育家。美国纽约州立大学布法罗分校教授。主要研究方向为笔石的演化和生物地层以及应用地层学探索盆地的发展历史和构造运动。曾任国际地层委员会奥陶纪地层分会选举委员（1996—2011）。

**Stig M, Bergström** 地层古生物学家,地质教育家。美国俄亥俄州立大学教授。曾任国际地层委员会奥陶纪地层分会选举委员(1978—1982)。长期从事奥陶系地质学,尤其是古大西洋演化、早古生代K-斑脱岩、牙形刺和笔石的系统分类和生物地层研究。达瑞威尔阶"金钉子"研究主要成员,参与牙形刺和笔石研究。

**张元动** 福建永安人,地层古生物学家。中国科学院南京地质古生物研究所研究员。主要从事早古生代地层及笔石动物研究。国际地层委员会奥陶纪地层分会选举委员。全球达瑞威尔阶"金钉子"研究骨干。

**樊隽轩** 浙江缙云人,地层古生物学家。中国科学院南京地质古生物研究所研究员。主要从事定量地层学、定量古生物学、定量古地理学以及奥陶—志留系黑色页岩等研究。创建国际地层委员会和国际古生物协会官方数据库 Geobiodiversity Database(GBDB)。赫南特阶"金钉子"研究骨干。

**詹仁斌** 江苏仪征人，地层古生物学家。中国科学院南京地质古生物研究所研究员。主要从事奥陶纪、志留纪地层、腕足动物及相关领域研究，2000年以来主要致力于奥陶纪生物大辐射的研究。国际地层委员会志留纪地层分会选举委员，国际奥陶纪地层分会选举委员，国际地科联IGCP 591项目的共同主持人，国家基金委创新研究群体负责人。赫南特阶"金钉子"研究骨干。

**王志浩** 江苏无锡人，微体古生物学家。中国科学院南京地质古生物研究所研究员。曾任国际地层委员会石炭及地层分会的选举委员、国际石炭系—二叠系界线工作组和石炭系中间界线工作组的选举委员。长期研究奥陶纪—三叠纪牙形刺化石和古生代牙形刺生物和年代地层。达瑞威尔阶"金钉子"研究主要成员。

**彭平安** 浙江天台人，有机地球化学家。中国科学院广州地球化学研究所研究员，中国科学院院士。主要从事地质体有机质地球化学研究。参与赫南特阶"金钉子"碳同位素和事件地层研究。

David A. T. Harper　英国爱丁堡人，地层古生物学家、地质教育家。英国达勒姆大学古生物学教授。主要研究早古生代腕足动物。2008年起任国际地层委员会奥陶纪地层分会主席。参与赫南特阶"金钉子"的赫南特贝动物群研究。

Michael J. Melchin　地层古生物学家、地质教育家。加拿大夏威尔大学地学系教授。2008年起任国际地层委员会志留纪地层分会主席。主要研究笔石的系统分类、古生代生物和奥陶系—志留系年代地层。参与赫南特阶"金钉子"的笔石研究。

Barry D. Webby　地层古生物学家、地质教育家。澳大利亚麦考瑞大学教授。主要从事超钙化海绵动物和苔藓虫、奥陶纪地层学研究。曾任国际地层委员会奥陶纪地层分会主席（1992—1996），提出奥陶系时间片段（time-slice）划分，细化后已被奥陶系分会采纳。参与达瑞威尔阶"金钉子"研究。

参考文献

安泰庠. 1987. 中国南方早古生代牙形石. 北京：科学出版社，1-238.

陈孝红，汪啸风，李志宏. 1996. 华南阿伦尼格世几丁虫生物地层与古生物地理. 地质论评，42（3）：200-208.

陈孝红，汪啸风，李志洪，王传尚，张淼. 2002. 湖北宜昌黄花场中/下奥陶统界线附近几丁虫组合及其意义. 地层学杂志，26（4）：241-247.

陈孝红，张淼，王传尚. 2009. 华南地区奥陶纪几丁虫. 北京：地质出版社.

陈旭. 1991. 推动全球奥陶纪年代地层标准的建立——第六届国际奥陶系大会纪要. 地层学杂志，15（4）：321.

陈旭，Mitchell C E，张元幼，王志浩，Bergström S M，Winston D，Paris F. 1997. 中奥陶统达瑞威尔阶及其全球层型剖面点（GSSP）在中国的确立. 古生物学报，36（4）：423-431.

陈旭，戎嘉余，樊隽轩，詹仁斌，汪晓风，陈清，Mitchell C E，Harper D A T，Melchin M J，彭平安，Finney S C. 2013b. 奥陶系上奥陶统赫南特阶全球标准层型剖面和点位//中国科学院南京地质古生物研究所. 中国"金钉子"——全球标准层型剖面和点位研究. 杭州：浙江大学出版社，183-213.

陈旭，戎嘉余，樊隽轩，詹仁斌，王志浩，王宗哲，李荣玉，王怿，米切尔 C E. 2000. 扬子区奥陶纪末赫南特亚阶的生物地层学研究. 地层学杂志，24（3）：169-175，200.

陈旭，张元动，王志浩，Mitchell C E，Bergström S M，Winston D，Paris F. 2013a. 奥陶系中奥陶统达瑞威尔阶全球标准层型剖面和点位//中国科学院南京地质古生物研究所. 中国"金钉子"：全球标准层型剖面和点位研究. 杭州：浙江大学出版社，153-182.

湖北省地质矿产局. 1990. 湖北省区域地质志. 中华人民共和国地质矿产部地质专报，1，区域地质，第20号. 北京：地质出版社.

李志宏，Stouge S，陈孝红，王传尚，汪啸风，曾庆銮. 2010. 湖北宜昌黄花场下奥陶统弗洛阶 Oepikodus evae 带的精细地层划分对比. 古生物学报，49（1）：108-124.

李志宏，王志浩，汪啸风，陈孝红，王传尚，祁玉平. 2004. 湖北宜昌黄花场剖面中/下奥陶统界线附近的牙形刺. 古生物学报，43（1）：14-31.

罗璋，郑云川. 1981. 浙西两条下、中奥陶统剖面简介并论浙西早、中奥陶统的划分和对比. 浙江地质通讯，1：94-103.

穆恩之. 1986. 王家湾怀旧——悼念王钰教授逝世两周年. 古生物学报，25（3）：345-346.

穆恩之，李积金，葛梅钰，陈旭，林尧坤，倪寓南. 1993. 华中区上奥陶统笔石. 中国古生物志，总号182，新乙种29号. 北京：科学出版社.

穆恩之，李积金，葛梅钰，林尧坤，倪寓南. 2002. 中国笔石. 北京：科学出版社，1025.

穆恩之，戎嘉余. 1983. 论国际奥陶—志留系的分界. 地层学杂志，1983（2）：81-91.

穆恩之，朱兆玲，陈均远，戎嘉余. 1979. 中国西南的奥陶系//中国科学院南京地质古生物研究所. 西南地区碳酸岩生物地层. 北京：科学出版社，39-220.

倪世钊，李志宏. 1987. 牙形石//汪啸风，倪世钊，曾庆銮，等. 长江三峡生物地层学（2），早古生代部分. 北京：地质出版社，102-113.

全国地层委员会. 2014. 中国地层指南及地层指南说明书（附表）. 北京：地质出版社.

戎嘉余. 1979. 中国的赫南特贝动物群（Hirnantia fauna）并论奥陶系与志留系的分界. 地层学杂志，3（1）：1-29.

戎嘉余，陈旭，哈帕尔 D A T，米切尔 C E. 2000. 关于奥陶系最上部赫南特（Hirnantian）亚阶全球层型的建议. 地层学杂志，24（3）：176-186.

戎嘉余，陈旭，詹仁斌，樊隽轩，王怿，张元动，李越，黄冰，吴荣昌，王光旭，刘建波. 2010. 贵州桐梓县境南部奥陶系—志留系界线地层新认识. 地层学杂志，34（4）：337-348.

戎嘉余，许汉奎. 1987. 申扎晚奥陶世腕足类. 中国科学院南京地质古生物研究所丛刊，11：1-19.

王传尚，汪啸风，陈孝红，李志宏，张淼. 2009. 华南下/中奥陶统界线附近笔石动物群的图形对比研究. 中国地质，36（4）：783-789.

汪啸风. 1980. 中国奥陶系. 地质学报，54（1）：1-8；54（2）：85-94.

汪啸风，马国干. 1978. 奥陶系//湖北省地质研究所. 长江三峡东部地区震旦系至二叠纪地层古生物. 北京：地质出版社，44-72.

汪啸风，Stouge S，陈孝红，李志宏，王传尚. 2013. 奥陶系中奥陶统大坪阶全球标准层型剖面和点位及研究进展//中科院南京地质古生物研究所. 中国"金钉子"——全球标准层型剖面和点位研究. 杭州：浙江大学出版社，123-162.

汪啸风，Stouge S，陈孝红，李志宏，王传尚，Erdtmann B-D，曾庆銮，周志强，陈辉明，张淼，徐光洪. 2008. 大湾阶界线层型剖面暨全球下/中奥陶统界线层型候选剖面综合研究报告//第三届全国地层委员会. 中国主要断代地层建阶研究报告（2001-2005）. 北京：地质出版社，455-480.

汪啸风，斯托基 S，陈孝红，李志宏，王传尚，芬尼 S C，曾庆銮，周志强，陈辉明，艾特曼 B-D. 2012. 黄花场剖面——全球中奥陶统暨大坪阶界线层型剖面和点位的内涵与启示//汪啸风，斯托基 S，陈孝红，李志宏，王传尚，等. 嵌入岩层中的一颗"金"钉子——全球中奥陶统暨大坪阶界线层型剖面的印记. 北京：地质出版社,1—32.

汪啸风,曾庆銮,周天梅,李志宏,项礼文,赖才根. 1987. 长江三峡地区生物地层学(2),早古生代部分. 北京: 地质出版社.

汪啸风,曾庆銮,周天梅,倪世钊,徐光洪,孙金英,李志宏. 1983b. 中国长江三峡地区奥陶系志留系界线的生物地层. 中国科学B辑,12: 1124—1132.

汪啸风,曾庆銮,周天梅,倪世钊,徐光洪,孙全英,李志宏,项礼文,赖才根. 1983a. 长江三峡东部地区奥陶纪晚期与志留纪初期的化石群并兼论奥陶系与志留系界线问题. 中国地质科学院宜昌地质矿产研究所所刊,6: 95—163.

姚伦淇,杨达铨. 1991. 浙江及邻区下奥陶统牙形刺序列及不同相区对比. 地层学杂志,15(1): 26—34.

尹磊明,Playford G. 2003. 浙江常山黄泥塘全球层型剖面的中奥陶世疑源类. 古生物学报,42(1): 89—103.

张文堂,李积金,钱义元,朱兆玲,陈楚震,张守信. 1957. 湖北峡东寒武系及奥陶系. 科学通报, 5: 145—146.

张元动. 2013. 常山奥陶系达瑞威尔阶——中国第一个全球界线层型剖面及点位//陈旭,袁训来. 地层学与古生物学研究生华南野外实习指南. 合肥: 中国科学地质大学出版社,119—129.

张元动,曹长群,俞国华. 2013. "三山地区"古生代地层剖面//陈旭,袁训来. 地层学与古生物学研究生华南野外实习指南. 合肥: 中国科学技术大学出版社, 84—119.

张元动,陈旭,王志浩. 2008. 奥陶系达瑞威尔阶全球层型综合研究报告//第3届全国地层委员会. 中国主要断代地层建阶研究报告. 北京: 地质出版社, 436—454.

曾庆銮. 1991. 中国长江三峡东部地区奥陶系腕足类群落和海平面升降变化. 中国地质科学院宜昌地质矿产研究所所刊, 16: 33—42.

曾庆銮,倪世钊,徐光洪,周天梅,汪啸风,李志洪,赖才根,项礼文. 1983. 长江三峡东部地区奥陶系划分与对比. 中国地质科学院宜昌地质矿产研究所所刊,6: 1—68.

曾庆銮,倪世钊,徐光洪,周天梅,汪啸风,李志洪,赖才根,项礼文. 1987. 奥陶系//汪啸风,等. 长江三峡地区生物地层学(2),早古生代部分. 北京: 地质出版社, 43—142.

Achab A. 1989. Ordovician chitinozoan zonation of Quebec and western Newfoundland. Journal of Paleontology, 63 (1): 14—24.

Albanesi G L, Carrera M G, Caňas F L, Saltzman M A. 2003. The Niguivil section, Precordillera of San Juan, Argentina, proposed GSSP for Lower/Middle Ordovician boundary//Albanesi G L, Beresi M S, Peralta S H. Ordovician from Andes, INSUGEO, Serie Correlación Geológica, 17: 33—40.

Albanesi G L, Carrera M G, Caňas F L, Saltzman M A. 2006. Proposed Global Boundary Stratotype Section and Point for the base of the Middle Ordovician Series: the Niguivil section, Precordillera of San Juan, Argentina. Episodes, 29(1): 1—15.

Albanesi G L, Hünicken M A, Ortega G. 1995. Review of Ordovician conodoin-graptolite biostratigraphy of the Argentine Plecordillera//Cooper J D, Droser M I, Finney S C. Ordovician Odyssey: Short Papeis for the Seventh International Symposium on the Ordovician Systerm, SFPM, 77: 3—35.

Apollonov M K, Bandaletov S M, Nikitin J F. 1980. The Ordovician-Silurian Boundary in Kazakhstan: "Nauka" Kazakhstan SSR Publishing House: 1—232.

Astini R A. 2003. Chapter 1: The Ordovician Proto-Andean Basins//Benedetto J L. Ordovician Fossils of Argentina. Universidad Nacional De Córdoba, Secretarǎ de Cienciay Technologâa, Córdoba, Argentina, 1—74.

Bagnoli G, Stouge S. 1997. Lower Ordovician (Billingenian-Kunda) conodont zonation and provinces based on sections from Horns Udde, north Öland, Sweden. Bollettino della Società Paleontologica Italiana, 35(2): 109—163.

Benedetto J L.1986. The first typical Hirnantia fauna from South America (San Juan Province, Argentine Precordillera)//Racheboeuf P, Emig C C. Les Brachiopodes Fossiles et Actuels. Biostratigraphie du Paleozoique, 4: 439—447.

Benedetto J L. 2003. Brachiopods//Benedetto J L. Ordovician Fossils of Argentina. Córdoba: Universidad Nacional De Córdoba, Secretaride Cienciay Technologia, 187—272.

Benedetto J L, Sanchez T M, Carrera M G, Brussa E D, Salas M J. 1999. Paleontological constraints on successive paleogeographic positions of Precordillera terrane during the early Paleozoic. Geological Society of America, Special Paper, 336: 21—42.

Bergström J. 1968. Upper Ordovician brachiopods from Västergötland, Sweden. Geologica et Palaeontologica, 2: 1—35.

Bergström S M, Chen Xu, Gutierrez-Marco J C, Dronov A. 2009. The new chronostratigraphic classification of the Ordovician System and its relations to major regional series and stages and to $\delta^{13}C$ chemostratigraphy. Lethaia, 42(1): 97—107.

Bergström S M, Löfgren A. 2009. The base of the Dapingian Stage (Ordovician) in Baltoscandia: Conodonts, graptolites and unconformities. Earth and Environmental Science Transactions of the Royal Society of Edinburgh, 99: 189—212.

Bergström S M, Saltzman M R, Schmitz B. 2006. First record of the Hirnantian (Upper Ordovician) $\delta^{13}$C excursion in the North American Midcontinent and its regional implications. Geological Magazine, 143: 657−678.

Berry W B N. 1960. Graptolite fauna of the Marathon Region, west Texas. University of Texas Publication, 6005: 1−179.

Blackwelder E. 1907. Chapter XII. Stratigraphy of the Middle Yang-tzï Province//Willis B, Blackwelder E, Sargent R H. Research in China. Vol. 1, Part 1, Descriptive topography and Geology. Washington, Carnegie Institution of Washington, 265−283.

Brenchley P J. 1998. The Hirnantian Boundary Stratotype. Ordovician News,15:14−15.

Brenchley P J, Carden G A, Hints L, Kaljo D, Marshall J D, Martma T, Meidla T, Nolvak J. 2003. High-resolution stable isotope stratigraphy of Upper Ordovician sequences: Constraints on the timing of bioevents and environmental changes associated with mass extinction and glaciation. Bulletin of Geological Society of America, 115: 89−104.

Brussa E D, Mitchell C E, Astini R A. 1999. Ashgillian (Hirnantian?) graptolites from the western boundary of the Argentine Precordillera. Acta Univeritatis Carolinae–Geologica, 43: 199–202.

Buggish W. Astini R A. 1993. The Late Ordovician ice age: new evidence from the Argentine Precordillera.//Findlay R H, Unrug R, Banks M R, Veevers J J. Gondwana Eight: Assembly, Evolution, and Dispersal. Rotterdam: A A Balkema, 439–447.

Chen X, Lin Y K, 1984. On the material of *Glyptograptus persculptus* (Salter) from the Yangtze Gorges, China//Nanjing Institute of Geology and Palaeontology, Academia Sinica. Stratigraphy and Palaeontology of Systemic Boundaries in China, v. 1, Ordovician-Silurian Boundary. Hefei: Anhui Science and Technology Publishing House, 191−200.

Chen X, Bergström S M. 1995. The base of *Austrodentatus* Zone as a level for global subdivision of the Ordovician System. Palaeoworld, 5: 1−117.

Chen X, Lenz A C. 1984. Correlation of Ashgill Graptolite faunas of Central China and Arctic Canada, with a Description of *Diceratograptus* cf. *mirus* Mu from Canada//Nanjing Institute of Geology and Palaeontology, Academia Sinica: Stratigraphy and Palaeontology of Systemic Boundaries in China, v. 1, Ordovician-Silurian Boundary. Hefei: Anhui Science and Technology Publishing House: 247−258.

Chen X, Mitchell C E. 1995. A proposal — the base of the *austrodentatus* Zone as a level for global subdivision of the Ordovician System.

Palaeoworld, 5: 104.

Chen X, Bergström S M, Zhang Y D, Fan J X. 2009. The base of the Middle Ordovician in China with special reference to the succession at Hengtang near Jiangshan, Zhejiang Province, Southern China. Lethaia, 42: 218−231.

Chen X, Fan J X, Melchin M J, Mitchell C E. 2005a. Hirnantian (latest Ordovician) graptolites from the Upper Yangtze region, China. Paleontology, 48(2): 235−280.

Chen X, Melchin M J, Sheets H D, Mitchell C E, Fan J X. 2005b. Patterns and processes of latest Ordovician graptolite extinction and recovery based on data from South China. Journal of Palaeontology, 79(5): 842−861.

Chen X, Rong J Y, Fan J X, Zhan R B, Mitchell C E, Harper D A T, Melchin M J, Peng P A, Finney S C, Wang X F. 2006a. The Global Boundary Stratotype Section and Point (GSSP) for the base of the Hirnantian Stage (the uppermost of the Ordovician System). Episodes, 29(3): 183−196.

Chen X, Rong J Y, Mitchell C E, Harper D A T, Fan J X, Zhang Y D, Wang Z H, Wang Z Z, Wang Yi. 1999. Stratigraphy of the Hirnantian Substage from Wangjiawan, Yichang, W. Hubei and Honghuayuan, Tongzi, N. Guizhou, China. Acta Universitatis Carolinae-Geologica, 43(1/2): 233−236.

Chen X, Rong J Y, Mitchell C E, Harper D A T, Fan J X, Zhan R B, Zhang Y D, Li R Y, Wang Y. 2000. Late Ordovician to earliest Silurian graptolite and brachiopod biozonation from the Yangtze region, South China with a global correlation. Geological Magazine, 137(6): 623−650.

Chen X, Rong J Y, Wang X F, Wang Z H, Zhang Y D, Zhan R B. 1995a. Correlation of the Ordovician rocks of China. International Union of Geological Sciences, Publication, 31: 1−104.

Chen X, Zhang Y D, Bergström S M, Xu H G. 2006b. Upper Darriwilian graptolite and conodont zonation in the global stratotype section of the Darriwilian stage (Ordovician) at Huangnitang, Changshan, Zhejiang, China. Palaeoworld, 15: 150−170.

Chen X, Zhang Y D, Mitchell C E. 1995b. Castlemainian to Darriwillian (Late Yushanian to Early Zhejiangian) graptolite fainas//Chen X, Bergström S M. The base of the *Austrodentatus* Zone as a level for global subdivision of the Ordovician System. Palaeoworld, 5: 36−66.

Chen X H, Paris F, Wang X F, Zhang M. 2009. Early and Middle Ordovician chitinozoans from the Dapingian type sections, Yichang area, China. Review of Palaeobotany and Palynology 153: 310—330.

Cocks L R M, Fortey R A.1997. A new *Hirnantia* fauna from Thailand and the biogeography of the latest Ordovician of South-east Asia. Geobios, 20: 117—126.

Cooper R A, Sadler P M, 2012. The Ordovician Periodine.//Gradstein F, Ogg J G, Schmitz M D, Ogg G M. 2012. Geologic Time Scale 2012 (2 volumes). Amsterdam: Elsevier, 489—523.

Cowie J W.1986. Guidefines for Boundary Stratotype. Episodes, Episodes, 9(2): 78—82.

Cuerda A J, Rickards R B, Cingolani C.1988. A new Ordovician-Silurian boundary section in San Juan Province, Argentina, and its definitive graptolite fauna. Journal of the Geological Society of London, 145: 749—757.

Dronov A V, Koren T N, Tolmacheva T J, Holmer L, Meidla T. 2003. "Volkhovian" as a name for the third global stage of the Ordovician System//Albanesi G L, Beresi M S, Peralta S H. Ordovician from Andes. INSUGEO, Serie Correlación Geológica, 17: 59—63.

Ethington R L, Clark D L. 1982. Lower and Middle Ordovician conodonts the from the Ibex area, western Millard County, Utah. Brigham Young University Studied, 28(2): 1—55.

Fan J X, Peng P A, Melchin M J. 2009. Carbon isotopes and event stratigraphy near the Ordovician-Silurian boundary, Yichang, South China. Palaeogeography, Palaeoclimatology, Palaeoecology, 276: 160—169.

Finney S C. 2004. SOS Annual Report. Ordovician News, 21: 2—5.

Finney S C. 2005. Global series and stages for the Ordovician System. A progress report. Geologica Acta, 3(4): 309—316.

Finney S C, Berry W B N, Cooper J D, Ripperdan R L, Sweet W C, Jacobson S R, Soufiane A, Achab A, Noble P J. 1999. Late Ordovician mass extinction: A new perspective from stratigraphic sections in central Nevada.Geology, 27(3): 215—218.

Fortey R A, Beckly A J, Rushton A W A. 1990. International correlation of the base of the Llanvirn Series Ordovician System. Newsletters on Stratigraphy, 22: 119—142.

Fortey R A, Harper D A T, Ingham J K, Owen A W, Parkes M A, Rushton A W A, Woodcock N H. 2000. A revised Correlation of Ordovician Rocks in the British Isles. The Geological Society Special Report, 24: 1—83.

Gradstein F M, Ogg J G, Schmitz M D, Ogg M G. 2012. The Geologic Time Scale (2 Volumes). Amsterdam: Elsevier.

Gutiérrez-Marco J C, Robardet M, Picarra J M. 1998. Silurian Stratigraphy and Paleogeography of the Iberian Peninsula (Spain and Portugal）//Gutiérrez-Marco J C, Robardet M. Proceedings of the Sixth International Graptolite Conference of the GWG（IPA) and the 1998 Field Meeting of the International Subcommission on Silurian Stratigraphy (ICS-IUGS). Instituto Tecnológico Geominero de España, Temas Geológico-Mineros, 23: 13—44.

Hall T S. 1899. The graptolite-bearing rock of Vectoria, Australia. Geological Magazine, 36: 439—451.

Harper D A T, 1981. The Stratigraphy and faunas of the Upper Ordovician High Mains Formation of the Girvan district. Scottish Journal of Geology, 17: 247—255.

Hsieh C Y, Chao Y H. 1925. A study of the Silurian section at Lo Jo Ping, I Chang district, W. Hupeh. Bulletin of Geological Society of China, 4: 39—44.

Ingham J K, Wright A D. 1970. A revised classification of the Ashgill Series. Lethaia, 3: 233—242.

Jackson D E. 1962. Graptolite zones in the Skiddaw Group in Cumberland, England. Journal of Paleontology, 36: 300—313.

Jaeger H. 1977. Graptolites. The Silurian-Devonian Boundary. IUGS Series, A: 337–345.

Jones C R. 1973. The Silurian-Devonian graptolite faunas of the Malay Peninsula. Natural Environment Research Council, Institute of Geological Sciences, Overseas Geology and Mineral Resources, 44: 1—28.

Koren T N, Bjerreskov M. 1997. Early Llandovery monograptids from Bornholm and the southern Urals: taxonomy and evolution. Bulletin of the Geological Society of Denmark, 44: 1—43.

Koren T N, Melchin M J. 2000. Lowermost Silurian graptolites from the Kurama Range, eastern Uzbekistan. Journal of Paleontology, 74(6): 1093—1113.

Koren T N, Oradovskaya M M, Sobolevskaya R F. 1988. The Ordovician-Silurian boundary beds of the north-east USSR//Cocks L R M, Rickards R B. A global analysis of the Ordovician-Silurian boundary. Bulletin British Museum (Natural History) Geology, 43: 133—138.

Koren T N, Oradovskaya M M, Sobolevskaya R F, Pyma L J, Sobolevskaya R F. 1983. The Ordovician and Silurian boundary in the northeast of the USSR. Trudy Mezhvedomstvennogo Stratigraficheskogo Komiteta SSSR, 11: 1—205.

Koren T N, Sobolevskaya R F, Mikhailova N F, Tasi D T. 1979. New evidence on graptolite succession across the Ordovician-Silurian Boundary in the Asian part of the USSR. Acta Palaeontologica

Polonica, 24: 125—136.

Lapworth C.1879. On the tripartite classification of the Lower Paleozoic rocks. Geological Magazine 6, 1—15.

Legrand P. 1988. The Ordovician-Silurian boundary in the Algerian Sahara. Bulletin of British Museum (Natural History), Geology, 43: 171—176.

Lee J S, Chao Y T. 1924. Geology of the Gorge District of the Yangtze (from Ichang to Tzekuei) with special reference to the development of the Gorges. Bulletin of the Geological Society of China, 3: 351—391.

Lenz A C, McCracken A D. 1982. The Ordovician-Silurian boundary, northern Canadian Cordillera: graptolite and conodont correlation. Canadian Journal of Earth Sciences, 19: 1308—1322.

Lenz A C, McCracken A D. 1988. Ordovician-Silurian boundary, northern Yukon//Cocks L R M, Rickards R B. A global analysis of the Ordovician-Silurian boundary. Bulletin British Museum (Natural History) Geology, 43: 265—271.

Leone F, Hammann W, Laske, R, Serpagli E,Villas E. 1991. Lithostratigraphic units and biostratigraphy of the post-sardic Ordovician sequence in southwest Sardinia. Bollettino della Società Paleontologica Italiana, 30 (2): 201—235.

Lespérance P J, Sheehan P M. 1976. Brachiopods from the Hirnantian stage (Ordovician-Silurian) at Percé, Quebec. Palaeontology, 19: 719—731.

Lindström M. 1955. Conodonts from the lowermost Ordovician strata of South-central Sweden. Geologiska Föreningens Stockholm Förhandlingar, 76(4): 517—803.

Lindström M. 1971. Lower Ordovician conodonts of Europe//Sweet W C, Bergström S M. Symposium on conodont Biostratigraphy. Geological Society of America, Memoir, 127: 27—61.

Lin Y K, Chen X. 1984. Glyptograptus persculptus Zone — the Earliest Silurian graptolite zone from Yangtze Gorges, China//Nanjing Institute of Geology and Palaeontology, Academia Sinica. Stratigraphy and Palaeontology of Systemic Boundaries in China, v. 1, Ordovician-Silurian Boundary. Hefei: Anhui Science and Technology Publishing House, 203—232.

Löfgren A, Zhang J H. 2003. Element association and morphology in some Middle Ordovician platform-equipped conodonts. Journal of Palaeontology, 77: 721—737.

Maletz J. 1992. Biostratigraphic und paläogeographic von Underordovischen graptolithen faunen des Ostlichen Kanadas und Skandinaviens. Berlin: Dissertation of Technischen Universität

Berlin, 1—246.

Maletz J. 2005. Early Middle Ordovician graptolite biostratigraphy of the Lovisefred and Albjära drill cores (Scania, southern Sweden). Palaontology, 48(4): 763—780.

Marek L, Havlíck V. 1967. The articulate brachiopods of the Kosov Formation (Upper Ashgillian). Vistnik Ústøedniho Ustavu Geologicko, 57: 231—236.

Melchin M J, McCracken A D, Oliff F J. 1991. The Ordovician-Silurian boundary on Cornwallis and Truro islands, Arctic Canada: preliminary data. Canadian Journal of Earth Sciences, 28: 1854—1862.

Mitchell C E, Chen X. 1995. International correlation of the Undulograptus austrodentatus Zone. Palaeoworld, 5: 75—85.

Mitchell C E, Chen X, Bergström S M, Zhang Y D, Wang Z H, Webeey B D, Finney S C. 1997. Definition of a global boundary stratotype for the Darriwilian Stage of the Ordovician System. Episodes, 20(3): 158—176.

Mitchell C E, Maletz J, 1995. Proposal for adoption of the base of the Undulograptus austrodentatus Biozone as a global Ordovician stage and series boundary level. Lethaia, 28: 317—331.

Mu E Z. 1983. On the boundary between Ordovician and Silurian in China. Palaeontologia Cathayana, 1: 107—122.

Murchison R I. 1839. The Silurian System, Founded on Geological Researches in the Counties of Salop, Hereford, Radnor, Montgomery, Caermarthen, Brecon, Pembroke, Monmouth, Gloucester, Worcester, and Stafford: With Descriptions of the Coal-fields and Overlying Formations. London: John Murray, vol. 1: 1—576; vol. 2: 577—768.

Mu E Z, Lin Y K. 1984. Graptolites from the Ordovician-Silurian boundary sections of Yichang Area, W Hubei//Nanjing Institute of Geology and Palaeontology. Stratigraphy and Palaeontology of Systemic Boundaries in China, v. 1, Ordovician-Silurian Boundary. Hefei: Anhui Science and Technology Publishing House, 45—82.

Mu E Z, Ni Y N. 1983. Uppermost Ordovician and Lowermost Silurian graptolites from the Xainza area of Xizang (Tibet) with discussion on the Ordovician-Silurian boundary. Palaeontologia Cathyana, 1: 151—179.

Mu E Z, Zhu Z L, Lin Y K, Wu H J.1984. The Ordovician-Silurian boundary in Yichang, Hubei//Nanjing Institute of Geology and Palaeontology. Stratigraphy and Palaeontology of Systemic Boundaries in China, v. 1, Ordovician-Silurian Boundary. Hefei: Anhui Science and Technology Publishing House, 15—44.

Ortega G, Toro B, Brussa E. 1993. Las zones de graptolitos de la formacion Gualcamayo (Arenigiano Tardio-Llanvirniano Temprano)

en el norte de la Precordillera (Provincias de La Rioja y San Juan), Argentina. Revista Espanola de Paleontologia, 8(2): 207−219.

Paris F, Chen X. 1995. Early Ordovician chintinozoans from the Huangnitang section and nearby localities in the Jiangshan-Changshan-Yushan (JCY) area//Chen X, Bergström S M. The base of the *austrodentatus* Zone as a level for global subdivision of the Ordovician System. Palaeoworld, 5: 99−100.

Paris F, Chen X. 1996. Contribution of the chitinozoans to the selection of a GSSP for the base of the Middle Ordovician in southern China. Houston: Abstract of the 9th International Palynologic Congress, Houston.

Rasmussen J A. 2001. Conodont biostratigraphy and taxonomy of the Ordovician shelf margin deposits in the Scandinavian Caledonides. Fossil and Strata 48: 1−176.

Rickards R B, Brussa E D, Toro B A, Ortega G. 1996. Ordovician and Silurian graptolite assemblages from Cerro del Fuerte, San Juan Province, Argentina. Geological Journal, 31: 101−122.

Rong J Y. 1984a. Distribution of the Hirnantia fauna and its meaning//Bruton D L. Aspects of the Ordovician System. Palaeontological Contributions from the University of Oslo, 295: 101−112.

Rong J Y. 1984b. Brachiopods of latest Ordovician in the Yichang District, western Hubei, Central China//Nanjing Institute of Geology and Palaeontology, Academia Sinica. Stratigraphy and Palaeontology of Systemic Boundaries in China, v. 1, Ordovician-Silurian Boundary. Hefei: Anhui Science and Technology Publishing House, 111−176.

Rong J Y, Harper D A T. 1988. A global synthesis of the latest Ordovician Hirnantian brachiopod faunas. Transactions of the Royal Society of Edinburgh Earth Science, 79: 383−402.

Rong J Y, Chen X, Harper D A T. 2002. The latest Ordovician *Hirnantia* Fauna (Brachiopoda) in time and space. Lethaia, 35: 231−249.

Rong J Y, Chen X, Harper D A T, Mitchell C E. 1999. Proposal of a GSSP candidate section in the Yangtze Platform region, S. China, for a new Hirnantian boundary stratotype. Acta Universitatis Carolinae-Geologica, 43(1, 2): 77−80.

Ross J R P, Ross C A. 1992. Ordovician sea-level fluctuations//Webby B D, Lauries J R. Global Perspectives on Ordovician Geology. Rotterdam: A A Balkema, 327−335.

Ross R J Jr., Ethington R L.1992. North American Whiterock Series suited for global correlation. //Webby B D, Laurie J R.Global Perspectives on Ordovician Geology. Rotterdam: AA Balkema, 135−152.

Ross R J Jr., Hintze L F, Ethington R L, Miller J F, Taylor M E, Repetski J E. 1997. The Ibexian, Lowermost Series in the North American Ordovician//Taylor ME. Early Paleozoic Biochronology of the Great Basin, Western United States. U.S. Geological Survey Professional Paper, 1579: 1−50.

Schauer M. 1971. Biostratigraphie und taxionomie der Graptolithen des tieferen Silurs unter besonderer Berucksichtigung der tektonischen Deformation. Freiberger Forschungshefte, C273 Palaeontologie: 1−94.

Sedgwick A, Murchison R I. 1835. On the Silurian and Cambrian Systems, exhibiting the order in which the older sedimentary strata succeed each other in England and Wales. The London and Edinburgh Philosophical Magazine and Journal of Science, 7: 483−535.

Sheehan P M. 2001. The Late Ordovician mass extinction. Annual review of Earth and Planetary Sciences, 29: 331−364.

Sobolevskaya R F. 1974. New Ashgill graptolites in basin of Middle reaches of River Kolyima//Graptolites of USSR. Novosibirsk: Hauka, 63−71 (in Russian).

Štorch P. 1988. The Ordovician-Silurian boundary in the Prague Basin, Bohemia. Bulletin of British Museum Natural History (Geology), 43: 95−100.

Štorch P, Leone F. 2003. Occurrence of the late Ordovician (Hirnantian) graptolite *Normalograptus ojsuensis* (Koren & Michaylova, 1980) in southwestern Sardinia, Italy. Paleontologica Italiana, 42: 31−38.

Štorch P, Loydell D K. 1996. The Hirnantian Graptolites *Normalograptus persculptus* and 'Glyptograptus' bohemicus: Stratigraphical consequences of their synonymy. Palaeontology, 39: 869−881.

Štorch P, Serpagli E. 1993. Lower Silurian Graptolites from Southwestern Sardinia. Bollettino della Societa Paleontologica Italiana, 32: 3−57.

Štorch P, Mitchell C E, Finney S C, Melchin M J. 2011. Uppermost Ordovician (upper Katian-Hirnantian) graptolites of north-central Nevada, U.S.A. Bulletin of Geosciences, 86(2): 301−386

Stouge S, Wang X F, Li Z H, Chen X H, and Wang C S. 2012a. The base of the Middle Ordovician series using graphic correlation method. Ordovician website//Wang X F, Storge S, Chen X H, Wang C S, Li Z H, *et al*. A "Golden Spike" inserted in the Rock Layer—Imprints Left in the Huanghuachang GSSP for the Global Middle Ordovician and Dapingian. Beijing: Geological Publishing

House, 89—100.

Stouge S, Wang X F, Wang C S, Li Z H, Chen X H. 2012b. Graphic correlation of high-palaeolatitude Lower-Middle Ordovician boundary successions from South China and Northeast Europe and comparison with low-palaeolatitude sections from North America and Argentina. Ordovician website//Wang X F, Storge S, Chen X H, Wang C S, Li Z H, et al, A "Golden Spike" Inserted in the Rock Layer—Imprints Left in the Huanghuachang GSSP for the Global Middle Ordovician and Dapingian. Beijing: Geological Publishing House, 33—47.

Sutcliffe O E, Harper D A T, Salem A A, Whittington R J, Craig J. 2001. The development of an atypical Hirnantia-brachiopod fauna and the onset of glaciation in the late Ordovician of Gondwana. Transactions of the Royal Society of Edinburgh, Earth Sciences, 92: 1—14.

Teller L. 1969. The Silurian biostratigraphy of Poland based on graptolites. Acta Geologica Polonica, 19: 399—501.

Temple J T. 1965. Upper Ordovician brachiopods from Poland and Britain. Acta Palaeontologica Polonica, 10: 379—450.

Tolmacheva T, Fedorov P. 2001. The Ordovician Billingen/Volkhov boundary interval (Arenig) at Lava River, northwestern Russia. Norwegain Journal of Geology, 81: 161—168.

Tolmacheva T, Fedorov P, Egerquist E. 2003. Conodonts and brachiopods from the Volkhov Stage (Lower Ordovician) microbial mud mound at Putilovo Quarry, north-western Russia. Bulletin of the Geological Society of Denmark, 50: 63—74.

Villas E, Lorenzo S, Gutiérrez-Marco J C. 1999. First record of a Hirnantia Fauna from Spain, and its contribution to the Late Ordovician palaeogeography of northern Gondwana. Transactions of the Royal Society of Edinburgh, Earth Sciences, 89: 187—197.

Wang C S, Wang X F, Chen X H, Li Z H. 2013. Taxonomy, zonation and correlation of the graptolite fauna across the Lower / Middle Ordovician boundary interval. Acta Geologica Sinia, 87(1): 32—47.

Wang X F, Chen X, Erdtmann B D. 1992. Ordovician chronostratigraphy—A Chinese approach//Webby B D, Lauries J R. Global Perspectives on Ordovician Geology, Rotterdam: AA Balkema, 35—55.

Wang X F, Stouge S, Chen X H, Li Z H, Wang C S, Finney S C, Zeng Q L, Zhou Z Q, Chen H M, Erdtmann B D. 2009a. The Global Stratotype Section and Point for the base of the Middle Ordovician Series and the Third Stage (Dapingian). Episodes 32(2): 96—113.

Wang X F, Stouge S, Chen X H, Li Z H, Wang C S. 2009b. Dapingian Stage: standard name for the lowermost global stage of the Middle Ordovician Series. Lethaia, 42: 377—380.

Wang X F, Stouge S, Erdtmann B D, Chen X H, Li Z H, Wang C S, Zeng Q L, Zhou Z Q, Chen H M. 2005. A proposed GSSP for the base of the middle Ordovician Series: the Huanghuachang section, Yichang, China. Episodes, 28: 105—117.

Wang X F, Stouge S, Erdtmann B-D, Chen X H, Li Z H, Wang C S, Finney S C, Zeng, Q L, Zhou Z Q, Chen H. 2012. The Global Stratotype Section and Point for the base of the Middle Ordovician Series and the Third Stage//Wang X F, Storge S, Chen X H, et al. A "Golden Spike" Inserted in the Rock Layer — Imprints Left in the Huanghuachang GSSP for the Global Middle Ordovician and Dapingian. Beijing: Geological Publishing House, 48—100.

Wang X F, Zeng Q L, Zhou T M, Ni S Z, Xu G H, Li Z H. 1984, The Ordovician-Silurian boundary biostratigraphy of eastern Yangtze Gorges, China. Scientia Sinica (B), 27 (1): 101—112.

Wang Z H, Bergström S M.1995. Castlemainian (Late Yushanian) to Darriwilian (Zhejiangian) conodont faunas.// Chen X. Bergström S M. The Base of the austrodentatus Zone as a Level for Global Subdivision of the Ordovician System. Palaeoworld, 5: 86—91.

Wang Z H, Bergström S M, Lane H R. 1996. Conodont provinces and biostratigraphy in the Ordovician of China, Acta Palaeontologica Sinica, 35(3): 26—58.

Wang Z H, Bergström S M. 1998. Conodont-graptolite biostratigraphic relations across the base of the Darriwilian Stage (Middle Ordovician) in the Yangtze Platform and the JCY area in Zhejiang, China. Bolletino della Societâ Paleontologica Italiana, 37(2—3): 187—198.

Webby B D. 1994. Towards establishing globally applicable boundaries for the Ordovician System: major international divisions and criteria for definitions. Ordovician News, 11: 15.

Webby B D. 1996. IUGS Subcommission on Ordovician Stratigraphy results of ISOS postal ballots, October-December, 1995. Ordovician News, 13: 40—41.

Webby B D. 1998. Steps toward a global standard for Ordovician stratigraphy. Newsletter on Stratigraphy, 1: 1—33.

Webby B D, Cooper R A, Bergström S M, Paris F. 2004. Stratigraphic framework and time slices//Webby B D, Paris F, Droser M L, Percival I G. The Great Ordovician Biodiversification Event. New York: Columbia University Press, 41—47.

Webby B D, Nicoll R S. 1989. Australia Phanerozoic Timescales. Ordovician. Bureau of Mineral Resources, Geology and Geophysics, 1—42.

Williams S H. 1988. Dob's Linn — the Ordovician-Silurian Boundary Stratotype//Cocks L R M, Rickards R B. A Global Analysis of the Ordovician-Silurian boundary. Bulletin British Museum (Natural History) Geology Series, 43: 17—30.

Williams S H. 1996. Subcommission on Ordovician Stratigraphy Titular Members Meeting, 6.00 AM, 16 June 1995, Las Vegas. Ordovician News, 13: 26—29.

Williams S H, Stevens R K. 1998. Early Ordovician (Arenig) graptolites from the Cow Head Group, western Newfoundland, Canada. Palaeontologica Canadiana, 5: 1—167.

Williams A, Strachan I, Bassett D A, Dean W T, Ingham J K, Wright A D, Whittington H B. 1972. A Correlation of Ordovician rocks in the British Isles. Special Report of the Geological Society London, 3: 1—74.

Wills B. 1907. Structural Geology of the Middle Yang-tzï Province// Willis B, Blackwelder E, Sargent R H, Research in China. Vol. 1, Part 1, Descriptive topography and Geology. Washington: Carnegie Institution of Washington, 285—317.

Wright A D. 1968. A westward extension of the Upper Ashgillian Hirnantia fauna. Lethaia, 1: 352—367.

Wu R S, Stouge S Li Z H, Wang Z H. 2010. Lower and Middle Ordovician conodont diversity of the Yichang Region, Hubei Province, Central China. Bulletin of Geosciences, 85(4): 631—644.

Underwood C J, Deynoux M, Ghienne J F. 1998. High palaeolatitute (Hodh, Mauritania) recovery of graptolite faunas after the Hirnantian (end Ordovician) extinction event. Palaeogeography, Palaeoclimatology, Palaeoecology, 142: 91—105.

Yang D Q. 1990. Ordovician Section in Huangnitang of Changshan, W. Zhejiang//Ni Y N, Fang Y T. Abstract and Excursion, International Paleontological Association, Graptolite Working Group, Fourth International Conference, Nanjing, 65—69.

Zhan R B, Jin J S. 2008. Aspects of recent advances in the Ordovician stratigraphy and palaeontology of China. Palaeoworld, 17: 1—11.

Zhang Y D, Chen X. 2003. The Early-Middle Ordovician graptolite sequence of the Upper Yangtze region, South China//Albanesi G L, Beresi M S, Peralta S H. Ordovician from Andes, INSUGEO, Serie Correlación Geológica, 17: 173—180.

Zhang Y D, Winston D. 1995. Lithological description of the section. Palaeoworld, 15: 14—30.

Zhu Z L, Wu H J. 1984. The Dalmanitina fauna (trilobite) from Huanghuachang and Wangjiawan, Yichang County, Hubei Province// Nanjing Institute of Geology and Palaeontology, Academia Sinica. Stratigraphy and Palaeontology of Systemic Boundaries in China, v. 1, Ordovician-Silurian Boundary. Hefei: Anhui Science and Technology Publishing House, 83—104.

# 6 石炭系"金钉子"

## 石炭纪 距今 3.59~2.99 亿年

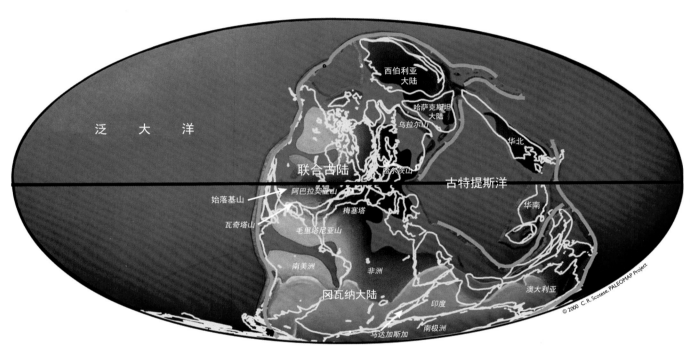

石炭纪卡西莫初期（距今3.06亿年）全球古地理图

　　石炭纪（Carboniferous Period）是古生代的第5个纪，名称来源于意大利语Carbonarium（木炭生成者）或拉丁语carbo（木炭）和ferous（含有）的复合词。最早为英国学者Richard Kirwan（1799）作为形容词使用。1811年John Farey曾将其作为非正式地层术语（Ramsbottom，1984），以后在英国和欧洲被作为产煤沉积物的常用术语。

　　石炭纪始于距今约3.59亿年，延续6000万年。石炭纪的特征是：古生代末期开始形成的超大陆联合古陆（Pangea），在该纪引发了一系列主要变化，包括洋流的循环、生物的地理分异和高度的生物分区，陆生植物的多样性变化；大陆风化速率的增强，有机碳（如煤）的储集，大气的二氧化碳强烈波动；全球气候显著变冷和变暖，海平面急剧升降，海相沉积序列具旋回性；爬行动物（以羊膜卵生殖）的出现进而新生境（干旱陆地）的开辟。早古生代生物群如层孔虫类、床板珊瑚、三叶虫、介形类、盾甲鱼类灭绝或锐减，有孔虫类、菊石、淡水瓣鳃类、腹足类、鲨鱼、鳍刺鱼类和无翅昆虫出现或迅速分异。晚石炭纪至二叠纪的嘉曼超时（Kiaman Superchron）是目前所知最长的磁极反转时期。

　　国际地层委员会将石炭系正式分为两个亚系（各有3个统）和7个阶一级的年代地层单位（下面5个统各有1阶；最上面的统分为2个阶）。目前已为石炭系建立3枚金钉子，定义3个阶（统）的底界，其中包括在中国确立的一枚"金钉子"，定义维宪阶（密西西比亚系中统）的底界（据Davydov et al.，2012；Gradstein et al.，2012改写；古地理图经C. R. Scotese允许，由G. Ogg提供）。

维宪阶"金钉子"

广西柳州碰冲全球石炭系密西西比亚系维宪阶"金钉子"层型剖面 （侯鸿飞 摄）

## 6.1 维宪阶"金钉子"

全球维宪阶是石炭系的第2阶,与密西西比亚系的中统等同 (图6-1)。定义维宪阶底界即维宪阶与下伏杜内阶界线的"金钉子"由中国地质科学院地质研究所侯鸿飞研究员与比利时新鲁汶大学Luc Hance教授为首的中、比合作项目共同确立。

维宪阶原先是比利时的区域性年代地层单位,1882年由E.Dupont命名,名称源自比利时东北的城市维瑟 (Vise)。传统上也作为西欧的区域标准,2000年作为非正式单位列入《国际地层表》(Remane et al., 2000)。2008年3月,国际地科联批准在中国广西柳州碰冲建立维宪阶"金钉子"之后,维宪阶一跃而成为全球正式年代地层单位,也被接纳为中国石炭系的年代地层单位 (全国地层委员会,2014)。

### 6.1.1 地理位置

维宪阶"金钉子"位于广西壮族自治区柳州市市区东北15 km的柳北区长塘乡梳妆村碰冲屯屯南 (图6-2,6-3),层型剖面为碰冲剖面,在村东南的一条近北东—南西向冲沟内 (40自然层以下露头为人工探槽揭露),层型点位的地理坐标为东经109°27′,北纬24°26′。

冲沟内溪水常年不断,为村民生活用水之源。剖面南端,有柳州市北环高速公路 (G78) (里程碑19公里处) 东西向穿过。由桂林市国际机场经高速公路 (G72) 驾车约2小时即可到达。由柳州市驾车或乘15路公交车到达南岸站,然后向北穿过铁路,经北岸村穿越母鸡岭,沿水泥、砂石路过高速公路天桥,步行约200 m可到达剖面。

| 全球年代地层单位 | | | 中国区域年代地层单位 | |
|---|---|---|---|---|
| 系 | 统 | 阶 | 统 | 阶 |
| 二叠系 | | | | |
| 石炭系 | 宾夕法尼亚亚系 | 上统 | 上石炭统 | 逍遥阶 |
| | | 格舍尔阶 303.7 | | |
| | | 卡西莫夫阶 307.0 | | |
| | 中统 | 莫斯科阶 315.2 | | 达拉阶 |
| | 下统 | 巴什基尔阶 323.2 | | 滑石板阶 |
| | | | | 罗苏阶 |
| | 密西西比亚系 | 上统 | 下石炭统 | 德坞阶 |
| | | 谢尔普霍夫阶 330.9 | | |
| | | 中统 维宪阶 | | 维宪阶 |
| | | 346.7 | | |
| | | 下统 杜内阶 | | 杜内阶 |
| | | 358.9 | | |
| 泥盆系 | | | | |

图6-1 维宪阶在全球和中国区域石炭系年代地层序列中的位置 图中数字是所在界线的地质年龄,单位为百万年。

### 6.1.2 全球维宪阶底界定义的确定

石炭系全球年代地层单位底界界线层型的建立,是国际地层表研究中的难点之一。石炭系不同于其他古生代的系,因为在地质历史上石炭纪时期发生了大规模的地壳运动和明显的气候分异,出现冰川沉积,导致全球很

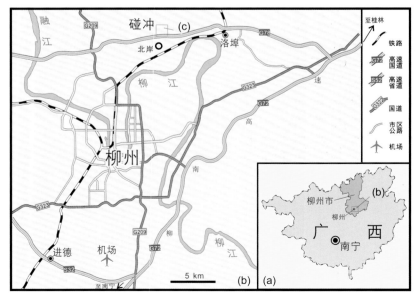

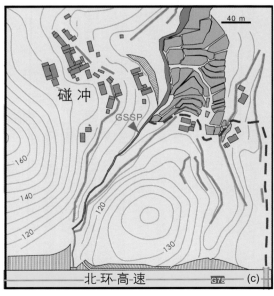

图6-2 全球维宪阶"金钉子"地理及交通位置图 c为碰冲地形图,GSSP所指为"金钉子"剖面和点位位置,绿色色块为耕地,紫色方块为民居,灰色虚线为步行小路,棕色实线示陡壁。

图6-3　广西柳州市柳北区碰冲屯，全球维宪阶"金钉子"位于屯南的小冲沟内（图左白色电线杆之下）　（侯鸿飞　摄）

多地区沉积间断、岩相分异和海相地层的缺失，为建立以海相生物地层学为基础的全球统一的年代地层表带来一定的困难。

在石炭系研究领域，比利时有骄人的成就，《国际年代地层表》中的杜内阶、维宪阶都是以比利时的城市名命名。1967年在英国谢菲尔德召开的第六届国际石炭纪地层和地质会议曾通过决议，将维宪阶底界确定于比利时Dinant盆地的Bastion剖面的第一个黑灰岩（层141）出现位置（George et al., 1979; Hance et al., 1997）（图6-4）。生物地层上，这一界线与有孔虫古拟史塔夫虫（Eoparastaffella）的首次出现相吻合。但其后更详细的生物地层研究表明，古拟史塔夫有孔虫在比利时各地的出现完全受生态控制，在出现的年代上不等时。世界其他地区的研究也表明，原始的古拟史塔夫有孔虫首现于下伏的杜内阶。同时，按照现代年代地层划分原则，显生宙的地层界线定义一般要建立在生物地层基础上，即在一个属内的连续演化谱系中，以某一个种甚至亚种的首现作为分界标志。根据属一级化石的出现确定年代界线不

够精确，在实践上也不可行（侯鸿飞，德维伊斯特，2002）。因此，关于维宪阶底界的定义必须重新确立。

1989年，国际地层委员会石炭纪地层分会成立专门的界线工作组，集中了来自各国的专家，任务是在全球重新定义和建立新的界线层型剖面和点位。但遗憾的是，西欧和北美等地的研究结果均不理想。问题的难点和焦点在于，必须有连续沉积的地层剖面才能为寻找无间断的生物演化谱系提供坚实可靠的基础。地质历史上，杜内—维宪阶交界时期全球海平面普遍下降，岩相分异更替显著，沉积和生物发育不连续，致使杜内—维宪阶界线研究在漫长时间内毫无进展。1996年，国际石炭纪地层分会主席John Robert与来自德国、英国、美国、波兰、比利时等地的委员专门考察了华南若干剖面（图6-5），但由于当时交通问题，未能考察碰冲剖面。

直到2001年，国际石炭纪地层分会根据中国、比利时、爱尔兰等国专家共同提出的建议，通过了杜内阶—维宪阶界线（维宪阶底界）的新定义，即划在"底栖有孔虫 Eoparastaffella ovalis 种群向 Eoparastaffella simplex

**图6-4 比利时Dinant盆地Bastion剖面** 它是1967年国际石炭系大会官方定义的维宪阶底界层型剖面,红色虚线是维宪阶底界所在位置,即最低的一层黑灰岩。

〔Edouard Poty 摄〕

**图6-5 国际同行考察华南含维宪阶底界的剖面** a,b. 1996年国际石炭纪地层分委员会主席John Robert〔第2排左起第3人,挂相机者〕和多国专家在华南考察石炭系杜内阶—维宪阶界线。c. 2007年参加国际石炭—二叠纪地层和地质会议的代表在广西考察杜内阶—维宪阶界线剖面。

〔吴祥和 摄〕

演化谱系中*Eoparastaffella simplex*首次出现"的位置(Sevastopulo *et al.*, 2002)。这个定义最接近历史上比利时的传统维宪阶底界界线,从而结束了长达50余年的争论(Work, 2002)。

维宪阶底界定义确定之后,接下来第二步是寻找体现这一定义的界线层型剖面和点位。

作为杜内阶、维宪阶的典型地区,比利时地质学家一直企图在比利时境内寻找一个更理想的剖面来替代Dinant盆地传统的维宪阶底界剖面。但由于比利时剖面的界线附近*Eoparastaffella*有孔虫稀少;在几个含*Eoparastaffella*最好的剖面中(如Bastion、Salet、Sovet等剖面),含*Eoparastaffella simplex*的层位和含原始*Eoparastaffella*的种(如*E. ovalis*、*E. rountuda*)的层位之间,均存在几米至十几米不含*Eoparastaffella*有孔虫的地层间隔;缺乏谱系演化资料,不能证明在这些剖面的*Eoparastaffella simplex*的出现代表其首现位置。因此,不

能在这一历史上的典型地区选择全球界线层型,这也是比利时学者到其他国家和地区寻求国际合作研究界线层型的根本原因。

作为候选的全球界线层型剖面和点位,华南的碰冲剖面除了剖面连续、露头完整、岩性较单一、易于到达外,最大优点是有孔虫极其丰富而多样,最好地显示了*Eoparastaffella*的演化,是迄今所知世界上最好的含*Eoparastaffella*有孔虫的剖面。同时,该剖面还产有大量牙形刺化石,这个时期重要的牙形刺分子均已存在,如*Scaliognathodus anchoralis*, *Gnathodus homopunctatus*, *Mestognathodus beckmanni*和*Lochriea commutata*,它们提供了有价值的全球对比依据。古地理上,由于碰冲剖面处于盆地位置,不存在任何地层间断和白云岩化的影响。目前所知,在台地相区,地层普遍白云岩化,严重影响了界线位置的确定。

经过中国、比利时和爱尔兰专家数年的合作研究(图6-6~图6-8),2003年,比利时专家François-Xavier F.X.

图6-6 碰冲剖面的主要研究者在剖面合影 左起:侯鸿飞、L. Hance、George Sevastopulo、F. –X. Devuyst、吴祥和。

〔金小赤 摄〕

图6-7 维宪阶"金钉子"研究团队部分成员在野外采样 前为周怀玲。

〔侯鸿飞 提供〕

图6-8　维宪阶"金钉子"主要研究者L.Hance（左）在碰冲剖面工作　其所站位置是"金钉子"所在的第83层。　（侯鸿飞　摄）

Devuyst等提议，在中国广西柳州碰冲剖面建立全球维宪阶底界界线层型和点位（Devuyst *et al.*, 2003）。同年，在荷兰举行的国际石炭纪和二叠纪地质大会期间，下石炭统界线工作组表决通过了该议案，当时提议的层型点位位于碰冲剖面的第85自然层（以下简称层）之底。2007年，F. –X. Devuyst等对提议做了修正，将界线点位从剖面的85层下移至83层之底，并向国际地层委员会石炭纪地层分会递交了在中国广西柳州碰冲建立全球维宪阶"金钉子"正式提案。经修正的提案在分会2007年底的通讯表决中，以全票赞成（21票）获得通过。2008年2月，在国际地层委员会的表决中，该提案以88%的得票率（16票赞成，2票弃权）获得通过。2008年3月中旬，国际地质科学联合会在摩洛哥召开的第58届执委会上，提案被正式批准。3月30日，由时任秘书长Peter Bobrowsky签署了批准书（图6–9），维宪阶"金钉子"正式在中国确立。

图6-9　维宪阶"金钉子"批准书

### 6.1.3 柳州地区地质概况

自泥盆纪开始，华南板块位于古特提斯洋的南缘近赤道位置。古地理研究表明，当时华南（包括现在的湘、黔、桂、粤等省区）为宽阔的陆表海。海水由西南向东北方向侵入，北部为扬子古陆南缘的黔桂古陆，东南为云开古陆所限。石炭纪继承了泥盆纪的古地理特征，除环古陆边缘为滨海三角洲碎屑沉积外，华南海的古地理特征为台地与盆地相间的格局，碳酸岩台地覆盖广大地区并为狭长的盆地（或称海槽、台盆）分隔穿插（图6-10）。

广西地区的石炭系可以划分为4种沉积相型：近岸台地相、远岸台地相、盆地相和斜坡相。碰冲剖面属于盆地相沉积（邝国敦等，1999）。该盆地自贵州独山以南王佑—罗甸向东经南丹、宜山、柳州，然后分三支：一支继续东延至富钟，一支向北展伸至桂林，一支折向南进入钦州—防城地区（Hou *et al.*, 2011；侯鸿飞等，2013）。

柳州东北部的碰冲等地，为一近东西向背斜构造。该背斜轴线长11 km，平均宽1.5 km，轴部由上泥盆统五指山组或石炭系鹿寨组组成，两翼为北岸组和寺门组。南翼倾向南南东，倾角一般是30°～40°；北翼倾向北北西，倾角25°～30°。近轴部为一走向断层，寺门组逆冲于鹿寨组之上。部分横断层斜切地层走向（图6-11）。

生物地层研究表明，鹿寨组相当于杜内阶至维宪阶；北岸组至寺门组跨维宪阶至谢尔普霍夫阶；寺门组顶部有可能跨越密西西比亚系—宾夕法尼亚亚系界线。

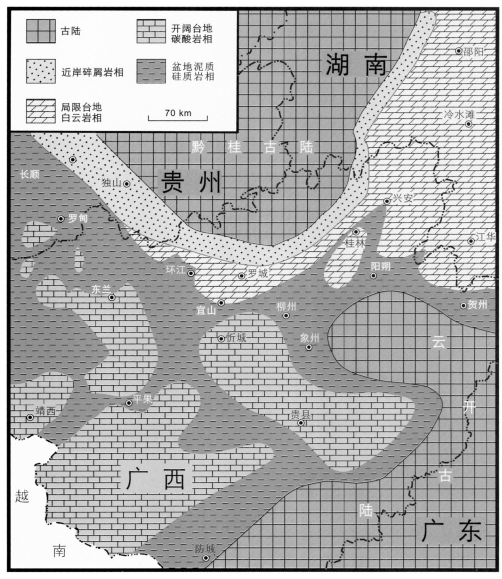

**图6-10 湘、黔、粤、桂地区杜内—维宪期古地理图** 斜坡相地层介于远岸台地相和盆地相之间，因分布范围狭窄，难以绘出。（据侯鸿飞等，2013修改）[审图号：GS（2008）1358号]

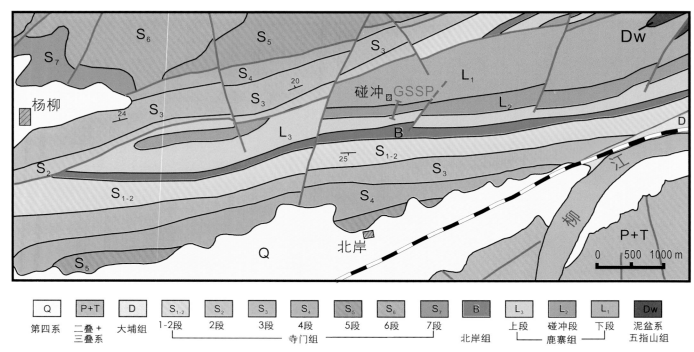

图6-11　碰冲地区地质略图　红色剖面线为碰冲"金钉子"（GSSP）剖面，点位位于鹿寨组碰冲段内。　　　　（据广西地质矿产局，1988修改）

### 6.1.4　层型剖面和层型点位

维宪阶"金钉子"的层型剖面是由一条小溪冲刷而出露的剖面（图6-12），是一套以碳酸盐岩（石灰岩）为主的地层，含有页岩夹层，厚度约110 m，属于鹿寨组的碰冲段，含有丰富的放射虫、牙形刺和极少的腕足类、珊瑚化石。

根据1:50000区域地质报告（1988）以及前人的研究（王瑞刚等，1991；Hance *et al.*，1997；沈阳、谭建政，2009），碰冲地区密西西比亚纪地层自下而上可划分为3个组，即鹿寨组、北岸组和寺门组。

鹿寨组厚近600 m，包括3个岩性段，下段和上段为灰黑色薄层含炭质硅质泥岩夹燧石薄层，这两段地层的岩性易风化，出露不好，在地貌上常构成林木发育的缓坡或负地形；中段十分特殊，专名碰冲段。

北岸组厚186 m，岩性以灰—深灰色薄—厚层生物碎屑粉晶灰岩、含生物碎屑泥晶灰岩为主，夹硅质岩、泥岩和砂岩，含有孔虫、海百合茎、腕足、珊瑚等化石。

寺门组厚度最大，在区域上厚度的变化也大，为691~1035 m，是一套灰—灰黑色薄层泥岩、粉砂质泥岩与灰白、青灰色细—中粒石英砂岩、岩屑石英砂岩组成不等厚的沉积韵律层。中上部夹灰色厚层含生物粉晶灰岩，夹煤2、3层，泥岩常含菱铁矿条带或结核，在梳妆岭和太阳村以北上部砂岩含有砾石。

作为鹿寨组中的特殊岩性段，碰冲段由厚度不等的暗灰色灰岩（15~180 cm）夹薄层（≤10 cm）的泥灰岩及黑色钙质泥岩组成，灰岩占碰冲段总厚的68%，常见有燧石条带、团块和燧石薄层。剖面中部灰岩较多且厚，最大厚度可达180 cm。在上部，中—薄层灰岩、钙质页岩和硅质岩增多。露头条件不利于沉积构造的观察，主要为水平纹理，偶见微斜层理。很多厚的灰岩具有块状外貌，层底面裁切而顶面往往与上覆泥灰岩或钙质泥岩为过渡关系。根据岩性特征，自下而上将碰冲段划分为192个自然层（简称层）。碰冲段的下伏与上覆地层为含海绵骨针和放射虫的薄层硅质岩和黑色页岩互层，碰冲剖面的岩性以及岩石和年代地层划分见图6-13。

全球维宪阶的底界在碰冲剖面碰冲段第83a层之底（图6-12，6-14），与名为简单古拟史塔夫虫（*Eoparastaffella simplex*）的有孔虫物种首现点位一致（图6-15），在碰冲段底界之上41.7 m。首现点位处于古拟史塔夫虫的连续演化谱系之中，是在由卵形古拟史塔夫虫种群（*Eoparastaffella* ex. gr. *ovalis*）向简单古拟史塔夫虫（*Eoparastaffella simplex*）演化的谱系中，简单古拟史塔夫虫出现的位置。在碰冲剖面，原始类型的卵形古拟史塔夫虫的首现，在鹿寨组下段（产于比碰冲剖面第1层更低的层位），而简单古拟史塔夫虫可以一直延续到碰冲段近顶部的相当高的地层之中。

图6-12　全球维宪阶"金钉子"碰冲剖面，鹿寨组碰冲段下中部（62—90层）露头　其中83层之底为"金钉子"层型点位（红线）。　（侯鸿飞　摄）

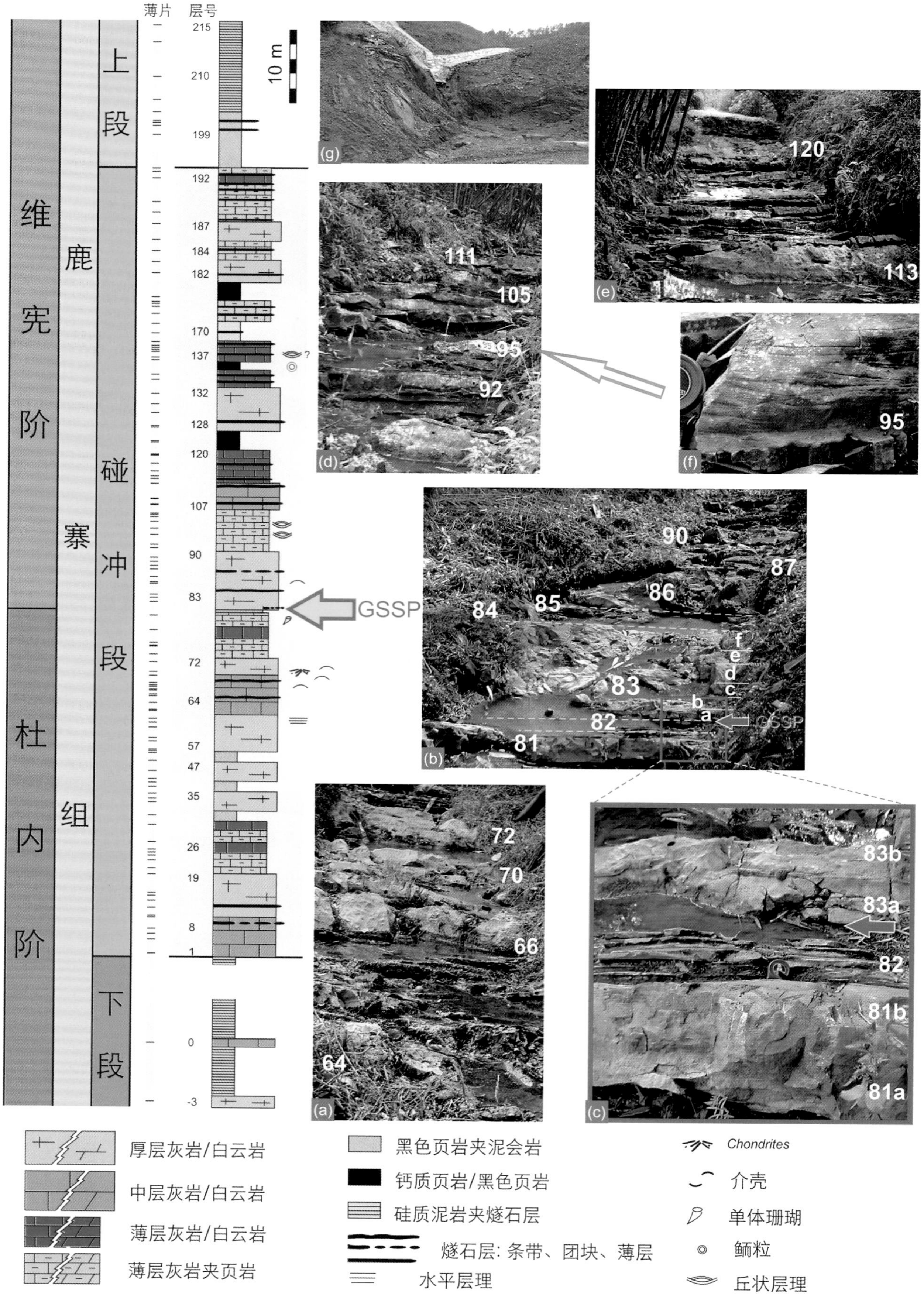

图6-13　全球维宪阶"金钉子"碰冲剖面岩石地层柱状剖面、岩石地层和年代地层划分及部分露头　a. 碰冲段下部第64—72层露头；b. "金钉子"层型点位附近露头（第80~83层；箭头所指83层底界为层型点位）；c. "金钉子"层型点位露头近摄；d. 碰冲段中上部第92~111层露头；e. 碰冲段上部第113~120层露头；f. 第95层近景，示丘状层理，底部为燧石层；g. 鹿寨组上段露头，硅质泥岩夹燧石薄层。

确定"金钉子"点位的辅助标志包括，重要牙形刺 *Gnathodus homopunctatus* 在点位之上近 1.85 m 处首现，而在层型点位之下约 30 m 处，是牙形刺 *Scaliognathus anchoralis europensis* 的最高发现层位。

岩石学研究表明，第 83 层之底与其下的第 82 层呈整合接触，接触面平整。两者间除厚度极端差异外，岩性上亦有很大差别，前者为颗粒岩，后者为泥质灰岩。第 82 层代表原地形成的盆地相沉积，而第 83 层代表异地搬运斜坡相沉积。两者的接触面代表旋回界面，很可能具有短暂的停积。

图 6-14 维宪阶"金钉子"碰冲剖面维宪阶底界层型点位近景 地质锤长 27 cm。层型点位位于第 83 层（83a 层）之底，与简单古拟史塔夫虫（*Eoparastaffella simplex*）在剖面的首次出现一致。 （侯鸿飞 摄）

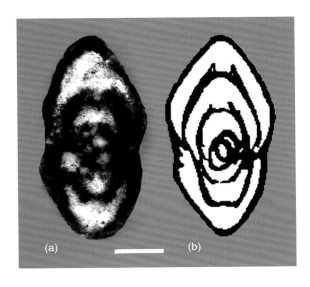

图 6-15 定义维宪阶底界的关键有孔虫——简单古拟史塔夫虫（*Eoparastaffella simplex*） a. 切片照（层位 83a，编号 0062）；b. 较高层位且演化更为典型的标本素描，比例尺 =100 μm。

### 6.1.5 "金钉子"的生物地层

#### 1. 有孔虫生物地层

有孔虫是石炭纪的主导化石门类，根据国际石炭纪地层分委员会2001年的决议，维宪阶的底界采用 *Eoparastaffella simplex* 的首次出现定义。在维宪阶"金钉子"碰冲剖面，产有丰度高和最大分异度的 *Eoparastaffella* 属群，从剖面底部出现并一直延续至187层。所发育有孔虫约近50属，保存良好，是迄今世界已知最好的含有孔虫剖面。其中以 *Eoparastaffella* 最为丰富。

据文献记载，该属包括23个种、11个亚种和"形态"。其中一半以上的种见于碰冲剖面。该属群从碰冲剖面底部一直延续到208层维宪盘形有孔虫（*Viseidiscus*）出现以前。连续的高丰度和高分异度为分类学上研究谱系演化和地层学上建立高精度生物地层，提供了优越条件。碰冲段可识别3个有孔虫带（图6–16）。

（1）*Eoparastaffella rotunda* 带（MFZ8）

带化石 *Eoparastaffella rotunda* 和 *E. 'ovalis'* M1（Morphotype 1；形态型1，下同），*Eoparastaffella interiecta*

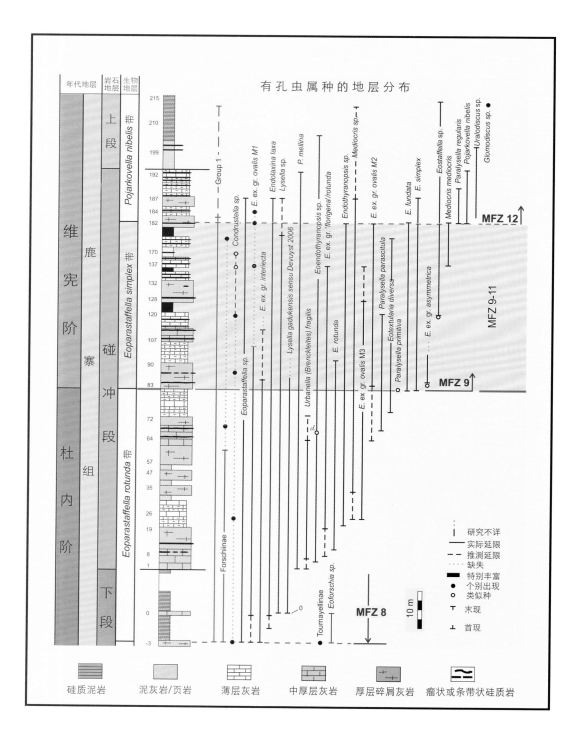

图6-16 碰冲剖面有孔虫的地层分布和生物地层划分

（据Devuyst *et al.*，2003修改）

等在剖面底部即已出现，随后有*Eoparastaffella 'ovalis'* M3，*Eoparastaffella macdermoti*和*Eoparastaffella* ex gr. 'florigena'等。

*E. 'ovalis'* M2 最早见于57、64、74层，伴有*E.* ex gr. *fundata*和*E. tumida* subsp.1。这个带的上部则有*E. ovalis*和可疑的*E.* ex gr. 'asymmetrica'？，*E. 'evoluta'*？和*Eoparastaffella (Eoparastaffellina) subglobosa*等。除了众多的*Eoparastaffella*外，还伴有丰富的其他有孔虫属种。其中重要的或仅见于该带的有：*Condrustella* sp.，*Endospiroplectammina conili*，*E. conili conili*，*Endothyranopsis* spp.，*Endolaxina wui*，*Eogloboendothyra* spp.，*Lysella gadukensis*，*Neoparadainella primordalis*，*Mediocris* spp.，*Paralysella* spp.，*Bessiella* spp.，*Dainella chomata*，*Dainella* spp.，*Eoendothyranopsis* spp.，*Laxoendothyra parakosvensis*，*Ninella* sp.，及*Spinolaxina* sp.等。其他见于该带的还有有孔虫*Florennella*，*Graniferella*，*Latiendothyranopsis*，*Pseudolituotubella*，*Spinobrunsiina*，*Spinochernella*，*Spinoendothyra*，*Brunsia*，*Crassiseptella*，*Eoforschia*，*Eotextularia*，*Tetrataxis*和藻类*Koninckopora*等属。

(2) *Eoparastaffella simplex*带 (MFZ9)

*E. simplex*首现于83层最底部，以后迅速繁衍，形态多样，且随层位升高壳体变得十分壮大，但真正典型的*E. simplex simplex*却并不多见，而以进化的类型较多。此时，*Eoparastaffella* ex gr. *fundata*和*E.* ex gr. 'asymmetrica'在该带下部较发育。同时伴有可疑的*Eoparastaffella 'lata'* Vdovenko, 1971？[=*Eoparastaffella simplex* form *lata* Vdovenko, 1971] 和*Eoparastaffella (Eoparastaffellina) subglobosa*。发育于下部*Eoparastaffella rotunda*带中的*Eoparastaffella*各种仍十分兴旺，尤其*E. 'ovalis'* M1和*E. 'ovalis'* M2，差不多与*E. simplex*一样，层层都有产出。发育于该带的其他有孔虫有*Endothyranopsis* sp.，*Paralysella parascitulla*和*P. regularis*及*Eogloboendothyra* spp.等。而*Omphalotis*和*Eostaffella*？两属可能在该带中下部已存在。至于先前繁盛的*Bessiella*，*Dainella*，*Neoparadainella*，*Endospiroplectammina*，*Spinolaxina*等在此带虽有存在，但大不如前。

(3) *Pojarkovella nibelis*带 (MFZ12)

该带以*Pojarkovella nibelis*的下限为界，始于182层。同时出现的还有*Paralysella regularis*和进化的*Uralodiscus* sp.其他特征种均未见及。*Eoparastaffella*

*simplex*，*E. ovalis* M1仍延续至本带，而*E. ovalis* M2，*E. fudata*则似乎限制在本带以下，不上延到本带。

碰冲剖面所产的丰富的*Eoparastaffella*提供了详细研究有孔虫谱系演化的重要资料。根据Devuyst (2006) 的研究，该剖面*Eoparastaffella*最早的代表是*Eoparastaffella* ex gr. *interiecta* (主要是*E. macdermoti*和*E. vdovenkovae*)，*E. ovalis* M1。这些种类向上延伸与*E. interiecta*，*E.* ex gr. *florigena*，*E. rotunda*共生于4—19层。稍后，于35层出现*E. ovalis* M3以及*E. ovalis* M2 (64，74层)。83层底以*E. simplex*和*E. fundata*出现为特征。稍高层位 (84，86) 出现*E.* ex gr. *asymmetrica*。

*Eoparastaffella interiecta*支系、*E. rotunda*支系和*E. ovalis*支系，都是较早出现的分子，前两支系形态无重大变化，*E. ovalis*则显示了形态的逐渐变化，区分为三种形态型。*E. ovalis* M1被认为是*E. ovalis* M2和*E. simplex*的直接祖先，而*E. simplex*是由*E. ovalis* M2进化产生 (图6-17)。

2. 牙形刺生物地层

碰冲剖面牙形刺以台型的*Gnathodus* spp.，*Polygnathus bischoffi*占优势，*Mestognathus* spp. 虽少，但也具有中等丰度 (Devuyst *et al.*，2003；田树刚、科恩，2004；Tian & Coen, 2005)。大致可识别五个牙形刺生物地层带 (图6-18)。

(1) *Gnathodus typicus*带

碰冲段最底部灰岩出现*Polygnathus bischoffi*，*Mestognathus praebeckmanni*及*Gnathodus cuneiformis*，第7层出现*Gnathodus typicus*，同时共生有*Gnathodus cuneiformis*，它们的时代为杜内阶晚期，代表了*G. typicus*带的上部 (Belka, 1985)。共生的其他种有*Gnathodus semiglaber*，*G. pseudosemiglaber*，*G. delicates*，*Polygnathus bischoffi*，*Mestognathus* sp.

(2) *Scaliognathus anchoralis*带

*Scaliognathus anchoralis europensis*出现在第34和37层，共生分子仅有少量的*Polygnathus bischoffi*，*Polygnathodus longiposticus*，*Gnathodus* cf. *cuneiformis*，还有可能的*M. praebeckmanni*。

(3) A-H间隔带

该带定义为*Scaliognathus anchoralis*最高产出层位和*Gnathodus homopunctatus*最低产出层位之间的地层体。位于37层和86层之间。仅有一些延限较长的gnathodids类和pseudopolygnathids类以及由下伏地层上延而来的

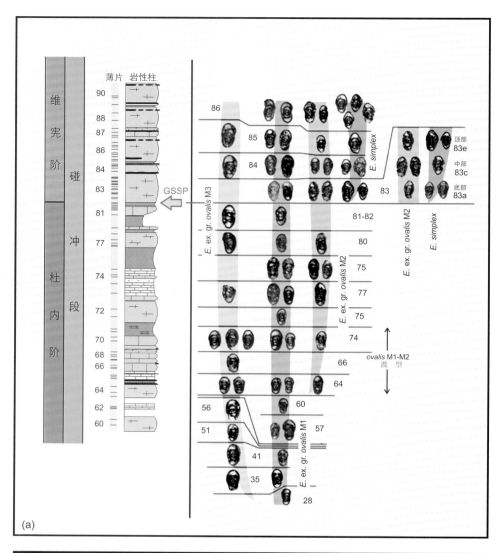

(a)

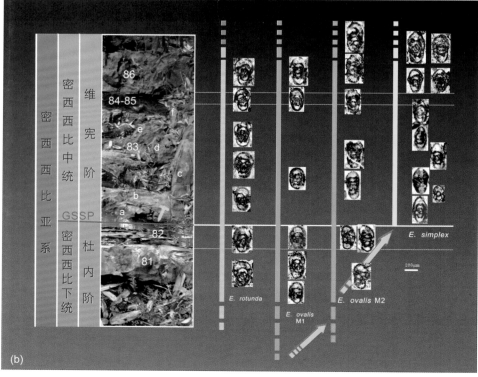

(b)

图6-17 古拟史塔夫虫(*Eoparastaffella*)在碰冲剖面的地层分布和演化 a. 碰冲剖面古拟史塔夫虫的地层分布和演化（据Devuyst, 2006修改）；b. 碰冲剖面杜内—维宪阶界线层附近古拟史塔夫虫的分布。图左柱状剖面为露头照相记录，白色数字为层号，黄色钉子示层型点，Tn=杜内阶，V=维宪阶；图右为有孔虫产出位置，*E. rotunda*, *E. ovalis* M1 & M2系由下部地层延续生存，*E. simplex* 首现于83层底，由*E. ovalis* M2演化产生。

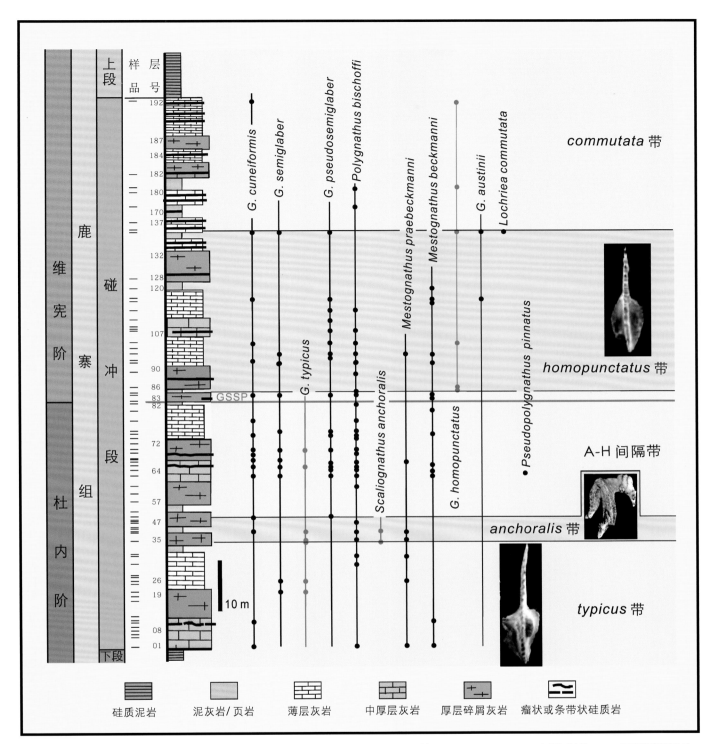

图6-18  碰冲剖面牙形刺的地层分布和生物地层划分  G.=Gnathodus。  （据 Devuyst et al., 2003；田树刚、科恩，2004，及新资料编制）

*Mestognathodus beckmanni*，缺乏特征分子。

在牙形刺演化上 *S. anchoralis* 带之后有一重要变化，即属种的多样性明显降低。Ziegler & Lane (1987) 称此为 *anchoralis-latus* 带后的低分异幕。它表现为 scaliognathids 类和 pseudopolygnathis 类的同时消失。其后，在该消失面和上覆的 *G. homopunctatus* 带之间，有一

短暂间隔，缺失典型的牙形刺，而主要存在一些延限长、类型单一的 gnathodid 动物群（主要分子为 *G. semiglaber*，*G. pseudosemiglaber*）。Perri & Spaletta (1998) 在研究 Carnic 阿尔卑斯的材料时，称之为过渡带，间隔厚度从 80 cm~5 m。这一过渡带也存在于碰冲剖面，本文称之为"A-H 间隔带"。该带在碰冲剖面占据厚度较大（约

40 m）。这或许由于沉积相不适宜典型分子生存的缘故，并不反映该带真正的间隔范围。

（4）*Gnathodus homopunctatus* 带

*Gnathodus homopunctatus* 首现于第85层，并上延至195层。共生分子有 *Gnathodus semiglaber, G. pseudosemiglaber, G. praebilineatus*，和 *Polygnathus bischoffi*。*G. homopunctatus* 带可与北美的 *G. texanus* 带对比。由于后一种在欧亚稀少，在欧亚地区多应用 *Gnathodus homopunctatus* 带（Groscessens，1971；Perret & Devolve，1994；田树刚、科恩，2004），也有学者使用组合带名 *G. texanus-G. homopunctatus* 带（Wang，1990；Pool & Sandberg，1991；Perri & Spaletta，1998）。

（5）*Lochriea commutata* 带

首现于137层。共生的有 *Gnathodus austinii, G. semiglaber, G. pseudosemiglaber* 等。

*Mestognathus* 广布于西欧，具有沉积相的指示意义，被认为是近岸浅水环境的标志，并局限于窄的纬向带（南纬40°～北纬25°）。它在碰冲剖面的广泛出现对于识别古环境，很有意义。

### 6.1.6 "金钉子"的化学地层

碰冲剖面 $\delta^{13}C$ 值分布范围介于世界其他地区晚杜内至早维宪阶的数值范围之间（图6-19）。表现如下特点：① $\delta^{13}C$ 值介于 +2‰ 和 +4‰ 之间，波动不大，未见显著的最高峰值，而在北美中大陆和欧洲东部密西西比亚系呈

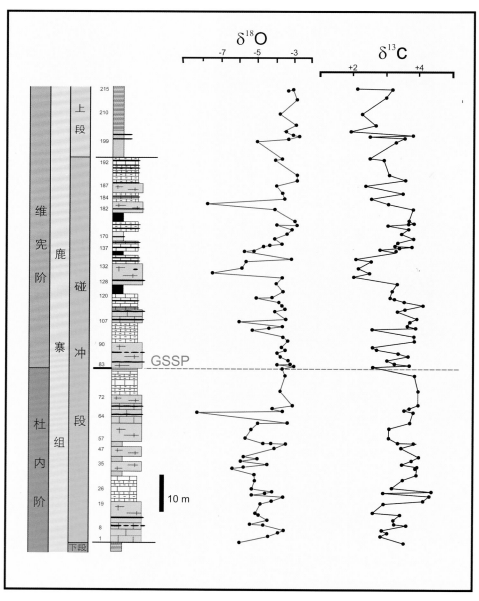

图6-19　碰冲剖面碳、氧同位素变化曲线

现$\delta^{13}$C值普遍大于6‰的峰值。美国内华达州的Arrow Canyon剖面的$\delta^{13}$C值可达7.1‰ (Saltzman et al., 2000); ②从杜内阶顶部至维宪阶底界线,$\delta^{13}$C值有一幅度较小的波动,由约+4‰降至+2.7‰,然后再增至+3‰~+4‰范围。根据郄文昆等 (2010) 在广西隆安的研究,杜内—维宪阶 (维宪阶底界) 界线附近,$\delta^{13}$C发生明显的负偏移,但它的确切位置和对比意义有待更多的资料验证;③ 从130层至137层,普遍表现为较低的碳同位素组成,在生物地层上,这段地层大致相当牙形刺 *Lochriea commutata* 带底界的界线层段,也相当于有孔虫盘虫类的出现的层位,可能有助远距离对比。

## 6.2 维宪阶"金钉子"的对比

### 6.2.1 华南维宪阶底界界线层段的对比

区域地质研究表明,盆地相的石炭系 (密西西比系) 鹿寨组碰冲段分布很广泛,但厚度差异较大,段内的维宪阶底界 (杜内—维宪阶界线) 根据有孔虫和牙形类确定。全部为硅质岩发育的地区,如钦州、防城一带,则只能根据层面上偶尔发现的牙形类作为参考。浅水台地相区,与碰冲段相当地层内维宪阶底界之下和之上有两个明显的地质事件。即界线前的事件 (事件 I) 和界线后的事件 (事件 II)。界线前的事件发生于有孔虫 *Paraendothyra* 带之后或上覆的 *Dainella* 带的内部,与乌

拉珊瑚类的灭亡吻合。沉积方面,在广西 (英塘组底部鸡冠山段)、湖南 (石磴子组) 以大套白云岩出现为特征 (图6-20),在贵州则以碎屑岩 (祥摆砂岩组) 发育为代表。显然,它们均代表海平面下降的产物;界线后的事件表征为古喀斯特面。其典型露头见于桂林磨盘山,介于英塘组上部白云岩和黄金组之间 (图6-21)。古喀斯特面之下灰岩中分别包含 *Eoparastaffella rotunda* 带和 *E. simplex* 带,而古喀斯特面之上黄金组底部所含有孔虫已属 *Pojarkovella nibelis* 带。这意味着两者间缺失了两个有孔虫化石带。古喀斯特面代表一个暴露面,表明海平面下降,造成沉积间断。无独有偶,这一间断与贵州祥摆砂岩与其上覆旧司组间的界面完全相当 (图6-22)。旧司组底部亦属 *Pojarkovella nibelis* 带。

上述两个事件界面是区域对比的良好标志,特别有利于在野外寻找最接近维宪阶底界的位置。华南含维宪阶底界的代表性剖面与碰冲"金钉子"剖面的对比见图6-23。

### 6.2.2 维宪阶底界的洲际对比

欧亚地区维宪阶底界的洲际对比见图6-24。比利时是传统维宪阶底界的经典地区,尽管比利时维宪阶底界界线地层的有孔虫化石不丰富,且不连续,但参考牙形刺 *Gnathodus homopunctatus* 和 *Scaliognathodus anchoralis* 的出现位置 (Hance et al., 2006),比利时 Bastion 剖面维宪阶

图6-20 湖南新邵马栏边石磴子组白云岩 该组的底和顶界面均代表海平面下降,维宪阶底界位于该组中部。 (侯鸿飞 摄)

图6-21 桂林磨盘山漓江码头公路,示英塘组(下)与黄金组(上)间古喀斯特界面(红色箭头示喀斯特漏斗) 〔L. Hance 摄〕

图6-22 贵州独山平塘石炭纪祥摆砂岩组 其底代表海平面下降,维宪阶下界从该组内部通过,位置有待研究后确定;祥摆砂岩与其上覆旧司组之间有明显的沉积间断。(侯鸿飞 提供)

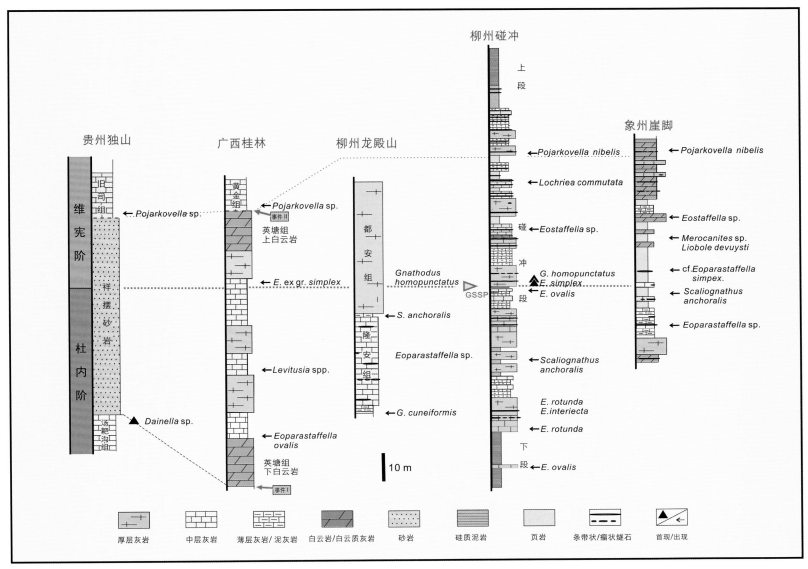

图 6-23　华南维宪阶底界（杜内阶—维宪阶界线）界线层段代表性剖面对比

图 6-24　全球维宪阶底界（杜内阶—维宪阶界线）的全球对比（欧亚地区）　*Es* 示 *Eoparastaffella simplex* 产出位置，Lc=*Lochriea commutata* 带。

底界可以很好地与碰冲界线层型剖面对比。Dinant盆地Leffe组141层*Eoparastaffella simplex*的出现，最接近碰冲层型剖面的维宪阶底界。

英国是石炭纪沉积发育的典型地区之一，布里斯托尔附近的Avon George剖面含有丰富的四射珊瑚，其分带曾为世界对比标准（Riley，1993）。但是，在该地维宪阶底界附近，发育的是白云岩（Black Rock）和鲕粒灰岩（Gully Oolite），并存在古土壤，有孔虫化石也极为稀少（Ramsbottom，1973）。Craven盆地的上、下Chadian阶的界线，是与维宪阶底界对比的英国区域年代地层界线。上Chadian含*Eoparastaffella* sp.和*Gnathodus homopunctatus*，下Chadian含腕足类*Levitusia humerosa*（Riley，1993）。

爱尔兰具有较连续的*Eoparastaffella*演化剖面，但地表露头很局限，多为地下钻井资料。根据*Eoparastaffella simplex*的出现，维宪阶的底界应位于碳酸盐岩与碎屑岩混合沉积的Rush组下部（Devuyst，2006）。捷克也发育有*Eoparastaffella*连续演化的剖面，沉积特点很接近碰冲，不仅有丰富的有孔虫，亦发育牙形刺。但是，该区构造复杂，地层多被断裂为孤立的岩片，难与碰冲剖面作准确对比（Kalvada *et al.*，2010）。

俄罗斯莫斯科盆地缺失杜内阶—维宪阶界线地层。伏尔加—乌拉尔区属维宪阶的Radaevsky组大部为碎屑岩。其下的Kosvinsky组顶部含*Levitusia humerosa*，置于杜内阶。因此，维宪阶底界位置应在碎屑岩内部或Kosvinsky组顶部。

根据钻孔资料，哈萨克斯坦里海沿岸低地的Karaton — Tengiz带内亦有*Eoparastaffella simplex*发育，据此可识别维宪阶底界（Kulagina *et al.*，2003）。

*Eoparastaffella*的演化趋向最初是根据乌克兰Donets盆地的资料识别的，但它是基于不同剖面、零星化石的综合，而从未在同一剖面上验证。根据剖面综合，该界线大致相当Glubokinsky组$C_1Vc$层之底（Vdovenko *et al.*，1990；Davydov *et al.*，2010）。

最近的资料显示，伊朗北部Sari城东南部发育最完整的维宪阶Mobarak灰岩组，其中含有*Eoparastaffella simplex*（Falahatgar *et al.*，2012）。土耳其南部Toros山脉Taurides地区Aladag群杜内—维宪阶过渡沉积Yaricak组发育大量四射珊瑚，其C带含*Eoparastaffella simplex*，表明维宪阶底界应在C带之内或之底（Denayer，2015）。

北美的情况比较特殊。早在17世纪，欧洲学者到北美大陆调查地质时，即看到北美的石炭系无论在沉积发育和化石内容上均与欧洲有很大区别。因此，在北美另立系名，称为密西西比系和宾夕法尼亚系。直到21世纪初，才由国际石炭纪地层委员会协调统一，将密西西比系和宾夕法尼亚系作为石炭系的亚系。由于缺失真正的*Eoparastaffella*，维宪阶的底界在北美只能参考牙形刺*Gnathodus texanus*的出现来帮助识别（Sevastopulo & Devuyst，2005）。

## 6.3　维宪阶"金钉子"的保护

维宪阶"金钉子"落户我国广西柳州碰冲后，作为全球标准，国内外学者也纷纷到碰冲剖面考察和参观（图6-25~图6-28）。广西自治区和柳州市国土局对剖面加强了保护，同时为"金钉子"设计了永久性标志碑（图6-29），目前正在组织施工力量进行建设。

图6-25　出席2007年国际石炭纪会议的代表考察碰冲剖面
（金小赤　摄）

图6-26　国际地层委员会石炭纪地层分会委员、国际刺丝胞学会主席Edouard Poty教授在野外剖面现场与侯鸿飞讨论　（张琰　摄）

图6-27 全国地层委员会的专家考察碰冲剖面 （雷澍 摄）

图6-28 侯鸿飞（左）陪同国际地层委员会
副主席彭善池考察碰冲剖面 （雷澍 摄）

柳州市神韵雕塑设计有限责任公司设计制作 2009.2.26

图6-29 广西碰冲维宪阶"金钉子"永久性标志碑设计图 （柳州国土资源局 提供）

## 6.4 中国石炭系"金钉子"的主要研究者

**侯鸿飞** 地层古生物学家。中国地质科学院地质研究所研究员。曾任国际地质科学联合会 *Episodes* 杂志执行主编(1997—2008)、国际地层委员会泥盆纪、石炭纪地层分委员会选举委员、通讯委员。主要研究泥盆纪、密西西比亚纪生物地层、古地理和腕足动物化石。

**Luc Hance** 地层古生物学家。比利时卡默石材集团公司主任地质师,鲁汶大学应用地质客座教授。曾任国际石炭纪地层分委员会选举委员。主要研究密西西比亚纪生物地层、层序地层和有孔虫化石。

**François-Xavier Devuyst** 地层古生物学家。比利时卡默集团北美石灰岩总部地质师。主要研究石炭纪地层、有孔虫化石研究和石灰岩矿产勘探。

**George Sevastopulo** 地层古生物学家、地质学家。爱尔兰都柏林三圣学院自然科学院地质系退休教授。曾任国际地层委员会石炭纪地层分会选举委员、杜内—维宪阶界线工作组主席。主要研究石炭纪地层、微体古生物，古生代棘皮动物、金属矿床和建材。

**吴祥和** 地层古生物学家、地质学家。贵州地质科学研究所教授级高级地质工程师。长期研究华南石炭纪地质、生物地层学及有孔虫化石系统古生物学。曾从事贵州区域地质测量、贵州磷矿、汞矿调查和研究。

## 参考文献

侯鸿飞，德维伊斯特 F –X. 2002. 石炭纪杜内阶–维宪阶界线定义介绍.地层学杂志，26（4）：293−296.

侯鸿飞，吴祥和，周怀玲，Hance L，Devuyst F –X，Sevastopulo G. 2013.石炭系密西西比亚系中统维宪阶全球标准层型剖面和点位//中国科学院南京地质古生物研究所.中国"金钉子"——全球标准层型剖面和点位研究.杭州：浙江大学出版社，215−239.

邝国敦，李家骧，钟铿，苏一保，陶业斌. 1999. 广西的石炭系. 北京：中国地质大学出版社.

全国地层委员会.2014.中国地层指南及地层指南说明书（附表）.北京：地质出版社.

郄文昆，张雄华，杜远生，张扬. 2010. 华南地区下石炭亚系碳同位素记录及对晚古生代冰期的响应.中国科学：地球科学，40（11）：1533−1542.

沈阳，谭建政. 2009. 广西柳州地区石炭系一个新的岩石地层单位——北岸组.地质通报，28（10）：1472−1480.

田树刚，科恩M G. 2004. 华南石炭纪岩关—大塘界线期牙形石地层分带.地质通报，23（8）：737−749.

王瑞刚，梁国材，莫廷满，何志生，李政群. 1991. 柳州石炭系划分新议.广西地质，4（2）：49−58.

Belka Z. 1985. Lower Carboniferous conodonts biostratigraphy in the northeastern part of Moravia-Silesia Basin. Acta Geologica Polonica, 35: 33−60.

Davydov V I, Korn D, Schmitz M D, Gradstein F M, Hammer O. 2012. The Carboniferous Period//Gradstein F M, Ogg J G, Schmitz M D, Ogg M G. The Geologic Time Scale 2012. Amsterdam: Elsevier, 603−651.

Davydov V I, Crowley J L, Mark D, Schmitz M D, Poletaev V I. 2010. New High-precision calibration of the global Carboniferous time scale: The records from Donets Basin, Ukraine. Newsletter of Carboniferous Stratigraphy, 22: 67−71.

Denayer J. 2015. Rugose corals at the Tournaisian — Viséan transition in the Central Taurides (S Turkey) — Palaeobiogeography and palaeoceanography of the Asian Gondwana margin. Journal of Asian Earth Sciences, 98: 371−398.

Devuyst F –X, Hance L, Hou H F, Wu X J, Tian S G, Coen M, Sevastopulo G. 2003. A proposed Global Stratotype Section and Point for the base of the Visean Stage (Carboniferous): the Pengchong section, Guangxi, South China. Episodes, 26(2): 105−115.

Devuyst F –X. 2006. The Tournaisian-Visean boundary in Eurasia: definition, biostratigraphy, sedimentology and early evolution of the genus *Eoparastaffella* (foraminifer). Louvain: Universite Catholique de Louvain.

Falahatgar M, Mosaddegh H, Shirazi M P. 2012. Foraminiferal Biostratigraphy of the Mobarak Formation (Lower Carboniferous) in Kiyasar Area, SE Sari, northern Iran, Acta Geologica Sinica (English Edition), 86(6): 1413−1425.

George T N, Johnson G A L, Mitchell M, Prentice J E, Ramsbottom W H C, Sevastopulo G D, Wilson R B. 1976. A correlation of Dinantian rocks in the British Isles. Geological Society of London, Special Report 7, 1−87.

Gradstein F M, Ogg J G, Schmitz M D, Ogg M G. 2012. The Geologic Time scale (2 volumes). Amsterdam: Elsevier.

Groscessens E. 1974. Distribution de Conodontes dans le Dinantien de la Belgique//Bouckaert J, Streel M. International Symposium on Belgiujm Micropalaeontological Limite from Emsian to Visean. Geological Survey of Belgium, boundary stratotype. Episodes, 20, 176−180.

Hance L, Brenckle P L, Coen M, Hou H F, Liao Z T, Muchez P, Paproth E, Nicholas T P, Riley J, Roberts J, Wu X H. 1997. The search for a new Tournaisian-Visean beds. Episodes, 20(3): 176−180.

Hance L, Poty E, Devuyst F X. 2006. Visean, Geologica Belgica, 9 (1−2): 55−62.

Hou H F, Wu X H, Yin B A. 2011. Correlation of the Tournaisian-Visean boundary Acta Geologica Sinica, 85(2): 354−365.

Kalvada J, Devuyst F X, Babek O, Dvorak L, Rak S, Rez J. 2010. High-resolution biostratigraphy of the Tournaision-Visean (Carboniferous) boundary interval, Mokra quarry, Czech Republic. Geobios, 43: 317−331.

Kirwan R. 1799. Additional Observations on the Proportion of Real Acid in the Three Ancient Known Mineral Acids and on the Ingredients in Various Neutral Salts and other Compaunds. Dublin：Georg Bonham.

Kulagina E I, Gibshman N B, Pazukhin V N. 2003. Foraminiferal zonal standard for the lower Caboniferous of Russia and its correlation with the conodont zonation. Rivista Italiana di Paleontologiae Stratigrafia 109, 173−185.

Perret M F, Devolve J J. 1994. Repartition verticale des conodontes carboniferes des regions pyreneennes; un commentaire. Memories

Institut Geologique de l' Universite Catholique de Lovain, 35: 197–203.

Perri M C, Spalletta C. 1998. Conodont distribution at the Turnaisian/ Visean boundary in the Carnic Alps (Southern Alps, Italy )//Szaniawski H. Proccedings of the Sixth European Conodont Symposium (ECOS VI). Palaeontologia Polonica, 58: 225–245.

Poole F G, Sandberg C A. 1991. Mississippian paleogeography and conodont biostratigraphy of the western United States//Cooper J D, Stevens C H. Paleozoic Pealeogeography of the Western United States II.Pacific Section SEPM, 67, 107–136.

Ramsbottom W H C 1973. Rates of transgression and regression in the Carboniferous of NW Europe. Journal of the Geological Society, 136:147–153.

Ramsbottom W H C. 1984. The founding of the Carboniferous System.// Mackenzie, G. Comptu Rendu 9ème Congres International de Stratigraphie et de Gèologie du Carbonifère. South Illinois University Press, Carbondale, 109–112.

Remane M B, Faure-Muret A, Odin G S. 2000. International Stratigraphic Chart (2000). Paris: International Union of Geological Sciences.

Riley N J. 1993. Dinantian (Lower Carboniferous) biostratigraphy and chronostratigraphy in the British Isles. Journal of the Geological Society, 150: 427–446.

Saltzman M R, Gonzalez L A, Lohmann K C. 2000. Earlist Carboniferous cooling step triggered by the Antler orogeny? Geology, 28: 347–350.

Sevastopulo G, Devuyest F X. 2005. Correlation of the base of the Visean stage in the type Mississippian region of North America. Newsletter of Carboniferous Stratigraphy, 23: 12–15.

Sevastopulo G, Devuyst F X, Hance L, Hou H F, Coen M, Clayton G, Tian S G, Wu X H. 2002. Progress report of the Working Group to establish a boundary close to the existing Tournaisian-Visean boundary within the Lower Carboniferous. Newsletter of Carboniferous Stratigraphy, 20: 6–7.

Tian S G, Coen M G. 2005. Conodont evolution and stratotype sign of Carboniferous Tournaisian-Visean boundary. Science in China, Series D, Earth Sciences, 48(12): 2131–2141.

Vdovenko M V, Aizenverg D Y, Nemirovskaya T I, Poletaev V I. 1990. An overview of Lowen Carboniferous biozones of the Russian platform. Journal of Foraminiferal Research, 20(3): 184–194.

Work D M. 2002. Secretary/Editor's Report 2001–2002. Newsletter of Carboniferous Stratigraphy, 20: 3.

Ziegler W, Lane H R. 1987. Cycles in conodont evolution from Devonian to mid-Carboniferous// Aldridge RJ. Palaeobiology of Conodonts (British Micropalaeontological Society). Chichester: Ellis Horwood Limited, 147–163.

## 二叠纪 距今 2.99~2.52 亿年

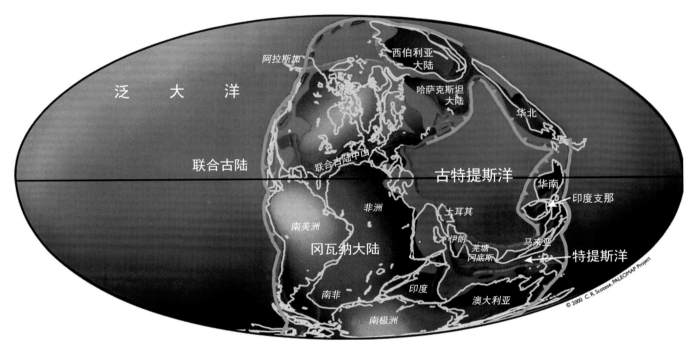

二叠纪吴家坪末期(距今2.55亿年)全球古地理图

二叠纪(Permian Period)是古生代的第6个纪,即最末期的一个纪。名称来源于地域广袤的古王国Permia,该王国的京城是Perm,位于俄罗斯乌拉尔山侧翼。1841年英国著名地层学者R. I. Murchison (1841)在考察乌拉尔等地的地层后,与俄国地质学家合作,将该地覆盖在石炭系之上的一大套地层命名为Permian(帕尔米亚系)。被译为二叠系是因为在德国这套地层称为Dyas("二分"的意思),明显地分为红、黑两部分(分别称为赤底统和镁灰统),而且这套地层原先无论在欧洲、北美,还是中国,都一直被二分为上、下两统,但实际上,现今的 二叠系是天然的三分。二叠纪开始于距今约2.99亿年,延续约4700万年。

二叠纪的特征是联合古陆整体逐渐北移,冰室气候向温室气候转变,煤炭沼泽和两栖类的栖息地极度减少,一些具孢子的植物灭绝,蒸发岩在较大范围出现,具有内外碳酸盐骨骼的无脊椎动物发生了变化,䗴类、有孔虫、菊石、苔藓虫和腕足动物大为分异,其后䗴类、三叶虫、四射珊瑚和床板珊瑚、海蕾类、棘皮鱼类、盾皮鱼类、盘龙类在二叠纪末集群灭绝,而苔藓虫、腕足类、鲨鱼、多骨鱼类、阔翅鲨和棘皮动物也急剧减少。

国际地层委员会在2000年正式接受将二叠系划分为3统9阶的方案(Remane et al.,2000;彭善池,2013)。目前,已为二叠系确立6枚"金钉子",其中定义吴家坪阶和长兴阶底界的两枚"金钉子"在中国华南确立(据Henderson et al., 2012;Gradstein et al., 2012改写;古地理原图经C. R. Scotese允许,由G. Ogg提供)。

吴家坪阶 "金钉子"

广西来宾红水河边的全球二叠系吴家坪阶"金钉子"层型剖面（沈树忠　提供）

## 7.1 吴家坪阶"金钉子"

全球吴家坪阶是二叠系的第8阶,隶属于乐平统(二叠系最上部的一个统)。定义吴家坪阶底界即吴家坪阶与下伏卡匹敦阶(中国称冷坞阶)界线的"金钉子",是由中国科学院南京地质古生物所研究员金玉玕院士领导的、由中国、加拿大、美国三国科学家组成的研究团队确立的。该"金钉子"同时定义乐平统的底界即乐平统和下伏瓜德鲁普统(大致相当中国的阳新统上部)的界线(图7-1)。2005年9月由国际地质科学联合会批准,确立为中国的第4枚"金钉子"。乐平统和吴家坪阶均是以中国地名命名的年代地层单位,乐平统名称源自江西乐平县,由美国学者Amadeus W. Grabau 1923年命名;吴家坪阶源自陕西汉中南郑县城西吴家坪村,由日本学者勘粮龟龄和中泽圭二(Kanmera & Nakazawa, 1973)命名。乐平世(统)早在1990年就被《地质年表1989》采纳(Harland et al., 1990),在2000年与吴家坪阶一起被纳入《国际地层表》,但一直被视为"半正式"的全球年代地层单位(Remane et al., 2000;金玉玕等, 2000)。

150余年来,国际上通常采用俄罗斯乌拉尔地区的鞑靼阶(Tatarian Stage)作为二叠纪晚期沉积的划分和对比标准(Harland et al., 1982)。但是,鞑靼阶在乌拉尔地区的典型剖面,是一套陆相地层,缺少海相化石,其划分精度和长距离对比能力均难以满足作为全球标准剖面的要求,用更为优越的海相地层作为该时期地层的划分和对比标准势在必行。然而,寻找二叠纪晚期连续沉积的海相地层并非易事,因为受二叠纪瓜德鲁普世末期全球性大规模海退事件的影响,在世界范围内极少有瓜德鲁普统上部至乐平统下部连续沉积的地层剖面。所幸的是,中国广西来宾地区却是少有的例外。尽管中国华南在二叠纪瓜德鲁普世末期也因"东吴运动"发生了大规模的海退,但当时的海水并未完全退出位于滇黔桂盆地东侧的来宾一带,在华南的大部分地区被剥蚀或接受碎屑岩沉积期间,来宾地区却连续沉积了海相的"来宾灰岩",成为世界范围内难得的跨越二叠系瓜德鲁普统—乐平统界线的海相碳酸盐岩地层剖面,为研究这段地层的详细划分提供了极好的地质条件。

20世纪90年代以来,金玉玕率领的团队历时10余

| 全球年代地层单位 | | | 中国区域年代地层单位 | |
|---|---|---|---|---|
| 系 | 统 | 阶 | 统 | 阶 |
| 三叠系 | | | | |
| 二叠系 | 乐平统 | 长兴阶<br>254.1 | 乐平统 | 长兴阶 |
| | | 吴家坪阶<br>259.8 | | 吴家坪阶 |
| | 瓜德鲁普统 | 卡匹敦阶<br>265.1 | 阳新统 | 冷坞阶 |
| | | 沃德阶<br>268.8 | | 孤峰阶 |
| | | 罗德阶<br>272.3 | | 祥播阶 |
| | 乌拉尔统 | 空谷阶<br>283.5 | | 罗甸阶 |
| | | 亚丁斯克阶<br>290.1 | 船山统 | 隆林阶 |
| | | 萨克马尔阶<br>295.5 | | 紫松阶 |
| | | 阿瑟尔阶<br>298.9 | | |
| 石炭系 | | | | |

图7-1 吴家坪阶在全球和中国区域二叠系年代地层序列中的位置 图中数字是所在界线的地质年龄,单位为百万年。

图7-2 国际地层委员会暨二叠纪地层分会代表国际地科联,给吴家坪阶和长兴阶"金钉子"研究首席科学家金玉玕的通知函 告知国际地科联已批准建立定义这两个阶的底界的"金钉子"。

年，对广西来宾市郊的蓬莱滩剖面和铁桥剖面做了多门类的生物地层、层序地层、磁性地层、化学地层、同位素测年等多学科的研究 (Jin *et al.*, 1993, 1994；1998, 2001；Jin, 2000；金玉玕, 2000；Mei *et al.*, 1994 a, b, 1998, Menning *et al.*, 1996)。2001年金玉玕团队向国际地层委员会二叠纪地层分会瓜德鲁普统—乐平统的界线工作组提交了 "金钉子" 的提案 (Jin *et al.*, 2001)，提议蓬莱滩剖面和铁桥剖面分别为乐平统 (吴家坪阶) 底界全球层型 ("金钉子") 和辅助层型。2002年2月经界线工作组表决，以92%支持率获得通过 (17.5票赞成，1.5票反对；出现半票是因为1票只赞成层型点位，不赞成底界的定义)。2003年1月提案在国际二叠纪地层分会的表决中，又以87.5%的得票率获得通过 (14票赞成，1票反对，1票弃权)；2004年2月在国际地层委员会表决中以100%得票率通过。同年被国际地科联批准确立 (图7-2)。随着乐平统和吴家坪阶底界的 "金钉子" 在中国的确立，这两个单位也由半正式全球单位升格为正式全球年代地层单位。

### 7.1.1 地理位置

吴家坪阶 "金钉子" 位于广西壮族自治区中部的来宾市城区东南，距市中心约20 km。层型剖面为蓬莱滩剖面，在红水河南岸，自然出露；层型点位的地理坐标为东经109°19′16″，北纬23°41′43″。红水河自西向东流经来宾市，河中有一名为蓬莱洲的岩石小岛，与蓬莱滩 "金钉子" 剖面隔河相对 (图7-3，7-4)。蓬莱滩 "金钉子" 剖面位于简易公路旁，小型越野车辆从来宾市可直达剖面。由于每年夏、秋季汛期高水位时，剖面通常会被淹没，因此并非全年皆可到达剖面现场，但蓬莱洲一般不会完全淹没，因而在洲上建有吴家坪阶 "金钉子" 的永久性标志碑 (主碑)。铁桥辅助剖面也在来宾市东侧，铁桥即铁路桥。位于柳州至南宁铁路与红水河交叉处红水河北岸，距市区约5 km，越野车辆也可抵达剖面附近。

### 7.1.2 来宾地区地质概况

在来宾市城区与东部的兴宾区正龙乡之间，发育由晚古生代和中生代地层组成的向斜，称 "来宾向斜" (图7-5)。红水河由来宾城区横穿向斜而过，两岸岩层出露良好，基本无植被发育，为研究向斜两翼的地层提供了良好的地质条件。来宾向斜核部是陆相的下白垩统，与下伏地层呈不整合接触；围绕核部呈亚椭圆形环状分布是石炭系上部 (宾夕法尼亚亚系) 至下三叠统的海相地层，由老至新 (由外向内)，依次发育上古生界的马平组 (Maping Fm.)、栖霞组 (Chihsia Fm.)、茅口组 (Maokou Fm.)、合山组 (Heshan Fm.)、大隆组 (Talung Fm.) 和中生界下三叠统的罗楼组 (Luolou Fm.)。

蓬莱滩剖面和铁桥剖面分别位于来宾向斜的东、西翼。吴家坪阶底界界线地层跨越了茅口组至合山组的过渡地层。来宾地区的茅口组厚约300 m，底部为细碎屑岩

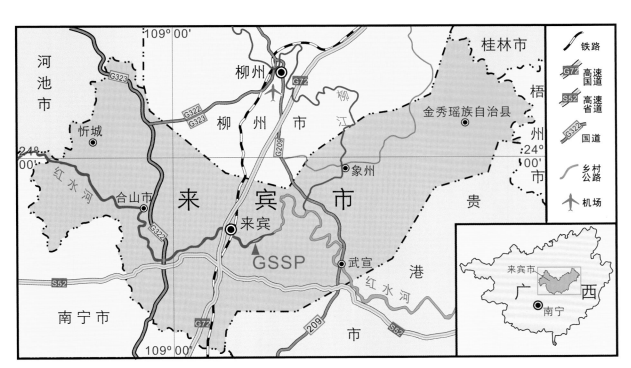

**图7-3 全球吴家坪阶 "金钉子" 地理位置和交通图** "金钉子" (GSSP所指) 在红水河南岸；铁桥辅助剖面在柳州至南宁铁路与红水河的交叉处北岸。

图7-4 广西来宾蓬莱滩吴家坪阶"金钉子"剖面地理景观 a.人物所在位置为蓬莱滩"金钉子"剖面,流经剖面的为红水河,对岸河中间的小岛是蓬
莱洲,吴家坪阶"金钉子"的永久性纪念标志主碑就建在小洲右侧的树丛后(2009年景观);b.由蓬莱洲向南看吴家坪阶金钉子剖面,GSSP为"金钉子"
层型点位,红线是吴家坪阶的底界(2014年景观)。
                                                                                    (彭善池 摄)

地层（钙质粉砂岩、砂岩、钙质泥岩）、含有放射虫燧石岩，含牙形刺和放射虫化石；中上部以放射虫燧石岩、燧石钙质泥岩和砂岩为主；顶部为厚约8 m的"来宾灰岩"，是远源风暴的碳酸盐沉积，含有丰富的牙形刺、腕足类以及鲢类等化石。吴家坪阶底界"金钉子"的层型点位就位于"来宾灰岩"靠近顶部的位置。茅口组与上覆的合山组之间有一岩性突变界面。合山组在蓬莱滩厚约100 m，是以硅质岩为主的沉积，含灰岩透镜体和粘土层，透镜体中含牙形刺化石。

茅口组自下而上的沉积环境是水体由深逐渐变浅的过程，茅口组下中部属斜坡台地相沉积，上部的岩性转变为陆棚相，及从茅口组的第4段到来宾灰岩，岩性由盆地相燧石和燧石质灰岩转变为斜坡环境的远源风暴岩相沉积（Jin *et al.*，2001，2006a；金玉玕等，2013a），这个现象与这一时期全球性的海退过程密切相关。合山组底部是初始海泛面，水体变深，由此向上，海水迅速加深，在*Clarkina. transcaucasica*牙形刺带（合山组的第5个牙形刺带，位于该组的下部），演变成深水斜坡相和盆地相的沉积环境（Jin *et al.*，2001）。

### 7.1.3  吴家坪阶底界首要生物标志的确定

全球吴家坪阶的底界，以牙形刺*Clarkina postbitteri postbitteri* Mei et Wardlaw in Mei *et al.*，1994（后比特克拉克刺后比特亚种）在蓬莱滩剖面的首现位置确定（图7-6，7-7）。该亚种是决定吴家坪阶的底界的关键物种。在选择定义吴家坪阶底界的点位过程中，曾有过多种意见（Jin *et al.*，1993；Mei *et al.*，1994a，b；Jin，2000；王成源等，1998；Wang，2000；王成源，2001a，b，2002；Henderson，2001；梅仕龙，2002；王成源、Kozur，2007）。归纳起来，有3个牙形刺种（亚种）在蓬莱滩剖面的首现位置可供选择：① *Clarkina postbitteri hongshuiensis.*（后比特克拉克刺红水河亚种）的首现，这个点位在茅口组的来宾灰岩之内，即6i岩性层的上6i层与下6j层之间，是地层位置较低的点位；② *Clarkina dukouensis*（渡口克拉克刺）的首现，这个点位在剖面的7d层之底，在上覆的合山组之内，地层层位最高；③ *Clarkina postbitteri postbitteri*的首现，这个点位也在茅口组来宾灰岩之内，即在6k层之底，地层位置介于前两者之间。如上所述，最后一种是二叠纪地层分会最终决定的划定全球吴家坪阶底界的首要标志。

不采用前一定界标志是因为该亚种在分类和在演化序列上还存在争议（即是否为先驱种*Jinogondolella crofti*和后裔种*Clarkina postbitteri*之间的过渡类型）（Wardlaw，

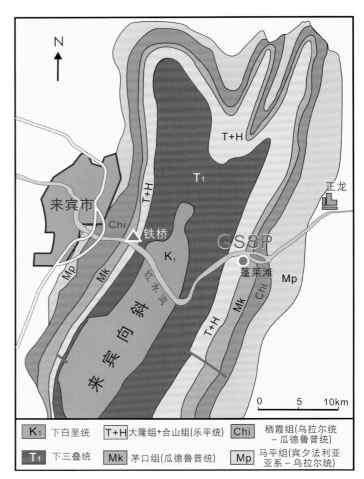

图7-5  广西来宾市附近地质略图及蓬莱滩"金钉子"和铁桥辅助剖面的地理位置 （据Jin *et al.*，1998，2001；金玉玕等，2013a修改）

2001；Lembert *et al.*，2002）；否定*Clarkina dukouensis*的首现位置是因为在7d层之下的7c层是一粘土层，它可能代表了一次较大的沉积环境变迁（Jin，2000），亦即有可能把界线选在沉积环境的转折点上。同时，有学者提出*C. dukouensis*在6k层之底就已经出现而不是在7d层首现（Wang，2000；王成源，2001a，b，2002）。但后来的学者（Henderson，2001；Henderson *et al.*，2002）认为，6k层所产的*Clarkina*是*C. postbitteri*，并非*C. dukouensis*的原始类型（金玉玕等，2007）。

### 7.1.4  层型剖面和层型点位

吴家坪阶"金钉子"的层型剖面，位于来宾向斜的东翼，是一段厚约10余米的地层，由于通常在汛期被洪水淹没，因此，基本没有植被覆盖，出露良好。剖面下部是茅口组顶部的来宾灰岩，上部是合山组的硅质岩、硅质灰岩。吴家坪阶"金钉子"的层型点位，在来宾灰岩之内的6k层之底（图7-7），接近茅口组顶界，距离上覆合山组的

图7-6　定义吴家坪阶底界的首要标志物种*Clarkina postbitteri postbitteri* Mei et Wardlaw in Mei *et al.*, 1994　a. 三个化石标本,均产于蓬莱滩剖面的6k层,每个标本有两个视图,左为口视,右为侧视(Jin *et al.*, 2001; 金玉玕等, 2007); b. 吴家坪阶"金钉子"永久性标志次碑上的标志物种*C. postbitteri postbitteri* 的浮雕。

图7-7　蓬莱滩剖面吴家坪阶底界附近的露头和"金钉子"层型点位(6k岩性单层之底)　白线是全球吴家坪阶底界在剖面的位置,即*Clarkina postbitteri postbitteri* 的首现点位。

（沈树忠　提供）

**图7-8　吴家坪阶"金钉子"辅助层型铁桥剖面**　白线是全球吴家坪阶底界在剖面的位置，即 *Clarkina postbitteri postbitteri* 在此剖面的首现层位。

〔沈树忠　提供〕

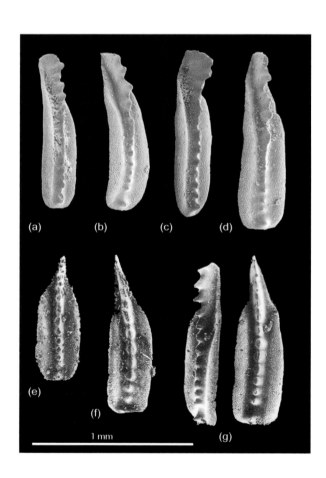

1 mm

底界仅23 cm，与 *C. postbitteri postbitteri* 的首现一致。

在铁桥辅助剖面（图7-8），*C. postbitteri postbitteri* 也在来宾灰岩之内首现。因而在来宾一带，茅口组是跨越瓜德拉普统—乐平统或卡匹敦阶—吴家坪阶界线的岩石地层单位。

蓬莱滩剖面和铁桥辅助剖面的地层序列与生物序列几乎完全相同。两个剖面均产有丰富的牙形刺、放射虫、腕足、菊石、珊瑚等化石；铁桥剖面还产有丰富的䗴类化石。

吴家坪阶"金钉子"的层型点位处于克拉克刺的连续演化谱系之内，即由 *Clarkina postbitteri hongshuiensis*（图7-9），经 *Clarkina postbitteri postbitteri*（首现于6k层之底），向

**图7-9　首要标志物种 *Clarkina postbitteri postbitteri* 的先驱种和后裔种**　a–d. 先驱种 *Clarkina postbitteri hongshuiensis* Henderson et Mei, 2001；e–g. 后裔种 *Clarkina dukouensis* Mei et Wardlaw, 1994（e–g）。a–d 产于蓬莱滩剖面6i层的上部；e–g 分别产于蓬莱滩剖面7e, 7g, 113-2层。除g的左侧为斜侧视外，所有图片均为口视。

〔据 Jin *et al.*, 2001；金玉玕等, 2007；王成源 & Kozur, 2007〕

**图7-10 蓬莱滩剖面吴家坪阶"金钉子"点位附近岩性详细分层和关键牙形刺化石的首现位置** 黄色箭头所指是吴家坪阶底界,白色箭头所指是重要牙形刺物种的产出层位。加括号和未加括号的分层号是不同的岩性分层系统。 （据金玉玕等,2013b修改;沈树忠 提供底图）

渡口克拉克刺演化 (*Clarkina dukouensis*)。这3个物种 (亚种) 的首现层位分别位于上6i层之底、6k层之底和7d层之底,三者构成了一个完整的演化谱系 (图7-10)。

### 7.1.5 "金钉子"界线层段的生物地层序列

#### 1. 牙形刺生物地层序列

吴家坪阶"金钉子"全球层型蓬莱滩剖面和辅助剖面铁桥剖面产有丰富的牙形刺、珊瑚、菊石、䗴类、腕足类化石,其中牙形刺建有13个生物带 (图7-11)。牙形刺从卡匹敦期至吴家坪期非常丰富。在卡匹敦期,以 *Jinogondolella* 占绝对优势,这段时期形成的地层,在蓬莱滩剖面是传统岩性分层第22层至18层的绝大部分 (Jin *et al.*, 1998),其中,18层在以后发表的文献中又被分为2至6k 20个岩性单层 (Jin *et al.*, 2001),亦即22至19层加上18层内的第2至第6i单层的下部,在这段地层建有6个牙形刺带,自下而上,即 ① *Jinogondolella postserrata* 带,② *Jinogondolella shannoni* 带,③ *Jinogondolella altudaensis* 带,④ *Jinogondolella*

*prexuanhanensis* 带,⑤ *Jinogondolella xuanhanensis* 带,⑥ *Jinogondolella granti* 带。从第18层的顶部 (即6i层上部) 往上至第9层 (其中第17层在以后文献中又分为7a至7j10个岩性单层;参见 Jin *et al.*, 2001),以属 *Clarkina* 的种占优势,在这段地层建有7个牙形刺带 (含2个亚带),自下而上,即 ⑦ *Clarkina postbitteri* 带 (包含 *Clarkina postbitteri hongshuiensis* 亚带和 *Clarkina postbitteri postbitteri* 亚带),⑧ *Clarkina dukouensis* 带,⑨ *Clarkina asymmetrica* 带,⑩ *Clarkina guangyuanensis* 带,⑪ *Clarkina transcaucacica* 带,⑫ *Clarkina orientalis* 带,⑬ *Clarkina inflecta* 带 (图7-11)。

在这些牙形刺带中,*Jinogondolella granti* 带、*Clarkina postbitteri* (*sensu lato*) 带和 *Clarkina dukouensis* 带,是识别出的演化谱系 (金玉玕等,2007)。在最终定义金钉子时由于从 *Jinogondoella granti* 到 *Clarkina postbitteri* 的演化关系存在争议,最终采用由 *Clarkina postbittei hongshuiensis*、*C. postbitteri postbitteri* 至

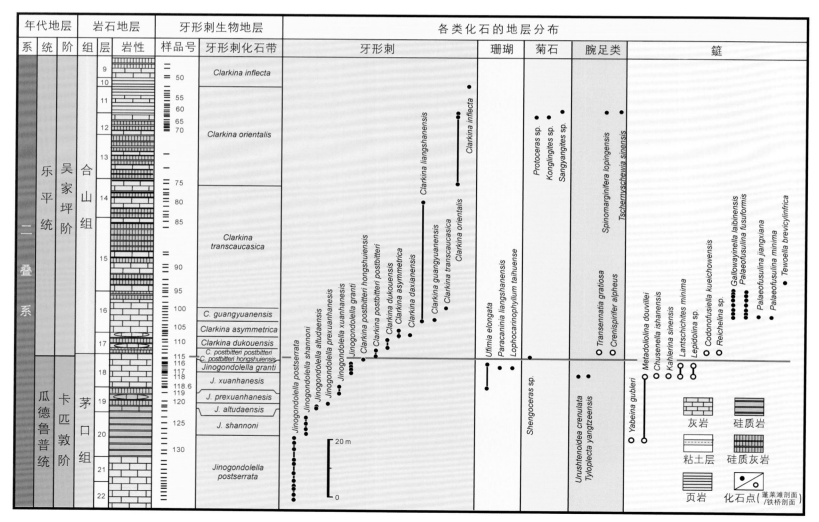

图7-11　来宾地区吴家坪阶"金钉子"界线层段的牙形刺生物地层和主要化石门类地层分布　〔据 Jin *et al.*, 1998修改〕

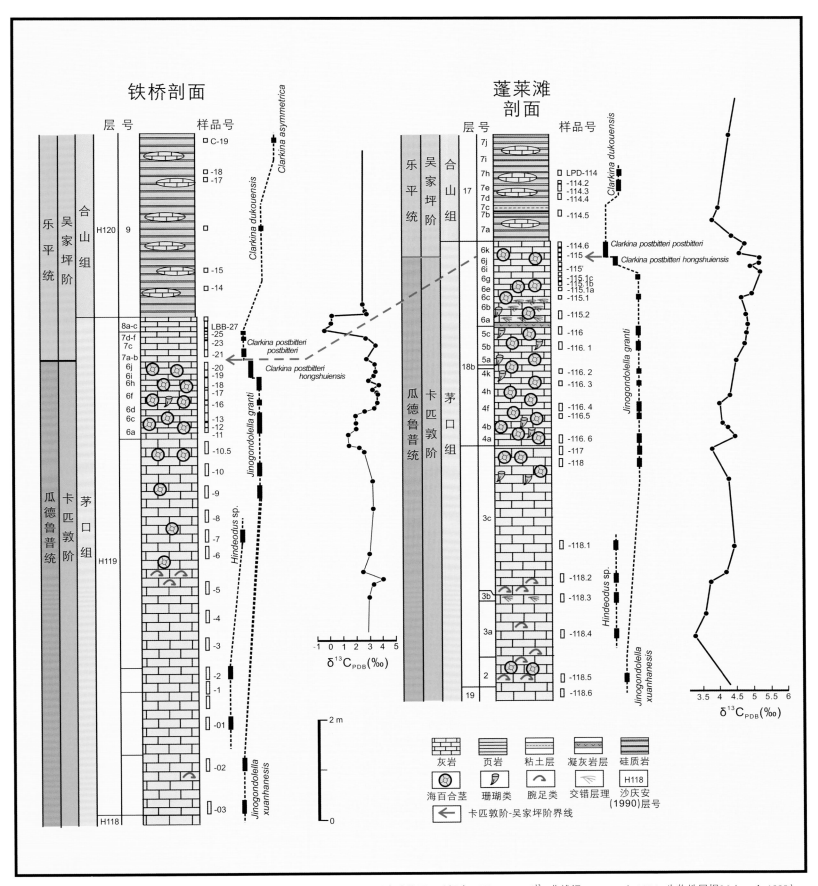

图7-12　蓬莱滩剖面和铁桥剖面吴家坪阶底界附近碳同位素漂移曲线及牙形类演化图　（据金玉玕，2013a；δ¹³C曲线据Wang et al.，2004；生物地层据Mei et al.，1998）

*Clarkina dukouensis* 的演化谱系 (Jin *et al.*, 2006)，事实上，把 *Clarkina postbitteri* 的首现作为定义在全球范围更容易对比。

2. 鏇类生物地层序列

来宾地区瓜德鲁普统—乐平统界线层段内产有丰富的鏇类化石。在铁桥辅助剖面可识别出4个鏇带。即在来宾灰岩的下部为 *Metadoliolina* 带，含有 *Metadoliolina douvillei*, *M. spheroidea*, *Lepidolina parasuschanica*, *Schwagerina pseudocompacta*, *Chusenella zhonghuaensis*, *Kahlerina sinensis*, *Lantschichites minima*, *Reichelina changanchiaoensis* 等属种；来宾灰岩的上部为 *Lantschichites minima* 带，与牙形刺 *Jinogondolella granti* 共生，仅厚2 m。第3个鏇带为 *Codonofusiella kueichowensis* 带，在铁桥剖面位于含牙形刺 *Clarkina postbitteri postbitteri* 的层位；更上面的是 *Palaeofusulina jiangxiana* 带，在合山组下部，此带跨越牙形刺 *Clarkina asymmetrica* 带和 *Clarkina guangyuanensis* 带。

3. 其他门类化石

来宾地区的蓬莱滩剖面和铁桥剖面都产有丰富腕足类化石 (沈树忠等，1995；Shen & Shi, 2009)，如在茅口组产有瓜德鲁普世的典型分子 *Urushtenoidea crenulata*；在蓬莱滩剖面的茅口组的最上部也产有菊石 *Kufengoceras* (周祖仁等，2000；Ehiro, 2008, 2010)；而在铁桥剖面和蓬莱滩剖面，茅口组的上部所产的珊瑚全部以含有单体珊瑚为特征 (Wang & Sugiyama, 2001)。

### 7.1.6 来宾地区的化学地层和磁性地层

在蓬莱滩剖面上，茅口组来宾灰岩 (18a，其中18a层的第2分层白云岩层除外，18b层的4a至6e分层) 的 $\delta^{13}C$ 值在 +3.5‰ 至 +5.3‰ 之间。$\delta^{13}C$ 值从来宾灰岩顶部第6g、6h和6i分层的 +5.3‰ 降至第7a分层的 +3.6‰，然后在上覆的 *Clarkina dukouensis* 带恢复至 +4.5‰ (图7-12)。Chen *et al.* (2011) 的最新研究支持这一 $\delta^{13}C$ 变化规律。

铁桥剖面的瓜德鲁普统的 $\delta^{13}C$ 值在 +2.0‰ 到 +3.5‰ 之间 (图7-12)。往上，$\delta^{13}C$ 值从来宾灰岩的 +3.2‰ 到合山组的底部 (H119层，第8a—c分层，即 *Clarkina postbitteri postbitteri* 带内) 降至−0.5‰，至H119层 (第9分层) 恢复至平均值，在合山组的礁相碳酸盐岩中又跃至最高值 +5‰ (Wang *et al.*, 2004)。

1994年 Manfred Menning 和沈树忠采集了近千个古地磁样品，对来宾地区金钉子附近的磁性地层开展研究，结果发现由于受后期重磁化影响很大，难于得出可靠的结论，利用磁性地层进行对比因此存在困难 (Menning *et al.*, 1996)。

### 7.1.7 "金钉子"的保护

吴家坪阶"金钉子"是金玉玕及其团队10余年的研究成果 (图7-13，7-14)，是在广西壮族自治区建立的首

图7-13 主持吴家坪阶"金钉子"研究的首席科学家、已故金玉玕研究员在蓬莱滩剖面做野外研究 "金钉子"层型点位于金玉玕右边(照片近中心部位)的红色记号笔处。

(沈树忠 提供)

图7-14 吴家坪阶"金钉子"研究团队野外研究间隙在蓬莱滩剖面野餐和歇息 右1至右3分别为吴家坪"金钉子"的研究团队主要成员王玥、沈树忠、曹长群研究员。 (沈树忠 提供)

图7-15 2009年11月,广西壮族自治区和来宾市人民政府举行二叠系乐平统吴家坪阶"金钉子"保护工程和建立其永久标志的奠基仪式 吴家坪阶"金钉子"主要研究人员、国际二叠纪地层分会主席沈树忠(左3,时任分会秘书长)和骨干研究人员、时任国际二叠纪地层分会主席C. M. Henderson(左6),广西壮族自治区和来宾市领导等出席了奠基仪式。 (沈树忠 提供)

枚"金钉子"、在中国建立的第4枚"金钉子"。从2007年起,广西自治区和来宾市人民政府开始重视,启动了乐平统暨吴家坪阶"金钉子"的保护工程(图7-15),决定在蓬莱滩剖面周围建立地质遗迹保护区和在蓬莱洲上建立吴家坪阶"金钉子"的永久性标志来保护吴家坪阶"金钉子"剖面。2009年11月,来宾市国土资源局组织保护区勘界和埋设界桩,分别在蓬莱洲上和红水河南岸"金钉子"点位附近树立金钉子永久性标志主、次碑(图7-16、7-17)。2010年3月,来宾市政府又颁布《来宾市人民政府来宾市蓬莱洲乐平统底界全球界线层型剖面(金钉子)保护区公告》,决定设立"来宾市人民政府来宾市蓬莱洲乐平统底界全球界线层型剖面(GSSP,俗称金钉子)保护区"。保护区分主剖面保护区和辅助剖面保护区两个区域,分别对蓬莱滩剖面和铁桥剖面进行保护。明确规定,在保护区内禁止采石、挖土、砍伐、放牧、种植、建房、修路、采矿等活动。目前蓬莱滩剖面和铁桥剖面均得到妥善保护。蓬莱滩剖面也已成为院校和团体实习和科普教育基地(图7-18)。

图7-16 红水河中心蓬莱洲上树立的吴家坪阶"金钉子"永久性标志主碑 （雷澍 摄）

图7-17　在红水河南岸树立的吴家坪阶"金钉子"介绍碑和永久性标志次碑　（雷澍　摄）

图7-18　吴家坪阶"金钉子"的研究骨干沈树忠研究员（左7）在向考察剖面的同行介绍蓬莱滩剖面的地质内容　（彭善池　摄）

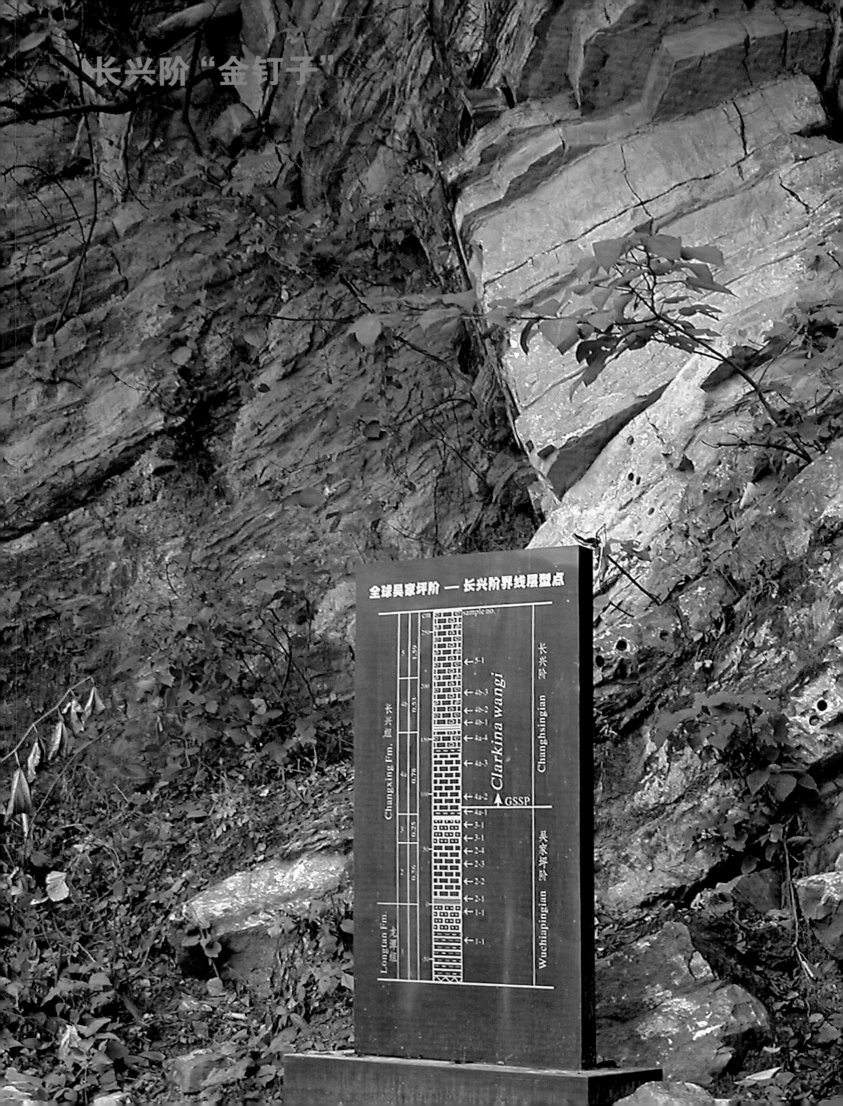

长兴阶"金钉子"

全球长兴阶"金钉子"层型剖面和剖面旁刻有剖面的岩石柱状图及年代、岩石、生物地层划分的石碑　　（雷澍　摄）

## 7.2 长兴阶 "金钉子"

全球长兴阶是二叠系的第9阶 (二叠系最上的阶)，隶属于乐平统 (二叠系最上的统) (图7–19)。定义长兴阶底界即长兴阶与下伏吴家坪阶界线的 "金钉子" 是由中国科学院南京地质古生物所研究员金玉玕领导的、由中国、加拿大、美国三国科学家组成的研究团队确立的。2005年9月由国际地质科学联合会批准 (图7–2)。长兴阶是以中国地名命名的年代地层单位，阶名源自浙江省长兴县，这个名称最初出现在《地层规范草案及地层规范草案说明书》(全国地层委员会地层规范草案及地层规范草案说明书编写组，1960)，但没有给出任何定义。其后，Furnish (1970) 和 Furnish & Glenister (1973) 建议将长兴阶作为全球二叠系划分中最上部的单位。直到1981后，长兴阶才由中国科学院南京地质古生物所研究员赵金科和盛金章正式定义 (赵金科等，1981)。

早在1990年与长兴阶对应的地质年代单位长兴期 (Changhsingian Age) 就与乐平世一起，被《地质年表1989》(*Geologic Time Scale* 1989) 采纳 (Harland *et al.*，1990)。2000年长兴阶进入《国际地层表》，是最早进入《国际地层表》的以中国地名命名的年代地层单位之一，但在其被正式批准建立之前，一直被当作半正式全球年代地层单位 (Remane *et al.*，2000)。

### 7.2.1 地理位置

长兴阶 "金钉子" 位于浙江北部的长兴县煤山镇西南约2 km的煤山。煤山镇在长兴县城西北约20 km。"金钉子" 剖面及其附近地区现已开辟为国家级地质遗迹保护区内，交通方便，一年四季皆可到达 (图7–20)。层型点位的地理坐标为东经119°42′22.9″，北纬31°4′55″。

在煤山有一批已废弃的采石场，过去用来开采二叠系顶部的石灰石作建筑材料，这些废采石场提供了一批二叠系长兴阶和三叠系印度阶的界线剖面，分别被命名为煤山A、B、C、D、E、F和Z剖面 (Sheng *et al.*，1984) (图7–21)。

### 7.2.2 层型剖面和层型点位

长兴阶 "金钉子" 的层型剖面是煤山D剖面 (图7–22)，是该剖面的最底部层段。长兴阶是二叠系最上部的阶，上覆于其上的地层是印度阶，是三叠系最下部的单位，位于煤山D剖面的上部。煤山D剖面因此包含发育良好的二叠系至三叠系 (或古生界至中生界) 的过渡地层。早在长兴阶 "金钉子" 确立数年前，全球印度阶 (以

| 全球年代地层单位 | | | 中国区域年代地层单位 | |
|---|---|---|---|---|
| 系 | 统 | 阶 | 统 | 阶 |
| 三叠系 | | | | |
| 二叠系 | 乐平统 | 254.1 长兴阶 | 乐平统 | 长兴阶 |
| | | 吴家坪阶 259.8 | | 吴家坪阶 |
| | 瓜得鲁普统 | 卡匹敦阶 265.1 | 阳新统 | 冷坞阶 |
| | | 沃德阶 268.8 | | 孤峰阶 |
| | | 罗德阶 272.3 | | 祥播阶 |
| | 乌拉尔统 | 空谷阶 283.5 | | 罗甸阶 |
| | | 亚丁斯克阶 290.1 | 船山统 | 隆林阶 |
| | | 萨克马尔阶 295.5 | | 紫松阶 |
| | | 阿瑟尔阶 298.9 | | |
| 石炭系 | | | | |

图7–19 长兴阶在全球和中国区域二叠系年代地层序列中的位置 图中数字是所在界线的地质年龄，单位为百万年。

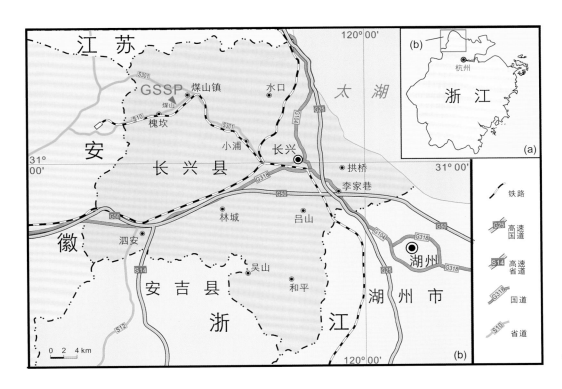

图7-20 全球二叠系长兴阶
"金钉子"的地理及交通位置图

图7-21 浙江长兴煤山全貌及自西向东的系列剖面 长兴阶"金钉子"剖面为D剖面,辅助剖面为C剖面。a. 2000年左右的剖面景观;b. 2015年11月剖面景观。

（a. 张克信 提供；b. 雷澍 摄）

及中生界、三叠系、下三叠统）底界的"金钉子"就已在煤山D剖面确立（Yin et al., 2001）。

煤山D剖面有90余年研究历史（Grabau, 1923；盛金章, 1955；赵金科等, 1978, 1981；Sheng et al., 1984；盛金章等, 1987, Yin, 1996；Wadlaw & Mei, 2000；Yin et al., 1996, 2001；Jin et al., 2003, 2006b；金玉玕等, 2013b）。赵金科（1981）、盛金章（1987）和殷鸿福（Yin, 1996）（图7-23~图7-25）曾分别对D剖面做过详细的描述。金玉玕及其团队从20世纪末开始，对该剖面进行了深入的多学科研究（图7-26~图7-28）。长兴阶底界的全球界线层型剖面，由一套以碳酸盐岩为主的地层组成。目前采用的岩性分层是殷鸿福1996年建立的划分标准（Yin et al., 1996），共分5层（其中4层又进一步分为4a和4b），地层厚度只有4米。包括龙潭组的顶部（第1岩性层）和"长兴组"（长兴灰岩，第2—24岩性层）的下部（2—5层）。龙潭组仅出露30 cm，为深色白云岩化砾屑石灰岩，含灰岩、粉砂岩和磷块岩碎屑和有孔虫、腕

足类、牙形刺等化石；上覆的是长兴灰岩下部，厚3.7 m，主要由生物碎屑灰岩和泥质灰岩组成，夹有一层粘土岩，含有牙形刺、有孔虫、鏇类、菊石、海百合等化石。

长兴阶"金钉子"的层型点位在"长兴组"（长兴灰岩）之内（图7-22, 7-29），与名为王氏克拉克刺 [*Clarkina wangi* (Zhang, 1987)]（图7-30a）的物种在煤山D剖面的首现位置一致，亦即在该剖面的第4岩性层的下部，高于长兴灰岩底界0.88 m。首现点位处于由长尖齿克拉克刺（*Clarkina longicuspidata* Mei et Wardlaw in Mei et al., 1994）（图7-30b）向王氏克拉克刺的演化的系列之中。

### 7.2.3　"金钉子"界线层段的生物地层序列

#### 1. 牙形刺生物地层序列

华南地区二叠纪乐平世地层中，牙形刺 *Clarkina* 具有很高的分异度，演化迅速，通常在较短的时间内，渐次演化出新的形态特征，连续发生成种事件，且易于识别和对比（Mei et al., 1994a, b；张克信等, 2013；Yuan et al., 2014），这些演化谱系清楚的种是潜在的定义全球年代地

图7-22　浙江煤山D剖面，包含从二叠纪吴家坪期末期（龙潭组）至三叠纪印度期连续沉积的碳酸盐岩地层（龙潭组顶部至殷坑组）　这段地层含有两个全球标准层型点位，即定义全球长兴阶底界和全球印度阶底界的"金钉子"层型点位。照片右四分之一部分是长兴阶"金钉子"界线层段；左右两条红线是年代地层单位界线，分别为印度阶和长兴阶底界"金钉子"点位（ID GSSP=Induan GSSP；CX GSSP=Changhsingian GSSP）；白线是岩石地层单位的界线。其中"长兴组"的底界比长兴阶的底界低0.88 m，殷坑组的底界比印度阶的底界低19 cm；最右侧的红线是龙潭组顶部的断层，断层之下的地层是船山组（时代属二叠纪乌拉尔世）。

（据Jin et al., 2003修改）

图7-23 地层古生物学家赵金科(1906—1987)在野外考察 赵金科长期从事头足类化石和二叠-三叠纪地层研究。曾任中国科学院南京地质古生物所所长(1964—1983)和名誉所长(1983—1987),全国地层委员会第一、第二届常委(1959—1987)。1977年起,领导团队在煤山剖面进行二叠系长兴阶底界和三叠系印度阶底界(二叠—三叠系界线)的全球界线层型研究。 (陈孝正 提供)

图7-24 地层古生物学家盛金章(1921—2007)在野外考察 盛金章长期从事鏇类化石和二叠—三叠纪地层研究。曾任国际地层委员会二叠纪地层分会主席(1984—1988)。1977年起,他与赵金科共同领导中国科学院南京地质古生物研究所的研究团队进行二叠系长兴阶底界界线层型研究和中国南方二叠系—三叠系界线研究。 (陈孝正 提供)

图7-25 地层古生物学家殷鸿福院士在野外考察 殷鸿福长期从事二叠—三叠纪地层和双壳类化石研究。1993年当选国际地层委员会三叠纪地层分会副主席后,选择煤山D剖面作为二叠系—三叠系界线候选剖面,率领团队对该剖面自下而上做了详细的多学科研究,并建立了全球印度阶底界(二叠系—三叠系界线)"金钉子"。他对D剖面的岩石描述和生物地层研究,为研究长兴阶"金钉子"打下了一定的基础。 (殷鸿福 提供)

图7-26 2003年10月,中、美科学家团队在煤山剖面进行野外研究 左起:J. Crowley,王玥(后),D. H. Erwin, S. A. Bowring(后),金玉玕,沈树忠,王向东(后),朱国平。 (沈树忠 提供)

图7-27 长兴阶"金钉子"研究团队的美国成员在煤山C剖面采取岩石和同位素测年样品

（沈树忠 提供）

图7-28 由中、加、美三国专家组成的研究团队在煤山C剖面做野外研究 右1为C.M. Henderson，右2为金玉玕，左1背对镜头者为S. A. Bowring，左2为沈树忠；中间敲击岩石者为王向东。

（沈树忠 提供）

图7-29 浙江长兴煤山D剖面中的全球长兴阶底界界线层型剖面(煤山D剖面1—5岩性层)和层型点位(红线) 层型点位是牙形刺王氏克拉克刺 Clarkina wangi (Zhang)(张克信,1987)在D剖面的首现位置,定义长兴阶的底界红线。红线以下是吴家坪阶、以上是长兴阶。白线是岩石地层界线,以下是龙潭组、以上是"长兴组"。传统上的长兴组与年代地层单位长兴阶的地理专名同名,根据两类不同地层单位的地理专名不能重名的原则,需对其中之一重新命名。理论上长兴组建立在先,有命名优先权,但考虑到长兴阶是经国际地科联批准的全球年代地层单位,不宜轻易变动,以重新命名长兴组较为恰当。在新名未定前,暂以原名加引号表示。 (照片源自 Permophiles 杂志43期封面,2003)

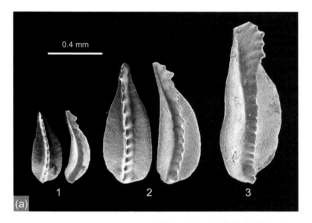
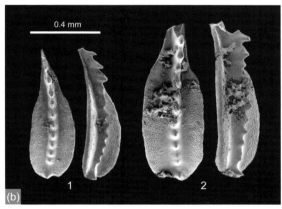
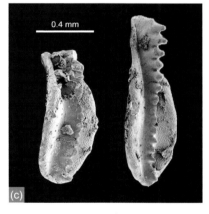

图7-30 煤山D剖面所产的关键和重要牙形刺 a.定义长兴阶底界的标志性牙形刺化石王氏克拉克刺 Clarkina wangi (Zhang);b.它的祖先种长尖齿克拉克刺 Clarkina longicuspidata Mei et Wardlaw;c.以及介于这两者之间的过渡类型。 (Jin et al.,2003)

层单位底界标志性化石。

　　在吴家坪阶与长兴阶界线层段的下部,即龙潭组(顶部)和"长兴组"底部(煤山D剖面1—3层;即-0.4 m—1.3 m)产有牙形刺 Clarkina longicuspidata;向上在"长兴组"近底部(4a-2层之底;0.88 m—2.3 m)出现 Clarkina wangi;而在这两个种之间的层位上(D剖面的3-2层;0.7 m—1.67 m),出现了形态介于牙形刺 Clarkina

longicuspidata 和 Clarkina wangi 之间的过渡类型(图7-30c,7-31),形成了 C. longicuspidata 向 C. wangi 的演化系列。过渡型种在煤山D剖面首次出现的位置在"长兴组"底界之上0.7 m处,而 Clarkina wangi 的首现位置在"长兴组"底界之上0.88 m。在该演化序列中,采用 C. wangi 的首现定义长兴阶的底界。

　　C. longicuspidata 向 C. wangi 的演化系列在煤山C剖

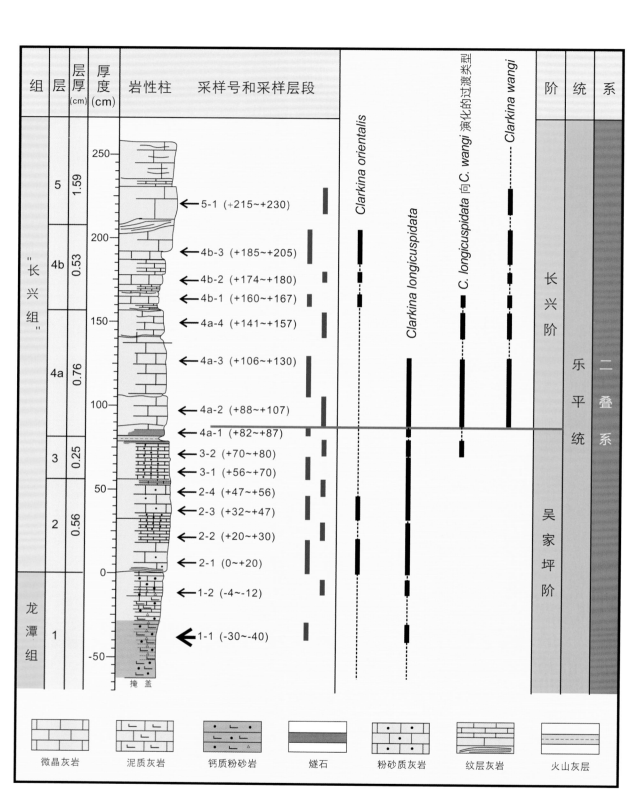

图7-31 关键的牙形刺分子在长兴阶"金钉子"煤山D剖面长兴阶底界界线地层中的分布 （据Jin *et al.*, 2003修改）

面 (图7-32) 也得到证实 (Jin *et al.*, 2003)。在这个剖面上，*Clarkina longicuspidata* 在"长兴组"底界之上10.95 m的位置首现，过渡型种在"长兴组"底界之上11.9 m处出现，而 *Clarkina wangi* 在12.2 m的位置首现 (图7-33)。

在煤山D和C剖面，*Clarkina wangi* 与介于 *C. longi-* *cuspidata* 与 *C. wangi* 之间的过渡型分子有一段重叠的地层分布或在同一层位共生 (图7-31, 7-34)，在高于过渡型分子之上，*Clarkina wangi* 形态变得十分典型，特征明显、易于鉴定，且丰度也有所提高。在煤山D剖面长兴阶底界1.74 m的位置，达到了该关键物种的第一个丰度高峰。

图7-32 浙江长兴煤山长兴阶辅助剖面C剖面 a.红线为年代地层界线(吴家坪阶—长兴阶界线)，白线是岩石地层界线(龙潭组—"长兴组"界线)；b. 剖面长兴阶底界层段近景。岩层上的标号3-6层，以后被重新分层为4-4层，3-7层和3-8层被重新分层为4-3；4层被重新分层为4-2和4-1层。

〔据金玉玕等，2013修改〕

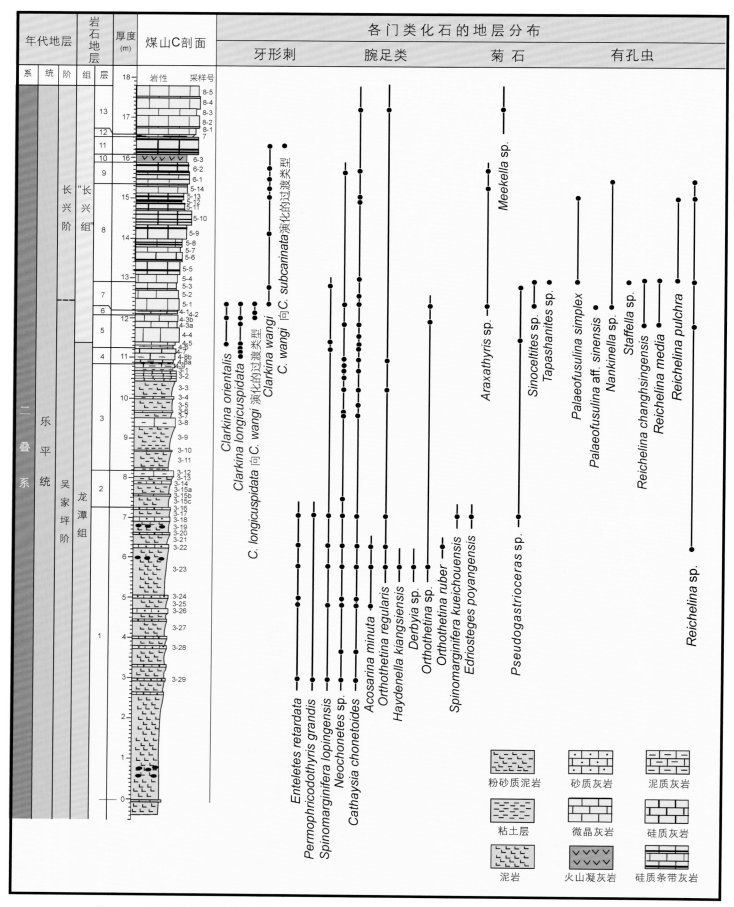

图7-33　关键牙形刺分子在长兴阶辅助层型煤山C剖面的长兴阶底界界线地层中的分布　〔据Jin *et al.*，2003修改〕

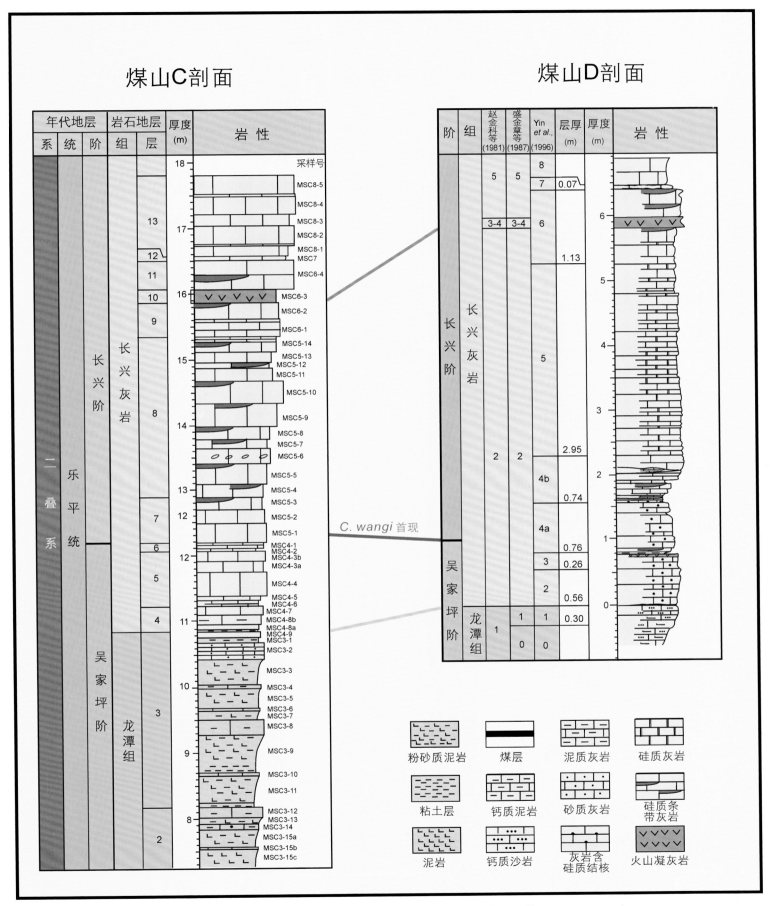

图7-34 煤山全球长兴阶辅助层型煤山C剖面与全球层型煤山D剖面的对比 （据 Wang *et al*., 2006）

2. 菊石类生物地层

煤山地区龙潭组上部产菊石化石 *Pseudogastrioceras* sp.、*Jinjiangoceras* 和 *Konglingites* sp.，表明龙潭组的上部是相当于吴家坪阶的最顶部地层。赵金科等(1978、1981)将上覆的长兴阶的菊石化石，自下而上分成4个菊石带：*Paratirolites-Shevyrevites* 带、*Pseudostephanites-Tapashanites* 带、*Pseudotirolites-Pleuronodoceras* 带和 *Rotodiscoceras* 带。在煤山D剖面，长兴阶早期的大巴山菊石类如 *Tapashanites*、*Sinoceltites* 在长兴阶底界之上4 m处大量出现。

3. 腕足类生物地层

煤山地区的腕足类化石以煤山C剖面研究较为详细。廖卓庭(1979)报道了煤山C剖面龙潭组—"长兴组"的腕足动物化石，在龙潭组的最顶部发现 *Orbiculoidea minuta* Liao、*Acosarina* sp.、*Streptorhynchus* sp.、*Paryphella gouwaensis* Liao、*Anidanthus* cf. *sinosus* (Huang)、*Cathaysia chonetoides* (Chao)、*Prelissorhynchia* sp.、*Spinomarginifera lopingensis* (Kayser) 等种。近年来 Wang *et al.* (2006)、Li & Shen (2008) 在龙潭组顶部发现分异度相当高的腕足动物化石，计有12属15种，包括在吴家坪晚期地层中常见的分子，如 *Spinomarginifera lopingensis*、*Edriosteges poyangensis*、*Orthothetina ruber*、*Permophricodothyris grandis* (廖卓庭，1980；Shen & Shi，1996)，以及地层延限贯穿整个乐平统的分子，如 *Cathaysia chonetoides*、*Haydenella kiangsiensis*、*Orthothetina regularis* 等种。

长兴阶中产有丰富的腕足动物化石，廖卓庭(1979)在这段地层中建立了 *Peltichia zigzag-Paryphella sulcatifera* 组合带。长兴阶的顶部出现了 *Paracrurithyris pigmaea* 和 *Paryphella obicularia* 等壳体很小的"硅质岩相类群"分子。部分属如 *Cathaysia*、*Paracrurithyris*、*Paryphella*、*Fusichonetes*、*Acosarina* 可继续上延并跨越二叠系和三叠系界线(印度阶底界)进入由盛金章(Sheng, *et al.*, 1984)命名的"混生层2"之内，与早三叠世的菊石和双壳类混生。有些属种如 *Paracrurithyris* 上延的层位还要更高一些。

4. 䗴类和非䗴类有孔虫生物地层

长兴阶的底界在华南碳酸盐相地层中，以往通常采用䗴类属 *Palaeofusulina* 和 *Gallowayinella* 的出现为标志(Rui & Sheng, 1981)。但实际上 *Gallowayinella* 在吴家坪阶的最顶部就已存在，与牙形刺 *Clarkina orientalis* 同时出现(王成源等，1997)，后者是吴家坪阶上部常见的化石带

(图7-11)。

在煤山D剖面，*Palaeofusulina* 出现的最低层位几乎与长兴阶的底界一致(如 *Palaeofusulina minima* 产于4a层内，在"长兴组"之上85 cm出现；而定义长兴阶底界的牙形刺 *Clarkina wangi* 在"长兴组"之上88 cm出现，两者仅差3 cm)。华南长兴期的特征䗴类分子如 *Reichelina changhsingensis*、*Reichelina pulchra* 也在D剖面的4a层内首次出现，而更为进化的䗴类分子如 *Palaeofusulina sinensis* 则在更高的层位(17层)才出现。不过在煤山C剖面，与 *Palaeofusulina sinensis* 非常类似的分子却出现在 *Clarkina wangi* 的首现面上。

长兴阶的非䗴类有孔虫化石丰富、分异度高。其中 *Colaniella* 在煤山D剖面的第2层(即"长兴组"的底部或吴家坪阶的顶部)首现。虽然 *Colaniella* 通常被认为是华南长兴阶的一个特征属，但其原始的类型可以在吴家坪阶的顶部出现。

### 7.2.4 煤山剖面长兴阶的碳同位素化学地层

煤山D剖面长兴阶底界上下的界线地层中，碳同位素呈现低值(李玉成，1998；Cao *et al.*, 2002, 2009；Shen *et al.*, 2013)(图7-35)。层1、层2和层3中，碳同位素值在−3.4‰至−0.2‰范围内变化；在层4a、层4b和层5中，在−1‰至+2.9‰范围内变化。在吴家坪阶最顶部的碳同位素平均值为−0.21‰，在长兴阶底部的平均值为+2.5‰。在华南，碳同位素值在长兴阶底界附近的降低在四川的上寺剖面和广西合山马滩剖面等剖面也有发现(李子舜等，1989；Shao *et al.*, 2000；Shen *et al.*, 2013)。

### 7.2.5 煤山剖面长兴阶的磁性地层

煤山长兴阶和印度阶"金钉子"D剖面的长兴组至殷坑组下部(2—36层)包括3个正向极性亚带(N₁—N₃)和2个反向极性亚带(R₁、R₂)。其中，R₁又包含1—3个短暂的正向极性段(视不同作者而异)。

煤山D剖面(图7-35，图7-36剖面b-d)二叠系长兴阶磁性地层属于二叠—三叠纪混合超时(PTMS)。混合超时的起点，即Illawara倒转，在沃德阶(Wordian Stage)上部，从此处到二叠系顶，包含4个时段，分别是N₂P、R₂P、N₃P和R₃P(金玉玕等，1999)。长兴期包含R₃P和大部分N₃P。由于华北和扬子板块在三叠纪—侏罗纪造山运动期间的碰撞，长兴地区三叠纪之前沉积层的原始剩磁遭受破坏，煤山剖面经历了强烈的次生重磁化。将现有的关于煤山剖面的磁性地层学的报道(Li & Wang,

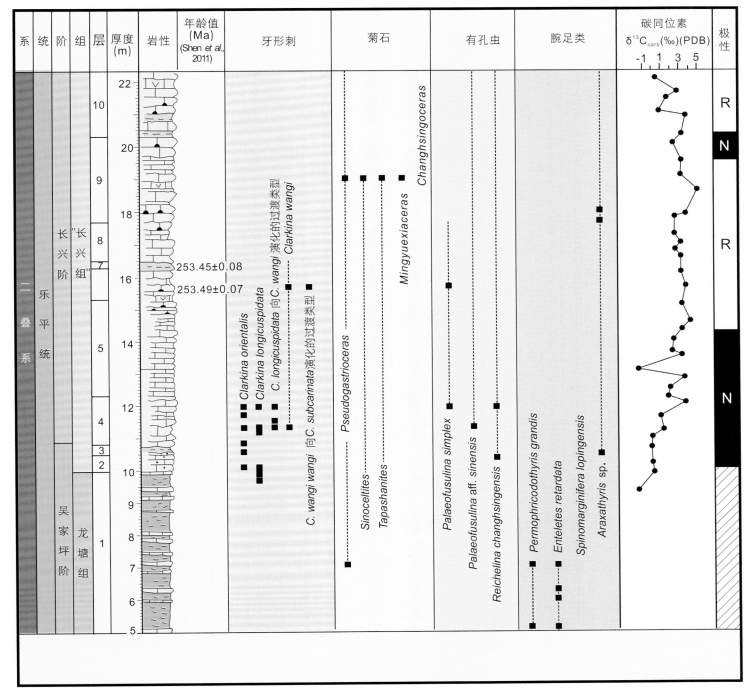

图 7-35　煤山长兴阶底界界线地层的综合地层序列　〔据金玉玕等，2013修改〕

1989；Zhu & Liu，1999）与国内外长兴期综合磁性地层研究成果比较（金玉玕等，1999；Opdyke & Channell，1996），可发现它们上部有相似之处（R₃P），即在两个正极性亚带（N₂，N₃）之间插入了一个负极性亚带（R₂）。Zhu & Liu（1999）与 Opdyke & Channell（1996）曾将二叠系—三叠系界线（PTB）划在一个正极性时的起点，但现在普遍接受的是一个正极性时，跨越了 PTB（图 7-36）。从图 7-36 可以看出，这 4 个地层柱下部的磁性地层难以对比，

图中 N₁—N₃ 和 R₁，R₂ 由殷鸿福、鲁立强（2006）临时设定，其中 N₁ 和 R₁ 所在层段的磁性地层划分，并不一定可以对比（殷鸿福、鲁立强，2006）。

　　二叠—三叠系界线跨越了第三正向极性亚带 N₃。早期的文献曾根据少量样品（Zhu & Liu，1999）认为印度阶"金钉子"所在的 27 岩性层中，极性出现了反转，是插在跨越印度阶底界的两个正向极性之间的反向极性。这一认识已在后来予以更正（殷鸿福、鲁立强，2006）。

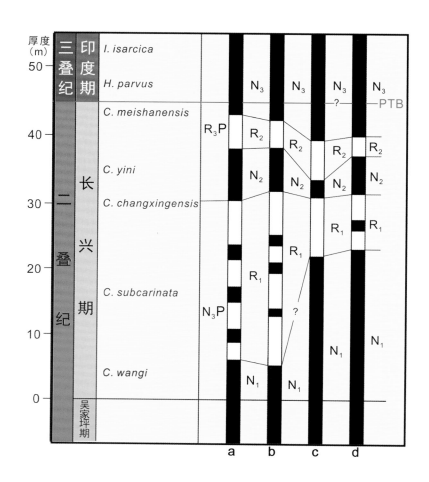

图7-36　浙江长兴煤山D剖面长兴阶的磁性地层　a. 中国二叠系磁性地层（据Opdyke & Channell, 1999）；b. 煤山D剖面（金玉玕等, 1991）；c. 煤山D剖面（Zhu & Liu, 1999）（删除了PTB 倒转）；d. 复合的长兴阶剖面（Liu & Wang, 1989）。
（据殷鸿福、鲁立强, 2006）

### 7.2.6　"金钉子"的保护

　　浙江省和长兴县人民政府已在煤山D剖面附近为长兴阶以及较早确立的印度阶"金钉子"建立了国家级地质遗迹保护区（地质公园），保护区内建立了"金钉子"广场和地质博物馆。2006年在长兴阶全球层型剖面附近的"金钉子"广场，举行了长兴阶"金钉子"永久性标志碑的揭碑仪式（图7-37, 7-38）。并在剖面层型点位附近设立了剖面的碑刻，修建了石质阶梯和平台（图7-39），方便游人和研究者登临"金钉子"层型点位。

## 7.3　中国二叠系"金钉子"的全球对比

### 7.3.1　吴家坪阶底界的识别和全球对比

　　在西特提斯地区，Kozur (2003) 曾报道在阿曼产有 *Clarkina postbitteri sensu lata*，且该化石出现的层位，放射虫和其他动物群均发生了重大变更。阿曼的标本具有一致的分离齿片，可能属于 *C. postbitteri postbitteri*，因此，吴家坪阶（以及乐平统）的底界在该地区有可能被识别。特提斯区是指地史期间（通常认为石炭纪至白垩纪）分布于冈瓦那大陆和欧亚或劳亚大陆之间的古特提斯洋和特提斯洋所在的区域，有关特提斯洋的概念，参阅第7、8章章首的古地理图。

　　*Clarkina postbitteri hongshuiensis* 在蓬莱滩剖面，产出层位较吴家坪阶底界低20 cm。此种也在得克萨斯州西部 Apache 山有过报道 (Lambert et al., 2002)，但近期研究认为系鉴定有误，表明该地 Castile 组最下的第一层蒸发岩 (first evaporites) 的底界与吴家坪阶的底界有一定差距。

　　在华南和特提斯其他地区台地相地层中，吴家坪阶底界往往为一不整合界面，界面以上的地层含有地质时代较新的、归属于 *Clarkina* 的牙形刺种（如在四川渡口为 *Clarkina dukouensis* 带）(Mei et al., 1994a, b)。尽管不能通过牙形刺直接识别吴家坪阶的底界，但还是容易通过䗴类、珊瑚类、菊石类等动物群的变更来识别。在卡匹敦阶顶部，茅口组中非常常见的费伯克䗴类 (verbeekinid fusulinaceans) 灭绝，被新出现的 *Lantschichites* 的种所更替。同时，卡匹敦阶顶部和吴家坪阶底部还以䗴类 *Codonofusiella* 和 *Reichelina* 的大量繁盛为特征。*Codonofusiella kueichowensis* 在铁桥剖面与定义吴家坪阶的标志性牙形刺物种 *Clarkina postbitteri postbitteri* 的共生表明，这两个属的首现层位与乐平统底界非常接近。

　　伊朗中部地区 *Clarkina dukouensis* 带之下的腕足类 *Araxilevis—Orthothetina* 组合产有大量华南地区乐平世

图7-37　2006年6月,在浙江长兴国家地质遗迹保护区内,为长兴阶"金钉子"确立举行永久性标志碑落成揭碑仪式　时任国际地层委员会二叠系地层分会主席C. M. Henderson(左6)、长兴阶"金钉子"研究骨干沈树忠(右2),以及浙江省和长兴县的领导出席了仪式。　(沈树忠　提供)

图7-38　全球二叠系长兴阶"金钉子"的永久性标志碑　碑顶刻有定义长兴阶底界的关键化石王氏克拉克刺(*Clarkina wangi*)的浮雕。
(雷澍　摄)

图7-39　长兴国家地质遗迹保护区"金钉子"广场和长兴阶"金钉子"剖面和点位(GSSP所指处),左侧的岩层属长兴阶　　(雷澍　摄)

常见的腕足类，表明该带的底界非常接近吴家坪阶的底界 (Shen & Mei, 2010)。最新的锶同位素和牙形类化石研究表明，伊朗中部 Abadeh 剖面吴家坪阶的底界位于单位 5 (Unit 5) 的上部 (Liu *et al.*, 2013)。巴基斯坦盐岭 (Salt Range) Wargal 组上部在 Larkrik 段以上的地层中，包含有牙形刺 *Clarkina dukouensis* 带至 *C. longicuspidata* 带所在的地层 (Wardlaw & Mei, 1998)，与整个吴家坪阶几乎相当。

由于二叠纪强烈的古生物地理区系分异，在联合古陆 (Pangea) 西部和西北部被认为属吴家坪阶的地层中，目前尚未见有乐平世早期 *Clarkina* 存在的报道。在这些地区，一些与 *Clarkina* 非常相近的分子直到二叠纪最晚期 (亦即乐平世最晚期) 才出现。显然，在这些地区无法用牙形类来识别吴家坪阶的底界，这就需要通过化学地层或层序地层界面等其他途径来解决。最近在来宾地区乐平统底界附近识别出的 δ¹³C 负异常 (Wang *et al.*, 2004; Kaiho *et al.*, 2005; Chen *et al.*, 2011)，可能具有较大的确定吴家坪阶底界的潜力，这一负异常出现在巴基斯坦盐岭 Wargal 组的单位 3 (Unit 3) 和单位 4a (Unit 4a) 之间 (Baud *et al.*, 1995)，位置位于 *Clarkina dukouensis* 带之下 (Wardlaw & Mei, 1999)；在伊朗的 Abadeh 地区，该 δ¹³C 负异常位于单位 5 (Unit 5) 和单位 6 (Unit 6) 之间 (Liu *et al.*, 2013；Shen *et al.*, 2013)；最近，在贵州、四川宣汉渡口、广元上寺等剖面的卡匹敦阶顶部都发现有大规模碳同位素异常 (Shen *et al.*, 2013)。

### 7.3.2 长兴阶底界的识别和全球对比

特提斯区各地长兴期的地层中普遍含丰富的䗴类、牙形类、菊石类、放射虫和腕足类等化石，与华南的生物地层层序比较接近，两地的长兴阶易于对比，长兴阶的底界因此也易于在特提斯区识别。如伊朗北中部的阿里巴什组 (Ali Bashi Fm.) 与浙江的 "长兴组" 含有相同的牙形化石序列 (Shen & Mei, 2010)，而伊朗北部的多拉沙蒙阶 (Dorashamian Stage) 的牙形刺带，则能和华南长兴阶的牙形刺带一一对比 (Rostovtsev & Azaryan, 1973；Sweet & Mei, 1999)。伊朗北部 Ali Bashi 组最底部的带内也产有 *Clarkina wangi*，与 *Clarkina subcarinata* 共生，如能在将来

将 *Clarkina wangi* 的首现层位精确界定，则长兴阶的底界不难在伊朗识别。

巴基斯坦盐岭 Wargal 组 Larkrik 段最上部是 *Clarkina longicuspidata* 带 (Wardlaw & Mei, 1998)，带化石 *C. longicuspidata* 是煤山吴家坪阶最顶部的标志性化石。上覆的 Chhidru 组 Kalabagh 段，尚未发现关键化石 *Clarkina wangi*，但产有牙形刺 *Vjalovognathus* sp. B、大量吴家坪阶的腕足类和四射珊瑚。此外，在煤山 D 剖面首现于长兴阶底部的有孔虫 *Colaniella minima* 和 *C. nana*，见于 Wargal 组的最顶部 (Unit 5) 和 Chhidru 组底部 (Unit 2)，因此，长兴阶的底界似应位于 Chhidru 组内部。

在日本南部、菲律宾、云南西部和美国俄勒冈等环太平洋地区，长兴阶内常发育条带状硅质岩，含高分异度的放射虫生物群，放射虫 *Neoalbaillella optima* 带曾被认为与吴家坪阶顶部的 *Nanlingella simplex* 带相当 (Ishiga, 1990)，最新研究表明，该带应与属于长兴阶底部的䗴类 *Palaeofusulina sinensis* 带相对应 (尚庆华等, 2001)。

联合古陆陆表海区的乐平统可以通过生物地层标志进行对比。冈瓦纳边缘陆棚区长期以来一直被认为广泛存在着从卡匹敦阶到长兴阶的沉积间断。在藏南色龙剖面，位于耳菊石 (*Otoceras*) 层之下的瓦根戟贝 (*Waagenites*) 层中，发现有长兴阶和三叠系底部牙形刺 *Mesogondolella sheni* 和 *Clarkina orchardi* (Jin *et al.*, 1996；Mei, 1996)。耳菊石 (*Otoceras*) 层上部有微小欣德刺 (*Hindeodus parvus*) 共生，而微小欣德刺是定义印度阶底界 (长兴阶的顶界) 的标志化石。根据产出层位，喜马拉雅的二叠系—三叠系界线剖面发现的 *Mesogondolella sheni* 牙形刺带与长兴阶顶部化石带可以进行对比。这也证明西藏南部的 *Waagenites* 层及其相关层位的时代应该属长兴期最晚期 (Shen *et al.*, 2006)。

在加拿大北极区 Sverdrup 盆地的 Blind Fiord 组底部的 *Otoceras concavum* 带含长兴最晚期的牙形刺 (Henderson & Baud, 1997)，可以证实 Blind Fiord 过渡层应是长兴期最晚期沉积。

图 7-40 综合了二叠系乐平统的全球对比。

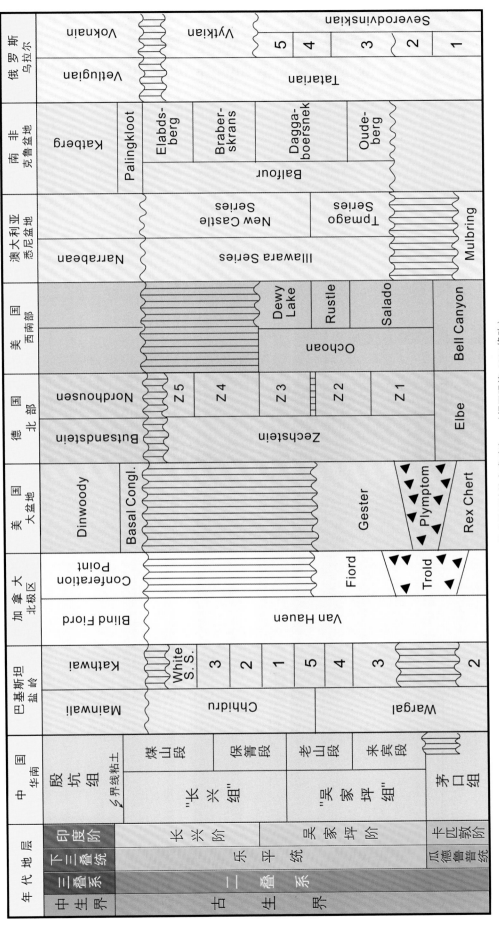

图7-40　二叠系乐平统的全球对比　（据王玥等，2004修改）

## 7.4 中国二叠系"金钉子"的主要研究者

**金玉玕**（1937—2006）　浙江东阳人，地层古生物学家，中国科学院院士。曾任中国科学院南京地质古生物研究所研究员、国际古生物协会副主席、国际地层委员会二叠纪地层分会秘书长（1984—1988）、主席（1988—1996）、国际二叠系乐平统工作组组长（1981—2006）。长期从事晚古生代和中生代腕足动物化石和石炭纪、二叠纪地层研究。主持了二叠系吴家坪阶和长兴阶"金钉子"研究，经他完善的国际二叠系3统9阶划分方案，2000年起进入《国际地层表》，取代了沿用了150年的传统二叠系年代地层系统。

**沈树忠**　浙江湖州人，地层古生物学家。中国科学院南京地质古生物研究所研究员，中国科学院院士。2012年起任国际地层委员会二叠纪地层分会主席，曾任二叠纪地层分会秘书长和选举委员（2004—2012）。长期从事二叠纪腕足动物化石系统分类学、生物大灭绝及复苏和二叠纪地层等方面的研究。吴家坪阶、长兴阶"金钉子"重要研究骨干。

**王玥**　江苏南京人，地层古生物学家。中国科学院南京地质古生物研究所研究员。国际地层委员会二叠系分会选举委员、中国古生物学会古生态专业委员会秘书长。长期从事定量地层学、𧊟类生物地层学研究。长兴阶、吴家坪阶"金钉子"重要研究骨干。

Charles M. Henderson　地层古生物学家。加拿大卡尔加里大学教授。长期从事牙形刺生物地层学、晚古生代和三叠纪全球年代地层学研究。曾任国际地层委员会二叠纪地层分会主席(2004—2012)。长兴阶、吴家坪阶"金钉子"重要研究骨干。

王向东　浙江嵊县人,地层古生物学家。中国科学院南京地质古生物研究所研究员、国际地层委员会石炭纪地层分会副主席、二叠纪地层分会选举委员、中国古生物学会古生态学专业委员会理事长。长期从事晚古生代地层及珊瑚生物学研究。参与吴家坪阶"金钉子"研究。

曹长群　湖北潜江人,地球化学学家。中科院南京地质古生物所研究员。主要从事二叠纪地球化学、生物事件和环境背景研究。参与吴家坪阶和长兴阶"金钉子"研究。

Bruce R. Wardlaw 地层古生物学家。美国地质调查所资深地质师。长期从事二叠纪—三叠系牙形刺系统分类学和二叠纪地层学研究,曾任国际地层委员会二叠纪地层分会主席(1996—2004)。参与长兴阶、吴家坪阶"金钉子"研究。

梅仕龙 四川南充人,地层古生物学家和地理信息系统专家。在加拿大阿尔伯塔地质调查所从事地理信息系统研究。曾任中国地质大学(北京)教授。主要从事牙形类化石研究,吴家坪阶底界金钉子早期研究的重要骨干。1999年后赴加拿大进行合作研究,并转学地理信息系统。

王伟 浙江绍兴人,地球化学学家。中国科学院南京地质古生物研究所研究员。从事化学地层学和实验古生物学研究。参与吴家坪阶"金钉子"的同位素地层学研究。

**尚庆华** 吉林延吉人，地层古生物学家。中国科学院古脊椎动物与古人类研究所研究员。1995—2003年在中科院南京地质古生物所从事二叠纪地层、放射虫和生物古地理研究。2004年起在中科院古脊椎动物与古人类所从事三叠纪海生爬行动物及其埋藏学、地史时期海陆生物多样性等方面研究。参与吴家坪"金钉子"研究。

二叠系瓜达鲁普统和乐平统"金钉子"研究首席科学家和重要外国研究骨干。国际地层委员会二叠纪地层分会的三任主席，左起：金玉玕(1988—1996)，C.M. Henderson(2004—2012)，B. R. Wardlaw(1996—2004)。

参考文献

金玉玕. 2000. 二叠系乐平统底界的牙形化石定义. 微体古生物学报，17(1)：18–29.

金玉玕，尚庆华，曹长群. 1999. 晚二叠世磁性地层及国际对比意义，1999科学通报，44(8)：800–806.

金玉玕，沈树忠，Henderson C M，王向东，王伟，王玥，曹长群，尚庆华，郑全锋. 2007. 瓜德鲁普统(Guadalupian)—乐平统(Lopingian)全球界线层型剖面和点(GSSP). 地层学杂志，31：1–13.

金玉玕，沈树忠，Henderson C M，王向东，王伟，王玥，曹长群，尚庆华，郑全锋. 2013 a. 二叠系乐平统吴家坪阶全球标准层型剖面和点位//中国科学院南京地质古生物研究所. 中国"金钉子"——全球标准层型剖面和点位研究. 杭州：浙江大学出版社，241–261.

金玉玕，王玥，Charles M. Henderson，Bruce R. Wardlaw，沈树忠，曹长群. 2013b. 二叠系乐平统长兴阶全球标准层型剖面和点位//中国科学院南京地质古生物研究所. 中国"金钉子"——全球标准层型剖面和点位研究. 杭州：浙江大学出版社，263–279.

金玉玕，王向东，王玥，译. 2000. 国际地层表(2000)，地层学杂志，24(增刊)：321–340.

李玉成. 1998. 华南二叠系长兴阶层型剖面碳酸盐岩碳、氧同位素地层. 地层学杂志，22(1)：34–36.

李子舜，詹立培，戴进业，金若谷，朱秀峰，张景华，黄恒铨，徐道一，严正，李华梅. 1989. 川北陕南二叠—三叠纪生物地层及事件地层研究. 北京：地质出版社.

廖卓庭.1979.中国南部长兴阶的腕足动物组合带及二叠、三叠纪混生动物群中的腕足动物.地层学杂志,3(3):200-207.

廖卓庭.1980.贵州西部上二叠统腕足化石载:黔西滇东晚二叠世含煤地层和古生物群.北京:科学出版社,241-277.

梅仕龙.2002.二叠系乐平统底界全球层型剖面和点位问题.地质论评,3:225-233.

彭善池.2013.艰难的历程,卓越的贡献//中国科学院南京地质古生物研究所.中国"金钉子"——全球标准层型剖面和点位研究.杭州:浙江大学出版社,1-42.

尚庆华,Caridroit M,王玉净.2001.广西南部二叠纪长兴期放射虫动物群.微体古生物学报,18(3):229-240.

沈树忠,范炳恒,邵龙义,傅肃雷.1995.黔桂地区晚二叠世煤层的生物地层对比研究.煤田地质与勘探,23(6):1-5.

盛金章.1955.长兴灰岩中的科化石.古生物学报,3(4):287-308.

盛金章,陈楚震,王义刚,芮琳,廖卓庭,何锦文,江纳言,王成源.1987.苏浙皖地区二叠系和三叠系界线研究的新进展//中国科学院南京地质古生物研究所.中国各系界线地层及古生物—二叠系与三叠系界线(一).南京:南京大学出版社,1-21.

王成源.2001a.牙形刺的鉴定与乐平统的底界.微体古生物学报,4:364-372.

王成源.2001b.乐平统底界定义和广西来宾蓬莱滩剖面点位的讨论.地质论评,2:113-118.

王成源.2002.乐平统底界定义和点位的争论.地质论评,3:234-241.

王成源,Kozur H W.2007.论乐平统底界的新定义.微体古生物学报,24:320-329.

王成源,覃兆松,孙永坤,朱相水,徐代艮,陈贵英.1997.依牙形刺论Gallowayinella(蜓)的时代和长兴阶的底界.地层学杂志,21(2):100-108.

王成源,吴健君,朱彤.1998.广西来宾蓬莱滩二叠纪牙形刺与吴家坪阶(乐平统)的底界.微体古生物学报,15(3):225-235.

王玥,曹长群,尚庆华,金玉玕.2004.二叠系乐平统———个国际标准年代地层单位.地层古生物论文集,28:135-145.

殷鸿福,鲁立强.2006.二叠系—三叠系界线全球层型剖面——回顾和进展.地学前缘,13(6):257-267.

张克信.1987.浙江长兴地区二叠纪与三叠纪之交牙形石动物群及地层意义.地球科学,12(2):193-200.

张克信,殷鸿福,童金南,江海水,罗根明.2013.三叠系下三叠统印度阶全球标准层型剖面和点位//中国科学院南京地质古生物研究所.中国"金钉子"——全球标准层型剖面和点位研究.杭州:浙江大学出版社,282-319.

赵金科,梁希洛,郑灼官.1978.华南晚二叠世头足类.中国古生物志,总号第154册,新乙种,第22号:7-46.

赵金科,盛金章,姚兆奇,梁希洛,陈楚震,芮琳,序卓庭.1981.中国南部的长兴阶和二叠系与三叠系之间的界线.中国科学院南京地质古生物研究所丛刊,2:1-112.

周祖仁,Glenister B F,Furnish W M.2000.二叠世菊石属Shengoceras的特大型标本在广西的发现.古生物学报,39(1):76-80.

Baud A, Atudorei V, Zachary, S. 1995. The Upper Permian of the Salt Range revisited: New stable isotope data. Permophiles, (29): 39-42.

Cao C Q, Love G D, Hays L E, Wang W, Shen S Z, Summons R E. 2009. Biogeochemical evidence for euxinic oceans and ecological disturbance presaging the end-Permian mass extinction event. Earth and Planetary Science Letters, 281(3-4): 188-201.

Cao C Q, Wang W, Jin Y G. 2002. Carbon isotope excursions across the Permian-Triassic boundary in the Meishan section, Zhejiang Province, China. Chinese Science Bulletin, 47(13): 1125-1129.

Chen B, Joachimski M M, Sun Y D, Shen S Z, Lai X L. 2011. Carbon and conodont apatite oxygen isotope records of Guadalupian-Lopingian boundary sections: Climatic or sea-level signal? Palaeogeography, Palaeoclimatology, Palaeoecology, 311: 145-153.

Ehiro M, Shen S Z. 2008. Permian ammonoid Kufengoceras from the uppermost Maokou Formation (earliest Wuchiapingian) at Penglaitan, Laibin Area, Guangxi Autonomous Region, South China. Paleontological Research, 12(3): 255-259.

Ehiro M, Shen S Z. 2010. Ammonoid succession across the Wuchiapingian/Changhsingian boundary of the northern Penglaitan Section in the Laibin area, Guangxi, South China. Geological Journal, 45(2-3): 162-169.

Funish W M.1973. Permian stages names//Logan A, Hills L V. The Permian and Triassic Systems and Their Mutual Boundary. Canadian Society of Petroleum Geologists, Memoir, 2: 522-548.

Funish W M, Glenister B F.1970. Permian Ammonoid Cyclolobus from the salt rang, West Pakistan//Kummel B, Teichert G. Stratigraphic Boundary Problems: Permian and Triassic of West Pakistan. University of Kansas, Department of Geology, Special Publication, 4: 153-175.

Grabau A W. 1923. Stratigraphy of China, Part 1, Palaeozoic and Older. Beijing: Geological Survey of China.

Gradstein F M, Ogg J G, Schmitz M D, Ogg M G. 2012. The Geologic Time Scale 2012 (2 volumes). Amsterdam: Elsevier, 1-1144.

Harland W B, Armstrong R L, Cox A V, Craig L A, Smith A G, Smith D G. 1990. A geologic time scale 1989. Cambridge: Cambridge University Press.

Harland W B, Cox A N, Llwellyn P G, Pickton C A G, Smith A G, Walters R. 1982. A geologic time scale. Cambridge: Cambridge University Press.

Henderson C M. 2001. Conodont around the Guadalupian and Lopingian boundary in Laibin Area, South China: a report of independent test. Acta Micropalaeontologica Sinica, 18(2): 122-132.

Henderson C M, Baud A. 1997. Correlation between Permian-Triassic boundary Arctic Canada and Meishan Section of China//Remane J, Wang Naiwen. The Proceedings of the 30th International Geological Congress, 11. Stratigraphy. Netherlands: VSP Publisher, 143-152.

Henderson C M, Davydov V I, Wardlaw B R. 2012. The Permian Period//Gradstein F M, Ogg J G, Schmitz M D, Ogg M G. The Geologic Time Scale 2012. Amsterdam: Elsevier, 653-679.

Henderson C M, Mei S L,Wardlaw B R.2002. New conodont definitions at the Guadalupian-Lopingian boundary//Hills L V, Henderson C M,

Bamber E W. Carboniferous and Permian of the World. Canadian Society of Petroleum Geologists, Memoir, 19:725—735.

Ishiga H. 1990, Palaeozoic Radiolarians//Ichikawa K, *et al.* Pre-Cretaceous Terranes of Japan: Nippon Insatsu, Osaka, 285—295.

Jin Y G. 2000. Conodont definition on the basal boundary of Lopingian stages: A report from the International Working Group on the Lopingian Series. Permophiles, 36：37—40.

Jin Y G, Glenister B F, Kotlyar G V, Sheng J Z. 1994. An operational scheme of Permian Chronostratigraphy. Palaeoworld, 4: 1—14.

Jin Y G, Henderson C M, Wardlaw B R, Glenister B F, Mei S L, Shen S Z, Wang X D. 2001. Proposal for the Global Stratotype Section and Point (GSSP) for the Guadalupian-Lopingian Boundary. Permophiles, 39: 32—42.

Jin Y G, Henderson C M, Wardlaw B R, Shen S Z, Wang X D, Wang Y, Cao C Q, Chen L D. 2003. Proposal for the global Stratotype Section and Point (GSSP) for the Wuchiapingian-Changhsingian Stage boundary (Upper Permian Lopingian Series). Permophiles, 43: 8—23.

Jin Y G, Mei S L, Wang Y, Wang X D, Shen S Z, Shang Q H, Chen Z Q. 1998. On the Lopingian Series of the Permian System. Palaeoworld, 9: 1—18.

Jin Y G, Mei S L, Zhu Z L. 1993. The potential stratigraphic levels for Guadalupian/Lopingian boundary. Permophiles, 23: 17—20.

Jin Y G, Shen S Z, Henderson C M, Wang X D, Wang W, Wang Y, Cao C Q, Shang Q H. 2006a. The Global Stratotype Section and Point (GSSP) for the boundary between the Capitanian and Wuchiapingian Stage (Permian). Episodes, 29: 253—262.

Jin Y G, Shen S Z, Zhu Z L. 1996. The Selong Section, the candidate of the Global Stratotype Section and Point of the Permian-Triassic boundary//Yin H F. The Palaeozoic-Mesozoic Boundary, Candidates of the Global Stratotype Section and Point of the Permian-Triassic Boundary. Wuhan: China University of Geosciences Press, 127—137.

Jin Y G, Wang Y, Henderson C M, Wardlaw B R, Shen S Z, Cao C Q. 2006b. The Global Boundary Stratotype Section and Point (GSSP) for the base of Changhsingian Stage (Upper Permian). Episodes, 29(3): 175—182.

Kaiho K, Chen Z Q, Ohashi T, Arinobu T, Sawada K, Cramer B S. 2005. A negative carbon isotope anomaly associated with the earliest Lopingian (Late Permian) mass extinction. Palaeogeography, Palaeoecology, Palaeocliamtology, 223: 172—180.

Kanmera K, Nakazawa K. 1973. Permian-Triassic relationships and faunal changes in the eastern Tethys//Logan A, Hills L V. The Permian and Triassic Systems and their mutual boundary. Canadian Society of Petroleum Geologists, Memoir 2：100—129.

Kozur H W. 2003. Integrated Permian ammonoid, conodont, fusulinid, marine ostracod and radiolarian biostratigraphy. Permophiles, 42: 24—33.

Kozur H W. 2004. Pelagic uppermost Permian and the Permian-Triassic boundary conodonts of Iran. Part I: taxonomy. Hallesches Jahrbuch Für Geowissenschaften, Reihe B: Geologie, Paläontologie,

Mineralogie, 18: 39—68.

Kozur H W. 2005. Pelagic uppermost Permian and the Permian-Triassic boundary conodonts of Iran, Part II: Investigated sections and evaluation of the conodont faunas. Hallesches Jahrbuch Für Geowissenschaften, Reihe B: Geologie, Paläontologie, Mineralogie, 19: 49—86.

Lambert L L, Wardlaw B R, Nestell M K, Pronina-Nestell G P. 2002. Latest Guadalupian (Middle Permian) conodonts and foraminifers from West Texas. Micropaleontology, 48: 343—364.

Li H M, Wang J D. 1989. Magnetostratigraphic characteristics of the Permian-Triassic boundary section of Meishan, Changxing, Zhejiang Province. Science in China: Series B, 32 (11): 1401—1408.

Li W Z, Shen S Z. 2008. Lopingian (Late Permian) brachiopods around the uchiapingian — Changhsingian boundary at the Meishan Sections C and D, Changxing, South China. Geobios, 41(2): 307—320.

Liu X C, Wang W, Shen S Z, Gorgij M N, Ye F C, Zhang Y C, Furuyama S, Kano A, Chen X Z. 2013. Late Guadalupian to Lopingian (Permian) carbon and strontium isotopic chemostratigraphy in the Abadeh section, central Iran. Gondwana Research, 24: 222—232.

Mei S L. 1996. Restudy of conodonts from the Permian-Triassic boundary beds at Selong and Meishan and the natural Permian-Triassic boundary//Wang H Z, Wang X L. Centennial Memorial Volume of Professor Sun Yunzhu (Y.C.Sun). Wuhan: China University of Geosciences Press, 141—148.

Mei S L, Jin Y G, Wardlaw B R. 1994a. Zonation of conodonts from the Maokouan-Wuchiapingian boundary strata, South China. Palaeoworld, 4: 225—233.

Mei S L, Jin Y G, Wardlaw B R. 1994b. Succession of Wuchiapingian conodonts from northeastern Sichuan and its worldwide correlation. Acta Micropalaeontologica Sinica, 11(2): 121—139.

Mei S L, Jin Y G, Wardlaw B R. 1998. Conodont succession of the Guadalupian-Wuchiapingian boundary strata, Laibin, Guangxi, South China and Texas, USA. Palaeoworld, 9: 53—76.

Menning M, Jin Y G, Shen S Z. 1996. The Illawarra Reversal (265 Ma) in the marine Permian, Guangxi, South China//Abstracts to 30th International Geological Congress, Beijing, Volume 2, 9.

Murchison R I. 1841. First sketch of the principal results of a second geological survey of Russia. Philosophical Magazine, Series 3 (19), 417—422.

Opdyke D, Channell J T. 1996. Magnetic stratigraphy. New York: Academic Press.

Remane M B, Faure-Muret A, Odin G S. 2000. International Stratigraphic Chart (2000). Paris: International Union of Geological Sciences.

Rostovtsev K O, Azaryan A R. 1973. The Permian — Triassic boundary in Transcaucasus//Logan A, Hills L V. The Permian and Triassic Systems and their mutual boundary. Canadian Society of Petroleum Geologists, Memoir 2: 89—99.

Rui L, Sheng J Z. 1981. On the genus Palaeofusulina. Geological Society of American, Special Paper, 187: 33–37.

Shao L Y, Zhang P F, Dou J W, Shan S. 2000. Carbon isotope compositions of the Late Permian carbonate rocks in southern China; their variations between the Wuchiaping and Changxing formations.Palaeogeography,Palaeoclimatology, Palaeoecology, 161(1–2):179–192.

Shen S Z, Mei S L. 2010. Lopingian (Late Permian) high-resolution conodont biostratigraphy in Iran with comparison to South China zonation. Geological Journal, 45: 135–161.

Shen S Z, Cao C Q, Henderson C M, Wang X D, Shi G R, Wang Y, Wang W. 2006. End-Permian mass extinction pattern in the northern peri-Gondwanan region. Palaeoworld, 15(1): 3–30.

Shen S Z, Cao C Q, Zhang H, Bowring S A, Henderson C M, Payne J L, Jonathan L, Davydov, V I, Chen B, Yuan D X, Zhang Y C, Wang W, Zheng Q F. 2013. High-resolution δ$^{13}$C carb chemostratigraphy from latest Guadalupian through earliest Triassic in South China and Iran. Earth and Plenatary Science Letters, 375: 156–165.

Shen S Z, Schneider J W, Angiolini L, Henderson C M. 2013. The international; Permian time scale//Lucas S G, et al. The Carboniferous-Permian Transition. New Mexico Museum of Natural History and Science, Bulletin 60: 411–416.

Shen S Z, Shi G R. 1996. Diversity and extinction patterns of Permian Brachiopoda of South China. Historical Biology, 12: 93–110.

Shen S Z, Shi G R. 2009. Latest Guadalupian brachiopods from the Guadalupian/Lopingian boundary GSSP section at Penglaitan in Laibin, Guangxi, South China and implications for the timing of the pre-Lopingian crisis. Palaeoworld, 18: 152–161.

Sheng J Z, Chen C, Wang Y G, Rui L, Liao Z T, Yuji Bando, Ken-ichi Ishii, Keiji Nakazawa, Koji Nakamura. 1984. Permian-Triassic boundary in Middle and Eastern Tethys. Journal of Faculty of Scence, Hokkaido University, Series IV, 21(1): 133–181.

Sweet W C, Mei S L. 1999. Conodont succession of Permian Lopingian and basal Triassic in Northwest Iran//Yin H F, Tong J N. Proceedings of the International Conference on Pangea and the Paleozoic-Mesozoic Transition. China University of Geosciences Press, Wuhan, 154–156.

Wang C Y. 2000. A discussion of the definition of the Lopingian Series. Permophiles, 37: 19–21.

Wang W, Cao C Q, Wang Y. 2004. Carbon isotope excursion on the GSSP candidate section of Lopingian-Guadalupian boundary. Earth and Planetary Science Letters, 220: 57–67.

Wang Y, Shen S Z, Cao C Q, Wang W, Henderson C. 2006. The Wuchiapingian-Changhsingian boundary (Upper Permian) at Meishan of Changxing County, South China. Journal of Asian Earth Science, 26(6): 575–583.

Wang X D, Sugiyama T. 2001. Middle Permian rugose corals from Laibin, Guangxi, South China. Journal of Paleontology, 75: 758–782.

Wardlaw B R, Lambert L L, Nestell M K. 2001. Latest Guadalupianearliest Lopingian conodont faunas from West Texas. Permophiles, 39: 31–32.

Wardlaw B R, Mei S L. 1998. A discussion of the early reported species of Clarkina (Permian Conodonta) and the possible origin of the genus. Palaeoworld, 9: 33–52.

Wardlaw B R, Mei S L. 1999. Refined conodont biostratigraphy of the Permian and lowest Triassic of the Salt and Khizor Ranges, Pakistan//Yin H F, Tong J N. Proceedings of the international conference on Pangea and the Paleozoic-Mesozoic transition. Beijing: China University of Geosciences Press, 154–156.

Wardlaw B R, Mei S L. 2000. Conodont definition for the basal boundary of the Changhsingian Stage//Jin Y G. Conodont definition on the basal boundary of Lopingian Stages: a report from the International Working Group on the Lopingian Series. Permophiles, 36: 39–40.

Yin H F. 1996. The Palaeozoic-Mesozoic Boundary Candidates of Global Stratotype Section and Point of the Permian-Triassic Boundary (NSFC Project). Wuhan: China University of Geosciences Press.

Yin H F, Wu S B, Ding M H, Zhang K X, Tong J N, Yang F Q, Lai X L. 1996. The Meishan section, candidate of the global stratotype section and point of Permian-Triassic boundary//Yin H F. The Palaeozoic-Mesozoic boundary candidates of global stratotype section and point of the Permian-Triassic boundary. China University of Geosciences Press, Wuhan, 31–45.

Yin H F, Zhang K X, Tong J N, Yang Z Y, Wu S B. 2001. The Global Stratotype Section and Point (GSSP) of the Permian-Triassic Boundary. Episodes, 24(2): 102–114.

Yuan D X, Shen S Z, Henderson C M, Chen J, Zhang H, Feng H Z. 2014 Revised conodont-based integrated high-resolution timescale for the Changhsingian Stage and end-Permian extinction interval at the Meishan sections, South Chin. Lithos, 204: 220–245.

Zhu Y M, Liu Y Y. 1999. Magnetost ratigraphy of the Permo-Triassic boundary section at Meishan, Changxing, Zhejiang Province//Yin H F, Tong J N. Proceedings of the international conference on Pangea and the Paleozoic-Mesozoic transition. Wuhan: China University of Geosciences Press. 79–84.

## 三叠纪 距今 2.52~2.01 亿年

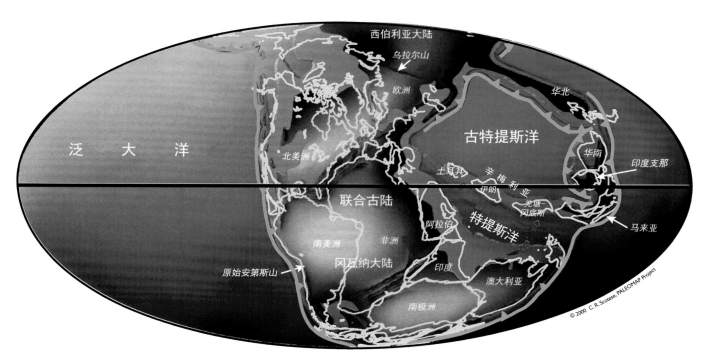

三叠纪卡尼初期（距今 2.37 亿年）全球古地理图

三叠纪（Triassic Period）是中生代的第一个纪，名称来源于德国学者 Friedrich A. von Alberti 1843 年所取的地层名称 Trias。Trias 是在德国南部广泛分布的三套地层的组合，即下部的彩色砂岩（Buntsandstein）、中部的蚌壳灰岩（Muschelkalk）和上部的非海相红层（Keuper）。

三叠纪始于距今 2.52 亿年，持续了 5100 万年。三叠纪的特征是前后有两次生物灭绝事件，它们与火山玄武岩流两次大范围的溢出一致。作为中生代第一个纪，三叠纪在历经古生代二叠纪末大灭绝后，植物和动物逐渐复苏，牙形刺和菊石在这个时期相对较为繁盛，成为海洋沉积物的主要对比工具。在三叠纪超级大陆联合古陆上是否有冰期发生尚不清楚，但其由米兰科维奇旋回调节的季风气候，留下了一些可用于高分辨率划分的沉积特征。恐龙在三叠纪末成为陆生生态系统的主要门类，与早三叠世的生物迅速演化、环境显著变化的情况相反，晚三叠世诺尼—瑞替期是地球历史上的一个少见的长期稳定的时间段。

三叠系目前分下、中、上 3 个统，下、中统 2 分，上统 3 分，共 7 个阶。其中有 3 个阶的底界已为"金钉子"定义，包括一个在中国建立的定义最下部的印度阶底界的"金钉子"。这条界线也是古生界与中生界（含二叠系与三叠系）的界线。（据 J. G. Oggi，2012；Gradstein *et al.*，2012；古地理图经 C. R. Scotese 允许，由 G. Ogg 提供）

印度阶"金钉子"

浙江长兴煤山的印度阶"金钉子"永久性纪念标志碑　（彭善池　摄）

6

## 8.1 印度阶"金钉子"

全球印度阶是三叠系的第1阶 (图8-1),隶属于下三叠统。定义印度阶底界即印度阶与下伏二叠系长兴阶界线的"金钉子",是由中国地质大学教授殷鸿福院士领导的研究团队确立的。建立"金钉子"的提案2000年6月被国际地层委员会三叠系分会以81%的得票率表决通过 (图8-2),2000年10月在国际地层委员会的表决中,获全票通过,2001年3月由国际地质科学联合会批准。它是在中国确立的第二枚"金钉子"。除定义印度阶底界外,这枚"金钉子"同时定义下三叠统的底界、三叠系的底界 (二叠系和三叠系界线) 和中生界的底界 (古生界和中生界界线)。

### 8.1.1 地理位置

印度阶"金钉子"位于浙江北部的长兴县煤山镇附近的国家级地质遗迹保护区内。与二叠系长兴阶"金钉子"为同一剖面,即煤山D剖面。在煤山镇以西南约2 km (图8-3)。"金钉子"剖面交通便利,一年四季皆可到达。煤山地区的印度阶底界 (二叠系—三叠系界线) 界线层段是一套以碳酸盐岩 (泥质泥晶灰岩、生物碎屑泥晶灰岩、泥灰岩) 为主的地层,夹有白色和黑色粘土岩。煤山剖面含有丰富的多门类古生物化石,如牙形刺、䗴类、有孔虫、

腕足类、双壳类、菊石等。

### 8.1.2 研究历史和"金钉子"首要标志的确定

中国地质大学杨遵仪、殷鸿福院士及其团队1978年开始对煤山剖面全球印度阶的底界 (二叠系—三叠系界线) 进行了多年的深入研究,发表了多部中英文研究专著,如《华南二叠系—三叠系界线地层及动物群》(杨遵仪等,1987)、《华南二叠—三叠纪过渡期地质事件》(杨遵仪等,1991)、*Permo-Triassic events of South China* (华南二叠—三叠纪地质事件) (Yang *et al.*, 1993) 和 *The Palaeozoic-Mesozoic boundary, candidates of Global Stratotype Section and Point of the Permian-Triassic Boundary* (古生界—中生界界线:二叠系—三叠系界线全球候选层型剖面和点位) (Yin, 1996),以及大量研究论文 (Yin, 1985, 1994;Yin *et al.*, 1986, 1989, 1992, 1996b, 2001;张克信,1987;赖旭龙等,1995;张克信等,1995, 1996;童金南、杨英,1997;Zhang *et al.*, 1997;Ding *et al.*, 1995, 1996, 1997;赖旭龙、张克信,1999;Lai *et al.*, 2001;殷鸿福等,2001)。在此之前,中国科学院南京地质古生物研究所的赵金科、盛金章 (图8-4, 8-5) 也曾组队研究过长兴煤山剖面的二叠系—三叠系界线地层 (赵金科等,1981;盛金章等,1983, 1987;Sheng *et al.*, 1984)。盛金章

| 全球年代地层单位 | | | 中国区域年代地层单位 | | |
|---|---|---|---|---|---|
| 系 | 统 | 阶 | 系 | 统 | 阶 |
| 石炭系 | | | | | |
| 三叠系 | 上三叠统 | 瑞替阶 | | 上三叠统 | 佩枯错阶 |
| | | 208.5 | | | |
| | | 诺利阶 | | | |
| | | 227 | | | |
| | | 卡尼阶 | | | 亚智梁阶 |
| | | 237 | | | |
| | 中三叠统 | 拉丁阶 | | 中三叠统 | 新铺阶 |
| | | 242 | | | |
| | | 安尼阶 | | | 关刀阶 |
| | | 247.2 | | | |
| | 下三叠统 | 奥伦尼克阶 | | 下三叠统 | 巢湖阶 |
| | | 251.2 印度阶 | | | 印度阶 |
| | | 252.2 | | | |
| 二叠系 | | | | | |

图8-1 印度阶在全球和中国区域年代地层序列中的位置 全球上三叠系的划分未定,本表采用的是沉积时限较短的卡尼阶和沉积时限较长的瑞替阶。中国的佩枯错阶按中国地层表 (全国地层委员会,2014) 与瑞替阶和诺利阶对比,图中数字是所在界线的地质年龄,单位是百万年。

图8-2 2000年在国际地层委员会三叠纪地层分会刊物*Albertiana*上发布的二叠系—三叠系界线 (印度阶底界) "金钉子"在分会表决通过,并提交上级国际地层委员会表决的报告 (红框线内)

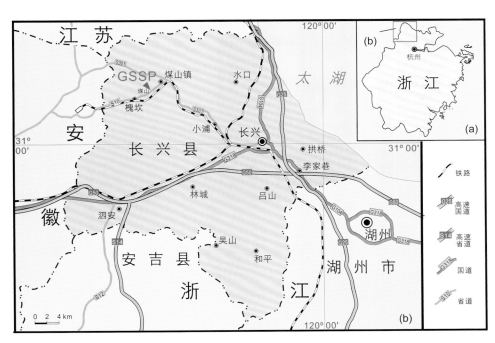

图8-3 全球三叠系印度阶"金钉子"的
地理及交通位置图

等（1984）曾将煤山剖面的界线地层细分为3个既含二叠纪类型、也含三叠纪类型化石的"混生层"，还曾提名煤山Z剖面为二叠系—三叠系界线层型。

1985年以前的相当长时期内，国际上采用耳菊石（Otoceras）作为标志性化石来划分二叠系—三叠系界线。但在中国，除西藏外，没有发现可靠的耳菊石，不能依靠该物种在华南等地区确定这条界线。殷鸿福等人的研究表明，作为划分二叠系与三叠系界线的标志性化石，牙形刺化石微小欣德刺（Hindeodus parvus）地理分布广泛，要

比地理分布较为局限的耳菊石更为优越。1985年团队骨干成员张克信教授在D剖面27层内发现了微小欣德刺（图8-6,8-7），从而有可能在该剖面划定全球二叠系和三叠系的界线。根据这一发现，殷鸿福等在次年提议，以微小欣德刺取代耳菊石作为划分这条界线的标志性化石（Yin et al., 1986），得到当时国际二叠系—三叠系界线工作组多数成员的赞同和支持。这项建议的有效性在随后的世界各国界线地层研究中，不断得以证实，遂被正式接受为定义全球二叠系—三叠系界线的首要标志化石，由

图8-4 地层古生物学家赵金科（1906—1987） 赵金科长期从事头足类化石和二叠—三叠纪地层研究。1977年起领导中国科学院南京古生物研究所的团队在煤山剖面进行三叠系印度阶底界（二叠—三叠系界线）的全球层型研究。
（陈孝正 提供）

图8-5 地层古生物学家盛金章（1921—2007） 盛金章长期从事䗴类化石和二叠—三叠纪地层研究。1977年起他与赵金科共同领导中国科学院南京地质古生物研究所的团队，研究包括浙江煤山剖面在内的中国南方二叠系—三叠系界线多个剖面。
（陈孝正 提供）

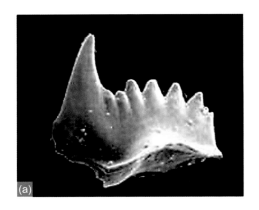

图8-6 牙形刺微小欣德刺（*Hindeodus parus*）是确定"印度阶"底界的标志性化石 a.微小欣德刺的显微照片；b.全球印度阶永久性标志顶端的微小欣德刺模型。

（据 Yin *et al.*, 2001）

图8-7 印度阶"金钉子"研究团队的野外研究 a.研究骨干张克信在野外，1985年他首次在煤山D剖面发现定义印度阶底界（二叠系—三叠系界线）的标志化石微小欣德刺；b.研究团队在野外实测剖面。

（殷鸿福 提供）

此确立了煤山剖面的国际竞争地位。

1993年殷鸿福全票当选为国际二叠系—三叠系界线工作组组长。由他在加拿大卡尔加里主持的界线工作组会议上，正式确定4条全球二叠系—三叠系界线候选层型剖面，包括中国浙江长兴的煤山D剖面、四川广元的上寺剖面、西藏色龙的西山剖面以及印控克什米尔的Guryul Ravine剖面。其后，殷鸿福率领团队对煤山D剖面作了诸如生物地层、层序地层、旋回地层、磁性地层、化学地层、事件地层和同位素测年的多学科深入研究（Yin et al.，2001；殷鸿福等，2001）。通过对其余三个候选剖面以及全球其他地区的一些剖面的研究表明，煤山D剖面最为优越，成为这条界线"金钉子"唯一的候选层型。

1996年，殷鸿福等9名全球二叠系—三叠系界线工作成员联名提案（Yin et al.，1996a），提议煤山D剖面为三叠系底界的全球标准层型剖面和点位，以微小欣德刺在27c层的首现定义二叠系—三叠系界线。1999—2000年，煤山D剖面的提案报告先后通过了国际二叠系—三叠系界线工作组、国际三叠纪地层分会和国际地层委员会的投票表决。在2000年1月国际二叠系—三叠系界线工作组的表决中，得票率为87%（20票赞成，3票反对）；在2000年6月国际三叠纪地层分会选举委员的表决中得票率为

81%（22票赞成，2票反对，2票弃权，1票赞成剖面但反对点位）；在2000年10月国际地层委员会的表决中获100%得票率通过。2001年3月获得国际地质科学联合会批准。历时23年的研究和国际二叠系—三叠纪界线工作组18年的努力，印度阶"金钉子"正式在浙江长兴煤山确立，成为三叠系确立的首枚"金钉子"。也是在中国建立的第2枚"金钉子"。

### 8.1.3 层型剖面和层型点位

作为印度阶"金钉子"层型剖面的煤山D剖面是煤山的系列剖面之一。剖面位于狮子山背斜的东南翼（图8-8），由于曾经是采石场，二叠系—三叠系的界线地层出露良好（图8-9），自下而上，包括龙潭组、"长兴组"和殷坑组。印度阶"金钉子"的层型点位在殷坑组内的27层之内（图8-10，8-11），与微小欣德刺在煤山D剖面的首现点位一致，层型点位下距殷坑组底界19 cm，殷坑组因此是跨越二叠系—三叠系界线的岩石地层单位。以微小欣德刺首现定义的这个点位也是微小欣德刺带的底界或第27c岩石分层的底界。层型点位的地理坐标为东经119°42′22.24″，北纬31°4′50.47″。

煤山D剖面交通方便，易于到达。各类车辆均可直达剖面前的"金钉子"广场，从石砌阶梯通达"金钉子"点位（图8-12~图8-14）。

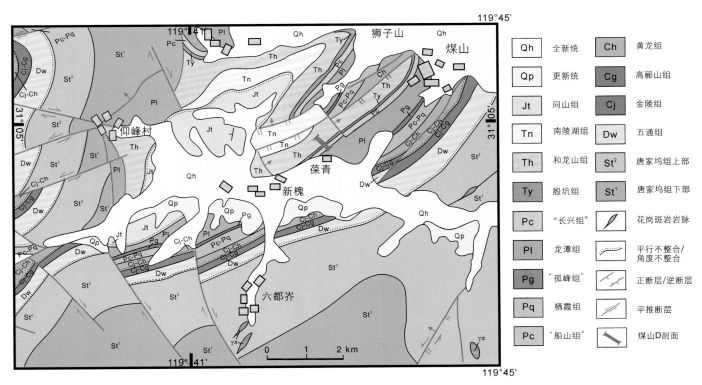

图8-8　浙江长兴煤山一带地质略图和煤山D剖面(粗红色线段)的地理位置　（据Yin et al.，2001修改）

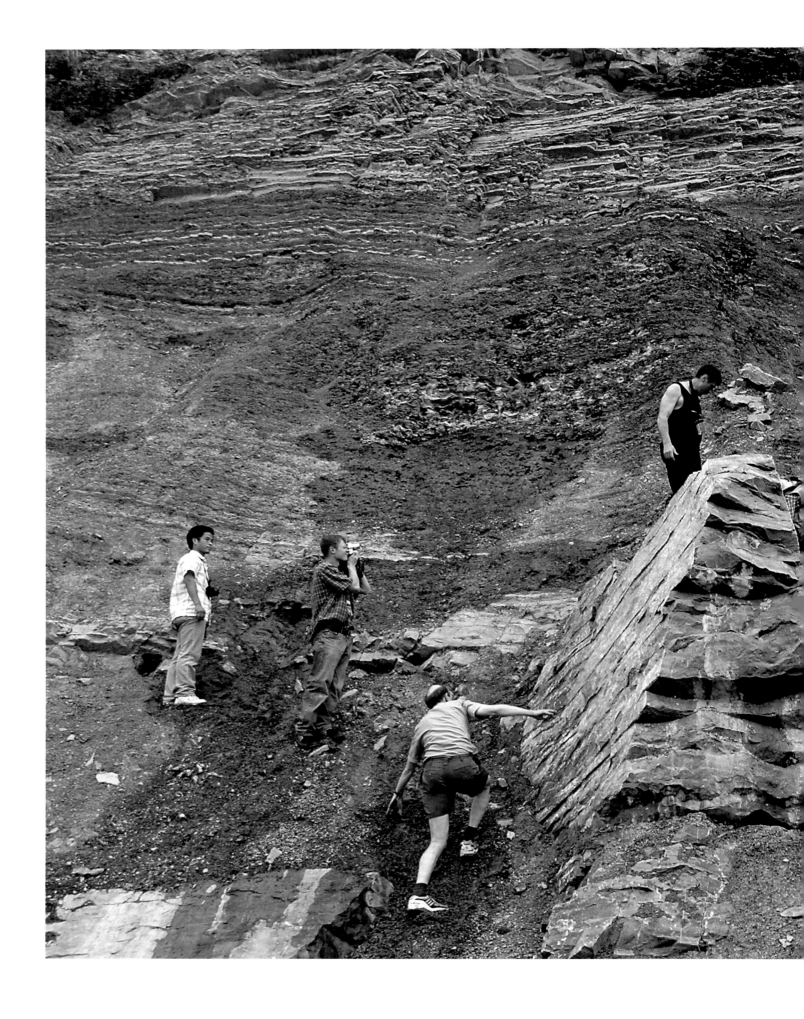

图 8-9　煤山剖面二叠系—三叠系界线地层出露状态　（沈树忠　提供）

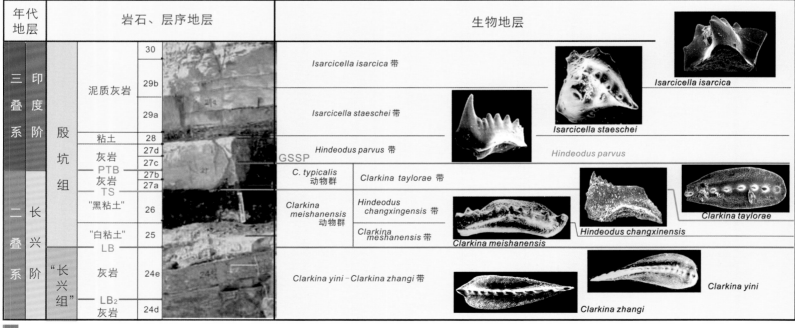

| 年代地层 | | 岩石、层序地层 | | | 生物地层 |
|---|---|---|---|---|---|

图8-10 浙江长兴煤山D剖面二叠系—三叠系界线层段 a.野外露头；b.界线层段的多重地层划分，自左至右为年代地层、岩石和层序地层、生物地层划分，最右侧为带化石。PTB为二叠系—三叠系年代地层界线，即印度阶"金钉子"（GSSP）点位（年代地层界线）；SB2为二级层序界线（层序地层界线）；LB为"长兴组"与殷坑组的界线（岩石地层界线）；TS为海侵面（事件地层） （a,张克信摄；b,据Yin et al.,2001,2014；张克信等,2013修改）

图8-11　长兴煤山D剖面全球印度阶底界(二叠系—三叠系界线)的界线地层和层型点位　a. 印度阶底界在27层之内,即27c分层的底界(红线,T,P分别代表三叠系和二叠系,a,b,c,d是27层的进一步细分),这条界线与牙形刺微小欣德刺在剖面的首现点位一致;b. 层型点位近影。　(张克信　摄)

图8-12　印度阶**"金钉子"**层型点位　a. 通往"金钉子"层型点位的阶梯;b. 2006年所见"金钉子"点位露头外貌;c. 中外同行考察层型点位。

(a, b. 雷澍　摄;c. 沈树忠　提供)

图8-13 全球印度阶"金钉子"研究的首席科学家殷鸿福在层型点位前介绍煤山D剖面及有关研究成果 　　　　　　　（殷鸿福　提供）

图8-14 印度阶"金钉子"研究骨干童金南在煤山D剖面"金钉子"层型点位（保护网后）前　层型点位前竖立的石碑镌刻有印度阶界线地层的多重划分和对比图，以及有关全球标准层型剖面和点位的简介。

（童金南　提供）

在印度阶"金钉子"的界线地层中，微小欣德刺首现点位处于由宽齿欣德刺（*Hindeodus latidentatus*）向伊萨希卡小伊萨希卡刺（*Isarcicella isarcica*）的演化的连续谱系之中。宽齿欣德刺首现于二叠系顶部（第26岩性层），微小欣德刺在三叠系底界首现（第27c岩性层），是印度阶"金钉子"点位，伊萨希卡小伊萨希卡刺在较更高的地层（第28岩性层）内首现（图8-15），继续延续至51岩性层。

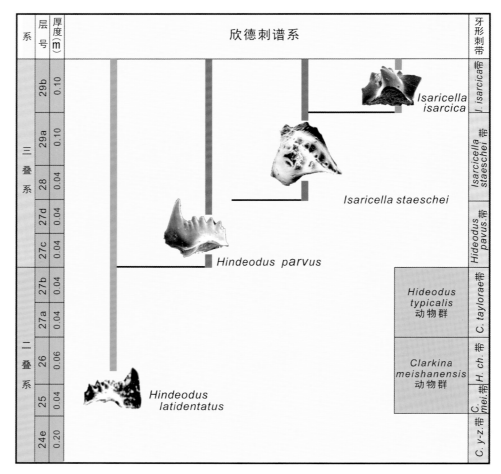

图8-15 欣德刺在浙江长兴煤山D剖面二叠系—三叠系界线地层的演化系列　*C. y-z..=Clarkina yini-Clarkina zhangi*；*C. mei. =Clarkina meishanensis*；*H.ch.=Hindeodus changxingensis*；*C. taylorae=Clarkina taylorae*，*I. isarcica=Isarcicella isarcica*。

（据Wang，1996；Yin *et al*.，2001；张克信等，2013修改）

### 8.1.4 "金钉子"剖面的生物地层序列

煤山D剖面二叠系—三叠系界线地层产有丰富的古生物化石,如牙形刺、䗴类、有孔虫、腕足、双壳类、钙藻等,对这些门类的系统古生物学和生物地层学已有较为深入的研究 (张克信等,2013),图8-16综合了这些化石的地层分布。牙形刺是煤山D剖面的主要化石门类,以往将第24至30岩性层分为4个化石带,自下而上:① *Clarkina changxingensis yini* 带,② *Hindeodus latidentatus-Clarkina meishanensis* 带,③ *Hindeodus parvus* 带,④ *Isarcicella isarcica* 带 (图8-7, 8-8) (Yin *et al.*, 2001)。最近,张克信等 (2013)、殷鸿福等 (Yin *et al.*, 2014) 又将这段地层修订为7个牙形刺带,自下而上:① *Clarkina yini-Clarkina zhangi* 带,② *Clarkina meishanensis* 带,③ *Hindeodus changxingensis* 带,④ *Clarkina taylorae* 带,⑤ *Hindeodus parvus* 带,⑥ *Isarcicella staeschei* 带,⑦ *Isarcicella isarcica* 带 (图8-16)。

### 8.1.5 "金钉子"剖面的化学地层

煤山D剖面的二叠系—三叠系界线地层中,长兴阶的近顶部稳定碳同位素 $\delta^{13}C$ 值的变化较为缓和,碳同位素 $\delta^{13}C$ 值的明显波动出现在长兴阶的顶部 (Jin *et al.*, 2000; Xie *et al.*, 2007),从24层起出现明显的负漂移,由24层底的 +2‰—3‰ 到25层底降至 -1‰ 左右,25—26层在零附近摆动,27层出现一明显但幅度较小的正漂移,$\delta^{13}C$ 值回到 +1‰—2‰,然后逐渐下降,至30层后向负值移动。

最近的研究表明 (Xie *et al.*, 2007),在煤山D剖面23—40层界线层段,发生了两幕碳同位素逐渐的负向漂移,它们与这段地层沉积期间发生的两幕全球陆地风化作用的增强密切相关。煤山D剖面所发生的两幕全球碳循环的变化,也可在三叠纪古特提斯洋区的其他地区如奥地利Carnic阿尔卑斯的GK-1号钻孔、伊朗中部的Shahreza剖面观察到 (图8-17)。长兴阶顶部和印度阶底

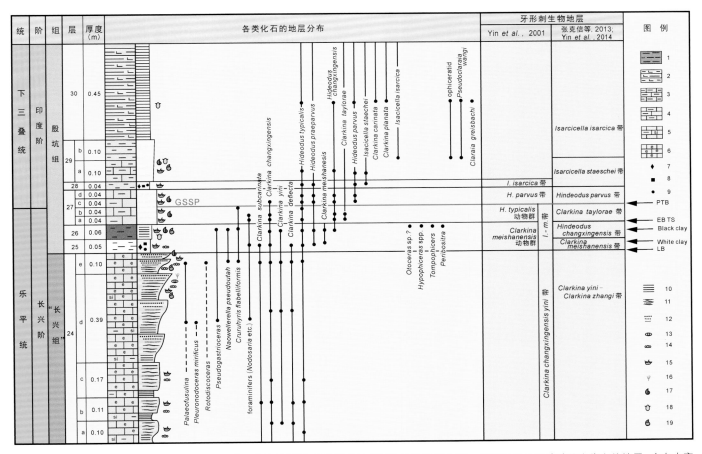

图8-16 煤山D剖面印度阶底界(二叠系—三叠系界线)界线层段的岩性柱状图和生物地层分布　界线层段是以碳酸盐岩为主的地层,产有丰富的古生物化石,先后划分为4个或7个牙形刺生物带。1.粘土层;2.钙质泥岩;3.泥灰岩;4.泥质泥晶灰岩;5.硅质泥晶灰岩;6.生物碎屑泥晶灰岩;7.高温石英;8.锆石;9.微球粒;10.水平层理;11.波状层理;12.包卷层理;13.䗴类;14.层孔虫;15.牙形刺;16.钙藻;17.腕足类;18.双壳类;19.菊石;PTB=二叠系—三叠系界线;SB=层序界面;EB=事件地层界线;TS=海侵面;Black Clay=黑色粘土层;White Clay=白色粘土层;LB=岩石地层界线。

(据Yin *et al.*,2001,2014;张克信等,2013修改)

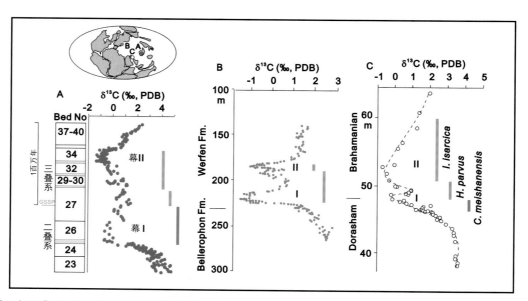

**图8-17　煤山D剖面碳同位素化学地层和生物地层的洲际对比**　煤山D剖面（A）在地质时间坐标下的碳同位素δ¹³C值形态及其生物地层与奥地利Carnic阿尔卑斯的GK-1号钻孔（B）、伊朗Shahreza剖面（C）的δ¹³C值和生物地层对比。彩色竖条为三个牙形刺带的地层延限（带名见C剖面），煤山D剖面岩性分层间的黄色横条为火山灰层。PDB为美国南卡罗来纳州白垩纪PeeDee组中拟箭石（*Belemnite*）化石的碳同位素值标准。

（据Xie *et al.*, 2007）

部的稳定碳同位素负漂移，是确定印度阶底界的辅助标志，有助于在全球其他地区较为准确地识别全球印度阶底界（二叠系—三叠系界线）。

### 8.1.6 "金钉子"剖面的磁性地层

浙江长兴煤山D剖面的磁性地层，在长兴阶"金钉子"一节中已讨论。即在"长兴组"至殷坑组下部（2—36层）包括了3个正向极性亚带（N₁—N₃）和2个反向极性亚带（R₁，R₂）。根据不同作者测试结果，其中的R₁内包含1—3个短暂的正向极性段。印度阶的底界穿越了第三正极性亚带N₃（图7-36）。

以往文献曾报道，印度阶"金钉子"所在的27岩性层中，极性发生了一个短暂反转，即出现插在跨越印度阶底界的两个正向极性之间的很薄的负极性带（Zhu & Liu，1999；Yin *et al.*, 2001）。目前的研究表明，在27层内不存在这个负极性带（图7-34）。Zhu & Liu（1999）所提出的27层负极性带，可能是由于不确定磁化作用或极性的错误校准造成的，也可能与测试的样品太少有关（仅3个样品）。这一认识已在后来得到更正（殷鸿福、鲁立强，2006）。

煤山的早三叠世古地磁学至今仍未见报道。在巢湖附近的测试显示，在整个印度阶，只有两个正极性带和一个负极性带（Hansen & Tong，2005）。但是在其他地区包括北极地区、伊朗和意大利等地，显示了更多的正极性带和负极性带（Gradstein *et al.*, 2004）。根据最近Ogg（2012）的报道，印度阶包含3个正极性带和3个负极性带。

## 8.2 印度阶"金钉子"的全球对比

全球印度阶底界（二叠系—三叠系界线）的界线地层的全球对比见图8-18。定义印度阶底界的关键化石微小欣德刺（*Hindeodus parvus*），是世界性分布的物种，除广泛分布中国华南、西秦岭和西藏南部外（Sheng *et al.*, 1984；段金英，1987；Yao & Li，1987；蒋武，1988；秦典夕等，1993；Orchard *et al.*, 1994；王志浩、钟瑞，1994；赖旭龙等，1994；张克信等，1995，2013；Lai *et al.*, 1996；蒋武等，2000；武桂春等，2002；Ji *et al.*, 2007；Metcalfe & Nicoll，2007；Sun *et al.*, 2012），也见于印控克什米尔、巴基斯坦的盐岭及Surghar岭、伊朗的中部和西北部、亚美尼亚、匈牙利、南阿尔卑斯（意大利、奥地利）和加拿大的北极区等地（*i.g.* Kummel & Teichert，1970；Kozur & Pjatakva，1976；Kozur，1978；Sweet，1979；Matsuda，1981，1985；Iranian-Japanese Research Group，1981；Kotlyar *et al.*, 1983；张景华等，1984；Pakistani-Japanese Research Group，1985；Golshani *et al.*, 1986；Orchard & Krystyn，1998；Yin *et al.*, 1986，1996b；Holser & Schoenlaub，1991；Kapoor，1992；Broglio & Cassinis，1992；Henderson & Baud，1997；Xia *et al.*, 2004）。而且，往往同一剖面的该种之下的地层中，发现有二叠系末典型特提斯型标准分子如*Pseudotirolites*，*Paratirolites*，*Palaeofusulina*，*Gondolella subcarinata*，*G. changxingensis*（殷鸿福等，1988）或有一定地理分布的牙形刺*Clarkina*

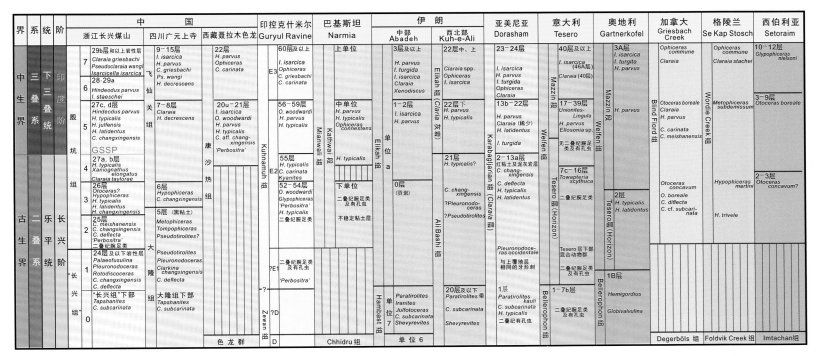

**图8-18 印度阶底界界线地层的全球对比** 图中左侧的 4 个剖面，即中国浙江长兴煤山剖面、四川广元上寺剖面、西藏聂拉木色龙剖面及印控克什米尔 Guryul Ravine 剖面，曾被国际三叠纪地层分会选为全球二叠系—三叠系界线"金钉子"的候选层型剖面。图中 0-7 是煤山"金钉子"剖面的牙形刺生物地层序列（带）：0. *Clarkia subcarinata* 带；1. *Clarkia yini — C. zhangi* 带；2. *Clarkia meishanensis* 带；3. *Hindeodus changxingensis* 带；4. *Clarkina taylorae* 带；5. *Hindeodus parvus* 带；6. *Isarcicella staeschei* 带；7. *Isarcicella isarcica* 带。（据 Yin *et al.*,1996,2001；张克信等，2013；Yin *et al.*,2014 修改）

*taylorae* (Orchard *et al.*, 1994；Henderson & Baud, 1997；Kozur, 2004)；在该种之上的地层中有地理分布较广的牙形刺如 *Isarcicella staeschei* 和 *I. isarcica* (Matsuda, 1981；张景华等，1984；蒋武等，1988；Schonlaub, 1991；王志浩、钟瑞，1994；Belka & Wiedann, 1996；Kozur, 1996；Orchard & Krystyn, 1998；Cassinis *et al.*, 2000；杨守仁等，2001；Nicoll *et al.*, 2002；Perri & Farabegoli, 2003；Jiang *et al.*, 2011)。使用这些首要和次要的对比依据，由 *Hindeodus parvus* 首现在煤山 D 剖面定义的全球印度阶底界，可以在全球范围内广泛识别和精确对比。

## 8.3 印度阶"金钉子"的保护

全球印度阶底界（二叠系—三叠系界线）层型剖面和点位，2001 年在浙江省长兴县煤山剖面正式确立，这枚"金钉子"的获得凝聚了中国几代科学家的不懈努力，是中国地层古生物学研究的重要成果。2001 年 8 月 10 日至 13 日，为庆贺"金钉子"的成功确立、促进相关学术研究的进一步开展，由中国地质调查局、中国地质大学、全球沉积地质计划 (Global Sedimentary Geology Project)、国际地层委员会二叠纪地层分会、国际地层委员会三叠纪地层分会、国际二叠系—三叠系界线工作组、浙江省国土资源厅、中国科学院南京地质古生物研究所、国家自然科

学基金委员会、中国古生物学会与全国地层委员会等国内多家单位共同在浙江长兴主办了题为"二叠系—三叠系全球界线层型及重大事件"的国际会议 (图 8-19～图 8-21)，会议期间举行了全球二叠系—三叠系全球界线层型和点位永久性标志碑的揭碑仪式 (图 8-22～图 8-24)。国际地层委员会前副主席 H. Richard Lane、国际三叠纪地层

**图8-19 2001 年 8 月在浙江长兴举行的全球二叠系—三叠系界线层型及重大事件国际学术会议** 杨遵仪院士主持开幕式并致辞。时任和前任国际地层委员会和国际地层委员会三叠纪地层分会的主要领导，时任国土资源部部长、副部长，时任浙江省人民政府副省长，长兴县人民政府的领导和 80 余位专家学者出席了会议。 （殷鸿福 提供）

图8-20　印度阶底界（二叠系—三叠系）"金钉子"
研究首席科学家殷鸿福在二叠系—三叠系界线层型
及重大事件国际学术会议上作学术报告
（殷鸿福　提供）

图8-21　国际地层委员会副主席H.R.Lane博士在
二叠系—三叠系界线层型及重大事件国际学术会议
上作学术报告　　（殷鸿福　提供）

图8-22　出席二叠系—三叠系界线层型及重大事件国际学术会议的代表，在煤山"金钉子"D剖面的全球二叠系—三叠系界线层型和点位永久性标
志碑揭碑仪式上　a.殷鸿福主持揭碑仪式，国际三叠纪地层分会主席M. Orchard发表讲话；b.出席揭碑仪式的领导和专家。
（殷鸿福　提供）

图8-23　出席二叠系—三叠系界线层型和点位永久性标志碑揭碑仪式的领导和代表　　〔殷鸿福　提供〕

分会的前任和时任领导、时任国土资源部和浙江省领导以及十多个国家的八十余名专家、学者出席会议。

　　浙江省人民政府极为重视印度阶"金钉子"研究和重要的地层剖面和地质遗迹的保护。在中国印度阶"金钉子"研究团队于1996年提交以煤山D剖面为二叠系—三叠系界线层型剖面时，长兴尚未对外开放，而作为全球层型的剖面必须是开放的。国际某些人因此借故抵制煤山剖面，使其不能进入投票程序。从1997年开始，中国地质大学与浙江省有关部门经多方努力，终于取得有关部门同意，于1999年10月开放长兴县。

　　早在1980年，浙江省和长兴县两级政府就发布了建立长兴灰岩标准剖面保护区的公告，并在煤山D剖面之前立碑对煤山的系列剖面加以保护（图8-25）。全球印度阶"金钉子"批准后，按国际要求，经申报国务院批准，浙江省和长兴县人民政府在煤山"金钉子"D剖面及其周边为印度阶"金钉子"以及后来确立的长

图8-24　二叠系—三叠系界线层型及重大事件国际学术会议期间，时任和前任国际地层委员会及国际地层委员会三叠纪地层分会的领导人在印度阶"金钉子"永久性纪念标志碑前　左起，分会前主席A. Baud，分会副主席Yu Zhakharov，分会主席M. Orchard，国际地层委员会副主席H. R. Lane，分会副主席殷鸿福。
〔殷鸿福　提供〕

兴阶"金钉子"建立了国家级地质遗迹保护区（地质公园）（图3-19，图8-26），保护区内建立了全球二叠系—三叠系界线（全球印度阶底界）层型剖面永久性纪念标志和传播地层学知识的碑刻（图8-27，图8-28），还有展示地球生命进化与古生物学知识的科普长墙（图8-29）和地质博物馆。

科普长墙采用浮雕形式展示在各个地质时代的主要化石和地球生命的演化历史；博物馆内设有地球奥秘厅、生命演化厅、岩矿标本厅、金钉子展厅、长兴古地理厅和

科普演示厅等多个展厅，采用图文、化石标本、模型演示以及电视专题片等多种形式，展示地球的地质历史的长兴一地的海陆变迁过程和介绍与"金钉子"相关的科普知识。

浙江长兴煤山D剖面是我国唯一的包含两枚"金钉子"的剖面（图8-30）地质遗迹保护区建立以来，吸引了国内外大批游人观光，也吸引了众多国内外专家学者前来考察研究。长兴地质遗迹保护区也是国内多个研究机构、大学和学术团体的教育和实习的野外实习基地。

图8-25　1980年3月，浙江省人民政府和长兴县人民政府划定保护区，并立碑保护长兴灰岩剖面　　　　（雷澍　摄）

图8-26　浙江长兴国家地质公园一瞥　右上部废弃的采石场是印度阶底界（二叠系—三叠系界线）全球"金钉子"剖面，图左面树立着印度阶"金钉子"的永久性纪念标志碑，图右侧石砌步道上行的台阶末端右侧是"金钉子"层型点位。　　　　（彭善池　摄）

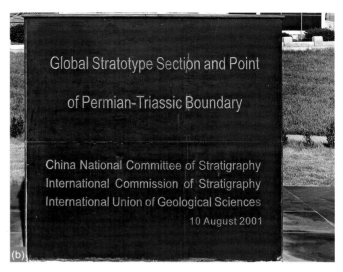

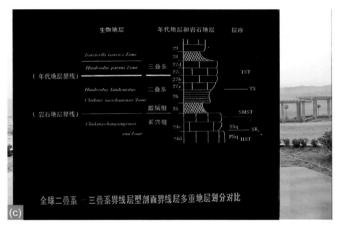

图8-27 浙江长兴国家地质公园内树立的印度阶"金钉子"永久性纪念标志碑 a.标志碑全景；b.底座上镌刻的英文碑名、立碑单位；c.镌刻的"金钉子"剖面的多重地层划分。 （彭善池 摄）

图8-28 印度阶"金钉子"碑记 a.位于印度阶"金钉子"永久性纪念标志碑前的载有碑记的汉白玉雕塑；b.雕塑是一部翻开的书，上面镌刻的中英文碑文记载了煤山剖面的研究历史和全球二叠系—三叠系界线"金钉子"的确立过程。 （彭善池 摄）

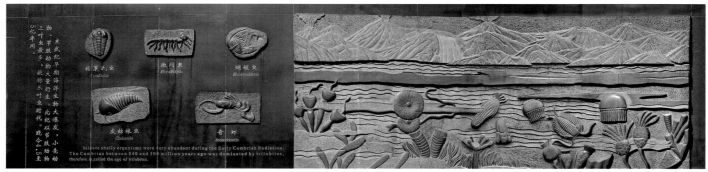

图8-30　浙江长兴煤山D剖面全貌　GSSP1是三叠系印度阶"金钉子"，GSSP2是二叠系长兴阶"金钉子"，白线分别是两枚"金钉子"的层型点位。正中和右侧分别为两枚"金钉子"的永久性纪念标志。
（雷澍　摄）

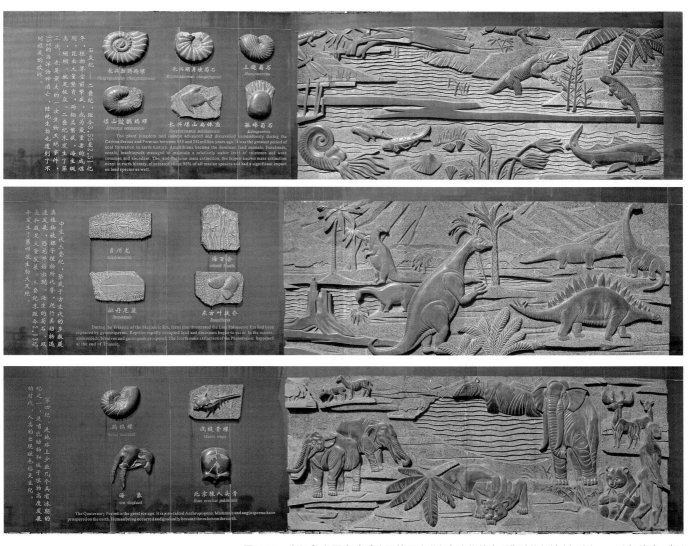

图8-29　浙江长兴国家地质公园的题为"生命演化的奥秘"科普长墙（部分）　（彭善池　摄）

## 8.4 中国三叠系"金钉子"的主要研究者

**殷鸿福** 浙江省舟山市人,地层古生物学家,地质教育家。中国地质大学(武汉)教授,中国科学院院士。曾任中国地质大学(武汉)校长,中国古生物学会副理事长、国际地层委员会三叠纪地层分会副主席、国际二叠系—三叠系界线工作组组长。长期从事软体动物门的双壳类和腹足类化石、二叠系和三叠系地层研究。主持了全球二叠系—三叠系界线"金钉子"研究。1986年首次提出采用微小欣德刺(*Hideodus parvus*)作为划分全球二叠系—三叠系界线的首要标志物种。

**杨遵仪(1908—2009)** 广东揭阳人,地层古生物学家,地质教育家。生前为中国地质大学(北京)教授,中国科学院院士。曾任中国古生物学会副理事长,国际地层委员会二叠系—三叠系界线工作组成员。对无脊椎古生物许多门类都有深入的研究,尤其擅长腕足动物、软体动物、棘皮动物和晚古生代及中生代三叠纪地层的研究。曾主持二叠系—三叠系界线(印度阶底界)的全球候选层型的早期研究,领衔煤山D剖面的*Hypophiceras*菊石动物群和事件地层的研究。

**盛金章(1921—2007)** 江苏靖江人,地层古生物学家。生前为中国科学院南京地质古生物研究所研究员,中国科学院院士。曾任国际地层委员会二叠纪地层分会主席(1984—1988)。对䗴类化石、长兴灰岩和二叠系—三叠系界线地层进行了系统细致的生物地层学研究;1977年起与赵金科共同领导中国科学院南京地质古生物研究所的研究团队进行二叠系长兴阶底界全球层型研究和中国南方二叠系—三叠系界线研究。

张克信　甘肃会宁县人,地层古生物学家。中国地质大学(武汉)教授。长期从事微体古生物特别是牙形刺、放射虫以及三叠系层序和旋回地层学研究。浙江煤山印度阶底界(二叠系—三叠系界线)"金钉子"研究骨干,负责煤山剖面的层序地层和牙形刺生物地层研究。1985年首次在浙江长兴煤山D剖面发现定义印度阶底界的微小欣德刺。

陈楚震　浙江上虞人,地层古生物学家。中国科学院南京地质古生物研究所研究员。曾任国际地层委员会三叠纪地层分会选举委员。长期从事三叠系及双壳类化石研究。在南古所长兴煤山二叠—三叠系界线团队中担任野外带队工作,是有关该界线论著的主要撰写人之一。

童金南　湖北武汉人,地层古生物学家。中国地质大学(武汉)教授。现任国际地层委员会三叠纪地层分会副主席,全国地层委员会三叠系专业组组长。长期致力于二叠系—三叠系界线地质学、三叠纪地层学和古生物学研究,主持安徽巢湖平顶山三叠系奥伦尼克阶底界"金钉子"候选层型剖面研究。浙江煤山印度阶底界(二叠系—三叠系界线)"金钉子"研究骨干,负责煤山剖面的有孔虫及其生物地层研究。

**王成源** 吉林磐石人，地层古生物学家。中国科学院南京地质古生物研究所研究员。曾任国际地层委员会二叠系—三叠系界线工作组选举委员。长期从事牙形刺化石及志留纪—三叠纪地层研究。首次提出将"金钉子"点位置于混生层2中部的微小欣德刺首现位置。

**吴顺宝** 地层古生物学家，中国地质大学（武汉）教授。主要从事晚古生代和中生代头足类（鹦鹉螺、菊石）、中生代箭石和二叠—三叠纪地层研究。在印度阶"金钉子"研究中，负责菊石和岩石地层等方面的研究。

参考文献

段金英. 1987. 苏南及邻区二叠—三叠系牙形石及其色变指标. 微体古生物学报,4(4):351–368.

蒋武. 1988. 四川盆地二叠系牙形石研究及其油气意义. 西南石油学院学报,10(2):1–9.

蒋武,罗玉琼,陆廷清,田传荣. 2000. 四川盆地下三叠统牙形刺研究及其油气意义. 微体古生物学报,17(1):99–109.

赖旭龙,丁梅华,张克信. 1995. 浙江长兴煤山二叠—三叠系界线候选层型剖面 Isarcicella isarcica 的发现及其意义. 地学探索,11:7–11.

赖旭龙,杨逢清,殷鸿福,杨恒书. 1994. 西秦岭地区二叠—三叠系界线地层研究. 现代地质,8(1):20–26.

赖旭龙,张克信. 1999. 二叠—三叠纪之交牙形石生态新模式. 地球科学,24(1):33–38.

秦典夕,颜承锡,熊剑飞. 1993. 黔中三叠纪牙形类生物地层研究新进展. 贵州地质,10(2):120–129.

全国地层委员会. 2014. 中国地层指南及地层指南说明书(附表). 北京:地质出版社.

盛金章,陈楚震,王义刚,芮琳,廖卓庭,何锦文,江纳言,王成源. 1987. 苏浙皖地区二叠系和三叠系界线研究的新进展//中国科学院南京地质古生物研究所. 中国各界线地层及古生物—二叠系与三叠系界线(一). 南京:南京大学出版社,1–21.

盛金章,陈楚震,王义刚,芮琳,廖卓庭,江纳言. 1983. 浙江长兴地区二叠系与三叠系界线层型研究. 地层学杂志,4:245–257.

童金南,杨英. 1997. 浙江长兴煤山下三叠统牙形石研究进展. 科学通报,42(23):2571–2573.

王志浩,钟端. 1994. 滇东、黔西和桂北不同相区的三叠纪牙形刺. 微体古生物学报,11(4):379–412.

武桂春,姚建新,纪占胜. 2002. 江西乐平地区晚二叠世—早三叠世的牙形石动物群. 北京大学学报(自然科学版),38(6):790–795.

杨守仁,郝维城,江大勇. 2001. 广西凌云县罗楼地区早三叠世牙形石. 古生物学报,40(1):86–92.

杨遵仪,吴顺宝,殷鸿福,徐桂荣,张克信. 1987. 华南二叠系—三叠系界线地层及动物群. 北京:地质出版社.

杨遵仪. 殷鸿福. 吴顺宝,杨逢清,丁梅华,徐桂荣. 1987. 华南二叠—三叠系界线地层及动物群. 中华人民共和国地质矿产部地质专报,2. 地层古生物,第6号. 北京:地质出版社.

殷鸿福,鲁立强. 2006. 二叠系—三叠系界线全球层型剖面——回顾和进展. 地学前缘,13(6):257–267.

殷鸿福,张克信,杨逢清. 1988. 海相二叠系、三叠系生物地层界线划分新方案. 地球科学,13(5):511–519.

殷鸿福,张克信,童金南,吴顺宝. 2001. 全球二叠系—三叠系界线层型剖面和点. 中国基础科学,10:10–23.

张景华,戴进业,田树刚. 1984. 四川北部广元上寺晚二叠世—早三叠世的牙形石生物地层//国际交流地质学术论文集——为二十七届国际地质大会撰写. 北京:地质出版社,163–176.

张克信. 1987. 浙江长兴地区二叠纪与三叠纪之交牙形石动物群及地层意义. 地球科学,12(2):193–200.

张克信,赖旭龙,丁梅华,吴顺宝,刘金华. 1995. 浙江长兴煤山二叠—三叠系界线层牙形石序列及其全球对比. 地球科学,20(6):669–676.

张克信,童金南,殷鸿福,吴顺宝. 1996. 浙江长兴二叠系—三叠系界线剖面层序地层研究. 地质学报,70(3):270–281.

张克信,殷鸿福,童金南,江海水,罗根明. 2013. 三叠系下上三叠统印度阶全球标准层型剖面和点位. //中国科学院南京地质古生物研究所. 中国"金钉子"——全球标准层型剖面和点位研究. 杭州:浙江大学出版社,282–319.

赵金科,盛金章,姚兆奇,梁希洛,陈楚震,芮琳,廖卓庭. 1981. 中国南部的长兴阶和二叠系与三叠系之间的界线. 中国科学院南京地质古生物研究所丛刊,2:1–95.

Alberti F A. 1834, Beitrag zu einer Monographie des Buntern Sandsteins, Muschelkalks und Keupers und die Verbindung dieser Gebilde zu einer Formation. Stuttgart and Tübingen: Verlag der J. G. Cottaishen Buchhandlung.

Belka Z, Wiedmann J. 1996. Conodont stratigraphy of the Lower Triassic in the Thakkhola region (eastern Himalaya, Nepal). Newsletters on Stratigraphy, 33(1):1–14.

Broglio L C, Cassinis G. 1992. The Permo-Triassic boundary in the southern Alps (Italy) and in adjacent Periadratic regions//Sweet W C, Yang Z Y, Dichins J M, Yin H F. Permo-Triassic events in the eastern Tethys. Cambridge: Cambridge University Press, 78–97.

Cassinis G, Distefano P D, Massari F, Neri C, Venturini C. 2000. Permian of south Europe and its interregional correlateion//Yin H F, Dickins J M, Shi G R, Tong J N. Permian-Triassic evolution of Tethys and eestern Circum-Pacific. Amsterdam: Elsevier Science, 37–70.

Ding M H, Zhang K X, Lai X L. 1995. Discussion on Isarcicella porva of the Early Triassic. Palaeoworld, 6:56–63.

Ding M H, Zhang K X, Lai X L. 1996. Evolution of Clarkina lineage and Hindeodus-Isarcicella lineage at Meishan Section, South China//Yin H F. The Palaeozoic-Mesozoic boundary candidates of Global Stratotype Section and Point of the Permian-Triassic boundary. Wuhan: China University of Geosciences Press, 65–71.

Ding M H, Zhang K X, Lai X L. 1997. Conodonts sequences and their lineages in the Permian-Triassic boundary strata at the Meishan section South China. Proceeding of 30th International Geological Congress, 11:153–162.

Golshani F M, Partozzar H, Seyed-Emami K. 1986. Permian-Triassic boundary in Iran. Memorie della Societa geologica Italiana, 34:257–262.

Gradstein F M, Ogg J G, Schmitz M D, Ogg M G. 2012. The Geologic Time Scale 2012 (2 volumes). Amsterdam: Elsevier.

Gradstein F M, Ogg J G, Smith A G A. 2004. Geologic Time Scale 2004. Cambridge: Cambridge University Press.

Hansen H J, Tong J N. 2005. Lower Triassic magnetostratigraphy of Chaohu, Anhui Province, South China. Albertiana, 33:36–37.

Henderson C M, Baud A. 1997. Correlation of the Permian-Triassic boundary in Arctic Canada and comparison with Meishan, China//

Wang N W, Remane J. Proceedings of 30th International Geological Congress, vol.11. VSP, Netherland. 143−152.

Holser W T, Schoenlaub H P. 1991. The Permian−Triassic boundary in Caric Alps of Austria (Gartnerkofel region). Abhandlungen der Geologischen Bundesanstalt, 45: 232.

Iranian-Japanese Research Group. 1981. The Permian and the Lower Triassic systems in Abadeh region, central Iran. Memoirs of Faculty of Science, Kyoto University, Series Geology and Mineral, 47(2): 61−133.

Jin Y G, Wang Y, Wang W, Shang Q H, Cao C Q, Erwin D H. 2000, Pattern of marine mass extinction near the Permian-Triassic boundary in South China: Science, 289：432−436.

Ji Z S, Yao J X, Isozaki Y, Natsuda T, Wu G C. 2007. Conodont biostratigraphy across the Permian-Triassic boundary at Chaotian, in Northern Sichuan, China. Palaeogeography, Palaeoclimatology, Palaeoecology, 252(1−2): 39−55.

Jiang H S, Aldridge R J, Lai X L, Yan C B, Sun Y D. 2011. Phylogeny of the conodont genera Hindeodus and Isarcicella across the Permian-Triassic boundary. Lethaia, 44: 374−382.

Kapoor H M. 1992. Permo-Triassic boundary of the Indian subcontinnent and the intercontinebtal correlation//Sweet W C, Yang Z Y, Dichins J M, Yin H F. Permo-Triassic events in the eastern Tethys. Cambridge: Cambridge University Press, 21−36.

Kotlyar G V, Zakharov Y D, Koczyrkevicz B V, Kropatcheva G S, Rostovecev K O, Chediya I O, Vuks G P, Geseva E A. 1983. Evolution of the latest Permian biota, Dzhulfian and Dorashamian regional stages in the USSR. Leningrad "Nauka " .(in Russian)

Kozur H. 1978. Beitrage zur Stratigraphie des Perms. Teil II: Die Conodontenchronologie des Perms. Freiberger Forschungsh, C334: 85−161.

Kozur H. 1996. The conodonts Hineodus, Isarcicella and Sweetohindeodus in the Uppermost Permian and Lowermost Triassic. Geologia Croatica, 49(1): 81−115.

Kozur H. 2004. Pelagic uppermost Permian and the Permian-Triassic boundary conodonts of Iran. Part 1. Taxonomie. Hallesches Jahrbuch Geowiss, B(18): 39−68.

Kozur H, Pjatakova M. 1976. Die Conodontenart Anchignathodus parvus n. sp., eine wichitige Leiform der basalen Trias. Proceedings Koninkl. Nederl. Akademie van Wetenschappen, Series B, 79(2): 123−128.

Kummel B, Teichert C. 1970. Stratigraphic boundary problem: Permian and Trassic of West Pakistan. Lawrence: University Press of Kansa.

Lai X L, Yang F Q, Hallam A, Wignall P B. 1996. The Shangsi Section, candidate of the Global Stratotype Section and Point of the Permian-Triassic Boundary//Yin H F. The Palaeozoic-Mesozoic boundary candidates of Global Stratotype Section and Point of the Permian-Triassic Boundary. Wuhan: China University of Geosciences Press, 113−124.

Lai X L, Wignall P B, Zhang K X. 2001. Palaeoecology of the conodonts Hindeodus and Clarkina during the Permian-Triassic transitional period. Palaeogeography, Palaeoclimatology, Palaeoecology, 171: 63−72.

Matsuda T. 1981. Early Triassic conodonts from Kashmis, India. Part 1: Hindeodus and Isarcicella. Journal of Geosciences, 24: 75−108.

Matsuda T. 1985. Late Permian to Early Triassic conodont paleobiogeography in the Tethys Realm//Nakazawa K, Dickins J M. The Tethys, her paleogeography and paleobiogeography from Paleozoic to Mesozoic. Tokai: Tokai University Press, 57−70.

Metcalfe I, Nicoll R S. 2007. Conodont biostratigraphic control on transitional marine to non-marine Permian-Triassic boundary sequences in Yunnan-Guizhou, China. Palaeogeography, Palaeoclimatology, Palaeoecology, 252: 56−65.

Nicoll R S, Metcalfe I, Wang C Y. 2002. New species of the conodont Genus Hindeodus and the conodont biostratigraphy of the Permian-Triassic boundary interval. Journal of Asian Earth Sciences, 20: 609−631.

Ogg J G. 2012. The Triassic Period//Gradstein F M, Ogg J G, Schmitz M D, Ogg M G. The Geologic Time scale 2012. Amsterdam: Elsevier, 681−730.

Orchard M J, Krystyn L. 1998. Conodonts of the lowermost Triassic of Spiti, and new zonation based on Clarkina successions. Rivisca Italiana di Paleontologiae Stratigrafia, 104(3): 341−368.

Orchard M J, Nassichuk W W, Rui L. 1994. Conodonts from the Lower Griesbachian Otoceras latilobatum Bed of Selong, Tibet and the position of the Permian-Triassic Boundary. Canadian Society of Petroleum Geologist, 17: 823−843.

Pakistan-Japanese Research Group. 1985. Permian and Triassic Systems in the Salt Ranges and Surghear Range, Pakistan//Nakazawa K, Dickins J M. The Tethys, her paleogeography and paleobiogeography from Paleozoic to Mesozoic. Tokyo: Tokai University Press, 211−312.

Perri M C, Farabegoli E. 2003. Conodonts across the Permian-Triassic boundary in the Southern Alps. Courier Forschungs-Institute Senckenberg, 245: 281−313.

Schonlaub H P. 1991. The Permian-Triassic of the Gartnerkofel-1 Core (Carnic Alps, Austria): conodont biostratigraphy. Abhandlungen der Geologischen Bundesanstalt Wien, 45: 79−98.

Sheng J Z, Chen C Z, Wang Y G, Rui L, Liao Z T, Bando Y, Ishii K, Nakazawa K, Nakamura K. 1984. Permian-Triassic boundary in middle and eastern Tethys. Faculty of Science, Hokkaido University, Series IV, 21(1): 131−181.

Sun Y D, Joachimski M M, Wignall P B, Paul B, Yan C B, Chen Y L, Jiang H S, Wang L N, Lei X L. 2012. Lethally hot temperatures during the early Triassic greenhouse. Science, 338: 366−370.

Sweet W C. 1979. Graphic correlation of Permian-Triassic rock in Kashmir, Pakistan and Iran. Geologica et Palaeontologica, 13: 239−248.

Wang C Y. 1996. Conodont evolutionary lineage and zonation for the Latest Permian and the Earliest Triassic.Permophiles, 26: 30−37.

Xia W C, Zhang N, Wang G Q, Kakuwa Y. 2004. Pelagic radiolarian and conodont biozonation in the Permo-Triassic boundary interval and correlation to the Meishan GSSP. Micropaleontology, 50(1): 27–44.

Xie S C, Pancost R D, Huang J H, Wignall P B, Yu J X, Tang X Y, Chen L, Huang X Y, Lai X L. 2007. Changes in the global carbon cycle occurred as two episodes during the Permian-Triassic crisis. Geology, 35(12): 1083–1086.

Yang Z Y, Wu S B, Yin H F, Xu G R, Zhang K X, Bi X M. 1993. Permo-Triassic events of South China. Beijing: Geological Publishing House.

Yao J X, Li Z S. 1987. Permian-Triassic conodont faunas and the Permian-Triassic boundary at the Selong section in Nyalam County, Xizang, China. Chinese Science Bulletin (Kexue Tongbao), 32: 1555–1560.

Yin H F. 1985. On the Transitional Bed and the Permian-Triassic boundary in South China. Newsletters on Stratigaphy, 15(1): 13–27.

Yin H F. 1994. Reassessment of the index fossils of Palaeozoic-Mesozoic boundary. Palaeoworld, 4: 1–6.

Yin H F. 1996. The Palaeozoic-Mesozoic boundary candidates of Global Stratotype Section and Point of the Permian-Triassic boundary. Wuhan: China University of Geosciences Press.

Yin H F, Huang S J, Zhang K X, Hansen H J, Yang F Q, Ding M H, Bi X M. 1992. The effect of volcanism at the Permian-Triassic mass extinction in South China//Sweet W C, Yang Z Y, Dickins J M, Yin H F. Permo-Triassic events in the eastern Tethys. Cambridge: Cambridge University Press, 146–157.

Yin H F, Huang S J, Zhang K X, Yang F Q, Ding M H, Bi X M, Zhang S X. 1989. Volcanism at the Permian-Triassic boundary in South China and its effects on mass extinction. Acta Geologica Sinica, 2(4): 417–431.

Yin H F, Jiang H S, Xia W C, Feng Q L, Zhang N, Shen Jun. 2014. The end-Permian regression in South China and its implication on mass extinction. Earth-Science Reviews, 137: 19–33.

Yin H F, Sweet W C, Glenister B F, Kotlyar G, Kozur H, Newell N D, Sheng J Z, Yang Z Y, Zakharov Y D. 1996a. Recommendation of the Maishan section as Global Stratotype Section and Point for the basal boundary of Triassic System. Newsletter on Stratigraphy, 34(2): 81–108.

Yin H F, Yang F Q, Zhang K X, Yang W P. 1986. A proposal to the biostratigraphic criterion of the Permian/Triassic boundary. Memoire della Societa de Geologia Italiana, 34: 329–344.

Yin H F, Zhang K X, Tong J N, Yang Z Y, Wu S B. 2001. The Global Stratotype Section and Point (GSSP) of the Permian-Triassic boundary. Episodes, 24: 102–114.

Yin H F, Zhang K X, Wu S B, Peng Y Q. 1996b. Global correlation and definition of the Permian-Triassic boundary//Yin H F. The Palaeozoic-Mesozoic boundary candidates of Global Stratotype Section and Point of the Permian-Triassic boundary. Wuhan: China University of Geosciences Press, 3–20.

Zhang K X, Tong J N, Yin H F, Wu S B. 1997. Sequence stratigraphy of the Permian-Triassic boundary section of Changxing, Zhejiang, southern China. Acta Geologica Sinica, 71(1): 90–103.

Zhu Y M, Liu Y Y. 1999. Magnetostratigraphy of the Permo-Triassic boundary section at Meishan, Changxing, Zhejiang Province//Yin H F, Tong J N. Pangea and the Paleozoic-Mesozoic transition. Wuhan: China University of Geosciences Press, 79–84.

# 索 引